T0155933

Springer-Lehrbuch

Reiner M. Dreizler · Cora S. Lüdde

Theoretische Physik 1

Theoretische Mechanik

2. Auflage

 Springer

Professor Dr. Reiner M. Dreizler
Cora S. Lüdde

Universität Frankfurt
Institut Theoretische Physik
Max-von-Laue-Str. 1
60438 Frankfurt/Main
dreizler@th.physik.uni-frankfurt.de
cluedde@th.physik.uni-frankfurt.de

ISBN 978-3-540-70557-4   e-ISBN 978-3-540-70558-1

DOI 10.1007/978-3-540-70558-1

Springer-Lehrbuch ISSN 0937-7433

Bibliografische Information der Deutschen Nationalbibliothek
Die Deutsche Bibliothek verzeichnet diese Publikation in der Deutschen Nationalbibliografie;
detaillierte bibliografische Daten sind im Internet über http://dnb.d-nb.de abrufbar.

Satz: durch die Autoren unter Verwendung eines Springer LaTeX2e Makropakets
Herstellung: le-tex publishing services oHG, Leipzig
Einbandgestaltung: WMXDesign, Heidelberg

Gedruckt auf säurefreiem Papier

9 8 7 6 5 4 3 2 1

springer.com

VORWORT zu der zweiten Auflage

Die Neuauflage des ersten Bandes der Lehrbuchreihe 'Theoretische Physik' wurde sorgfältig überarbeitet, von Druckfehlern befreit und teilweise ergänzt.

- Die Tabellen wurden dem heutigen Wissensstand angepasst, die Abbildungen übersichtlicher gestaltet.
- Die Aufgabensammlung, die Zusammenstellung von Detailrechnungen sowie die Mathematischen Ergänzungen auf der CD-ROM wurden durch weitere Applets und Animationen abgerundet, die vorhandenen wurden verbessert.
- Zudem wurde der Mathematikteil um einen Index erweitert, ein Abschnitt über die numerische Lösung von Differentialgleichungen wurde neu gefasst.

Während der Arbeit an dem dritten Band mit dem Arbeitstitel 'Quantenmechanik' haben wir festgestellt, dass sich das Material dieses breiten Gebietes nur unzureichend auf einen einzigen Band kondensieren lässt. Aus diesem Grund wurde die Lehrbuchreihe auf fünf Bände erweitert. Ansonsten stehen wir zu den Absichten und Ansichten aus dem Vorwort zur 1. Auflage, auf das wir den Leser verweisen möchten.

Auch in dieser Auflage wurde bewusst auf die Unterscheidung zwischen Lesern und Leserinnen zugunsten der Lesbarkeit verzichtet. Dies stellt in keiner Form eine Diskriminierung dar, Leserinnen sind ebenso herzlich angesprochen wie Leser.

Wir danken allen, die uns bei der Revision des ersten Bandes unterstützt haben, vor allem auch den Lesern, die uns auf Unstimmigkeiten hingewiesen haben.

Frankfurt am Main, im Februar 2008

Reiner M. Dreizler   Cora S. Lüdde

VORWORT

Dies ist der erste Band einer Lehrbuchreihe "Theoretische Physik 1-4". Die Reihe basiert auf Notizen zu einem langjährig erprobten Vorlesungszyklus "Theoretische Physik 1-6", der an der Goethe-Universität, Frankfurt am Main, angeboten wurde.

Der erste Band beschäftigt sich mit der Theoretischen Mechanik. Die Mechanik ist aus zwei Gründen eine der Grundlagen der Physik. Sie fasst den unmittelbar zugänglichen Erfahrungsbereich zusammen und bereitet somit die Grundbegriffe der Physik auf. Sie ist das Teilgebiet der Physik, das aus historischer Sicht als erstes entwickelt und (auf hohem Niveau) abgeschlossen wurde. Die Anfänge im 16. und 17. Jahrhundert sind zum einen durch eine mehr systematische Erfassung von Beobachtungsdaten, zum anderen durch die Zielsetzung, allgemeine Prinzipien der Natur aufzudecken, geprägt. Für die erste Aussage kann man die astronomischen Beobachtungen von T. de Brahe und J. Kepler, für die zweite die Schriften von G. Galilei und I. Newton zitieren. Die dann einsetzende Aufbereitung von mathematischen Methoden, wie der Infinitesimal- und der Variationsrechnung (vor allem durch die Brüder Bernoulli, G. Leibniz und L. Euler) ebnete den Weg für eine schnelle Weiterentwicklung und Formalisierung der Mechanik. Gegen Ende des 18. und zu Anfang des 19. Jahrhunderts wurde diese Entwicklung mit den Arbeiten von J. d'Alembert, J. Comte de Lagrange und Sir W.R. Hamilton abgeschlossen.

Zu der Organisation des ersten Bandes (und cum grano salis der weiteren Bände) ist das Folgende zu bemerken. Eine enge Verzahnung von mathematischen und physikalischen Grundlagen ist eine essentielle Voraussetzung für einen erfolgreichen Lernprozess in der theoretischen Physik. Dieses Credo wurde in dem Vorlesungszyklus durchgehend umgesetzt. In der Buchform schien es jedoch angemessener, den Mathematikteil abzutrennen. Eine ca. 270 Seiten starke "Mathematische Ergänzung", aufbereitet für Studierende der Physik, ist auf der beiliegenden CD-ROM zu finden. An allen relevanten Stellen des Buchtextes wird auf die entsprechenden Kapitel und Abschnitte dieser Ergänzungen hingewiesen.

Die Theorievorlesungen an der Goethe-Universität setzen mit dem ersten Semester ein. Dies erfordert einen eher adiabatischen Übergang zu der "höheren Mechanik". Der daraus resultierende, etwas sanftere Einstieg in die eigentliche Theoretische Mechanik wurde aus didaktischen Gründen bewusst beibehalten. So enthält das zweite Kapitel, nach einer allgemeinen Einführung in die Physik in Kapitel 1, eine Vorstufe zur Theoretischen Mechanik. Auch die Diskussion der Erhaltungssätze im dritten Kapitel wird zunächst in elementarer Weise geführt, dann aber mit den Mitteln der Vektoranalysis abgerundet. Ab dem vierten Kapitel ist die Darstellung bezüglich der mathematischen Hilfsmittel kompromissloser. Auf der anderen Seite wird ein allgegenwärtiges, mathematisches Hilfsmittel der Physik, Differentialgleichungen, schon in dem zweiten Kapitel eingeführt und betont benutzt.

Die CD-ROM enthält über 70 Aufgaben zu den Kapiteln 2-6, die unter Verwendung der erweiterten Möglichkeiten des elektronischen Mediums in anderer Weise gestaltet worden sind. Für jede der Aufgaben steht neben der Lösung eine Liste von strukturierten, einzeln zu beantwortenden (und direkt oder nach Aufruf beantworteten) Fragen zur Verfügung, die eine enge Führung zur Lösung der Problemstellung erlaubt. Das elektronische Medium ermöglicht auch eine lebendigere Form der Illustration so zum Beispiel die Animation von Bewegungsabläufen oder die dreidimensionale Darstellung von Funktionen im Raum.

Wir danken Margaret D. sowie Hans Jürgen und Melanie L. für Verständnis und Geduld während der Arbeit an diesem Buchprojekt. Hans Jürgen stand stets für Diskussionen zur Verfügung, Margaret hat uns die Bilder für die 'buttons' in der Aufgabensammlung überlassen und Melanie hat den Apfel (mit Anklang an Newton's nicht nachweisbares Experiment) gemalt. Wir danken den Kontaktpersonen des Springer Verlags für freundliche und vertrauensvolle Zusammenarbeit, insbesondere Frau J. Lenz für die technische Unterstützung.

Frankfurt am Main, im Oktober 2002

Reiner M. Dreizler   Cora S. Lüdde

Inhaltsverzeichnis

1 Ein erster Überblick

In der Mechanik befasst man sich mit 'gewöhnlichen' Objekten (z.B. stoßenden Stahlkugeln, Planeten auf der Bahn um die Sonne), die sich mit 'mäßiger' Geschwindigkeit bewegen. In der Elementarteilchenphysik, die in dem Grundkurs nur andeutungsweise angesprochen wird, sind es hingegen kleinste Teilchen bei im Allgemeinen höheren Geschwindigkeiten. Diese Aussagen verdeutlichen, dass man die verschiedenen Gebiete der Physik durch Einordnung in ein Raster (Abb. 1.1) mit einer Längen- oder Größenskala und einer Geschwindigkeitsskala charakterisieren kann. Der Begriff Länge ist dabei relativ weit zu fassen. Als Länge betrachtet man sowohl die Größe der Objekte (z.B. den Durchmesser der Elementarteilchen, der Atome, oder der genannten Stahlkugeln und Planeten), als auch die Vorgabe von Wellenlängen (z.B. von Wasserwellen, Schallwellen oder elektromagnetischen Wellen) und die Entfernung zwischen Himmelskörpern. Die Längenskala, die man benötigt, ist

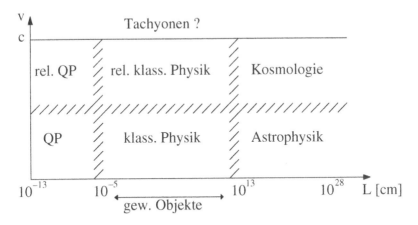

Abb. 1.1. Das Grunddiagramm

beachtlich. Sie beginnt bei 10^{-13}cm (1 Zehnbillionstel cm). Dies entspricht ungefähr dem Durchmesser des Protons, einem der Kernbausteine (siehe unten), und stellt die kleinste Distanz dar, die explizit (wenn auch indirekt) vermessen wurde. Die Skala endet bei 10^{28} cm. Diese Distanz entspricht dem vermutlichen Durchmesser des Universums. Innerhalb dieser Grenzen kann man die Objekte ansiedeln, die in der Physik diskutiert werden. Zur Unterteilung der Skala (um den enormen Bereich abzudecken, benutzt man zweckmäßigerweise eine logarithmische Unterteilung) können die folgenden Beispiele dienen:

10^{-12} cm $\longrightarrow$ Durchmesser von Atomkernen
10^{-8} cm $\longrightarrow$ Durchmesser von Atomen
10^{-6} cm $\longrightarrow$ Durchmesser von großen Molekülen
10^{-5} cm $\longrightarrow$ Auflösungsvermögen der besten optischen
                        Mikroskope = Wellenlänge des sichtbaren Lichtes
10^{-1} cm $\longrightarrow$ Sandkörner
10^{2} cm $\longrightarrow$ der Mensch (als Maß aller Dinge)
10^{9} cm $\longrightarrow$ Durchmesser der Erde
10^{13} cm $\longrightarrow$ Entfernung Erde - Sonne
10^{17} cm $\longrightarrow$ Entfernung Erde - nächster Stern (α - Centauri) .

Der Bereich zwischen 10^{-5} bis 10^{13} cm ist der Bereich der gewöhnlichen Objekte, der in der klassischen Mechanik angesprochen wird.

Die Geschwindigkeitsskala beginnt bei Null. Sie endet (notwendigerweise, wie man glaubt) mit der Ausbreitungsgeschwindigkeit des Lichtes. Diese Geschwindigkeit ist

$$c = (2.997925 \pm 0.000001) \cdot 10^{10} \text{ cm/s}$$
$$\approx 3 \cdot 10^{10} \text{ cm/s} = 300000 \text{ km/s}$$
$$= 1.08 \cdot 10^{9} \text{ km/h.}$$

Im Vergleich zu der Lichtgeschwindigkeit ist die Geschwindigkeit der meisten Objekte sehr gering:

$$300 \text{ km/h} \approx 3 \cdot 10^{-7} c$$
$$10000 \text{ km/h} \approx 10^{-5} c$$
$$10^{5} \text{ km/h} \approx v_{\text{Erde um Sonne}} \approx 10^{-4} c.$$

Benutzt man eine lineare Geschwindigkeitsskala, so liegen diese drei Punkte in dem Diagramm recht nahe bei der Abszisse. Materielle Objekte mit Geschwindigkeiten, die an die Lichtgeschwindigkeit heranreichen, findet man in der Natur in der sogenannten Höhenstrahlung. In den oberen Schichten der Atmosphäre werden durch Elementarprozesse Teilchen (z.B. Myonen, mit μ bezeichnet) erzeugt, deren Geschwindigkeiten nahe bei der Lichtgeschwindigkeit liegen ($v_{\mu} \approx 0.995\,c$). Die klassische Mechanik (mit gewöhnlichen Objekten und mäßigen Geschwindigkeiten) beschränkt sich somit auf einen kleinen Bereich in dem Raster von Abb. 1.1 nahe der Abszisse.

Für Objekte in dem Bereich unterhalb von 10^{-5} cm schließt sich (bei etwas fließendem Übergang) der Bereich der Quantenphysik an, der erst im zwanzigsten Jahrhundert erschlossen wurde. Die folgenden Bemerkungen sollen einen ersten Einblick in diese Quantenwelt vermitteln. Um 1850 festigte sich die Erkenntnis, dass die Materie aus Atomen aufgebaut ist. Das Periodensystem der Elemente schälte sich heraus. Für Belange der Chemie sind die Atome auch heute noch die Elementarbausteine. Im Jahre 1913 erkannte man, dass ein Atom aus einem Kern und einer Wolke von Elektronen besteht. Das zuständige Experiment wurde von Geiger, Marsden und Rutherford in Cambridge durchgeführt. Heliumkerne (α-Teilchen) wurden auf dünne Goldfolien geschossen. Diese Teilchen waren durch die natürliche Radioaktivität von Polonium verfügbar. Die Forscher beobachteten eine signifikante

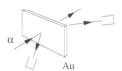

Abb. 1.2. Streuung von α–Teilchen an einer Goldfolie

Rückstreuung der α-Teilchen, die nur möglich ist, wenn die α-Teilchen auf einen 'harten' Kern stoßen. Aus der Stärke der Rückstreuung konnte man auf die Größe des Kerns schließen (Abb. 1.2).

Es folgte die Ära der Teilchenbeschleuniger, die 1932 mit der Untersuchung der Kernreaktion

$$^{7}_{3}\text{Li} + \text{p} \longrightarrow {}^{4}_{2}\text{He} + {}^{4}_{2}\text{He}$$

(durch Cockroft und Walton) eröffnet wurde. Es wurden Protonen auf Lithiumkerne geschossen, dabei entstanden jeweils zwei Heliumkerne. Mittels einer Vielzahl von solchen Reaktionen konnte man Kerne auseinandernehmen und feststellen: Es gibt drei elementare Bausteine in der Natur:

$$\left.\begin{array}{ll} \text{Neutronen (n), Protonen (p)} & \longrightarrow \quad \text{Kern} \\ \text{Elektronen } (e^-) & \longrightarrow \quad \text{Atomhülle} \end{array}\right\} \text{Atom}.$$

Hinzu kam noch das Lichtquant, das Photon (im Allgemeinen mit γ bezeichnet), dem eine gewisse Sonderrolle als Vermittler der elektromagnetischen Wechselwirkung und Träger der elektromagnetischen Wellen zugesprochen wurde.

Mit dem Ausbau und der Verbesserung der Teilchenbeschleuniger sowie durch Analyse der Höhenstrahlung hatte man die Familie der Elementarteilchen bis 1950 erweitert auf (in der Reihenfolge der Entdeckung)

- das zum Elektron gehörige Antineutrino ($\bar{\nu}_e$, zunächst nur vermutet),
- das Positron (e^+), dem Antiteilchen des Elektrons,
- die positiv und negativ geladenen Myonen ($\mu^{\pm}$), nahen doch massiveren Verwandten des Elektrons und Positrons,
- die Pi-Mesonen ($\pi^{\pm,0}$),
- das K-Meson (K) und das Baryon Lambda (Λ).

Bis zu dem Jahre 1960 hatte sich die Anzahl der Elementarteilchen auf mehr als 300 vergrößert. Da jedoch eine Fülle von Umwandlungsprozessen zwischen den Elementarteilchen abläuft, wie z.B.

β-Zerfall: $n \longrightarrow p + e^- + \bar{\nu}_e$
Photoerzeugung des π-Mesons: $\gamma + n \longrightarrow p + \pi^-$,

lag der Verdacht nahe, dass diese Schar von Elementarteilchen gar nicht so elementar ist, sondern dass sie aus noch fundamentaleren Bausteinen zusammengesetzt sind.

Der entscheidende Anstoß ergab sich durch Symmetriebetrachtungen (einem beliebten Sport in der theoretischen Physik) und zwar auf der Basis der Symmetriegruppe[1] SU(3). Zunächst (ca. 1970) ordnete man die bekannten Elementarteilchen in 3 Klassen:

Austauschteilchen (Eichteilchen)   : γ
Leptonen (leichte Teilchen)   : $e^-, \nu_e, \mu^-, \nu_\mu$
                                                                          + Antiteilchen
Hadronen (stark wechselwirkende Teilchen)   : π, n, p, ...
                                                                          + Antiteilchen .

Die Hadronen werden in Mesonen (mittelschwere Teilchen), wie das π-Meson, und Baryonen (schwere Teilchen), wie Proton und Neutron, unterteilt. Im Sinne der Symmetrieüberlegungen konnte man alle Hadronen gemäß ihren Eigenschaften in sogenannten SU(3)-Multipletts sortieren, so z.B. ein Oktuplett, das Neutron und Proton sowie die Hyperonen Lambda (Λ), Sigma ($\Sigma^{0,\mp}$) und die Kaskadeteilchen ($\Xi^{0,-}$) enthält (Abb. 1.3).

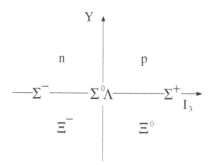

Abb. 1.3. Die Verwandten des Protons und Neutrons in der SU(3) Klassifikation der Elementarteilchen

Diese Unterfamilien von Elementarteilchen sind dadurch charakterisiert, dass die Mitglieder der Familien vergleichbare Masse und sonstige Eigenschaften haben (Näheres nicht hier) und sich in ein vorgegebenes Muster mit der sogenannten Hyperladung (Y) und Isospin (I_3) einordnen lassen. Man stellte dann

---

[1] Einen Hinweis auf zwei elementare Texte zu der Theorie der Symmetriegruppen findet man in der Literaturliste A[1].

jedoch fest, dass die kleinstmögliche solcher Familien (mit 3 Mitgliedern) nicht zu existieren schien. Da sich auf der anderen Seite, aus mathematischer Sicht, die größeren Unterfamilien (Multipletts) aus der kleinsten zusammensetzen lassen, erwartete man die Existenz von drei Elementarteilchen, deren Eigenschaften sich bis zu einem gewissen Grade aus dem Multiplettmuster ergeben. Man taufte diese Teilchen (nach einem Zitat aus 'Finnigans Wake' von J. Joyce) die drei Quarks. Etwas unpoetischer wurden sie in der Folge durch die Zusätze 'up' , 'down' und 'strange' unterschieden. In Reinkultur sind die vermuteten Quarks bisher nicht beobachtet worden, doch gibt es deutliche Hinweise auf ihre Existenz, zum Beispiel aus der Elektron-Proton Streuung bei hohen Energien.

In der Zwischenzeit (nach ca. 1985) enthält die Liste der Elementarteilchen folgende Einträge:

Eichteilchen	:	$\gamma, W^{\pm}, Z^0, g_1, g_2, \ldots, g_8$
Leptonen	:	$e^-, \mu^-, \tau^-, \nu_e, \nu_\mu, \nu_\tau$ + Antiteilchen
Quarks	:	$q_1, q_2, \ldots, \ldots, q_{18}$ + Antiteilchen .

- Die Eichteilchen vermitteln die verschiedenen Grundwechselwirkungen zwischen den Leptonen und den Quarks. Das Photon ist für die elektromagnetische Wechselwirkung zuständig, die mit W und Z bezeichneten Eichbosonen für die schwache Wechselwirkung, die acht Gluonen g_i bedingen die starke Wechselwirkung zwischen den Quarks.
- Neben Elektron und Myon ist 1974 ein weiteres, schweres Lepton, das Tauon, nachgewiesen worden. Zu jedem der Leptonen existiert ein zugehöriges Neutrino und zu jedem dieser sechs Teilchen gibt es ein Antiteilchen.
- Die Gesamtzahl der Quarks ist 18. Sie unterscheiden sich durch sogenannte 'innere Quantenzahlen', die mit 'Sorte' oder 'Geschmack' (6 Sorten/flavour, mit den Namen up, down, strange, charm, top und bottom) und mit einer Art von Ladung, der 'Farbe' (3 Farben/colour, mit variabler Benennung) bezeichnet werden.

Das Aufbaumuster, das von der Gruppentheorie gefordert wird, ist in der Natur realisiert. Alle Hadronen können aus den Quarks zusammengesetzt werden: Mesonen, wie zum Beispiel das π-Meson oder das K-Meson, durch ein Quark-Antiquark Paar $(q\bar{q})$, Baryonen, wie Neutron oder Proton, durch drei Quarks (qqq).

Viele Fragen in diesem Szenario sind noch offen, doch man hat trotzdem die Frage gestellt: Und woraus bestehen die Quarks? Bisher existieren dazu nur Spekulationen und nur ein Punkt ist offensichtlich: Da kleinste Raumbereiche aufzulösen sind, wird die experimentelle Beantwortung solcher Fragen recht teuer, denn es gilt, grob gesprochen, die Aussage

$$\text{Kosten} \propto \text{Energie} \propto (\text{aufzulösenden Raumbereich})^{-1}.$$

Bei dieser ersten Andeutung der Welt der Quantenphysik wurden die Teilgebiete

Elementarteilchenphysik, Kernphysik und Atomphysik

angeschnitten. Hinzu kommen noch, geordnet nach der 'Größe der Objekte'

Molekülphysik und Festkörperphysik .

In allen diesen Gebieten treten Effekte auf, die im Rahmen der alltäglichen (klassischen) Erfahrung unverständlich sind. Als Beispiele (auch wenn sie zu diesem Zeitpunkt noch nicht erklärt werden) kann man folgende Beobachtungen erwähnen:
Ein klassisches Teilchen kann in dem tiefsten Punkt einer Mulde ruhen. Versucht man, ein Quantenteilchen in gleicher Weise in einer Mulde (wo-

Abb. 1.4. Unschärferelation: Klassisches versus Quantenteilchen

bei Mulde durch 'Potentialmulde' zu ersetzen ist) unterzubringen, so stellt man fest, dass dies prinzipiell nicht möglich ist. Das Quantenteilchen oszilliert immer in recht unkontrollierter Weise um den tiefsten Punkt herum (Abb. 1.4). Dies ist eine Konsequenz der Heisenbergschen Unschärferelation, die eine inhärente Eigenschaft von Quantensystemen zum Ausdruck bringt.

Abb. 1.5. Zum Tunneleffekt

Bewegt sich ein klassisches Teilchen in einem Kasten mit einer Geschwindigkeit, die nicht ausreicht, um die Wände zu durchschlagen, so bleibt es offensichtlich in dem Kasten (Abb. 1.5). Ein Quantenteilchen hingegen kann (mit einer gewissen Wahrscheinlichkeit) durch die Wände gelangen, auch wenn dies aus energetischen Gründen eigentlich nicht möglich ist. Ein Beispiel für

das Auftreten eines solchen Tunnelprozesses in der Natur ist die natürliche
Radioaktivität von Kernen, wie der schon erwähnte α-Zerfall.

Betrachtet man Situationen, in denen größere Geschwindigkeiten eine Rolle spielen, so muss man sich mit der relativistischen Physik auseinandersetzen. Es geht dabei zunächst um die folgende Thematik: Zwei 'Beobachter'
(Experimentatoren) bewegen sich mit konstanter Geschwindigkeit gegeneinander (Abb. 1.6). So kann sich Beobachter Nr. 1 in einem Zug befinden,
während Beobachter Nr. 2 auf dem Bahndamm steht. Beide verfolgen das
gleiche Experiment, zum Beispiel den Bewegungsablauf in einem einfachen
Fallexperiment. Die Kernfrage lautet: Kann man ein Transformationsgesetz

Abb. 1.6. Zwei gegeneinander bewegte Koordinatensysteme

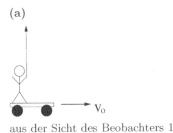
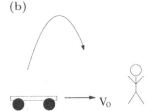

aus der Sicht des Beobachters 1   aus der Sicht des Beobachters 2

Abb. 1.7. Wurfexperiment

angeben, das es erlaubt, die Bahnform zu berechnen, die Beobachter Nr. 2
registrieren würde, wenn die Relativgeschwindigkeit und die Bahnform, die
Nr. 1 beobachtet, bekannt sind? Ganz konkret, kann man sich vorstellen, dass
Beobachter Nr. 1 auf einem fahrenden Flachbettwagen der Bundesbahn steht,
ein Objekt senkrecht hochwirft und feststellt, dass es bis zu dem höchsten
Punkt aufsteigt und (aus seiner Sicht) auf der gleichen Strecke zurückfällt.
Beobachter Nr. 2 betrachtet den Bewegungsablauf vom Bahndamm aus und
registriert eine Wurfparabel (Abb. 1.7).

Ein entsprechendes Transformationsgesetz, die Galileitransformation, war
schon lange vor Einstein bekannt. Trotzdem hat Einstein die Frage nach dem
Transformationsgesetz (um 1905) noch einmal gestellt, jedoch unter einem
neuen Gesichtspunkt: Wie sieht das Transformationsgesetz aus, wenn man

zusätzlich fordert, dass sich Licht aus der Sicht eines *jeden* Beobachters, so lange sie sich mit uniformer Geschwindigkeit gegeneinander bewegen, mit der gleichen Geschwindigkeit c ausbreitet? Aus der Sicht der alltäglichen Erfahrung ist dies eine durchaus absurde Forderung. Jeder weiß: Wenn man sich gegenüber dem Boden mit der Geschwindigkeit v_0 bewegt und (aus seiner Sicht) ein Objekt mit der Geschwindigkeit v in die gleiche Richtung in Bewegung setzt, so hat es gegenüber dem Boden die Geschwindigkeit $v + v_0$ (Abb. 1.8). Sind beide Geschwindigkeiten gleich c, findet man (natürlich) $2\,c$.

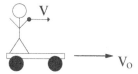

Abb. 1.8. Zur Addition von Geschwindigkeiten

Die Forderung, die Einstein in die Herleitung eines neuen Transformationsgesetzes einarbeitete, ergab sich aus einem klassischen Experiment, das Michelson und Morley erstmals 1880 in Cleveland durchgeführt haben. Das Ergebnis dieses Experimentes ist seither in einer Vielzahl von (verfeinerten) Experimenten bestätigt worden. Der experimentelle Befund ist: Die Summe der beiden Geschwindigkeiten ist c und nicht $2\,c$.

Die Herleitung der gewünschten Transformationsgleichungen für den Fall einer konstanten Relativgeschwindigkeit ist recht einfach. Man benötigt nicht mehr als Schulmathematik. Die daraus resultierende 'spezielle Relativitätstheorie' ist also, aus mathematischer Sicht, durchaus verständlich. Die Konsequenzen, die sich aus Einsteins Transformationsgleichungen ergeben, sind jedoch weitreichend. Sie haben die Vorstellung von Raum und Zeit (offensichtlich zwei Grundbegriffe der Physik) einschneidend verändert. Unter anderem wird die Aussage abgeleitet, dass sich die Masse eines Objektes mit seiner Geschwindigkeit v ändert und zwar gemäß der Formel

$$m(v) = \frac{m(v = 0)}{\sqrt{1 - \left(\dfrac{v}{c}\right)^2}} \; .$$

Diese Formel steht nur deswegen im Widerspruch zu der üblichen Erfahrung, weil der Massenzuwachs auch bei großen (klassischen) Geschwindigkeiten zu geringfügig ist. Für eine Rakete mit $v = 10^{-5}c = 10000$ km/h erhält man (Entwicklung mit der allgemeinen binomischen Formel[2])

$$m(10^{-5}c) \approx m(0)(1 + 0.5 \left(\frac{v}{c}\right)^2 + ...)$$
$$= m(0)(1 + 0.5 \; 10^{-10})$$

---

[2] Siehe Math.Kap. 1.3 bezüglich Reihenentwicklungen.

$$= m(0)(1.00000000005) \, .$$

Auch der raffinierteste Experimentator kann diesen Massenzuwachs nicht messen. Für ein Objekt mit $v = 0.8\,c$ hat man jedoch

$$m(0.8\,c) \approx 1.67 \cdot m(0) \, ,$$

also fast eine Verdopplung der Ruhemasse. Die Kurve $m(v)$, aufgetragen gegen v, ist in Abb. 1.9 angedeutet. Der Geschwindigkeitsbereich, in dem die

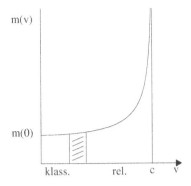

Abb. 1.9. Die relativistische Variation der Masse eines Objektes mit der Geschwindigkeit

Massenänderung praktisch nicht messbar ist, nennt man klassisch. Der steile Anstieg der Kurve für $v \to c$ zeigt, warum die Lichtgeschwindigkeit c als eine Grenzgeschwindigkeit angesehen wird. Für $v \to c$ folgt $m \to \infty$, die Formeln der Relativitätstheorie verlieren in dem Grenzfall ihren Sinn.

Sowohl die klassische Mechanik als auch die Quantenmechanik müssen modifiziert werden, wenn hohe Geschwindigkeiten im Spiel sind. Man spricht dann von relativistischer Mechanik bzw. relativistischer Quantenmechanik. Die relativistische Mechanik ist im Erdlabor nicht so recht zugänglich. Mit der obigen Massenformel und dem berühmten $E = mc^2$ kann man ausrechnen, wieviel es kosten würde, eine Stahlkugel von $m(0) = 10\,\mathrm{g}$ auf eine Geschwindigkeit von $v = 0.8\,c$ zu bringen, wenn man einen Energiepreis von 0.025 Euro/kWh zugrunde legt. Die Antwort lautet ca. 10^7 Euro. Selbst wenn man diese Summe aufbringen würde, hätte man immer noch Schwierigkeiten: Die benötigte Beschleunigungsstrecke ist viel zu lang. Um solche Effekte mit Makroobjekten zu beobachten, muss man in den Weltraum gehen. Es kommt jedoch noch ein anderer Aspekt hinzu: Die Voraussetzung der uniformen Relativbewegung führt auf die spezielle Relativitätstheorie. Für die allgemeinere Situation, gegeneinander beschleunigte Bezugssysteme, ist die allgemeine Relativitätstheorie zuständig. Infolge der (zuerst von Einstein) geforderten Äquivalenz von gravitativer und sonstiger Beschleunigung ist die allgemeine Relativitätstheorie auch die allgemeine, klassische (das heißt nichtquantenmechanische) Theorie der Gravitation.

Der Bereich großer Dimensionen ist die Domäne der Astrophysik. Ein Problem der Astrophysik bestand für lange Zeit in den recht begrenzten, erdgebundenen Beobachtungsmöglichkeiten. In der Zwischenzeit ist jedoch durch eine Vielzahl von Satellitenmissionen, wie zum Beispiel

COBE **CO**smic **B**ackground **E**xplorer zur Erforschung der thermischen Hintergrundstrahlung im Weltall

HUBBLE für Tiefenaufnahmen des Weltalls

ROSAT **RO**entgen **SAT**ellite zur Auffindung und Vermessung von Röntgenquellen

SOHO **SO**lar **H**eliospheric **O**bservatory zur Gewinnung von Daten über die Sonne

und vielen anderen, eine Fülle von Beobachtungsdaten über das Weltall zusammengetragen worden.

Schon im Jahre 1929 deutete der amerikanische Astronom E. Hubble die Rotverschiebung der Spektrallinien von Sternen als Dopplereffekt. Dieser Effekt ist im akustischen Bereich wohlbekannt: Der Ton eines hupenden Autos oder eines pfeifenden Zuges wird tiefer, wenn sich diese entfernen. Der entsprechenden Vergrößerung der Schallwellenlänge entspricht im optischen Bereich eine Verschiebung der Farbe der Spektrallinien zum Roten. Demnach entfernen sich alle Sterne von uns. Daraus entstand die These von der Expansion des Weltalls. Man muss sich vorstellen, dass die Erde einen Punkt auf einem Ballon, der aufgeblasen wird, darstellt. Alle anderen Punkte auf dem Ballon entfernen sich dann von diesem Punkt. Das Zeitfenster, über das die Ausdehnung des Universums beobachtet wurde, ist sehr beschränkt. Extrapoliert man auf größere Zeiträume, Tausende oder Millionen von Jahren, so ergeben sich eine Reihe von Möglichkeiten. Es könnte sein, dass die Größe des Weltalls oszilliert, dass also auf die Phase der Expansion eine Kontraktionsphase folgt. Es könnte aber auch sein, dass das Weltall ursprünglich auf einen kleinen Bereich mit extrem hoher Massendichte und Energiedichte beschränkt war und ein 'Urknall' (drastischer in englischer Sprache: big bang) der Anlass für die derzeitige Expansion war.

Eine mögliche Antwort auf die Frage, wie sich das Weltall entwickeln könnte, kann man der allgemeinen Relativitätstheorie entnehmen. Gemäß dieser Theorie existiert eine kritische Massendichte (ρ_c = Masse/Volumen) des Universums. Ist die wirkliche Massendichte kleiner als die kritische ($\rho < \rho_c$), so ist die attraktive Wirkung der Gravitation im Universum nicht ausreichend, um die Expansion zu stoppen. Im anderen Falle, einer Massendichte, die die kritische übersteigt ($\rho > \rho_c$), bewirkt die Gravitation letztlich eine Kontraktion des Universums. Der Zahlenwert der kritischen Massendichte, der durch einen Satz von Naturkonstanten bestimmt ist, ist nicht allzu genau bekannt

$$\rho_c = (0.3...1.9) \cdot 10^{-29} \text{ g/cm}^3 \ .$$

Die Summe der Massen aller sichtbaren Objekte im Weltall ergibt nur einen Bruchteil der kritischen Massendichte

$$\frac{\rho_c}{200} < \rho_{\text{sichtbar}} < \frac{\rho_c}{100} \, .$$

Es ist aber auch bekannt (zum Beispiel aus der Gravitationswirkung auf sichtbare Objekte), dass nichtsichtbare Materie (allgemein als 'dunkle' Materie bezeichnet) im Weltraum verteilt ist. Die Frage, woraus diese Materie besteht, ist ebensowenig beantwortet wie die Frage, welchen Anteil diese Materie an der Gesamtmasse des Universums hat. Die Kenntnis, welchen Weg die Entwicklung des Universums nehmen wird, steht also noch aus.

Das Urknallszenario ist zur Zeit eine recht populäre Variante, da in diesem Szenario gewissermaßen unsere derzeitigen Kenntnisse über die Welt im Kleinen und im Großen zusammentreffen. Es wurden (und werden) einige Anstrengungen unternommen, um den Wahrheitsgehalt dieses Szenarios zu überprüfen. In dem Ausgangszustand (und wie entstand dieser?) stellt man sich vor, dass die Materie so dicht gepackt und so heiß gewesen ist, dass die zusammengesetzten Elementarteilchen, die Hadronen, nicht existieren konnten. Die Urmaterie bestand aus einer Art von 'Ursuppe' die nur Quarks und Gluonen enthielt, dem Quark-Gluon Plasma. Man versucht zur Zeit nachzuweisen, dass ein derartiger Zustand der Materie überhaupt existieren kann. Man schießt zu diesem Zwecke schwere Kerne mit hohen Energien aufeinander, in der Hoffnung anhand der Produkte der dabei auftretenden Kernreaktion Hinweise auf das Quark-Gluon Plasma zu finden.

Wenn sich diese Urmaterie ausdehnt und dabei abkühlt, erwartet man das 'Ausfrieren' von Baryonen und Mesonen, beziehungsweise letztlich einen Übergang zu den stabilsten Hadronen, den Nukleonen. Diese können, über eine Kette von Fusionsreaktionen, zu leichten Elementen und schließlich zu der Materie, die wir jetzt vorfinden, verschmelzen.

Neben der Beschäftigung mit Grundfragen wie 'Was ist die Vorgeschichte des Universums' oder 'Wohin entwickelt es sich?' werden in der Astrophysik noch weitere Probleme angeschnitten. Beispiele sind die Frage nach der Struktur von Pulsaren oder der eindeutige Nachweis von schwarzen Löchern.

Bei der vorangegangenen Betrachtung der klassischen Physik und der Welt der Quantenphänomene wurden weder alle Teilgebiete der Physik noch alle Grenzbereiche angesprochen. So zählt zum Beispiel die Elektrodynamik (elektrische und magnetische Felder von ruhenden und bewegten Ladungsverteilungen) und die Thermodynamik (Verhalten von Materie bei Temperatur- und Druckänderungen) zu der klassischen Physik. Da in der Elektrodynamik (Betonung auf Dynamik, so die Erzeugung von elektromagnetischen Wellen wie dem Licht) die Lichtgeschwindigkeit eine offensichtliche Rolle spielt, ist es nicht verwunderlich, dass die Impulse zur Formulierung der Relativitätstheorie aus der Richtung der Elektrodynamik kamen. In ähnlicher Weise ist der Versuch, thermodynamische Gleichungen auf der Basis von Atombewegung zu beleuchten, ein Schritt in Richtung Quantenmechanik und es darf nicht verwundern, dass die Anfänge der Quantenmechanik aus thermodynamischen Experimenten (Stichwort Hohlraumstrahlung) erwuchsen.

Als Beispiel für einen möglichen Grenzbereich jenseits der Lichtgeschwindigkeit kann man die Tachyonen (frei übersetzt: überschnelle Teilchen), die literarisch nicht so gut fundiert sind wie z.B. die Quarks, benennen. Die Vermutung, dass solche Teilchen existieren könnten, folgt aus der Relativitätstheorie. Die Gleichungen der Relativitätstheorie erlauben als Lösung eine neue Teilchensorte mit recht ungewöhnlichen Eigenschaften, unter anderem: Diese Teilchen existieren nur, wenn sie schneller als Licht sind. Irgendwelche konkreten Hinweise auf die Existenz von Tachyonen liegen bisher nicht vor. Es ist natürlich auch nicht gesagt, dass *alle* möglichen Lösungen von Gleichungen, die man formulieren kann, in der Natur realisiert sind.

2 Kinematik

Zwei Grundfragen der Mechanik lauten:
1. Was bewirkt die Bewegung von Objekten?
2. Wie beschreibt man die Bewegung von Objekten in mathematischer Form?

Das vorliegende Kapitel gibt eine erste Antwort auf die zweite Frage. Eine weitergehende Erörterung findet ab dem vierten Kapitel statt. Das dritte Kapitel ist der Diskussion der ersten Frage gewidmet.

Von den möglichen Bewegungsformen sind die am einfachsten, die entlang einer geraden Linie ablaufen. Diese werden in diesem Kapitel zuerst angesprochen und dazu benutzt, um die Umsetzung von mathematischen Ausdrücken in die Anschauung zu üben und um die kinematischen Grundbegriffe Position, Geschwindigkeit und Beschleunigung zu präzisieren. Das eigentliche dynamische Problem, die Bestimmung der Bewegungsform aus der Vorgabe der Beschleunigung, wird kurz angedeutet.

Der Übergang zu der realen dreidimensionalen Welt wird schrittweise über die Betrachtung von ebenen Bahnkurven vorbereitet. Solche Bewegungsformen werden durch zweikomponentige Positions-, Geschwindigkeits- und Beschleunigungsvektoren charakterisiert. Dies entspricht der experimentell nachweisbaren Tatsache, dass eine zweidimensionale Bewegungsform aus zwei unabhängigen eindimensionalen Bewegungen zusammengesetzt werden kann. Einige Beispiele illustrieren, dass mittels solcher Überlagerungen recht komplexe Bewegungsformen aus einfachen Komponenten entstehen können.

Die Beschreibung von Bewegungsabläufen in drei Raumdimensionen (zum Beispiel die Bewegung eines Objektes auf einer Schraubenlinie) entspricht der offensichtlichen Erweiterung: Kombiniere drei unabhängige eindimensionale Bewegungen. Hier kommt die Zusammenfassung von drei Funktionen zu Vektoren voll zum Zuge. Die Benutzung von Vektoren ist für formale Zwecke bestens geeignet, für die Detaildiskussion ist man jedoch auf die Festlegung eines (kartesischen) Koordinatendreibeins oder eines verallgemeinerten Koordinatensystems (wie zum Beispiel Kugelkoordinaten) angewiesen. Die gebräuchlichsten Koordinatensätze werden vorgestellt.

2.1 Eindimensionale Bewegungsprobleme

Eine der ersten Aufgaben, die sich stellt, ist die Umsetzung von experimentellen Aussagen in eine geeignete, mathematische Form und, umgekehrt, die Erfüllung derartiger Formeln mit einer anschaulichen Vorstellung des Bewegungsablaufes. Diese wechselseitige Umsetzung wird in dem nächsten Abschnitt anhand von drei Beispielen in einer eindimensionalen Welt vorgestellt.

2.1.1 Drei Bewegungsbeispiele

Das folgende einfache 'Experiment' (Beispiel 2.1) könnte ohne großen Aufwand durchgeführt werden: Ein Objekt (z.B. eine kleine Stahlkugel) fällt aus der Ruhelage (Abb. 2.1). Die Beschreibung der Bewegung besteht in der

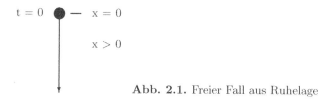

Abb. 2.1. Freier Fall aus Ruhelage

Angabe, wie sich die Position des Objektes mit der Zeit ändert. Für die Zeitmessung wird verabredet, dass als Anfangszeit des 'Experimentes' $t = 0$ zu setzen ist. Für die Ortsmessung benutzt man einen Maßstab (sprich eindimensionales Koordinatensystem), dessen Ursprung ($x = 0$) die Ausgangsposition ist und der nach unten orientiert ist. Das Ergebnis eines solchen naiven Fallversuches könnte die folgende Wertetabelle von Fallstrecke x und Fallzeit t sein:

t (s)	0	0.1	0.2	0.3	0.4	0.5	0.6
x (cm)	0	5	20	45	80	125	180

Eine der ersten Aufgaben der Physik ist es, aus solchen Zahlenreihen generellere Aussagen zu gewinnen. Zu diesem Zweck ist eine graphische Darstellung, im vorliegenden Falle ein x versus t Diagramm, nützlich (Abb. 2.2a).

Man würde dann (falls nicht schon bekannt) feststellen, dass alle 'Messpunkte' auf einer Parabel liegen, die durch die Funktion

$$x(t) = at^2 \qquad \text{mit} \qquad a = 500 \, \frac{\text{cm}}{\text{s}^2} \tag{2.1}$$

beschrieben wird. Trotz der Tatsache, dass diese Erkenntnis wohl allgemein bekannt ist, folgen noch einige zusätzliche Bemerkungen.

1. Der Schritt von einer Reihe von isolierten Messpunkten zu einer Beschreibung durch eine Formel von der Form $x(t)$ ist mit Vorsicht zu vollziehen. Im Prinzip müssten die Messpunkte unendlich dicht liegen. Dies

ist natürlich nicht praktikabel. Wenn man auf diesem Prinzip bestehen würde, wäre man immer noch mit den ersten Experimenten der Physik beschäftigt. Es ist eine Ermessensfrage, wann man glaubt, den Schritt von der Messreihe zu der Formel vollziehen zu können. Man sollte dabei im Auge behalten, dass einige der interessantesten Phänomene in der Physik dadurch aufgedeckt wurden, dass man zwischen den Messpunkten einer ersten Messreihe noch einmal nachgeschaut hat.

2. Die Stahlkugel, die bei dem fiktiven Experiment benutzt wurde, ist ein ausgedehntes Objekt. Die Aussage 'Position der Stahlkugel' bedarf also noch einer Erläuterung. Bei dem beschriebenen Experiment kann man sich vorstellen, dass mit 'Position' die Position des Schwerpunktes oder des geometrischen Mittelpunktes der Kugel gemeint ist. Die Ersetzung eines ausgedehnten Objektes durch einen Punkt ist aber nur angebracht, wenn andere Bewegungsformen des Objekts (wie z.B. eine mögliche Rotation der Kugel während der Fallbewegung) nicht von Interesse sind.

Ist die Reduktion eines ausgedehnten, massiven Objektes auf einen Punkt angemessen, so spricht man in der Physik von einem **Massenpunkt**. Ein Massenpunkt ist somit eine Abstraktion von der eigentlichen Realität. Man versteht darunter ein Objekt ohne Ausdehnung, das mit der Masse m ausgestattet ist.

3. Die Position des Ursprungs des Koordinatensystems für die Ortsmessung und die Wahl von $t = 0$ für die Anfangszeit des Experimentes ist willkürlich. Verschiebt man den Ausgangspunkt nach x_0 und benutzt die Anfangszeit t_0, so lautet die formelmäßige Zusammenfassung des Experimentes

$$x(t) = x_0 + 500(t - t_0)^2$$

oder

$$x(t) - x_0 = 500(t - t_0)^2 \; .$$

Es gehen nur Längen- und Zeitintervalle in die Beschreibung ein. Eine graphische Darstellung dieser Situation sieht man in Abb. 2.2b.

Wenn man überhaupt geneigt ist, aus diesen einfachen Bemerkungen einen Schluss zu ziehen, würde man sagen: Die Diskussion der eindimensionalen Bewegung besteht in der Diskussion von Funktionen $x(t)$. Zwei weitere Beispiele für solche Funktionen sollen illustrieren, wie man derartige Formeln in eine Vorstellung von dem Bewegungsablauf umsetzt.

Eine der bekanntesten Bewegungsformen der Physik (Beispiel 2.2) ist der harmonische Oszillator, z.B. beschrieben durch die Funktion

$$x(t) = A \sin \omega t \; . \tag{2.2}$$

A und ω sind Konstante. Der harmonische Oszillator ist in fast allen Bereichen der Physik, so zum Beispiel in der Elektrodynamik oder in Anwendungsgebieten der Quantenmechanik wie der Kernphysik und der Festkörperphysik

(a)

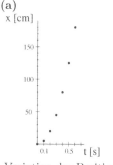

(b)

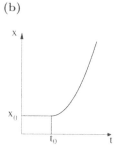

Variation der Position
mit der Zeit $(x = x(t))$

$x(t)$ für eine beliebige Anfangszeit t_0

Abb. 2.2. Das freie Fallexperiment

etc. anzutreffen. Zur Veranschaulichung des funktionalen Zusammenhangs
dient in diesem Fall ein x versus ωt Diagramm. Der Winkel ωt kann entweder in Grad (voller Kreis $= 360°$) oder im Bogenmaß (voller Kreis $= 2\pi$)
gemessen werden.

Die vorliegende Sinusfunktion ist in Abb. 2.3 dargestellt. Die Kurve
beschreibt die Oszillation eines Massenpunktes um die Gleichgewichtslage
$x = 0$. Zum Zeitpunkt $t = 0$ hat der Massenpunkt die Position $x = 0$. Er
wird zunächst in der positiven Richtung ausgelenkt. Zur Zeit $t = \pi/2\omega$ erreicht er zum ersten Mal seine größte positive Auslenkung. Er kehrt danach
zur Zeit $t = \pi/\omega$ in die Ruhelage zurück, durchläuft diese und erreicht zu

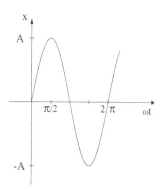

Abb. 2.3. Die Funktion $x(\omega t)$ für das harmonische
Oszillatorproblem

der Zeit $t = 3\pi/2\omega$ seine größte negative Auslenkung. Zu der Zeit $t = 2\pi/\omega$
ist er wieder am Ursprung. Dieses Schwingungsmuster wiederholt sich beliebig oft. Zur Diskussion dieser Bewegungsform sind die folgenden Begriffe von
Nutzen:

1. Den Betrag der maximalen Auslenkung A bezeichnet man als Amplitude (Dimension: Länge [L]).
2. Die Zeit für eine volle Schwingung T heißt Schwingungsdauer (Dimension: Zeit [T]).
3. Die Inverse der Schwingungsdauer ist die Frequenz $f = 1/T$. Die Dimension ist [1/T]. Man misst die Frequenz in den Einheiten Schwingungen/Sekunde $= s^{-1} \equiv$ Hertz.
4. Die Größe $\omega = 2\pi f = 2\pi/T$ ist die Kreisfrequenz, ebenfalls mit der Dimension [1/T].

Die Frage, welche eindimensionale Bewegungsform (Beispiel 2.3) eines Massenpunktes durch die Funktion

$$x(t) = \frac{g}{k}t - \frac{g}{k^2}(1 - e^{-kt}) \tag{2.3}$$

beschrieben wird, ist vielleicht nicht so einfach zu beantworten (Einige Vorschläge ?). g und k sind vorgegebene Konstante mit den Dimensionen $[k] = [T^{-1}]$, $[g] = [L/T^2]$, e ist die bekannte transzendente Zahl (Eulersche Zahl) e $= 2.71828\ldots$.

Zur Diskussion der Gleichung (2.3) benötigt man einige Eigenschaften der Exponentialfunktion, die mit jedem Taschenrechner leicht tabelliert werden kann. Der Verlauf der Funktion e^{-kt} ist in Abb. 2.4a dargestellt. Der Funktionsverlauf ist (für positive Werte von kt) ein (scharfer) Abfall von dem Wert 1 für $kt = 0$ auf den Wert Null für große Werte von kt. Etwas mathematischer würde man schreiben:

$$\lim_{kt \to \infty} e^{-kt} = 0 \, .$$

Man benötigt auch eine genauere Aussage über das Verhalten der Funktion für kleine Argumentwerte. Diese Aussage gewinnt man aus der Reihenentwicklung der Exponentialfunktion

$$e^{-kt} = 1 - kt + \frac{1}{2}k^2t^2 - \frac{1}{6}k^3t^3 + \ldots (-1)^n \frac{k^n t^n}{n!} + \ldots$$
$$= \sum_{n=0}^{\infty} (-1)^n \frac{k^n t^n}{n!} \, .$$

Die Reihenentwicklung der Exponentialfunktion wird in den 'Mathematischen Ergänzungen' in Math.Kap. 1.3.1 vorgestellt. Das Kapitel Math.Kap. 1 gibt eine (recht kompakte) Zusammenfassung der Analysis von Funktionen mit einer Veränderlichen. Grundkenntnisse der Differentiation und der Integration werden jedoch vorausgesetzt.

Die beiden Aussagen genügen für die beabsichtigte Diskussion des Bewegungsablaufes. Der Massenpunkt ist zu dem Zeitpunkt $t = 0$ an der Stelle $x(0) = 0$. Um den Bewegungsablauf für kleine Zeiten (genauer: für kt klein) zu beschreiben, genügt es, die ersten Terme der Entwicklung zu betrachten

$$x(t) \xrightarrow{kt\,\text{klein}} \frac{g}{k}t - \frac{g}{k^2}\left(1 - 1 + kt - \frac{1}{2}k^2t^2 + \frac{1}{6}k^3t^3 + \dots\right).$$

Die Terme unabhhängig von der Zeit und die Terme linear in der Zeit heben sich heraus. Es bleibt also:

$$x(t) \approx \frac{1}{2}gt^2 - \frac{1}{6}(gk)t^3 + \dots . \tag{2.4}$$

Dies bedeutet: Der Bewegungsablauf beginnt wie der freie Fall (vorausgesetzt es ist $g/2 \approx 500\,\text{cm/s}^2$). Für größere Zeiten kommt jedoch der Term in t^3 (und die weiteren Terme der Entwicklung) zum Tragen. Für sehr große Zeiten (genauer für kt groß) benutzt man die Aussage, dass in diesem Falle e^{-kt} gegen 0 geht. Man erhält dann

$$x(t) \approx \frac{g}{k}t - \frac{g}{k^2} . \tag{2.5}$$

Diese Information reicht aus, um das x versus t Diagramm anzudeuten. Die erste Formel (2.4) beschreibt (bei Beschränkung auf den ersten Term) eine Parabel. Die zweite Funktion (2.5) stellt eine Gerade mit der Steigung g/k und dem Ordinatenabschnitt $-g/k^2$ dar. Der eigentliche Bewegungsablauf wird für kleine Werte von kt durch die Parabel, für große Werte durch die Gerade und für Zwischenwerte durch eine Kurve, die diese beiden Grenzfälle verbindet, beschrieben. Dies bedeutet, dass die anfängliche freie Fallbewegung in eine uniforme Bewegung übergeht.

(a)　　　　　　　　　　**(b)**

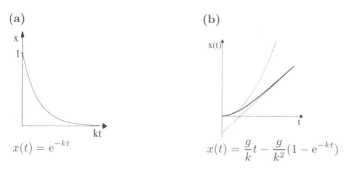

$$x(t) = e^{-kt} \qquad\qquad x(t) = \frac{g}{k}t - \frac{g}{k^2}(1 - e^{-kt})$$

Abb. 2.4. Die Funktionen aus Beispiel 2.3

Die angegebene Formel beschreibt den freien Fall von Objekten unter der Berücksichtigung des Reibungswiderstandes (gemäß einem vereinfachten Ansatz, der sogenannten Stokesschen Reibung, siehe Kap. 4.2.2). Der Widerstand bewirkt, dass die Fallbewegung verlangsamt wird. Diese Aussage entnimmt man direkt dem Diagramm (Abb. 2.4b). Für eine gegebene Fallstrecke ist die Bewegung, die durch die Parabel beschrieben wird, schneller (das Zeitintervall ist kleiner) als die Bewegung, die durch die durchgezogene Kurve dargestellt wird. Die Größe des Reibungswiderstandes spiegelt sich in der Größe der Konstanten k wider. Diese Konstante hängt sowohl von dem

Medium ab, in dem das Objekt fällt (z. B. Luft oder ein dichteres Medium wie Wasser), als auch von der geometrischen Form des fallenden Objektes. Dabei ist jedoch zu beachten, dass nur die Bewegung des Schwerpunktes angesprochen wird, das Objekt also als Massenpunkt betrachtet wird.

Zwei Extremfälle für die Auswirkung der Reibung können relativ einfach diskutiert werden:

k → 0 : Die Position x wird jetzt als Funktion von t und von k betrachtet, somit ist die Bezeichnung $x(k,t)$ angebracht. Zu berechnen ist der Grenzwert

$$\lim_{k \to 0} x(k,t) \ .$$

Dieser folgt direkt aus (2.4) für kleine Werte von kt. Da jeder Term (außer dem ersten) Potenzen von k enthält, die im Grenzfall verschwinden, gilt

$$\lim_{k \to 0} x(k,t) = \frac{1}{2}gt^2 \ .$$

In Worten: Wenn man die Reibung abstellt, erhält man den idealen freien Fall.

k → ∞ : Der Ausdruck (2.5) für große Werte von kt besagt: Je größer k ist, desto eher weicht die Darstellung der Bewegung von der Parabel ab. Je größer k ist, desto flacher ist aber auch die Gerade und desto langsamer ist der Bewegungsablauf. In dem Grenzfall $k \to \infty$ erhält man direkt

$$\lim_{k \to \infty} x(k,t) = 0 \ .$$

In Worten: Das Objekt bewegt sich gar nicht. Es bleibt für alle Zeiten an dem Anfangspunkt. Der Grenzfall $k \to \infty$ entspricht einem unendlich zähen Medium.

Bei der Betrachtung dieser drei Beispiele für die Beschreibung von eindimensionalen Bewegungsabläufen ging es zunächst nur um die Umsetzung der mathematischen Beschreibung in physikalische Anschauung. Sie sollen zeigen, dass in einfachen Formeln eine beachtliche Menge von physikalischen Aussagen stecken kann. Eine dynamische Fundierung dieser Bewegungsbeispiele wird später folgen (siehe Kap. 3.1). Die drei Beispiele sollen nun dazu dienen, die Grundbegriffe der Kinematik, Geschwindigkeit und Beschleunigung, zu diskutieren.

2.1.2 Geschwindigkeit

Die Definition der Geschwindigkeit ist eine Wiedergabe der Messvorschrift. Man bestimme (Abb. 2.5a) die Position zu einem Zeitpunkt t_1 als $x(t_1)$ und die Position zu einem späteren Zeitpunkt t_2 als $x(t_2)$. Der Quotient

$$\frac{x(t_2) - x(t_1)}{t_2 - t_1} = \bar{v}(t_1, t_2)$$

ist die **Durchschnittsgeschwindigkeit für das Zeitintervall** $[t_1, t_2]$. Die anschauliche Interpretation dieses Begriffs in dem x - t Diagramm (Abb. 2.5b)

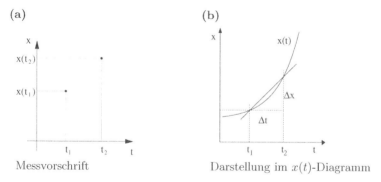

Abb. 2.5. Zur Definition der Durchschnittsgeschwindigkeit

ist bekanntlich: Die Durchschnittsgeschwindigkeit entspricht der Steigung (oder genauer: dem Tangens des Steigungswinkels) der Sekante durch die Kurvenpunkte (t_1, x_1) und (t_2, x_2).

$$\bar{v} = \frac{\Delta x}{\Delta t} = \tan(\alpha_{\text{Sek}}) \, .$$

Die Angabe der Durchschnittsgeschwindigkeit charakterisiert die Bewegung nur unvollständig. Jede x-t Kurve, die durch die beiden Punkte verläuft, hat den gleichen Wert von $\bar{v}$.

Für eine detailliertere Beschreibung der Bewegung benötigt man den Begriff der **Momentangeschwindigkeit**. Die Momentangeschwindigkeit entspricht der ersten Ableitung der Funktion $x(t)$

$$v(t) = \lim_{\Delta t \to 0} \left[\frac{x(t + \Delta t) - x(t)}{\Delta t} \right] . \qquad (2.6)$$

Alternative Schreibweisen für $v(t)$ sind

$$v(t) = \frac{\mathrm{d}x(t)}{\mathrm{d}t} = \dot{x}(t) = x'(t) \, .$$

Die Momentangeschwindigkeit ist im Allgemeinen wieder eine Funktion der Zeit. Anhand des x-t Diagrammes kann man den Begriff der Momentangeschwindigkeit in einfacher Weise deuten: Die Steigung der Sekante geht in die Steigung der Tangente an die x-t Kurve über (Abb. 2.6).

Aus dieser Betrachtung folgt auch die Aussage, dass die Momentangeschwindigkeit keine direkt messbare Größe ist. Man kann diese Größe beliebig genau annähern, wenn es gelingt, beliebig kleine Zeit- und Ortsintervalle zu messen, der naive Grenzfall ist aber immer der unbestimmte Ausdruck

$$v_{\text{mom}}^{\text{exp}} \to \frac{0}{0} \, .$$

Für die drei bisherigen Bewegungsbeispiele erhält man für die Momentangeschwindigkeit:

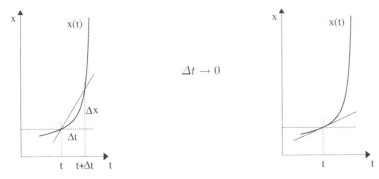

Abb. 2.6. Definition der Momentangeschwindigkeit in dem Grenzfall $\Delta t \to 0$

Bsp. 2.1 Freier Fall (etwas allgemeiner formuliert)

$$x(t) = \frac{1}{2}gt^2 \qquad v(t) = gt \ .$$

Bsp. 2.2 Harmonischer Oszillator

$$x(t) = A \sin \omega t \qquad v(t) = A\omega \cos \omega t \ .$$

Bsp. 2.3 Freier Fall mit Reibung

$$x(t) = \frac{g}{k}t - \frac{g}{k^2}(1 - e^{-kt})$$

$$v(t) = \frac{g}{k} - \frac{g}{k^2}(-(-k)e^{-kt}) = \frac{g}{k}(1 - e^{-kt}) \ .$$

Zusätzlich zu der Information über den Bewegungsablauf, die man aus der Diskussion der Funktion $x(t)$ gewinnen kann, kann man aus der Diskussion der Funktion $v(t)$ unter Umständen weitere Einblicke gewinnen.

Bsp. 2.1 Hier ist nicht viel zu sagen. Die Geschwindigkeit wächst linear mit der Zeit.

Bsp. 2.2 In diesem Fall ist es nützlich, die beiden Kurven $x(t)$ und $v(t)$ gegenüberzustellen (Abb. 2.7). An den Umkehrpunkten ist die Geschwindigkeit Null. Sie ist maximal für den Durchgang durch die Gleichgewichtslagen. Man sieht auch, dass dem Vorzeichen von v eine Bedeutung zukommt. Positive Geschwindigkeit bedeutet (in Bezugnahme auf die graphische Darstellung) Bewegungsrichtung nach oben, negative Geschwindigkeit Bewegungsrichtung nach unten.

Bsp. 2.3 Hier geht man ähnlich vor wie im Fall der Diskussion der Funktion $x(t)$ und notiert die Grenzfälle: Ist kt so klein, dass die Reihenentwicklung der Exponentialfunktion mit den quadratischen Termen ausreicht, so findet man

$$v(t) = \frac{g}{k}(1 - 1 + kt - \frac{1}{2}k^2t^2 + \ldots) = gt - \frac{1}{2}gkt^2 + \ldots \quad .$$

Ist kt groß genug, so gilt

(a)   (b)

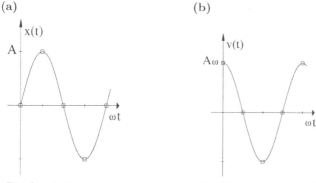

Die Ortsfunktion   Die Geschwindigkeitsfunktion

Abb. 2.7. Die Funktionen $x(t)$ und $v(t)$ des harmonischen Oszillatorproblems

$$v(t) \quad \rightarrow \quad \frac{g}{k} \; .$$

Die Geschwindigkeit wächst zunächst wie bei dem freien Fall linear mit der Zeit, nimmt dann aber langsamer zu. Für große Zeiten erreicht man durch den Einfluss der Reibung eine konstante Endgeschwindigkeit. Der Endwert ist umso kleiner, je größer die Reibungskonstante k ist (Abb. 2.8).

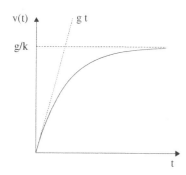

Abb. 2.8. Die Funktion $v(t)$ für den freien Fall mit Reibung

2.1.3 Beschleunigung

Die (Momentan)-Geschwindigkeit ist ein direktes Maß für die Änderung des Ortes mit der Zeit. Die Beschleunigung ist ein Maß für die Änderung der Geschwindigkeit mit der Zeit. Die entsprechenden Definitionen sind:
Durchschnittsbeschleunigung im Intervall $[t_1, t_2]$

$$\bar{a}(t_1, t_2) = \frac{v(t_2) - v(t_1)}{t_2 - t_1} \; ,$$

Momentanbeschleunigung

$$a(t) = \lim_{\Delta t \to 0} \frac{v(t + \Delta t) - v(t)}{\Delta t} = \frac{dv}{dt} = \dot{v}(t) \ . \tag{2.7}$$

Es ist nun die Funktion $v(t)$ zu differenzieren, aus rechentechnischer Sicht liegt also nichts Neues vor. Die Ableitung der ersten Ableitung ist die zweite Ableitung. Man schreibt deswegen auch

$$a(t) = \frac{d^2 x}{dt^2} = \ddot{x}(t) \ .$$

Für die drei Beispiele berechnet man die Beschleunigungen:

Bsp. 2.1 $a(t) = g$. Für den freien Fall (in Erdnähe) hat man bekanntlich eine konstante Beschleunigung durch die Gravitationswirkung der Erde. In Kap. 3.2.4.1 wird deutlich werden, wie die (genauere) Zahl für die Erd- oder Gravitationsbeschleunigung $g = 981\text{cm/s}^2 = 9.81\text{m/s}^2$ aus dem allgemeinen Gravitationsgesetz folgt. Die für ein lokales Experiment zuständige Zahl hängt übrigens von der geographischen Breite, der Höhe über dem Meeresspiegel und der geologischen Umgebung ab.

Bsp. 2.2 Hier erhält man $a(t) = -A\omega^2 \sin \omega t$. Es liegt wieder eine Sinuskurve

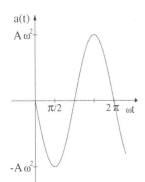

Abb. 2.9. Die Beschleunigung $a(t)$ für das harmonische Oszillatorproblem

vor, nur ist das Vorzeichen in diesem Fall negativ (Abb. 2.9). Das bedeutet, dass die Beschleunigung im ersten Viertel einer Schwingungsperiode gegen die Bewegungsrichtung gerichtet ist, also bremsend wirkt. Im zweiten Viertel bewirkt sie eine Rückbewegung auf die Gleichgewichtslage zu, etc. Man kann die Beschleunigung auch in der Form $a(t) = -\omega^2 x(t)$ angeben. Diese Gleichung ist folgendermaßen zu lesen: Die momentane Beschleunigung ist zu jedem Zeitpunkt entgegengesetzt proportional zu der momentanen Auslenkung. Diese Aussage ist *das* charakteristische Merkmal des harmonischen Oszillators. Schreibt man die Gleichung noch etwas anders

$$\ddot{x}(t) = \frac{d^2 x(t)}{dt^2} = -\omega^2 x(t) \ , \tag{2.8}$$

so sieht man zum ersten Male die Spitze des eigentlichen Eisberges. Es liegt eine **Differentialgleichung** vor, d.h. eine Bestimmungsgleichung für die Funktion $x(t)$, die deren Ableitungen enthält. Gemäß der allgemein üblichen Klassifikation ist es eine lineare Differentialgleichung zweiter Ordnung mit konstanten Koeffizienten.

Differentialgleichungen stellen ein allgegenwärtiges Hilfsmittel der theoretischen Physik dar. Eine erste Übersicht und Lösungsmethoden für die einfachsten Typen von gewöhnlichen Differentialgleichungen werden in Math.Kap. 2 vorgestellt. Das Thema Differentialgleichungen wird in Math.Kap. 6 weiter ausgebaut.

Bsp. 2.3 Für dieses Beispiel findet man

$$a(t) = g\mathrm{e}^{-kt} \ .$$

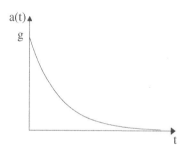

Abb. 2.10. Die Funktion $a(t)$ für den freien Fall mit Reibung

Die Beschleunigung beginnt mit dem Wert g für $t = 0$, fällt aber dann aufgrund der Reibung auf den Wert Null ab (Abb. 2.10). In dem gleichen Maße wie $a(t)$ gegen Null geht, wird die Geschwindigkeit des Massenpunktes konstant. Einen weiteren Einblick erhält man, wenn man das obige Resultat in einfacher Weise umformt

$$\begin{aligned} a(t) &= g + g\mathrm{e}^{-kt} - g \\ &= g + k\frac{g}{k}(\mathrm{e}^{-kt} - 1) \\ &= g - kv(t) \ . \end{aligned} \qquad (2.9)$$

Die Interpretation dieses Ausdrucks ist: Die Beschleunigung setzt sich aus zwei Anteilen zusammen. Der erste Term entspricht dem freien Fall. Der zweite Term ist der 'Reibungsterm' nach Stokes. Die Reibung ist proportional zu der Geschwindigkeit. Das Minuszeichen gibt an, dass dieser Term entgegen der momentanen Bewegungsrichtung wirkt.

Es stellt sich noch die Frage: Ist es notwendig, weitere Ableitungen wie z.B. die Änderung der Beschleunigung mit der Zeit

$$\frac{\mathrm{d}a}{\mathrm{d}t} = \frac{\mathrm{d}^2 v}{\mathrm{d}t^2} = \frac{\mathrm{d}^3 x}{\mathrm{d}t^3}$$

zu betrachten? Die Antwort auf diese Frage fällt unter das Stichwort 'Dynamik' deren Diskussion in Kap. 3 aufgegriffen werden wird. Die Antwort auf die Frage lautet: Die Betrachtung von höheren Ableitungen ist nicht notwendig. Dies ist eine Konsequenz des zweiten Newtonschen Axioms der Mechanik.

In den drei einfachen Beispielen für lineare Bewegungsabläufe war jeweils die Funktion $x(t)$ vorgegeben. Zur weiteren Charakterisierung wurde dann durch Differentiation die Momentangeschwindigkeit $v(t) = \mathrm{d}x(t)/\mathrm{d}t$ und die Beschleunigung $a(t) = \mathrm{d}v(t)/\mathrm{d}t$ berechnet und diskutiert. Das Hauptproblem der Dynamik ist jedoch genau die Umkehrung:

> Vorgegeben ist die Beschleunigung a. Berechne aus dieser Vorgabe die Geschwindigkeit $v(t)$ und die Position $x(t)$ als Funktion der Zeit.
>
> Vorgegeben : $a \longrightarrow$ Berechne : $v(t), x(t)$.

2.1.4 Erste Bemerkungen zur Berechnung von Bewegungsabläufen

Die Lösung dieses Hauptproblems ist im Allgemeinen schwieriger als die Anwendung der Differentiationsregeln, die zur Berechnung von $v(t)$ und $a(t)$ aus der Vorgabe von $x(t)$ ausreichen. Für die Berechnung von $x(t)$ und $v(t)$ aus der Vorgabe der Beschleunigung gibt es eine Reihe von Möglichkeiten, von denen einige an dieser Stelle kurz erläutert werden sollen.

Der einfachste Fall (Fall 1) liegt vor, wenn a als Funktion der Zeit gegeben ist: $a = a(t)$. Zur Bestimmung von $v(t)$ und $x(t)$ benötigt man dann, als Umkehrung der Differentiation, (lediglich) die Integration

$$\frac{\mathrm{d}v}{\mathrm{d}t} = a(t) \longrightarrow v(t) = \int_{t_0}^{t} a(t')\, \mathrm{d}t' + v(t_0)$$

$$\frac{\mathrm{d}x}{\mathrm{d}t} = v(t) \longrightarrow x(t) = \int_{t_0}^{t} v(t')\, \mathrm{d}t' + x(t_0) \ .$$

Die zweite Gleichung in jeder Zeile ist jeweils die Umkehrung der ersten. Der erste Term ist ein bestimmtes Integral von der Anfangszeit t_0 bis zu der Endzeit t. Zusätzlich zu dem Integral treten die Konstanten $v(t_0)$ und $x(t_0)$ auf. Das Auftreten dieser Konstanten erklärt sich folgendermaßen: Auf der einen Seite verschwindet das bestimmte Integral für $t = t_0$. Auf der anderen Seite muss man der Tatsache Rechnung tragen, dass sowohl die Anfangsgeschwindigkeit als auch die Anfangsposition beliebig vorgegeben werden können. Man kann zum Beispiel das einfache Fallexperiment aus jeder beliebigen Höhe beginnen und zusätzlich dem Massenpunkt eine beliebige

Anfangsgeschwindigkeit in x-Richtung geben. (Siehe auch Math.Kap. 2.1 zu dem Thema Anfangswertprobleme).

Für den freien Fall kann man die oben angedeutete Rechnung direkt nachvollziehen. In diesem Fall ist $a(t) = g$. Man erhält somit für die Geschwindigkeit

$$v(t) = \int_{t_0}^{t} g \, dt' + v(t_0) = g \, (t - t_0) + v(t_0) \,.$$

Der erste Term entspricht der Fläche unter der Kurve $a(t) = g$ zwischen den Grenzen t_0 und t (Abb. 2.11a). Für die Position erhält man entsprechend

$$x(t) = \int_{t_0}^{t} (g \, (t' - t_0) + v(t_0)) \, dt' + x(t_0)$$

$$= \left(\frac{1}{2} g \, (t - t_0)^2 + v(t_0)(t - t_0) \right) + x(t_0) \,.$$

Der Term in den großen runden Klammern entspricht in diesem Fall der Fläche unter der Kurve $v(t)$. Diese setzt sich aus einem Rechteck mit den

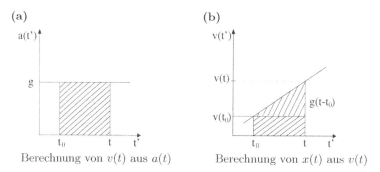

(a)

Berechnung von $v(t)$ aus $a(t)$

(b)

Berechnung von $x(t)$ aus $v(t)$

Abb. 2.11. Integration der Bewegungsgleichung bei dem freien Fall

Seiten $v(t_0)$ und $(t - t_0)$, sowie einem rechtwinkligen Dreieck mit den Seiten $g \, (t - t_0)$ und $(t - t_0)$ zusammen (Abb. 2.11b).

Ein Standardfall (Fall 2), der in Anwendungen öfter auftritt, ist: Die Beschleunigung ist als Funktion des Ortes vorgegeben: $a = a(x)$. Ein entsprechendes Beispiel ist das harmonische Oszillatorproblem mit

$$a(x) = -\omega^2 x \,.$$

Die Bestimmung von $x(t)$ und $v(t)$ aufgrund einer solchen Vorgabe ist aufwendiger als im Fall 1, da eine direkte Integration nicht möglich ist. Benutzt man die Definition der Beschleunigung als die zweite Ableitung der Ortsfunktion, so erhält man die folgenden Aussagen: Für den harmonischen Oszillator hat man

$$\frac{\mathrm{d}^2 x}{\mathrm{d}t^2} = -\omega^2 x \qquad \text{oder} \qquad \ddot{x} = -\omega^2 x \,,$$

im allgemeinen Fall

$$\frac{\mathrm{d}^2 x}{\mathrm{d}t^2} = a(x) \qquad \text{oder} \qquad \ddot{x} = a(x) \,.$$

Es liegt eine Differentialgleichung für die unbekannte Funktion $x(t)$ vor. Die Differentialgleichung für den harmonischen Oszillator kann man in die folgende Fragestellung umsetzen: Für welche Funktion ist die zweite Ableitung bis auf einen negativen Faktor gleich der Funktion selbst? Die Lösung dieser Differentialgleichung könnte man unter Umständen noch mit elementaren Mitteln angehen. Doch sind zum Beispiel die Lösungen der Differentialgleichung

$$\ddot{x} = +\omega^2 x$$

(eine positive anstelle einer negativen Konstanten) Exponentialfunktionen und keine trigonometrische Funktionen. Die Frage nach dem 'Warum' wird in dem Math.Kap. 6.1 von einem allgemeineren Standpunkt aus beantwortet.

Als eine einfachere Situation (Fall 3) verbleibt noch die Möglichkeit, dass die Beschleunigung als Funktion der Geschwindigkeit vorgegeben ist: $a = a(v)$. Ein Beispiel ist hier der freien Fall mit Reibung nach dem Ansatz von Stokes, für den $a = g - kv$ vorliegt. Die entsprechende Differentialgleichung schreibt man am geschicktesten in der Form

$$\frac{\mathrm{d}v}{\mathrm{d}t} = g - kv \,,$$

für eine allgemeinere Vorgabe lautet die Differentialgleichung

$$\frac{\mathrm{d}v}{\mathrm{d}t} = a(v) \,.$$

Derartige Differentialgleichungen lassen sich wieder durch direkte Integration lösen

$$\int_{v_0}^{v} \frac{\mathrm{d}v'}{a(v')} = \int_{t_0}^{t} \mathrm{d}t' \,.$$

Details des Lösungsprozesses werden in Math.Kap. 2.2.1 ausgeführt.

Die Differentialgleichungen für die drei vorgestellten Beispiele sind Spezialfälle der allgemein möglichen Differentialgleichung für die Charakterisierung von Bewegungsproblemen in einer Raumdimension. Im Allgemeinen (Fall 4) kann die vorgegebene Beschleunigung sowohl von der Zeit als auch von der Position und der Geschwindigkeit abhängen $a = a(v, x, t)$. Die Differentialgleichung

$$\frac{\mathrm{d}^2 x}{\mathrm{d}t^2} = a\left(\frac{\mathrm{d}x}{\mathrm{d}t}, x, t\right)$$

bezeichnet man als eine explizite Differentialgleichung zweiter Ordnung. Die Bestimmung von $x(t)$ aus einer solchen Vorgabe erfordert schon eine gewisse mathematische Kunstfertigkeit. Eine Auswahl von analytisch diskutierbaren Klassen von allgemeineren Differentialgleichungen wird in Math.Kap. 2 und 6 vorgestellt. In Math.Kap. 6.4 findet man auch Hinweise auf numerische Lösungsmethoden, die in vielen Fällen notwendig sind.

2.2 Allgemeine Bewegungsprobleme

Auch hier soll ein einfaches Fallexperiment am Anfang der Betrachtungen stehen. Ein Objekt (Massenpunkt) fällt in diesem 'Experiment' nicht mit einer Anfangsgeschwindigkeit Null vertikal nach unten, sondern hat eine Anfangsgeschwindigkeit in der horizontalen Richtung. Man beobachtet die Fallbewegung dieses Objektes und vergleicht sie mit der Fallbewegung eines identischen Objektes, das zur gleichen Anfangszeit aus der gleichen Anfangshöhe mit der Anfangsgeschwindigkeit Null beginnt.

Bei diesem Vergleichsexperiment (Abb. 2.12a) würde man feststellen: Beide Objekte befinden sich zu der gleichen Zeit immer auf der gleichen Höhe. Diese Aussage ist unabhängig von der Größe der horizontalen Anfangsgeschwindigkeit des ersten Objektes. Die Folgerung, die man aus diesem Vergleichsexperiment ziehen kann, lautet: Die Horizontalbewegung ist unabhängig von der Vertikalbewegung. Man kann den zweidimensionalen Bewegungsablauf aus zwei eindimensionalen Bewegungsabläufen zusammensetzen. Die formale Beschreibung des einfachen Wurfexperimentes sieht somit folgendermaßen aus: Bezeichne die Horizontale mit y, die Vertikale (wie zuvor nach unten) mit x. In der x-Richtung liegt eine gleichförmig beschleunigte Bewegung vor

$$x = \frac{1}{2}gt^2 \qquad v_x = gt \qquad a_x = g \,.$$

In der y-Richtung ist die Bewegung gleichförmig

$$y = v_{y0}t \qquad v_y = v_{y0} \qquad a_y = 0 \,.$$

Jede der kinematischen Größen Position, Geschwindigkeit und Beschleunigung wird durch ein Paar von Gleichungen charakterisiert. Man hätte natürlich ein ungeschickteres Koordinatensystem wählen können, so zum Beispiel ein rechtwinkliges Koordinatendreibein mit den x-, y- und z-Richtungen in beliebiger Orientierung. In diesem Fall müsste man die Position des Objektes als Funktion der Zeit durch die Projektion auf die drei Koordinatenachsen beschreiben (Abb. 2.12b). In der dreidimensionalen Welt benötigt man zur Charakterisierung jeder der drei kinematischen Größen ein Tripel von Angaben

$$\text{Position}: \qquad (x(t),\, y(t),\, z(t)) \qquad (2.10)$$

$$\text{Geschwindigkeit}: \qquad \left(v_x = \frac{\mathrm{d}x}{\mathrm{d}t},\, v_y = \frac{\mathrm{d}y}{\mathrm{d}t},\, v_z = \frac{\mathrm{d}z}{\mathrm{d}t}\right) \qquad (2.11)$$

(a)

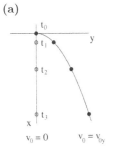

Optimales Koordinatensystem

(b)

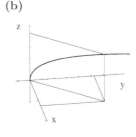

Beliebig orientiertes Koordinatensystem

Abb. 2.12. Das freie Wurfproblem

$$\text{Beschleunigung}: \left(a_x = \frac{\mathrm{d}v_x}{\mathrm{d}t},\ a_y = \frac{\mathrm{d}v_y}{\mathrm{d}t},\ a_z = \frac{\mathrm{d}v_z}{\mathrm{d}t} \right). \qquad (2.12)$$

Es liegt nahe, den Versuch zu unternehmen, diese Tripelangaben in geschickter Weise zusammenzufassen. Diese Zusammenfassung gelingt mit Hilfe des **Vektorbegriffes**. Vor der Verwendung der Vektorschreibweise ist es jedoch nützlich, die Vielfalt von Bewegungsformen, die man durch Überlagerung von eindimensionalen Bewegungen gewinnen kann, anhand von einigen expliziten Beispielen anzuschauen.

Die Vektorrechnung wird in Math.Kap. 3, das eine Einführung in die wichtigsten Themen der 'linearen Algebra' beinhaltet, vorgestellt. In diesem Kapitel wird auch der Umgang mit Matrizen, Determinanten und linearen Koordinatentransformationen behandelt, und es werden einige Bemerkungen zu den Themen lineare Vektorräume und schiefwinklige Koordinatensysteme angeboten.

2.2.1 Zweidimensionale Bewegungsformen

Bei der Betrachtung des obigen Fallexperimentes wurde zur Charakterisierung der Position ein Satz von Gleichungen der Form $\{x(t), y(t)\}$ benutzt. Man bezeichnet diese Vorgabe als eine **Parameterdarstellung der Bahnkurve** des Objektes. Trägt man in einem x-y Diagramm die Punkte $\{x(t), y(t)\}$ ein, so kann man den zeitlichen Verlauf der Bewegung explizit verfolgen (Abb. 2.13). Die **Gleichung der Bahnkurve** selbst erhält man, indem man aus dem Satz von Gleichungen

$$x = x(t) \qquad y = y(t)$$

die Zeit eliminiert. Für das Beispiel des einfachen, freien Wurfes ergibt dies

$$x = \frac{g}{2v_{y0}^2} y^2 \quad \text{oder} \quad y = \pm\sqrt{\left(\frac{2v_{y0}^2 x}{g} \right)}.$$

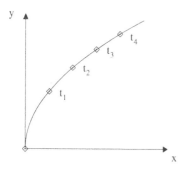

Abb. 2.13. Parameterdarstellung einer Bahn-kurve (zweidimensional)

Dies ist die Gleichung einer Parabel, beziehungsweise etwas präziser: die Glei-chung von zwei Parabelästen. Die Bahngleichung enthält keine Information über den detaillierten, zeitlichen Bewegungsablauf.

Eine Vielfalt von Bahnkurven entsteht durch die Überlagerung von har-monischen Schwingungen in zwei zueinander senkrechten Koordinatenrich-tungen. Man bezeichnet die so enstehenden Kurven nach ihrem Entdecker als **Lissajousfiguren**.

2.2.1.1 Überlagerung von harmonischen Schwingungen. Die Charak-terisierung der Schwingungen in den beiden Koordinatenrichtungen mit ver-schiedenen Amplituden (A), Phasen (ϕ) und Frequenzen (ω) lautet

$$x(t) = A_x \sin(\omega_x t + \phi_x) \tag{2.13}$$
$$y(t) = A_y \sin(\omega_y t + \phi_y) \,. \tag{2.14}$$

Die Amplitude und die Phase charakterisieren die jeweilige Anfangssituation, so z.B. für $t = 0$

$$x(0) = A_x \sin \phi_x \qquad v_x(0) = \omega_x A_x \cos \phi_x$$

$$y(0) = A_y \sin \phi_y \qquad v_y(0) = \omega_y A_y \cos \phi_y \,.$$

Die Frequenzen bestimmen die Schnelligkeit der Einzelschwingungen. Es zeigt sich, dass bei der Überlagerung der beiden Schwingungen nur die Phasen-differenz eine Rolle spielt. Man kann deswegen, ohne an Allgemeinheit der Betrachtung zu verlieren, eine der Phasen gleich Null setzen. Für die Wahl $\phi_y = 0$ ist $y(0) = 0$. Dies bedeutet, dass das Koordinatensystem derart ori-entiert wurde, dass sich die Anfangsposition auf der x-Achse befindet. Der Einfachheit halber setzt man dann $\phi_x = \phi$. Einige der Möglichkeiten für die Überlagerung von harmonischen Schwingungen sollen nun vorgestellt werden.

Das erste explizite Beispiel (Beispiel 2.4) ist der Fall gleicher Frequenzen $\omega_x = \omega_y = \omega$. Die Gleichung der Bahnkurve gewinnt man mit dem folgen-den Argument: Aus der Gleichung (2.14) für y folgt mit der besprochenen Phasenwahl $\sin \omega t = y(t)/A_y$ und daraus

$$\cos \omega t = \begin{cases} +\dfrac{1}{A_y}\sqrt{A_y^2 - y(t)^2} & \text{für} \quad -\dfrac{\pi}{2} \le \omega t \le \dfrac{\pi}{2} \qquad \mathrm{mod}(2\pi) \\[3mm] -\dfrac{1}{A_y}\sqrt{A_y^2 - y(t)^2} & \text{für} \quad +\dfrac{\pi}{2} \le \omega t \le \dfrac{3\pi}{2} \qquad \mathrm{mod}(2\pi) \,. \end{cases} \qquad (2.15)$$

Die Gleichung (2.13) für die Bewegung in der x-Richtung schreibt sich mit dem Additionstheorem für die trigonometrischen Funktionen als

$$x(t) = A_x(\cos \phi \sin \omega t + \sin \phi \cos \omega t) \,.$$

Setzt man die obigen Ausdrücke für $\cos \omega t$ und $\sin \omega t$ ein, so ergibt sich als Gleichung für die Bahnkurve

$$x = \frac{A_x}{A_y}\left(y \cos \phi \pm \sin \phi \sqrt{A_y^2 - y^2}\right) \,. \qquad (2.16)$$

Eine allgemeine Diskussion dieses Ausdrucks ist möglich, jedoch etwas unübersichtlich. Man gewinnt einen besseren Überblick, wenn man einige Spezialfälle betrachtet.

Fall 1: Für $\phi = 0$ lautet die Parameterdarstellung

$$x(t) = A_x \sin \omega t \qquad y(t) = A_y \sin \omega t \,.$$

Die beiden Einzelschwingungen sind in Phase. Die Gleichung der Bahnkurve ist $y = (A_y/A_x)\,x$. Die Bahnkurve ist eine Gerade, infolge des beschränkten Wertebereiches der unabhängigen Variablen natürlich nur ein Geradenstück (Abb. 2.14a). Die Überlagerung der beiden linearen Schwingungen ergibt in diesem Fall wieder eine lineare Oszillation mit der Frequenz ω, wobei der Massenpunkt in einer Richtung schwingt, die durch $\tan \alpha = (A_y/A_x)$ gegeben ist. Die maximale Auslenkung ist $[A_x^2 + A_y^2]^{1/2}$.

Fall 2: Ist die Phasendifferenz $\phi = \pm\pi$, so lautet die Parameterdarstellung

$$x(t) = -A_x \sin \omega t \qquad y(t) = A_y \sin \omega t$$

und die Bahngleichung $y = -(A_y x)/A_x$. Es liegt wieder eine lineare, harmonische Schwingung vor, dieses Mal entlang eines Geradenstückes im 2. und 4. Quadranten (Abb. 2.14b).

Sind die Amplituden gleich $(A_x = A_y = A)$ und ist die Phasendifferenz $\phi = \pi/2$ (Fall 3), so hat man

$$x(t) = A \cos \omega t \qquad y(t) = A \sin \omega t$$

und

$$x = \pm\sqrt{A^2 - y^2} \quad \text{oder} \quad x^2 + y^2 = A^2 \,.$$

Dies ist die Gleichung eines Kreises mit dem Radius A. Der Parameterdarstellung entnimmt man die Aussagen, dass sich der Massenpunkt zur Zeit $t = 0$ an der Stelle $(x(0), y(0)) = (A, 0)$ befindet und sich uniform auf dem

(a)   (b)

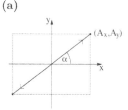
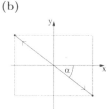

Phasendifferenz 0   Phasendifferenz $\pm\pi$

Abb. 2.14. Bahnkurven des zweidimensionalen harmonischen Oszillators mit $\omega_x = \omega_y$, $A_x = A_y$

(a)   (b)

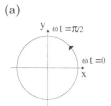
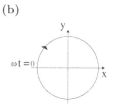

Phasendifferenz $+\pi/2$ Phasendifferenz $-\pi/2$

Abb. 2.15. Bahnkurven des zweidimensionalen harmonischen Oszillators mit $\omega_x = \omega_y$, $A_x = A_y$

Kreis entgegen dem Uhrzeigersinn bewegt. Für $\omega t = \pi/2$ sind seine Koordinaten $(x(\pi/2\omega), y(\pi/2\omega)) = (0, A)$ (Abb. 2.15a). Für einen vollen Umlauf benötigt er die Zeit $T = 2\pi/\omega$.

Für die Phasendifferenz von $\phi = -(\pi/2)$ und gleich große Amplituden (Fall 4) ändert die x-Koordinate ihr Vorzeichen $x(t) = -A\cos\omega t$. Die Bahnkurve wird immer noch durch die Kreisgleichung $x^2 + y^2 = A^2$ beschrieben, nur beginnt der Massenpunkt dieses Mal an der Stelle $(x(0), y(0)) = (-A, 0)$ und durchläuft den Kreis (uniform) im Uhrzeigersinn (Abb. 2.15b).

Fall 5: Für eine Phasendifferenz $\phi = \pi/2$, wie im Fall 3, aber verschiedenen Amplituden $(A_x \neq A_y)$ gilt

$$x(t) = A_x \cos\omega t \qquad y(t) = A_y \sin\omega t \,,$$

mit der Bahngleichung

$$x = \pm\frac{A_x}{A_y}\sqrt{A_y^2 - y^2} \quad \text{oder} \quad \frac{x^2}{A_x^2} + \frac{y^2}{A_y^2} = 1 \,.$$

Diese Bahnkurve ist eine Ellipse, die in der gleichen Weise wie der Kreis im Fall 3 durchlaufen wird (Abb. 2.16a). Für $t = 0$ ist die Position $(A_x, 0)$. Die Umlaufzeit ist wiederum $T = (2\pi)/\omega$.

Löst man die Wurzel in der allgemeineren Form der Bahngleichung (2.16) auf, so erhält man

$$A_y^2\, x^2 - 2A_x A_y xy \cos \phi + A_x^2\, y^2 = A_x^2 A_y^2 (\sin \phi)^2 \ . \tag{2.17}$$

Man könnte sich dann mit einigen Rechenschritten (● D.tail 2.1) davon überzeugen, dass die Bahnkurven für $\omega_x = \omega_y$ im Allgemeinen Ellipsen sind. Die Ellipsen haben jedoch eine beliebige Orientierung bezüglich der Koordinatenachsen. Sie treten z.B. auch auf, falls $A_x = A_y$ ist, die Phasendifferenz ϕ jedoch keinen ausgezeichneten Wert hat (Abb. 2.16b). Die Spezialfälle von Kreis und Geradenstück kann man als extreme Grenzfälle einer Ellipse auffassen.

(a)   **(b)**

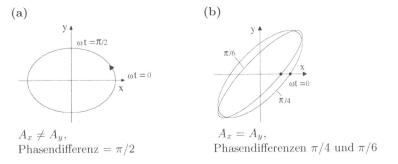

$A_x \neq A_y$,
Phasendifferenz $= \pi/2$

$A_x = A_y$,
Phasendifferenzen $\pi/4$ und $\pi/6$

Abb. 2.16. Bahnkurven des zweidimensionalen harmonischen Oszillators mit $\omega_x = \omega_y$

Die Bahnkurven werden deutlich komplexer, wenn die beiden Frequenzwerte verschieden sind ($\omega_x \neq \omega_y$). Zwei illustrative Beispiele sollen eine einigermaßen aufwendige Detaildiskussion ersetzen.

Die Phasendifferenz ist $\phi = \pi/2$, die Amplituden sind gleich ($A_x = A_y = A$) (Beispiel 2.5). Die Frequenz in der x-Richtung ist doppelt so groß wie die Frequenz in der y-Richtung ($\omega_x = 2\omega$, $\omega_y = \omega$). In diesem Fall lautet die Parameterdarstellung

$$x(t) = A \sin(2\omega t + \pi/2) = A \cos 2\omega t$$
$$= A(\cos^2 \omega t - \sin^2 \omega t)$$
$$y(t) = A \sin \omega t \ .$$

Zur Elimination der Zeitabhängigkeit benutzt man wieder (2.15)

$$\sin \omega t = \frac{y}{A} \qquad \cos \omega t = \pm \sqrt{1 - \frac{y^2}{A^2}} \ .$$

Setzt man dies in die obige Gleichung für x ein, so ergibt sich

$$x = A \left(1 - \frac{y^2}{A^2} - \frac{y^2}{A^2}\right) = \frac{1}{A}(A^2 - 2y^2)$$

oder bei Auflösung nach der Variablen y

$$y = \pm \sqrt{\frac{A}{2}(A - x)} \, .$$

Diese Gleichung beschreibt eine Parabel (genauer: ein Parabelstück) durch die Punkte

$$(-A, \, \pm A) \, , \quad (0, \, \pm A/\sqrt{2}) \quad \text{und} \quad (A, \, 0) \, .$$

Der Massenpunkt oszilliert auf dem Parabelstück, das innerhalb eines Quadrates mit der Seitenlänge $2A$ liegt. Er beginnt zur Zeit $t = 0$ in dem Schnittpunkt der Parabel mit der x-Achse (Abb. 2.17a), bewegt sich auf dem oberen Parabelast zu dem Punkt mit $x = -A$, kehrt dort um, erreicht nach dem Durchgang durch die x-Achse den Punkt mit $x = -A$ auf dem unteren Parabelast, kehrt an dieser Stelle wiederum um und beginnt nach Rückkehr zu dem x-Achsenpunkt den nächsten Zyklus.

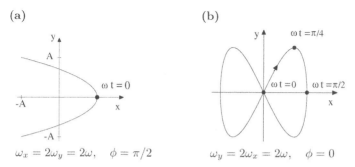

(a)   (b)

$$\omega_x = 2\omega_y = 2\omega, \quad \phi = \pi/2 \qquad \omega_y = 2\omega_x = 2\omega, \quad \phi = 0$$

Abb. 2.17. Bahnkurven des zweidimensionalen harmonischen Oszillators für $A_x = A_y = A$ bei verschiedenen Frequenzen

In dem Beispiel 2.6 ist die Phasendifferenz Null ($\phi = 0$), die Amplituden sind gleich und die Frequenz ist dieses Mal in der y-Richtung doppelt so groß wie die in der x-Richtung ($\omega_x = \omega$, $\omega_y = 2\omega$). Über die Parameterdarstellung

$$x(t) = A \sin \omega t$$

$$y(t) = A \sin 2\omega t = 2A \sin \omega t \cos \omega t$$

gewinnt man in diesem Fall die Bahngleichung

$$y = \pm \frac{2x}{A} \sqrt{A^2 - x^2} \, .$$

Die Bahnkurve ist eine Art von '8' in dem Quadrat mit der Seitenlänge $2A$ um den Koordinatenursprung. Die '8' wird, beginnend zur Zeit $t = 0$ im Ursprung, zuerst auf der rechten Schleife im Uhrzeigersinn, dann auf der linken Seite im gegenläufigen Sinn durchlaufen. Das Pluszeichen in der Gleichung für die Bahnkurve beschreibt den Anteil der Bahnkurve oberhalb der x-Achse, das Minuszeichen entsprechend den unteren Teil (Abb. 2.17b). Die Variation der Bahnkurven mit der Phasendifferenz für dieses Beispiel zeigt Abb. 2.18.

Man beachte die Bewegungsrichtung für die Phasendifferenz $\phi = \pi/2$ im Vergleich zu der Bewegungsrichtung für $\phi = 0$.

Eine Auswahl von weiteren Bahnkurven ist in Abb. 2.19 bis 2.22 zusammengestellt. Ist das Frequenzverhältnis (ω_x/ω_y) gleich 1, so erhält man, wie schon ausgeführt, Ellipsen mit den Grenzfällen Kreise und Geraden. Die Variation dieser Bahnkurven für den Fall gleicher Amplituden als Funktion der Phasendifferenz ist in Abb. 2.19 angedeutet. Man beachte insbesondere die Umkehrung des Umlaufsinnes bei den Werten $\phi = \pi, 2\pi$. Ist das Frequenzverhältnis rational

$$\frac{\omega_x}{\omega_y} = \frac{m}{n} \qquad (m, n \text{ ganzzahlig}) ,$$

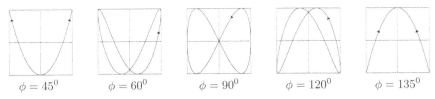

$\phi = 45^0$ $\phi = 60^0$ $\phi = 90^0$ $\phi = 120^0$ $\phi = 135^0$

Abb. 2.18. Überlagerung von Oszillationen für $2\omega_x = \omega_y$, $A_x = A_y$ in Abhängigkeit von der Phasendifferenz ϕ

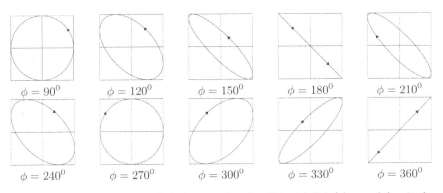

$\phi = 90^0$ $\phi = 120^0$ $\phi = 150^0$ $\phi = 180^0$ $\phi = 210^0$

$\phi = 240^0$ $\phi = 270^0$ $\phi = 300^0$ $\phi = 330^0$ $\phi = 360^0$

Abb. 2.19. Variation der Bahnkurven für das Beispiel 2.4 $(A_x = A_y)$ mit der Phasendifferenz ϕ

so erhält man immer geschlossene Kurven. Je größer die ganzen Zahlen m und n sind, desto mehr Schleifen können die Figuren aufweisen. Beispiele sind in den Abbildungen 2.20 bis 2.22 zu sehen.

Eine experimentelle Demonstration der Überlagerung von zwei linearen Schwingungen wurde 1855 noch mit einer mechanischen Apparatur durchgeführt. Für eine modernere experimentelle Reproduktion der Figuren be-

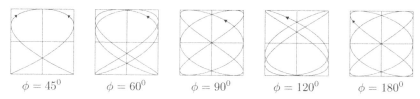

$\phi = 45^0$ $\phi = 60^0$ $\phi = 90^0$ $\phi = 120^0$ $\phi = 180^0$

Abb. 2.20. Variation der Bahnkurven mit der Phasendifferenz ϕ für rationale Frequenzverhältnisse $(2\omega_x = 3\omega_y)$, $(A_x = A_y)$

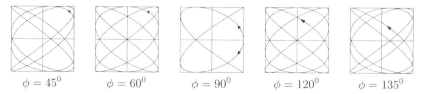

$\phi = 45^0$ $\phi = 60^0$ $\phi = 90^0$ $\phi = 120^0$ $\phi = 135^0$

Abb. 2.21. Variation der Bahnkurven mit der Phasendifferenz ϕ für rationale Frequenzverhältnisse $(3\omega_x = 4\omega_y)$, $(A_x = A_y)$

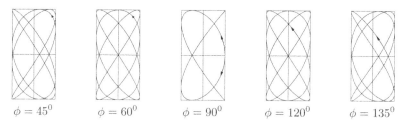

$\phi = 45^0$ $\phi = 60^0$ $\phi = 90^0$ $\phi = 120^0$ $\phi = 135^0$

Abb. 2.22. Variation der Bahnkurven für $3\omega_x = 4\omega_y$, $2A_x = A_y$ mit der Phasendifferenz ϕ

nutzt man einen Oszillographen, an dessen senkrecht zueinander angeordneten Ablenkplatten harmonische Wechselspannungen mit entsprechenden Frequenzverhältnissen angelegt werden.

Ist das Verhältnis der Frequenzen (ω_x/ω_y) irrational, so sind die Bahnkurven nicht geschlossen. Der Massen- oder der Oszillatorpunkt überdeckt im Verlaufe der Zeit das gesamte Rechteck mit den Seitenlängen $2A_x$ und $2A_y$. Da schon kleinste Abweichungen von einem rationalen Verhältnis zu nichtgeschlossenen Kurven führen, ergibt sich auf diese Weise eine extrem genaue Möglichkeit des (elektrotechnischen) Frequenzvergleiches.

2.2.2 Dreidimensionale Bewegungsformen

Der Satz von Gleichungen $\{x(t), y(t), z(t)\}$ stellt eine Kurve im dreidimensionalen Raum dar. Die Parametrisierung der Schraubenlinie

- $x(t) = R \cos \omega t \qquad y(t) = R \sin \omega t \qquad z(t) = bt$ (2.18)

ist ein Beispiel für eine derartige Parameterdarstellung. Dabei sind R und b vorgegebene Parameter, t (z.B. mit den Werten $0 \le t \le \infty$) ist die Variable, mit deren Hilfe man die Raumkurve abfährt. Die Projektion der Raumkurve auf die x-y Ebene ist ein Kreis, der uniform durchlaufen wird. Während die Projektion eines Massenpunktes auf diese Ebene einmal auf dem Kreis umläuft, ändert sich die z-Komponente linear mit dem Parameter t (zum Beispiel der Zeit) um den Betrag $\Delta z = 2\pi b/\omega$. Die vorgegebene Raumkurve ist eine Schraubenlinie mit dem Durchmesser $2R$ und der Ganghöhe Δz (Abb. 2.23).

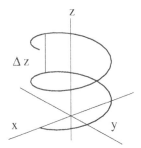

Abb. 2.23. Schraubenlinie

- $x(t) = a \cos\phi \sin\omega t \quad y(t) = b \sin\phi \sin\omega t \quad z(t) = c \cos\omega t$. $\hspace{1cm}$ (2.19)

In diesem Fall sind vier Parameter, a, b, c und ϕ, vorgegeben, t ist wiederum die unabhängige Variable. Interpretiert man diese Raumkurve als Bahnkurve eines Massenpunktes, so hat man die Aussage: Der Massenpunkt bewegt sich auf der Oberfläche eines achsenorientierten Ellipsoides und zwar auf einer Kurve, die durch den Nordpol und den Südpol entlang eines 'Längengrades' verläuft (Abb. 2.24).

Das folgende Argument illustriert diese Behauptung. Aus den drei Gleichungen der Parameterdarstellung kann man die Zeit eliminieren und zwei implizite Gleichungen in drei Variablen gewinnen

$$\frac{x^2}{a^2} + \frac{y^2}{b^2} + \frac{z^2}{c^2} = 1 \qquad y = \left(\frac{b}{a}\tan\phi\right)x \ .$$

Die erste Gleichung stellt die Oberfläche eines Ellipsoides mit den Halbachsen a, b, c dar. Die zweite Gleichung beschreibt, im dreidimensionalen Raum, eine Ebene durch die z-Achse, die durch Parallelverschiebung einer Geraden in der x-y Ebene ($y = Ax$) erzeugt wird. Die Bahnkurve ist die Schnittlinie des Ellipsoides mit der Ebene.

Die Darstellung einer Raumkurve als Schnittlinie von zwei Flächen im Raum ist eine Alternative zu der Parameterdarstellung durch drei Funktionen einer Variablen t. In der theoretischen Mechanik ist die Parameterdarstellung jedoch die natürlichere Variante.

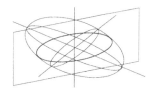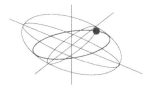

Abb. 2.24. Bewegung auf einem Rotationsellipsoid

Die Darstellung von Flächen im Raum durch Funktionen von mehreren Veränderlichen wird in Math.Kap. 4 erläutert. In diesem Kapitel werden auch die partielle Differentiation und verschiedene Integrale mit Funktionen von mehreren Veränderlichen besprochen.

Ist der Satz von Koordinaten als Funktion der Zeit t vorgegeben, so kann man die Komponenten der Geschwindigkeit und der Beschleunigung durch direkte Differentiation berechnen. Für die Bewegung auf der Raumkurve (2.19) erhält man dann mit

$$x = A_x \sin \omega t \qquad y = A_y \sin \omega t \qquad z = A_z \cos \omega t \ ,$$

wobei zur Abkürzung

$$A_x = a \cos \phi \qquad A_y = b \sin \phi \qquad A_z = c$$

gesetzt wurde, für die Geschwindigkeitskomponenten

$$v_x = \frac{\mathrm{d}x}{\mathrm{d}t} = \omega A_x \cos \omega t \quad v_y = \frac{\mathrm{d}y}{\mathrm{d}t} = \omega A_y \cos \omega t \quad v_z = \frac{\mathrm{d}z}{\mathrm{d}t} = -\omega A_z \sin \omega t$$

und für die Komponenten der Beschleunigung

$$a_x = \frac{\mathrm{d}v_x}{\mathrm{d}t} = -\omega^2 A_x \sin \omega t \qquad a_y = \frac{\mathrm{d}v_y}{\mathrm{d}t} = -\omega^2 A_y \sin \omega t$$

$$a_z = \frac{\mathrm{d}v_z}{\mathrm{d}t} = -\omega^2 A_z \cos \omega t \ .$$

Dieses Ergebnis zeigt, dass es sich bei diesem Beispiel wieder um ein Oszillatorproblem (in drei Dimensionen) handelt, denn es ist

$$a_x = -\omega^2 x \qquad a_y = -\omega^2 y \qquad a_z = -\omega^2 z \ .$$

Wie im Fall einer Raumdimension ist die eigentliche Fragestellung jedoch nicht die Berechnung der Geschwindigkeit und der Beschleunigung aus der Vorgabe der Position als Funktion der Zeit, sondern die Umkehrung:

Vorgegeben sind drei Funktionen a_x, a_y, a_z und die Anfangsbedingungen $x(t_0)$, $y(t_0)$, $z(t_0)$, $v_x(t_0)$, $v_y(t_0)$, $v_z(t_0)$. Bestimme aus diesen Vorgaben $x(t)$, $y(t)$, $z(t)$.

Dies bedeutet, dass die Lösung eines Satzes von Differentialgleichungen zu finden ist. Für eine Vorgabe der Funktionen a_i mit

$$\ddot{x} = a_x(t, x, \dot{x}) \qquad \ddot{y} = a_y(t, y, \dot{y}) \qquad \ddot{z} = a_z(t, z, \dot{z}) \tag{2.20}$$

liegt ein Satz von drei ungekoppelten Differentialgleichungen vor, also drei Bewegungsgleichungen von dem Typ, der bei der Diskussion der eindimensionalen Bewegung in Kap. 2.1 auftrat.

Der allgemeinere Fall ist die Vorgabe von drei gekoppelten Differentialgleichungen der Form

$$\ddot{x} = a_x(t, x, y, z, \dot{x}, \dot{y}, \dot{z}) \tag{2.21}$$
$$\ddot{y} = a_y(t, x, y, z, \dot{x}, \dot{y}, \dot{z})$$
$$\ddot{z} = a_z(t, x, y, z, \dot{x}, \dot{y}, \dot{z}) \ .$$

Einige Beispiele dieser Art und geeignete Methoden zu ihrer Lösung werden in den späteren Kapiteln diskutiert.

2.2.3 Ein Beispiel zur Lösung von zweidimensionalen Bewegungsproblemen

Das folgende Problem soll die Lösung der Bewegungsgleichungen in zwei Raumdimensionen illustrieren. Die Vorgabe ist

$$a_x = g - kv_x \qquad a_y = -kv_y \ . \tag{2.22}$$

In der x-Richtung (Vertikale, Orientierung nach unten) wirkt eine konstante Beschleunigung und ein Reibungsterm, in der y-Richtung (Horizontale, Orientierung nach rechts) tritt nur ein Reibungsterm (vom gleichen Typ) auf. Die Vorgabe entspricht einem freien Wurfproblem in einem homogenen, zähen Medium.

Als Anfangsbedingungen werden vorgegeben

$$t_0 = 0 : \quad x(0) = y(0) = 0 \qquad v_x(0) = v_{x0} \quad v_y(0) = v_{y0} \ .$$

Der Massenpunkt befindet sich zur Anfangszeit im Koordinatenursprung, die Anfangsgeschwindigkeit ist beliebig.

Der Lösungsprozess für dieses Bewegungsproblem wurde schon in Kap. 2.1 angedeutet. Man verwendet die Methode der Variablentrennung, die in Math.Kap. 2.2.1 eingehender besprochen wird. Für die x-Richtung steht die Differentialgleichung

$$\frac{\mathrm{d}v_x}{\mathrm{d}t} = g - kv_x$$

zur Diskussion. Die allgemeine Lösung dieser Differentialgleichung erster Ordnung ist

$$v_x(t) = \dot{x}(t) = \frac{g}{k}(1 - \mathrm{e}^{-kt}) + v_{x0}\mathrm{e}^{-kt} \ .$$

Die Lösung dieser zweiten Differentialgleichung erhält man durch direkte Integration, mit der angegebenen Anfangsbedingung also

$$x(t) = \frac{g}{k}t + \frac{g}{k^2}(\mathrm{e}^{-kt} - 1) - \frac{v_{x0}}{k}(\mathrm{e}^{-kt} - 1) \,. \tag{2.23}$$

Für die Diskussion der Bewegung in der y-Richtung ist die einfachere Differentialgleichung

$$\frac{\mathrm{d}v_y}{\mathrm{d}t} = -k\,v_y$$

zu lösen. Auch hier wäre eine Anwendung der Methode der Variablentrennung möglich. Dies ist jedoch nicht notwendig, da diese Vorgabe der Differentialgleichung für die x-Koordinate mit $g = 0$ entspricht, man also direkt abschreiben kann

$$v_y(t) = v_{y0}\mathrm{e}^{-kt} \qquad y(t) = -\frac{v_{y0}}{k}(\mathrm{e}^{-kt} - 1) \,. \tag{2.24}$$

Zur Detaildiskussion des Bewegungsablaufes betrachtet man auch hier zunächst Grenzfälle:

Für kleine Zeiten gewinnt man durch Reihenentwicklung der Exponentialfunktion

$$(\mathrm{e}^{-kt} - 1) = -kt + \frac{1}{2}k^2t^2 - \ldots$$

die Näherungen

$$x(t) \approx v_{x0}t + \frac{1}{2}(g - v_{x0}k)t^2 + \ldots$$

$$y(t) \approx v_{y0}t - \frac{1}{2}v_{y0}kt^2 + \ldots \,.$$

Falls die Reibungseffekte schwach sind ($v_{x0}k \sim v_{y0}k \ll g$), ähnelt die Bahnkurve der Wurfparabel.

Für große Zeiten, genauer für kt groß, erhält man mit dem asymptotischen Limes der Exponentialfunktion

$$x(t) \longrightarrow \frac{g}{k}t + \left(\frac{v_{x0}}{k} - \frac{g}{k^2}\right) \qquad y(t) \longrightarrow \frac{v_{y0}}{k} \,. \tag{2.25}$$

Die Bewegung geht in eine gleichförmige Bewegung entlang einer Vertikalen über. Ein Beispiel für den gesamten Bewegungsablauf ist in Abb. 2.25 illustriert.

Es ist auch möglich, einen analytischen Ausdruck für die Bahnkurve in der Form $x = x(y)$ zu gewinnen. Man benutzt dazu die Auflösung der zweiten Gleichung in (2.24)

$$(\mathrm{e}^{-kt} - 1) = -\frac{ky}{v_{y0}}$$

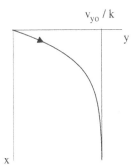

v_{yo}/k

y

x

Abb. 2.25. Wurf in einem zähen Medium

mit der Umkehrung

$$t = -\frac{1}{k}\ln\left(1 - \frac{ky}{v_{y0}}\right) \; ,$$

so dass aus (2.23)

$$x = -\frac{g}{k^2}\ln\left(1 - \frac{ky}{v_{y0}}\right) + \left(\frac{v_{x0}}{v_{y0}} - \frac{g}{kv_{y0}}\right)y$$

folgt.

Auch das zweidimensionale Oszillatorproblem aus Kap. 2.2.1, mit den Differentialgleichungen $\ddot{x} = -\omega_x^2 x$ und $\ddot{y} = -\omega_y^2 y$ und den allgemeinen Lösungen

$$x(t) = A_x\sin(\omega_x t + \phi_x) \qquad v_x(t) = A_x\omega_x\cos(\omega_x t + \phi_x)$$
$$y(t) = A_y\sin(\omega_y t + \phi_y) \qquad v_y(t) = A_y\omega_y\cos(\omega_y t + \phi_y)$$

ist ein Beispiel für das einfachere Differentialgleichungssystem (2.20).

2.3 Vektorielle Beschreibung von Bewegungen

Die Bewegung eines Massenpunktes im Raum wird durch einen Satz von drei Funktionen, der Parameterdarstellung einer Bahnkurve $\{x(t),\ y(t),\ z(t)\}$, beschrieben. Fasst man die drei Funktionen als die Komponenten eines (zeitlich veränderlichen) Vektors auf

$$\boldsymbol{r}(t) = x(t)\,\boldsymbol{e}_\mathrm{x} + y(t)\,\boldsymbol{e}_\mathrm{y} + z(t)\,\boldsymbol{e}_\mathrm{z} \; , \qquad (2.26)$$

so erhält man eine vektorielle Darstellung des Bewegungsablaufes. Der Endpunkt des Vektors $\boldsymbol{r}(t)$ fährt die Bahnkurve ab (Abb. 2.26a). Die vektorielle Darstellung hat den Vorteil, dass sie die Beschreibung der Bewegung von der Wahl eines bestimmten Koordinatensystems befreit, auch wenn man zur Angabe von Details auf eine bestimmte Komponentenzerlegung zurückgreifen muss (Abb. 2.26b).

(a)   (b)

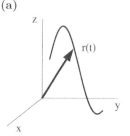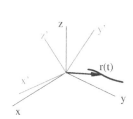

Vektorielle Beschreibung einer   Unabhängigkeit von Koordinaten-
Bahnkurve im Raum   dreibeinen

Abb. 2.26. Vektorielle Beschreibung der Bewegung eines Massenpunktes

2.3.1 Grundbegriffe

So kann man z.B. den **Geschwindigkeitsvektor** ohne Zuhilfenahme der
Komponentenzerlegung diskutieren. Mit den Vektoren, die die Position eines
Massenpunktes zur Zeit t und $t + \Delta t$ markieren, bildet man den Differenzvek-
tor $\Delta \boldsymbol{r} = \boldsymbol{r}(t + \Delta t) - \boldsymbol{r}(t)$ (Abb. 2.27). Multipliziert man diesen Vektor mit

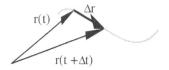

Abb. 2.27. Zur Definition des Geschwindigkeitsvektors

dem Skalar $1/\Delta t$, so erhält man den Vektor für die Durchschnittsgeschwindigkeit

$$\bar{\boldsymbol{v}}(t, \Delta t) = \frac{\Delta \boldsymbol{r}}{\Delta t} \; .$$

Führt man den Grenzübergang $\Delta t \to 0$ aus, so ergibt sich der Vektor für die
Momentangeschwindigkeit

$$\boldsymbol{v}(t) = \frac{\mathrm{d}\boldsymbol{r}}{\mathrm{d}t} = \dot{\boldsymbol{r}} = \lim_{\Delta t \to 0} \frac{\boldsymbol{r}(t + \Delta t) - \boldsymbol{r}(t)}{\Delta t} \; . \tag{2.27}$$

Die drei ersten Aussagen in dieser Gleichungskette entsprechen Varianten
der Notation, die eigentliche Definition ist der Grenzwert. Aus geometrischer
Sicht ergibt sich die Aussage: Der Vektor $\boldsymbol{v}(t)$ markiert die Tangente an die
räumliche Bahnkurve im Punkt $\boldsymbol{r}(t)$.

Die Übertragung der vektoriellen Betrachtung in die Komponentenform
beinhaltet die Schritte: Beziehe die beiden Vektoren $\boldsymbol{r}(t)$ und $\boldsymbol{r}(t + \Delta t)$ auf
ein Koordinatensystem, das sich *nicht* mit der Zeit verändert. Es folgt

$$\bar{\boldsymbol{v}}(t, \Delta t) = \frac{\Delta x}{\Delta t} \, \boldsymbol{e}_\mathrm{x} + \frac{\Delta y}{\Delta t} \, \boldsymbol{e}_\mathrm{y} + \frac{\Delta z}{\Delta t} \, \boldsymbol{e}_\mathrm{z} \; ,$$

bzw. im Grenzfall

$$\boldsymbol{v}(t) = \dot{x}(t)\,\boldsymbol{e}_{\mathrm{x}} + \dot{y}(t)\,\boldsymbol{e}_{\mathrm{y}} + \dot{z}(t)\,\boldsymbol{e}_{\mathrm{z}}\;. \tag{2.28}$$

Voraussetzung ist, um es noch einmal zu betonen, Bezug auf ein zeitlich unveränderliches Koordinatendreibein. Die Diskussion ist grundverschieden (siehe z.B. Kap. 6.2, rotierende Koordinatensysteme), falls diese Voraussetzung nicht gegeben ist.

Der **Beschleunigungsvektor** wird entsprechend als die zeitliche Veränderung des Geschwindigkeitsvektors definiert

$$\boldsymbol{a}(t) = \frac{\mathrm{d}\boldsymbol{v}}{\mathrm{d}t} = \frac{\mathrm{d}^2\boldsymbol{r}}{\mathrm{d}t^2} = \dot{\boldsymbol{v}}(t) = \ddot{\boldsymbol{r}}(t) = \lim_{\Delta t \to 0} \frac{\boldsymbol{v}(t + \Delta t) - \boldsymbol{v}(t)}{\Delta t}\;. \tag{2.29}$$

Wieder ist die eigentliche Definition des Beschleunigungsvektors durch den Grenzwert gegeben, die restlichen Angaben sind gebräuchliche Varianten in der Notation für diese Größe. Bei Bezug auf ein zeitlich unveränderliches Koordinatensystem gilt

$$\boldsymbol{a}(t) = \ddot{x}(t)\,\boldsymbol{e}_{\mathrm{x}} + \ddot{y}(t)\,\boldsymbol{e}_{\mathrm{y}} + \ddot{z}(t)\,\boldsymbol{e}_{\mathrm{z}}\;. \tag{2.30}$$

Die Differentiation und die Integration von Vektoren nach einem Parameter (in der Physik meist die Zeit) spielt von nun an immer wieder eine Rolle. Eine Zusammenfassung dieses Themenkreises findet man in Math.Kap. 5.

2.3.1.1 Bogenlänge, Tangenten- und Normalenvektoren.
Größen, die Einzelaspekte einer Bahnkurve charakterisieren, lassen sich auf den Geschwindigkeitsvektor zurückführen.

- Die Bogenlänge eines Kurvenstücks, dessen Endpunkte durch die Parameter t_0 und t beschrieben werden, ist

$$s(t, t_0) \equiv s(t) = \int_{t_0}^{t} \left[\dot{x}(t')^2 + \dot{y}(t')^2 + \dot{z}(t')^2\right]^{1/2} \mathrm{d}t'$$

$$= \int_{t_0}^{t} \left[\dot{\boldsymbol{r}}(t') \cdot \dot{\boldsymbol{r}}(t')\right]^{1/2} \mathrm{d}t'\;.$$

Diese Vorschrift zur Berechnung der Bogenlänge ergibt sich aus der Zerlegung eines Kurvenstückes in infinitesimale Elemente mit der Länge

$$\mathrm{d}s = \left[\mathrm{d}x^2 + \mathrm{d}y^2 + \mathrm{d}z^2\right]^{1/2}\;,$$

der Verknüpfung mit dem Kurvenparameter mittels

$$\mathrm{d}x = \dot{x}(t)\mathrm{d}t \qquad \mathrm{d}y = \dot{y}(t)\mathrm{d}t \qquad \mathrm{d}z = \dot{z}(t)\mathrm{d}t$$

und anschließender Integration.

- Der Tangentenvektor e_T ist ein Einheitsvektor in einem Bahnpunkt in Richtung der Tangente an die Kurve mit der Definition

$$e_T(t) = \frac{\mathrm{d}\boldsymbol{r}}{\mathrm{d}s} = \frac{\mathrm{d}\boldsymbol{r}}{\mathrm{d}t}\frac{\mathrm{d}t}{\mathrm{d}s} = \frac{\dot{\boldsymbol{r}}(t)}{|\dot{\boldsymbol{r}}(t)|} \ .$$

Der zweite Term auf der linken Seite beinhaltet die Definition. Der nächste Schritt folgt mit der Kettenregel, der letzte aus der Definition der Bogenlänge mit

$$\frac{\mathrm{d}s}{\mathrm{d}t} = [\dot{\boldsymbol{r}}(t) \cdot \dot{\boldsymbol{r}}(t)]^{1/2} = |\dot{\boldsymbol{r}}(t)| \ .$$

Offensichtlich ist e_T ein Einheitsvektor, denn es gilt

$$e_T \cdot e_T = \frac{\dot{\boldsymbol{r}}(t) \cdot \dot{\boldsymbol{r}}(t)}{|\dot{\boldsymbol{r}}(t)|^2} = 1 \ .$$

- Der Normalenvektor ist ein Einheitsvektor senkrecht zu e_T, der durch

$$e_N(t) = \rho(t)\frac{\mathrm{d}e_T}{\mathrm{d}s}$$

definiert ist. Da die Ableitung des Tangentenvektors nach der Bogenlänge nicht notwendigerweise den Betrag 1 hat, tritt ein Normierungsfaktor auf

$$\rho(t) = \left|\frac{\mathrm{d}e_T}{\mathrm{d}s}\right|^{-1} = \left|\frac{\mathrm{d}e_T}{\mathrm{d}t}\frac{\mathrm{d}t}{\mathrm{d}s}\right|^{-1} = |\dot{\boldsymbol{r}}|\left|\frac{\mathrm{d}e_T}{\mathrm{d}t}\right|^{-1} \ .$$

Die Inverse des Betrages der Ableitung von e_T nach dem Parameter s wird als Krümmungsradius $\rho(t)$ bezeichnet. Der Betrag selbst

$$\kappa(t) = \rho(t)^{-1}$$

heißt Krümmung. Die Orthogonalität von $e_N(t)$ und $e_T(t)$ folgt aus

$$\frac{\mathrm{d}(e_T(t) \cdot e_T(t))}{\mathrm{d}t} = 2(e_T(t) \cdot \frac{\mathrm{d}e_T(t)}{\mathrm{d}t}) = 0 \ .$$

- Das Komplement zu einem lokalen Koordinatendreibein

$$e_B(t) = e_T(t) \times e_N(t)$$

bezeichnet man als den Binormalenvektor.

2.3.2 Vektorielle Fassung von Bewegungen

Drei Beispiele sollen die vektorielle Beschreibung von Bewegungsabläufen illustrieren.

Ein einfaches Beispiel (Beispiel 2.7) ist die uniforme Kreisbewegung in der x-y Ebene. Der Positionsvektor ist

$$r(t) = (R\cos\omega t)\,e_{\mathrm{x}} + (R\sin\omega t)\,e_{\mathrm{y}} + 0\,e_{\mathrm{z}} \tag{2.31}$$

oder in der üblichen Abkürzung

$$r(t) = (R\cos\omega t,\ R\sin\omega t,\ 0)\ .\tag{2.32}$$

Als Anfangsbedingung wurde $r(0) = (R, 0, 0)$ gewählt. Der Massenpunkt (bzw. der Endpunkt des Positionsvektors) dreht sich gegen den Uhrzeigersinn (Abb. 2.28a). Für den Geschwindigkeitsvektor erhält man (Abb. 2.28b)

$$v(t) = (-R\omega\sin\omega t,\ R\omega\cos\omega t,\ 0)\ .\tag{2.33}$$

Dieser Vektor hat die folgenden Eigenschaften:

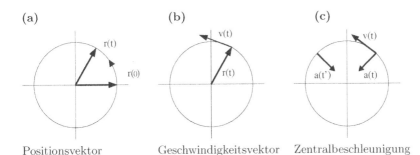

(a) Positionsvektor   **(b)** Geschwindigkeitsvektor   **(c)** Zentralbeschleunigung

Abb. 2.28. Kreisbewegung

(1) Der Betrag von v ($v = |v| = R\omega$) ist unabhängig von der Zeit.
(2) Mit der Zeit ändert sich nur die Richtung des Vektors. Der Geschwindigkeitsvektor steht wegen $r(t) \cdot v(t) = 0$ zu jedem Zeitpunkt senkrecht auf dem Positionsvektor.

Trägt man die Geschwindigkeitsvektoren als feste Vektoren in einem Koordinatensystem ein (Abb. 2.29a), so beschreiben die Endpunkte der Vektoren eine Kurve, die man als **Hodograph** bezeichnet (hodos ist das griechische Wort für Weg). Die Parameterdarstellung des Hodographen im dreidimensionalen Raum ist somit $\{\dot{x}(t), \dot{y}(t), \dot{z}(t)\}$. Für den Fall der uniformen Kreisbewegung in der Ebene ist der Hodograph wieder ein Kreis. Der Geschwindigkeitsvektor rotiert in diesem Fall im gleichen Sinn wie der Ortsvektor, nur ist er diesem um $90°$ voraus (Abb. 2.29b).

Der Beschleunigungsvektor $a(t)$ für die uniforme Kreisbewegung ist

$$a(t) = (-\omega^2 R\cos\omega t,\ -\omega^2 R\sin\omega t,\ 0) = -\omega^2 r(t)\ .\tag{2.34}$$

Der Beschleunigungsvektor ist zu jedem Zeitpunkt dem Positionsvektor entgegengerichtet (d.h. immer auf den Mittelpunkt des Kreises zu). Man spricht deswegen von einer **Zentral- (oder Zentripetal-) beschleunigung** (Abb. 2.28c). Auch der Betrag des Beschleunigungsvektors ist unabhängig von der Zeit

$$a(t) = |a(t)| = \omega^2 R\ .\tag{2.35}$$

(a)

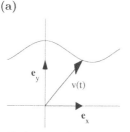

(b)

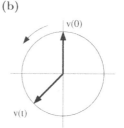

Hodograph (allgemein)

Hodograph der uni-
formen Kreisbewegung

Abb. 2.29. Hodograph

Oft benutzte Relationen bei der Diskussion der uniformen Kreisbewegungen
sind:

$$a(t) = \omega\, v = \frac{v^2}{R} \; . \tag{2.36}$$

Für den Fall einer allgemeineren Bewegung eines Massenpunktes auf einem Kreis, beschrieben durch eine Funktion $\omega(t)$, gelten die folgenden Aussagen: Der Ortsvektor und der daraus resultierende Geschwindigkeitsvektor
sind

$$\boldsymbol{r}(t) = (R\cos\omega(t),\ R\sin\omega(t),\ 0),$$
$$\boldsymbol{v}(t) = (-R\dot{\omega}\sin\omega(t),\ R\dot{\omega}\cos\omega(t),\ 0)\ .$$

In diesem Fall ist der Betrag von $\boldsymbol{v}$ ($v = |R\dot{\omega}|$) eine Funktion der Zeit, es
gilt aber immer noch $\boldsymbol{r}(t) \cdot \boldsymbol{v}(t) = 0$. Der Geschwindigkeitsvektor ist immer
noch tangential an dem Kreis. Die Komponenten des Beschleunigungsvektors
setzen sich aus zwei Beiträgen zusammen

$$\boldsymbol{a}(t) = (-R\ddot{\omega}\sin\omega - R\dot{\omega}^2\cos\omega,\ R\ddot{\omega}\cos\omega - R\dot{\omega}^2\sin\omega,\ 0)\ .$$

Die vektorielle Zusammenfassung lautet

$$\boldsymbol{a}(t) = \frac{\ddot{\omega}(t)}{\dot{\omega}(t)}\boldsymbol{v}(t) - \dot{\omega}(t)^2\boldsymbol{r}(t)\ . \tag{2.37}$$

In dem allgemeineren Fall liegt keine Zentralbeschleunigung vor.
Das nächste Beispiel (Beispiel 2.8) ist die Bewegung auf einer Lissajousellipse
mit dem Ortsvektor

$$\boldsymbol{r}(t) = (a\cos\omega t,\ b\sin\omega t,\ 0)\ . \tag{2.38}$$

Die Anfangsbedingung ist $\boldsymbol{r}(0) = (a, 0, 0)$, der Umlauf ist wieder gegen den
Uhrzeigersinn (Abb. 2.30a). Für den Geschwindigkeitsvektor erhält man

$$\boldsymbol{v}(t) = (-a\omega\sin\omega t,\ b\omega\cos\omega t,\ 0)$$

und stellt fest

$$r(t) \cdot v(t) = (b^2 - a^2)\, \omega \cos \omega t\, \sin \omega t \,.$$

Ortsvektor und Geschwindigkeitsvektor stehen nur für bestimmte Zeitpunkte senkrecht aufeinander. Diese Aussage entnimmt man auch einer Zeichnung (siehe Abb. 2.30b). Nur in den Achsenabschnittspunkten mit $\omega t = 0$,

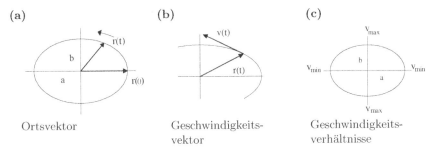

(a)   (b)   (c)

Ortsvektor   Geschwindigkeits-   Geschwindigkeits-
                 vektor   verhältnisse

Abb. 2.30. Bewegung auf einer Lissajousellipse

$\pi/2,\ \pi,\ 3\pi/2,\ 2\pi$, etc. ist v orthogonal zu r. Der Betrag des Geschwindigkeitsvektors

$$v(t) = \omega [a^2 \sin^2 \omega t + b^2 \cos^2 \omega t]^{1/2}$$

ändert sich mit der Zeit. Der Umlauf ist also nicht gleichförmig. Ist (wie in Abb. 2.30c angedeutet) $a > b$, so hat der Massenpunkt seine größte Geschwindigkeit in den Punkten mit $\omega t = \pi/2,\ 3\pi/2, \ldots$, also in den Punkten mit der kürzesten Entfernung von dem Mittelpunkt der Ellipse ($v_{\max} = a\,\omega$). Die Geschwindigkeit hat einen Minimalwert ($v_{\min} = b\,\omega$) für $\omega t = 0,\ \pi,\ \ldots$. Die Zeit für einen gesamten Umlauf ist jedoch wie bei der uniformen Kreisbewegung $T = 2\pi/\omega$. Für den Beschleunigungsvektor erhält man

$$\begin{aligned}
a(t) &= (-\omega^2 a \cos \omega t,\ -\omega^2 b \sin \omega t,\ 0) \\
&= -\omega^2 r(t) \,.
\end{aligned}$$

Die uniforme Kreisbewegung und die Bewegung auf der Lissajousellipse werden durch denselben Satz von Differentialgleichungen

$$\ddot{x}(t) = -\omega^2 x(t) \qquad \ddot{y}(t) = -\omega^2 y(t) \qquad \ddot{z}(t) = -\omega^2 z(t) \,,$$

mit der vektorielle Zusammenfassung

$$\ddot{r}(t) = -\omega^2 r(t) \tag{2.39}$$

beschrieben. Die beiden Bewegungstypen unterscheiden sich nur in den Anfangsbedingungen, z.B.

$$\begin{array}{ccc}
 & \text{Kreis} & \text{Lissajousellipse} \\
r(0) = & (R,\, 0,\, 0) & (a,\, 0,\, 0) \\
v(0) = & (0,\, \omega R,\, 0) & (0,\, \omega b,\, 0) \,,
\end{array}$$

wobei ω durch die Differentialgleichung (2.39) vorgegeben ist.

Das letzte Beispiel (Beispiel 2.9) ist eine einigermaßen exotische ebene Bahnkurve, charakterisiert durch

$$r(t) = \left(\frac{3at}{1+t^3}, \frac{3at^2}{1+t^3}, 0 \right) \qquad a > 0 \,. \tag{2.40}$$

Diese Bahnkurve (für das Zeitintervall $0 \le t \le \infty$) ist in Abb. 2.31 illustriert.
Zur Zeit $t = 0$ befindet sich der Massenpunkt am Koordinatenursprung. Die
Bewegung ist zunächst relativ forsch. Für die Zeiteinheit $t = 1$ hat der Massenpunkt die Stelle $(3a/2, 3a/2, 0)$ erreicht. Er wird dann langsamer und
langsamer und vollendet die zur unteren Schleife symmetrische Figur, wenn
man beliebig lange wartet. Die Bahnkurve ist ein Teil des sogenannten Cartesischen Blattes. Die Diskussion der entsprechenden Geschwindigkeits- und
Beschleunigungsvektoren soll noch eine Weile zurückgestellt werden.

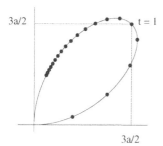

Abb. 2.31. Bewegung auf dem Cartesischen Blatt

2.3.3 Der Flächensatz

Die drei Beispiele 2.7 - 2.9 können benutzt werden, um eine allgemeinere
Gesetzmäßigkeit zu erläutern, die in Kap. 3.2.2 unter dem Stichwort 'Drehimpulserhaltung' aus einer anderen Sicht beleuchtet werden wird. Dies ist der
Flächensatz. Für eine beliebige Bahnkurve im Raum spannen zwei benachbarte Ortsvektoren $r(t)$ und $r(t + \Delta t)$ (falls das Zeitintervall Δt klein genug

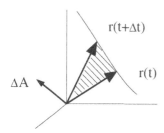

Abb. 2.32. Zum Flächensatz

ist) in guter Näherung ein ebenes Dreieck auf. Dieses Dreieck kann mit Hilfe des Vektorproduktes charakterisiert werden. Das vektorielle Flächenelement ΔA ist

$$\Delta A \approx \frac{1}{2} (r(t) \times r(t + \Delta t)) \, .$$

Der Vektor ΔA steht senkrecht auf dem Dreieck, das von den Positionsvektoren aufgespannt ist (Abb. 2.32). Die Länge des Vektors entspricht (bis auf kleine Korrekturen) der Größe der von dem Positionsvektor in dem Zeitraum Δt überstrichenen Fläche. Einfache Ergänzung dieses Ausdrucks ergibt

$$\Delta A \approx \frac{1}{2} (r(t) \times (r(t + \Delta t) - r(t)) \, .$$

Da das Vektorprodukt $r \times r$ den Nullvektor ergibt, hat sich nichts geändert. Man multipliziert diesen Vektor mit dem Skalar $1/\Delta t$ und bildet den Grenzwert für $\Delta t \to 0$. Das Ergebnis ist

$$\frac{\mathrm{d}}{\mathrm{d}t} A(t) = \frac{1}{2} \lim_{\Delta t \to 0} \left\{ r(t) \times \left(\frac{(r(t + \Delta t) - r(t))}{\Delta t} \right) \right\}$$
$$= \frac{1}{2} (r(t) \times v(t))$$

oder kurz (mit einer kleinen Variante der Notation)

$$\dot{A}(t) = \frac{1}{2} (r(t) \times \dot{r}(t)) \, . \tag{2.41}$$

In Worten besagt diese Gleichung: Die Änderung der von dem Positionsvektor überstrichenen Fläche mit der Zeit ist gleich 1/2 mal dem Vektorprodukt von Positionsvektor und Geschwindigkeitsvektor. Die Vektorgröße $\dot{A}(t)$ bezeichnet man als **Flächengeschwindigkeit** (genauer als den Vektor der Flächengeschwindigkeit).

Die Anwendungsmöglichkeiten der obigen Formel sind vielfältig. Liegt die Bahnkurve z.B. in einer Ebene durch den Koordinatenursprung und ist das Vektorprodukt $r(t) \times v(t)$ unabhängig von der Zeit (also ein konstanter Vektor C), so gilt für den Vektor der Flächengeschwindigkeit

$$\dot{A}(t) = \frac{1}{2} C \, . \tag{2.42}$$

Dies bedeutet, dass der Vektor $\dot{A}$ fest im Raum steht. Mittels Integration gewinnt man dann die Aussage

$$A(t) - A(t_0) = \frac{1}{2} C (t - t_0) \, , \tag{2.43}$$

oder kurz

$$\Delta A = \frac{1}{2} C \Delta t \, ,$$

bzw. für den Betrag

$$|\Delta \boldsymbol{A}| = \frac{1}{2} \, |\boldsymbol{C}| \, \Delta t \, . \qquad (2.44)$$

Die Interpretation dieser Gleichung ist: In gleichen Zeitintervallen werden gleiche Flächenstücke überstrichen. Dies ist die physikalische Formulierung des **Flächenerhaltungssatzes**, der oft nur als **Flächensatz** bezeichnet wird.

Man kann nun die Frage stellen: Für welche Klassen von Bewegungsformen ist der Flächensatz gültig? Zur Antwort differenziert man die Gleichung

$$\boldsymbol{r}(t) \times \boldsymbol{v}(t) = \boldsymbol{C}$$

nach der Zeit und erhält

$$(\dot{\boldsymbol{r}}(t) \times \dot{\boldsymbol{r}}(t)) + (\boldsymbol{r}(t) \times \ddot{\boldsymbol{r}}(t)) = \boldsymbol{0} \, .$$

Der erste Term verschwindet für alle Zeiten t. Es bleibt die Aussage: Der Flächensatz gilt, falls

$$\boldsymbol{r}(t) \times \boldsymbol{a}(t) = \boldsymbol{0} \qquad (2.45)$$

ist, d.h. falls das Vektorprodukt von Positionsvektor und Beschleunigungsvektor zu jedem Zeitpunkt verschwindet. Setzt man voraus, dass weder $\boldsymbol{r}(t)$ noch $\boldsymbol{a}(t)$ für jeden Zeitpunkt verschwinden, so ist dies nur möglich, falls

$$\boldsymbol{a}(t) = \lambda(t) \, \boldsymbol{r}(t) \qquad (2.46)$$

ist, also wenn $\boldsymbol{a}(t)$ für jeden Zeitpunkt auf den Koordinatenursprung hin oder in die entgegengesetzte Richtung zeigt. Dies ist der Fall einer allgemeinen Zentralbeschleunigung.

In Zusammenfassung dieser Diskussion kann man somit festhalten:

> Die Aussage
> $$\dot{\boldsymbol{A}}(t) = \tfrac{1}{2} \, (\boldsymbol{r}(t) \times \boldsymbol{v}(t)) = \tfrac{1}{2} \, \boldsymbol{C}$$
> ist für eine Zentralbeschleunigung gültig. Die Bewegung läuft in diesem Fall in einer Ebene durch den Koordinatenursprung ab und es gilt der Flächensatz in der Form
> $$\Delta A \propto \Delta t \, .$$

Für eine etwas allgemeinere Bewegung mit

$$(\boldsymbol{r}(t) \times \boldsymbol{v}(t)) = \gamma(t) \, \boldsymbol{C} \qquad (2.47)$$

ändert sich der Betrag des Vektors der Flächengeschwindigkeit mit der Zeit, hat aber eine zeitlich konstante Richtung. Auch in diesem Fall ist die Bewegung eben. Für den Betrag der von dem Positionsvektor in einem gegebenen Zeitintervall überstrichenen Fläche erhält man

$$A(t) - A(t_0) = \Delta A = \frac{C}{2} \int_{t_0}^{t} \gamma(t') \mathrm{d}t' \, .$$

2.3.3.1 Flächenberechnung mittels der Flächengeschwindigkeit. Es ist instruktiv, die drei obigen Bewegungsbeispiele aus dieser Sicht zu betrachten:

Im Fall der uniformen Kreisbewegung (Bsp. 2.7) gilt

$$r(t) \times v(t) = \begin{vmatrix} e_x & e_y & e_z \\ R\cos\omega t & R\sin\omega t & 0 \\ -R\omega\sin\omega t & R\omega\cos\omega t & 0 \end{vmatrix} = \omega R^2\, e_z \ .$$

Der Flächensatz ist (wie für ein Bewegungsproblem mit Zentralbeschleunigung zu erwarten) gültig. Der Flächenzuwachs in einem Zeitintervall Δt ist (Abb. 2.33a)

$$\Delta A = \frac{1}{2}\omega R^2 \Delta t \ .$$

Nimmt man als Zeitintervall einen vollen Umlauf

$$\Delta t \to T = \frac{2\pi}{\omega} \ ,$$

so erhält man

$$A(T) = \pi R^2 \ ,$$

die bekannte Formel für die Kreisfläche. Entsprechend könnte man den Flächeninhalt von beliebigen Kreissegmenten berechnen.

Die Anwendung des Flächensatzes eröffnet eine Möglichkeit, den Inhalt von ebenen Flächen zu berechnen, indem man die Fläche mit einem Positionsvektor überstreicht.

Für die Bewegung auf der Lissajousellipse (Bsp. 2.8) gilt ebenfalls der Flächensatz, denn es ist

$$r(t) \times v(t) = \begin{vmatrix} e_x & e_y & e_z \\ a\cos\omega t & b\sin\omega t & 0 \\ -a\omega\sin\omega t & b\omega\cos\omega t & 0 \end{vmatrix} = ab\omega\, e_z \ .$$

Das bedeutet: Die Zu- und Abnahme des Positionsvektors und des Geschwindigkeitsvektors sind so aufeinander abgestimmt, dass in gleichen Zeitintervallen gleiche Flächen überstrichen werden. Aus diesem Grunde muss die Geschwindigkeit für Punkte geringerer Entfernung vom Ursprung größer sein (Abb. 2.33b). Für den Flächenzuwachs gilt in diesem Fall

$$\Delta A = \frac{1}{2}ab\omega\,\Delta t$$

und man erhält für den vollen Umlauf die Ellipsenfläche

$$A(T) = \frac{1}{2}ab\omega T = ab\pi \ .$$

Um späteren Missverständnissen vorzubeugen, ist an dieser Stelle eine kurze Zwischenbemerkung angebracht. Die Lissajousellipsen, die hier betrachtet

(a)   (b)

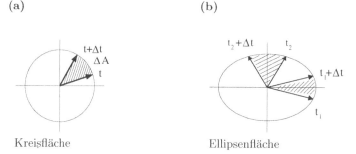

Kreisfläche   Ellipsenfläche

Abb. 2.33. Berechnung von Flächen mit Hilfe des Flächensatzes

werden, beruhen auf der Differentialgleichung des harmonischen Oszillators. Sie sind nicht identisch mit den Ellipsenbahnen der Planetenbewegung (Keplerellipsen), die in Kap. 4.1 ausführlich diskutiert werden. Die Differentialgleichungen (in vektorieller Zusammenfassung) für den räumlichen harmonischen Oszillator lauten (vergleiche (2.39), S.47)

$$\ddot{\boldsymbol{r}}(t) = -\omega^2 \boldsymbol{r}(t) \ ,$$

die Differentialgleichungen für die Planetenbewegung dagegen

$$\ddot{\boldsymbol{r}}(t) = -\frac{k'}{r^3(t)} \boldsymbol{r}(t) \ . \tag{2.48}$$

In beiden Fällen ist der Flächenerhaltungssatz gültig. Die verschiedene Form des 'Faktors' vor dem Positionsvektor äußert sich jedoch im Detail des Bewegungsablaufes (siehe Abb. 2.34a, b).

(a)   (b)

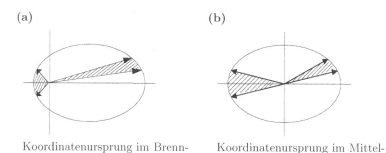

Koordinatenursprung im Brenn-   Koordinatenursprung im Mittelpunkt   punkt

Abb. 2.34. Vergleich einer Keplerellipse (a) und einer Lissajousellipse (b)

Für die Bewegung entlang des Randes des Cartesischen Blattes (Bsp. 2.9) gilt (man lese hier die Komponenten des Geschwindigkeitsvektors ab)

$$r(t) \times v(t) = \begin{vmatrix} e_x & e_y & e_z \\ \dfrac{3at}{(1+t^3)} & \dfrac{3at^2}{(1+t^3)} & 0 \\ 3a\dfrac{(1-2t^3)}{(1+t^3)^2} & 3a\dfrac{(2t-t^4)}{(1+t^3)^2} & 0 \end{vmatrix}$$

und somit

$$\dot{A}(t) = \frac{9}{2}a^2\frac{t^2}{(1+t^3)^2}\,e_z\;.$$

Der Betrag des Flächengeschwindigkeitsvektors ändert sich mit der Zeit. Der Flächenerhaltungssatz ist nicht gültig. Man kann jedoch die Fläche des Cartesischen Blattes ohne Schwierigkeiten berechnen (Abb. 2.35). Es ist zunächst

$$A(t) = \frac{9a^2}{2}\int_0^t \frac{t'^2}{(1+t'^3)^2}\mathrm{d}t'\;.$$

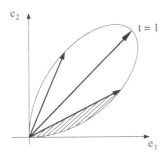

Abb. 2.35. Flächenberechnung: Cartesisches Blatt

Für die halbe Fläche ergibt sich

$$A(1) = \frac{9a^2}{2}\int_0^1 \frac{t'^2}{(1+t'^3)^2}\mathrm{d}t'\;.$$

Das Integral lässt sich mit der Substitution

$$\tau = 1 + t'^3, \qquad \mathrm{d}\tau = 3t'^2\mathrm{d}t', \qquad \tau(0) = 1, \qquad \tau(1) = 2$$

behandeln. Es folgt

$$A(1) = \frac{3a^2}{2}\int_1^2 \frac{\mathrm{d}\tau}{\tau^2} = \frac{3a^2}{2}\left[-\frac{1}{\tau}\right]_1^2 = \frac{3}{4}a^2\;.$$

Für die Berechnung der gesamten Fläche steht ein uneigentliches Integral an

$$A(\infty) = \frac{9a^2}{2}\int_0^\infty \frac{t^2\mathrm{d}t}{(1+t^3)^2}\;.$$

Auch dies ist kein Problem (uneigentliche Integrale werden in Math.Kap. 1.4.1 diskutiert)

$$A(\infty) = \frac{3}{2}a^2 \lim_{b\to\infty} \int_1^b \frac{\mathrm{d}\tau}{\tau^2} = \frac{3}{2}a^2 \lim_{b\to\infty} \left[-\frac{1}{b} + 1 \right]$$

$$= \frac{3}{2}a^2 \,.$$

Natürlich ist wegen der Symmetrie der Figur

$$A(\infty) = 2A(1) \,.$$

Die Berechnung der Blattfläche mittels anderer Methoden ist schon etwas aufwendiger.

Die Frage der Berechnung von ebenen Flächen durch Abfahren der Umrandung und der Zusammenhang mit der üblichen Riemannschen Integration wird in Math.Kap. 5 genauer betrachtet. In diesem Kapitel wird auch der allgemeine Fall diskutiert, dass der Positionsvektor eine gekrümmte Fläche im Raum überstreicht.

2.4 Krummlinige Koordinaten

Als letzter Punkt des Kapitels 'Kinematik' steht noch die Auseinandersetzung mit dem Thema krummlinige Koordinaten an.

2.4.1 Koordinaten in der Ebene

Die meisten Bewegungstypen, die später interessieren, spielen sich in der Ebene ab. Aus diesem Grunde soll zunächst der zweidimensionale Fall ausführlich diskutiert werden, zumal er ohne Zweifel übersichtlicher ist.

2.4.1.1 Ebene Polarkoordinaten. Die Beschreibung einer Kreisbewegung (ob uniform oder nicht) durch eine Zerlegung des Positionsvektors in kartesische Komponenten ist nützlich, doch nicht optimal. Es ist einfacher, diese Bewegung zu beschreiben, wenn man ebene Polarkoordinaten benutzt. Diese sind durch

$$r(t) = [x^2(t) + y^2(t)]^{1/2} \qquad \text{Länge des Vektors } \boldsymbol{r} \qquad (2.49)$$

$$\varphi(t) = \arctan \frac{y(t)}{x(t)} \qquad \text{Winkel zwischen } \boldsymbol{r} \text{ und } x\text{-Achse} \qquad (2.50)$$

definiert (Abb. 2.36a). Diese Gleichungen sind natürlich die Umkehrung von

$$x = r\cos\varphi \qquad y = r\sin\varphi \,. \qquad (2.51)$$

Die entsprechenden Geschwindigkeiten und Beschleunigungen werden durch

$$\dot{r}(t) = \frac{\mathrm{d}r}{\mathrm{d}t} \qquad \dot{\varphi}(t) = \frac{\mathrm{d}\varphi}{\mathrm{d}t} = \omega(t)$$

$$\ddot{r}(t) = \frac{\mathrm{d}^2 r}{\mathrm{d}t^2} \qquad \ddot{\varphi}(t) = \frac{\mathrm{d}^2\varphi}{\mathrm{d}t^2} = \dot{\omega}(t) = \alpha(t)$$

definiert. Betrachtet man speziell die uniforme Kreisbewegung ((2.31), S.44), so findet man

$$r(t) = R \qquad \dot{r}(t) = 0 \qquad \ddot{r}(t) = 0$$

$$\varphi(t) = \omega t \qquad \dot{\varphi}(t) = \omega \qquad \ddot{\varphi}(t) = 0 \ .$$

Diese Angaben könnten zu dem Fehlschluss verleiten, dass man es mit einer unbeschleunigten Bewegung zu tun hat. Dies ist jedoch, wie schon diskutiert, nicht der Fall. Der Fehlschluss beruht auf der Vernachlässigung der Tatsache, dass man bei der Einführung der Polarkoordinaten ein zeitlich veränderliches (bewegtes) Koordinatensystem benutzt. Neben dem kartesischen Koordina-

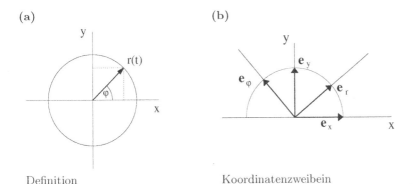

(a) Definition

(b) Koordinatenzweibein

Abb. 2.36. Ebene Polarkoordinaten

tensystem, das in der Ebene fixiert gedacht ist, führt man ein Koordinatenzweibein ein, das der Bewegung eines Massenpunktes folgt. Dieses bewegte Koordinatensystem wird von den Einheitsvektoren

$$e_r(t) \quad \longrightarrow \quad \text{in Richtung des momentanen Ortsvektors}$$

$$e_\varphi(t) \quad \longrightarrow \quad \text{(rechtshändiges) orthogonales Komplement}$$

aufgespannt (Abb. 2.36b). Der Zusammenhang zwischen den beiden Koordinatenzweibeinen wird durch die Transformationsformeln

$$e_r(t) = \quad \cos\varphi(t)\, e_x + \sin\varphi(t)\, e_y \tag{2.52}$$

$$e_\varphi(t) = -\sin\varphi(t)\, e_x + \cos\varphi(t)\, e_y \tag{2.53}$$

vermittelt.

Gemäß Definition hat der Ortsvektor in dem zeitabhängigen Koordinatensystem die Form

$$r(t) = r(t)\, e_r(t) \ . \tag{2.54}$$

Berechnet man den Geschwindigkeitsvektor, so findet man

$$v(t) = \dot{r}(t)\, e_r(t) + r(t)\, \dot{e}_r(t) \ .$$

Die zeitliche Ableitung des Einheitsvektors $e_r(t)$ ergibt sich aus den Transformationsformeln zu

$$\dot{e}_r(t) = -\dot{\varphi}\sin\varphi\, e_x + \dot{\varphi}\cos\varphi\, e_y = \dot{\varphi}\, e_\varphi \,. \tag{2.55}$$

(Diese Aussage kann man auch elementargeometrisch gewinnen.) Es gilt also für die Zerlegung des Geschwindigkeitsvektors in Bezug auf das bewegliche Koordinatenzweibein (Abb. 2.37)

$$v(t) = \dot{r}\, e_r + r\dot{\varphi}\, e_\varphi = v_r\, e_r + v_\varphi\, e_\varphi \,. \tag{2.56}$$

Die Größe v_r (die Projektion von v auf die e_r-Achse) bezeichnet man als **Radialgeschwindigkeit**, die Größe v_φ (das ist Radius mal Winkelgeschwindigkeit) als **Azimutalgeschwindigkeit**. Der erste Term in (2.56) ist die Ge-

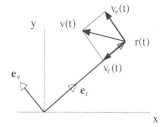

Abb. 2.37. Geschwindigkeitsvektor in ebenen Polarkoordinaten

schwindigkeit, die ein Beobachter registrieren würde, der von der Bewegung des e_r-e_φ Zweibeins nichts weiß. Für diesen befindet sich ein Massenpunkt immer auf der e_r-Achse. Der zweite Term beschreibt die Relativbewegung der beiden Koordinatenzweibeine. Die Form $r\dot{\varphi}$ unterstreicht die Tatsache, dass die gegenseitige Bewegung umso deutlicher wird, je weiter man von dem gemeinsamen Koordinatenursprung entfernt ist.

Die Basisvektoren des beweglichen Koordinatensystems (2.52) und (2.53) erfüllen zu jedem Zeitpunkt

$$e_r(t) \cdot e_\varphi(t) = 0 \,.$$

Es folgt deswegen für den Betrag des Geschwindigkeitsvektors

$$v(t) = \sqrt{\dot{r}^2 + r^2\dot{\varphi}^2} \,. \tag{2.57}$$

Durch Differentiation des Geschwindigkeitsvektors nach der Zeit erhält man die Komponentenzerlegung des Beschleunigungsvektors

$$a(t) = \ddot{r}\, e_r + \dot{r}\, \dot{e}_r + (\dot{r}\dot{\varphi} + r\ddot{\varphi})\, e_\varphi + r\dot{\varphi}\, \dot{e}_\varphi \,. \tag{2.58}$$

Aus der Transformationsgleichung (2.53) ergibt sich für die Ableitung des Einheitsvektors e_φ

$$\dot{e}_\varphi = -\dot{\varphi}\cos\varphi\, e_x - \dot{\varphi}\sin\varphi\, e_y = -\dot{\varphi}\, e_r \,. \tag{2.59}$$

Setzt man in (2.58) die Ausdrücke für $\dot{e}_r$ und $\dot{e}_\varphi$ ((2.55) und (2.59)) ein und sortiert, so erhält man

$$\boldsymbol{a}(t) = (\ddot{r} - r\dot{\varphi}^2)\,\boldsymbol{e}_\mathrm{r} + (2\dot{r}\dot{\varphi} + r\ddot{\varphi})\,\boldsymbol{e}_\varphi = a_\mathrm{r}\,\boldsymbol{e}_\mathrm{r} + a_\varphi\,\boldsymbol{e}_\varphi\,. \tag{2.60}$$

Die Komponente a_r bezeichnet man als die **Radialbeschleunigung**, die Komponente a_φ als die **Azimutalbeschleunigung**. Aus der Sicht eines (mit)bewegten Beobachters ist der erwartete Term $\ddot{r}\,\boldsymbol{e}_\mathrm{r}$; alle Terme mit Ableitungen der Winkelkoordinate sind Konsequenzen der Relativbewegung der beiden Systeme.

Jedes ebene Bewegungsproblem lässt sich in Polarkoordinaten fassen. Die eigentliche Frage lautet jedoch: Für welche Klassen von Bewegungsproblemen ist diese Zerlegung besonders nützlich? Einige explizite Beispiele sollen die Antwort auf diese Frage einleiten.

(i)   Für die uniforme Kreisbewegung (noch einmal) ist $r(t) = R$ und $\varphi(t) = \omega t$. Es gilt somit

$$\boldsymbol{r}(t) = R\,\boldsymbol{e}_\mathrm{r} \qquad \boldsymbol{v}(t) = R\omega\,\boldsymbol{e}_\varphi \qquad \boldsymbol{a}(t) = -R\omega^2\,\boldsymbol{e}_\mathrm{r}\,.$$

(ii) Für eine allgemeine Bewegung auf einem Kreis ist $r(t) = R$ mit $\dot{R} = 0$, die Winkelkoordinate $\varphi(t)$ kann jedoch eine beliebige Funktion der Zeit sein, zum Beispiel für eine Oszillation auf einem Kreisbogen (Abb. 2.38)

$$\varphi(t) = \alpha \sin \gamma t\,.$$

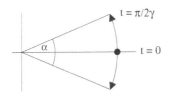

Abb. 2.38. Oszillation auf einem Kreisbogen

Im Fall einer allgemeinen Kreisbewegung gilt

$$\boldsymbol{r}(t) = R\,\boldsymbol{e}_\mathrm{r} \qquad \boldsymbol{v}(t) = R\dot{\varphi}\,\boldsymbol{e}_\varphi \tag{2.61}$$

$$\boldsymbol{a}(t) = -R^2\dot{\varphi}^2\,\boldsymbol{e}_\mathrm{r} + R\ddot{\varphi}\,\boldsymbol{e}_\varphi\,. \tag{2.62}$$

Es liegt in diesem Fall keine Zentralbeschleunigung vor, denn es ist

$$\boldsymbol{a}(t) \neq f(t)\boldsymbol{r}(t)\,.$$

(iii) Bewegung auf der Lissajousellipse (Details werden in ● Aufg. 2.8 aufbereitet). Hier ist der Ausgangspunkt

$$r(t) = \sqrt{a^2 \cos^2 \omega t + b^2 \sin^2 \omega t}$$

$$\varphi(t) = \arctan\left(\frac{b}{a}\tan\omega t\right)\,.$$

Man erkennt explizit, dass die Änderung des Polarwinkels mit der Zeit nicht durch ωt gegeben ist, sondern ein komplizierteres Verhalten aufweist. Für die kinematischen Vektoren erhält man

$$\boldsymbol{r}(t) = r(t)\,\boldsymbol{e}_{\mathrm{r}}$$

$$\boldsymbol{v}(t) = -\frac{1}{r}(a^2 - b^2)\omega\sin\omega t\cos\omega t\,\boldsymbol{e}_{\mathrm{r}} + \frac{ab\omega}{r}\,\boldsymbol{e}_{\varphi}$$

$$\boldsymbol{a}(t) = -\omega^2 r(t)\,\boldsymbol{e}_{\mathrm{r}}\,,$$

wobei die letzte Aussage, falls man die Gleichung (2.60) explizit auswertet, erst nach einer etwas längeren Rechnung folgt.

Es sieht zunächst nicht so aus, als ob für das letzte Beispiel die Benutzung von Polarkoordinaten ein Vorteil ist. Trotzdem gilt die Aussage:

Für (Bewegungs-)Probleme mit einer Zentral-beschleunigung (Zentralkraftprobleme) ist die Wahl von Polarkoordinaten optimal.

Um diese Aussage zu belegen, betrachtet man zunächst den Flächensatz in Polarkoordinaten. Man benötigt dazu jedoch ein vollständiges **Koordinatendreibein**, das von den Vektoren $\boldsymbol{e}_{\mathrm{r}}(t)$, $\boldsymbol{e}_{\varphi}(t)$ und $\boldsymbol{e}_{\mathrm{z}}$ aufgespannt wird (Abb. 2.41a, S. 61, die dortige Koordinate ρ entspricht r). Ein solches Dreibein ist, wie unten ausgeführt, die Basis für die Diskussion von Zylinderkoordinaten im dreidimensionalen Raum. Für einen Bewegungsablauf in der x-y Ebene gilt dann

$$(\boldsymbol{r} \times \boldsymbol{v}) = \begin{vmatrix} \boldsymbol{e}_{\mathrm{r}} & \boldsymbol{e}_{\varphi} & \boldsymbol{e}_{\mathrm{z}} \\ r & 0 & 0 \\ \dot{r} & r\dot{\varphi} & 0 \end{vmatrix} = r^2\dot{\varphi}\,\boldsymbol{e}_{\mathrm{z}}\,.$$

Die vektorielle Flächengeschwindigkeit ((2.41), S. 49) ist also

$$\dot{\boldsymbol{A}}(t) = \frac{1}{2}r(t)^2\dot{\varphi}(t)\,\boldsymbol{e}_{\mathrm{z}}\,.$$

Ist der Betrag des Flächengeschwindigkeitsvektors unabhängig von der Zeit

$$|\dot{\boldsymbol{A}}(t)| = \dot{A}(t) = \frac{1}{2}r(t)^2\dot{\varphi}(t) = \mathrm{const.}\,, \tag{2.63}$$

so folgt für die Ableitung dieses Ausdrucks nach der Zeit

$$\ddot{A}(t) = r\dot{r}\dot{\varphi} + \frac{1}{2}r^2\ddot{\varphi} = \frac{r}{2}(2\dot{r}\dot{\varphi} + r\ddot{\varphi}) = 0\,.$$

Vergleich mit der Komponentenzerlegung des Beschleunigungsvektors (2.60) ergibt die erwartete Aussage

$$\dot{A} = \mathrm{const.} \quad\longleftrightarrow\quad a_{\varphi} = 2\dot{r}\dot{\varphi} + r\ddot{\varphi} = 0\,. \tag{2.64}$$

Gilt also der Flächensatz, so liegt eine Zentralbeschleunigung vor und umgekehrt. Aus diesem Grund ist die Lösung von Bewegungsproblemen mit einer Zentralbeschleunigung in fast allen praktischen Fällen einfacher, wenn man Polarkoordinaten benutzt.

Die Standardform der Beschleunigung ist in diesem Fall

$$\boldsymbol{a}(t) = -f(r(t))\,\boldsymbol{e}_{\mathrm{r}}\,, \qquad\qquad (2.65)$$

wobei f eine beliebige Funktion des Abstandes des Massenpunktes von dem Koordinatenursprung ist. Beispiele sind:

$$f(r) = kr: \quad \text{Zweidimensionaler harmonischer Oszillator}$$
$$f(r) = \frac{k'}{r^2}: \quad \text{Keplerproblem}\,.$$

Für eine vorgegebene Funktion $f(r)$ sind die Größen $r(t)$, $\varphi(t)$ zu bestimmen, wobei die Anfangsbedingungen $r(0)$, $\dot{r}(0)$, $\varphi(0)$ und $\dot{\varphi}(0)$ vorgegeben sind. Zur Lösung dieses Problems geht man folgendermaßen vor:

(1) Aus $a_\varphi = 0$ folgt $r^2\dot{\varphi} = C$ beziehungsweise

$$\dot{\varphi} = \frac{C}{r^2}\,.$$

Bestimme C aus den Anfangsbedingungen.

(2) Für die Funktion $r(t)$ gilt die Differentialgleichung

$$a_{\mathrm{r}} = -f(r) \quad \text{oder} \quad \ddot{r} - r\dot{\varphi}^2 = -f(r)\,.$$

Setzt man hier $\dot{\varphi}$ aus Schritt (1) ein, so erhält man

$$\ddot{r} = -f(r) + \frac{C^2}{r^3}\,.$$

Diese Differentialgleichung für $r(t)$ ist zu lösen. Wie man diese löst, wird für eine Reihe von Fällen von Interesse in Kap. 4 (und in Math.Kap. 2 und 6) diskutiert. Setzt man voraus, dass die Lösung gewonnen wurde, so ist der letzte Schritt

(3) Setze $r(t)$ in die obige Gleichung für $\dot{\varphi}$ ein und integriere

$$\varphi(t) - \varphi(0) = \int_0^t \frac{C}{r(t')^2}\,\mathrm{d}t'\,.$$

Der Vorteil des Lösungsprozesses mit einer Zerlegung in Polarkoordinaten wird noch einmal deutlich, wenn man ihn mit der Lösung der anstehenden Differentialgleichungen in kartesischen Koordinaten vergleicht. In diesem Fall steht das folgende System von Differentialgleichungen zur Diskussion:

$$\ddot{x} = -\cos\varphi\, f(r) = -\frac{x}{\sqrt{x^2 + y^2}}\; f(\sqrt{x^2 + y^2}\,)$$
$$\ddot{y} = -\sin\varphi\, f(r) = -\frac{y}{\sqrt{x^2 + y^2}}\; f(\sqrt{x^2 + y^2}\,)\,.$$

Die Lösung ist (außer für den Fall des zweidimensionalen harmonischen Oszillators) eine wesentlich schwierigere Aufgabe, da ein Satz von gekoppelten Differentialgleichungen vorliegt. Der einfachere Lösungsweg ist eine Entkopplung des Differentialgleichungssystems, die mittels Polarkoordinaten erreicht wird.

2.4.1.2 Weitere Koordinatensätze in der Ebene. Zur Entkopplung von diversen Differentialgleichungssystemen existiert eine Sammlung[1] von krummlinigen Koordinaten (in der Ebene und im Raum). Anstatt diese Sammlung hier im Einzelnen vorzustellen, ist es instruktiver, das Muster, das dahinter steht, kurz zu erläutern: Benutzt man kartesische Koordinaten, so überdeckt man die Ebene in Gedanken mit einem Netz von orthogonalen Geraden ($x = $ const., $y = $ const.). Man kann sich dann in jedem Raumpunkt ein lokales Koordinatensystem vorstellen, das aus dem ursprünglichen durch einfache Translation hervorgeht (Abb. 2.39a). Da die Orientierung der lokalen Koordinatensysteme mit dem ursprünglichen Koordinatenzweibein übereinstimmt und die kinematischen Vektoren v und a frei beweglich sind, ist die Komponentenzerlegung dieser Vektoren in allen lokalen Systemen gleich. Benutzt man hingegen Polarkoordinaten, so wird die Überdeckung der Ebene durch Scharen von konzentrischen Kreisen und Halbgeraden ($r = $ const., $\varphi = $ const.) erreicht (Abb. 2.39b). Die Basisvektoren dieser lokalen Koordi-

(a)   (b)

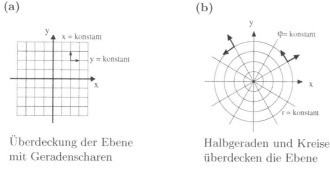

Überdeckung der Ebene   Halbgeraden und Kreise
mit Geradenscharen   überdecken die Ebene

Abb. 2.39. Kartesische Koordinaten und Polarkoordinaten

natensysteme sind immer noch orthogonal, es ändert sich jedoch von Punkt zu Punkt die Orientierung des lokalen Koordinatenzweibeins. Aus diesem Grund ist die Komponentenzerlegung der kinematischen Vektoren etwas komplizierter. Hat man jedoch ein Bewegungsproblem, das dieser Überdeckung angepasst ist (z.B. ein Zentralkraftproblem), so erhält man einen Satz von entkoppelten Differentialgleichungen und somit einen einfacheren Zugang zur Lösung des Problems.

Offensichtlich ist es möglich, jeden anderen Satz von orthogonalen Kurvenscharen zu benutzen, um die Ebene zu überdecken. So ergibt z.B. ein Netz von konfokalen Ellipsen und Hyperbeln die sogenannten konfokalen elliptischen Koordinaten (Abb. 2.40). Auch in diesem Fall sind die Basisvektoren der lokalen Koordinatensysteme orthogonal. Der komplizierteren Zerlegung

---

[1] Das in der Literaturliste A[2] angegebene, aber nicht mehr aufgelegte Buch sollte in den Universitätsbibliotheken verfügbar sein.

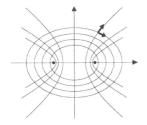

Abb. 2.40. Konfokale elliptische Koordinaten: Überdeckung der Ebene mit Ellipsen- und Hyperbelscharen

der kinematischen Vektoren steht wieder ein einfacherer Satz von Differentialgleichungen gegenüber, falls diese Koordinaten der Symmetrie des Problems (z.B. Doppelstern mit einem Mond) angepasst sind. Dem Einfallsreichtum bei der Erfindung solcher orthogonalen Netze sind keine Grenzen gesetzt.

2.4.2 Räumliche Koordinaten

Es sind noch die zwei wichtigsten Systeme von **krummlinigen Koordinaten im Raum** zu erläutern. Diese sind Zylinderkoordinaten und sphärische Polarkoordinaten (Kugelkoordinaten).

2.4.2.1 Zylinderkoordinaten. Zylinderkoordinaten stellen die einfachste Ergänzung der ebenen Polarkoordinaten dar. Die Lage eines Punktes P im Raum wird in diesem Fall durch die folgenden Größen charakterisiert (Abb. 2.41b):

(a)   (b)

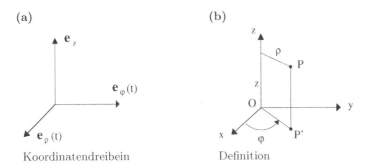

Koordinatendreibein   Definition

Abb. 2.41. Zylinderkoordinaten

$\rho(t) \rightarrow$ Abstand von der z-Achse

$\varphi(t) \rightarrow$ Winkel zwischen der Strecke $\overline{OP'}$ und der x-Achse
($\overline{OP'}$ ist die Projektion des Abstandes des Koordinatenursprungs von dem Punktes P in die x-y Ebene)

$z(t) \rightarrow$ Abstand des Punktes von der x-y Ebene .

Analog zu der Überdeckung der Ebene durch Kurvennetze beschreibt man

Punkte im Raum als Schnitt von orthogonalen Flächenscharen (Abb. 2.42a).
Im Fall von Zylinderkoordinaten ist es der Schnittpunkt einer Zylinderfläche
($\rho = $ const.) mit einer Ebene ($z = $ const.) und einer Halbebene ($\varphi = $ const.).
Der Zusammenhang mit kartesischen Koordinaten ist

$$x = \rho \cos \varphi \qquad y = \rho \sin \varphi \qquad z = z \,, \tag{2.66}$$

mit der Umkehrung

$$\rho = \sqrt{x^2 + y^2} \qquad \varphi = \arctan \frac{y}{x} \qquad z = z \,. \tag{2.67}$$

Benutzt man diese Koordinaten zur Beschreibung der Bewegung eines Massenpunktes, so bezieht man sich (auch hier) auf ein zeitlich veränderliches
(oder lokales) Koordinatendreibein (Abb. 2.41a, 2.42b), charakterisiert durch
die Basisvektoren

$$\boldsymbol{e}_\rho(t) \,, \ \boldsymbol{e}_\varphi(t) \,, \ \boldsymbol{e}_z \,. \tag{2.68}$$

(a)   (b)

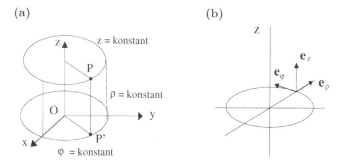

Als Schnitt von Raumflächen   Lokales Koordinatendreibein

Abb. 2.42. Zylinderkoordinaten

Die Zerlegung der kinematischen Vektoren in Bezug auf dieses Koordinaten-
system unterscheidet sich wegen $\dot{\boldsymbol{e}}_z = \boldsymbol{0}$ nicht wesentlich von dem Fall der
ebenen Polarkoordinaten (vergleiche (2.54), (2.56) und (2.60)).

$$\boldsymbol{r}(t) = \rho \, \boldsymbol{e}_\rho(t) + z \, \boldsymbol{e}_z \tag{2.69}$$

$$\boldsymbol{v}(t) = \dot{\rho} \, \boldsymbol{e}_\rho(t) + \rho \dot{\varphi} \, \boldsymbol{e}_\varphi(t) + \dot{z} \, \boldsymbol{e}_z \tag{2.70}$$

$$\boldsymbol{a}(t) = (\ddot{\rho} - \rho \dot{\varphi}^2) \, \boldsymbol{e}_\rho(t) + (\rho \ddot{\varphi} + 2 \dot{\rho} \dot{\varphi}) \, \boldsymbol{e}_\varphi(t) + \ddot{z} \, \boldsymbol{e}_z \,. \tag{2.71}$$

Aus der Orthogonalität des Koordinatendreibeins zu jedem Zeitpunkt folgt
für die Beträge dieser Vektoren

$$r(t) = \sqrt{\rho^2 + z^2} \tag{2.72}$$

$$v(t) = \sqrt{\dot{\rho}^2 + \rho^2 \dot{\varphi}^2 + \dot{z}^2} \tag{2.73}$$

und ein entsprechender Ausdruck für a(t).

2.4.2.2 Kugelkoordinaten. Bei der Benutzung von Kugelkoordinaten wird ein Punkt P im Raum (Abb. 2.43a) durch die folgenden Angaben charakterisiert:

$r(t)$ → Abstand des Punktes vom Koordinatenursprung

$\theta(t)$ → Polarwinkel (Winkel zwischen $\overline{OP}$ und der z-Achse)

$\varphi(t)$ → Azimutalwinkel (Winkel zwischen Projektion von P auf
die x-y Ebene und der x-Achse).

(a)   (b)

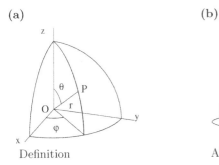

Definition   Als Schnitt von Raumflächen

Abb. 2.43. Kugelkoordinaten

Diese Vorgabe entspricht der Charakterisierung des Punktes als Schnitt folgender Flächen (Abb. 2.43b): Einer Kugelfläche (r = const.), einer Kegelfläche (θ = const., mit dem Wertebereich $0 \le \theta \le \pi$) und einer Halbebene (φ = const. , mit dem Wertebereich $0 \le \varphi \le 2\pi$).
Die Beziehung zwischen den kartesischen Koordinaten und den sphärischen Koordinaten ist

$$x = r \cos \varphi \sin \theta$$
$$y = r \sin \varphi \sin \theta \qquad\qquad (2.74)$$
$$z = r \cos \theta \ .$$

Die ersten beiden Gleichungen gewinnt man durch Projektion des Positionsvektors in die x-y Ebene und anschließende Projektion auf die jeweiligen Koordinatenachsen. Die letzte entsteht durch direkte Projektion des Positionsvektors auf die z-Achse. Die Umkehrung dieser Transformationsgleichungen lautet

$$r = \sqrt{x^2 + y^2 + z^2} \qquad \varphi = \arctan \frac{y}{x} \qquad \theta = \arctan \frac{\sqrt{x^2 + y^2}}{z} \ . \quad (2.75)$$

Auch dem Satz von Kugelkoordinaten entspricht ein lokales, orthogonales Dreibein (Abb. 2.44)

$e_r(t)$ Einheitsvektor in Radialrichtung

$e_\theta(t)$ Einheitsvektor senkrecht zu e_r,
tangential an die Kugelfläche entlang eines Längenkreises

$e_\varphi(t)$ orthogonales Komplement mit $e_\varphi = e_r \times e_\theta$,
Vektor tangential an die Kugel entlang eines Breitenkreises.

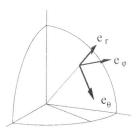

Abb. 2.44. Kugelkoordinaten: lokales Koordinaten-dreibein

Um die Zerlegung der kinematischen Vektoren in Bezug auf dieses zeitlich veränderliche Koordinatendreibein zu berechnen, benötigt man die Transformation zwischen den kartesischen Einheitsvektoren und diesem Dreibein. Die erste dieser Transformationsgleichungen ist (Abb. 2.45a)

$$e_r = (\sin\theta \cos\varphi)\, e_x + (\sin\theta \sin\varphi)\, e_y + (\cos\theta)\, e_z \ . \tag{2.76}$$

Dies entspricht der vektoriellen Zusammenfassung der kartesischen Komponenten eines Punktes mit $(r = 1)$ in Kugelkoordinaten (2.74). Der Vektor e_θ zeigt entlang des Längenkreises und ist um den Winkel $\pi/2$ gegen e_r gedreht (Abb. 2.45b). Ersetzung von θ durch $\theta + \pi/2$ in (2.76) ergibt

(a)   **(b)**

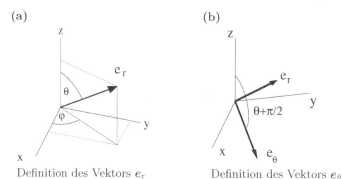

Definition des Vektors e_r Definition des Vektors e_θ

Abb. 2.45. Definition der Einheitsvektoren e_r und e_θ

$$e_\theta = (\cos\theta \cos\varphi)\, e_x + (\cos\theta \sin\varphi)\, e_y + (-\sin\theta)\, e_z \ . \tag{2.77}$$

Für den dritten Einheitsvektor (Abb. 2.46, Blick entlang der z-Achse) des lokalen Koordinatendreibeins gilt

$$\boldsymbol{e}_\varphi = -\sin\varphi\,\boldsymbol{e}_{\mathrm{x}} + \cos\varphi\,\boldsymbol{e}_{\mathrm{y}}\,. \tag{2.78}$$

Diese Aussage ergibt sich direkt aus der Relation $\boldsymbol{e}_\varphi = \boldsymbol{e}_{\mathrm{r}} \times \boldsymbol{e}_\theta$ oder aus der Überlegung: Der Vektor ist tangential an einen Breitenkreis und hat somit eine verschwindende z-Komponente ($\theta = \pi/2$). Der Vektor $\boldsymbol{e}_\varphi$ steht senkrecht auf der Projektion des Vektors $\boldsymbol{e}_{\mathrm{r}}$ in die x-y Ebene. Somit ist der Winkel mit der x-Achse $\varphi' = \varphi + \pi/2$. Ersetzung von φ durch φ' und θ durch $\pi/2$ in (2.76) ergibt dann z.B. eine x-Komponente mit $-\sin\varphi$ (siehe auch ☻ Aufg. 2.10).

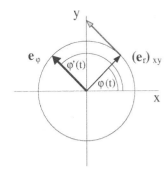

Abb. 2.46. Zur Definition des Vektors $\boldsymbol{e}_\varphi$

Der Ortsvektor hat (per Definition) bezüglich dieses Koordinatensystems die einfache Zerlegung

$$\boldsymbol{r}(t) = r(t)\,\boldsymbol{e}_{\mathrm{r}}\,. \tag{2.79}$$

Für den Geschwindigkeitsvektor erhält man zunächst

$$\boldsymbol{v}(t) = \dot{\boldsymbol{r}}(t)$$
$$= \dot{r}\,\boldsymbol{e}_{\mathrm{r}} + r\,\dot{\boldsymbol{e}}_{\mathrm{r}}\,.$$

Die zeitliche Änderung des Basisvektors $\boldsymbol{e}_{\mathrm{r}}$ berechnet sich aus der Transformationsgleichung (2.76) zu

$$\dot{\boldsymbol{e}}_{\mathrm{r}} = \dot\theta(\cos\theta\cos\varphi\,\boldsymbol{e}_{\mathrm{x}} + \cos\theta\sin\varphi\,\boldsymbol{e}_{\mathrm{y}} - \sin\theta\,\boldsymbol{e}_{\mathrm{z}})$$
$$+\dot\varphi(-\sin\theta\sin\varphi\,\boldsymbol{e}_{\mathrm{x}} + \sin\theta\cos\varphi\,\boldsymbol{e}_{\mathrm{y}})\,.$$

Direkter Vergleich mit den Vektoren $\boldsymbol{e}_\theta$ und $\boldsymbol{e}_\varphi$ in (2.77) und (2.78) ergibt

$$\dot{\boldsymbol{e}}_{\mathrm{r}} = \dot\theta\,\boldsymbol{e}_\theta + \dot\varphi\sin\theta\,\boldsymbol{e}_\varphi \tag{2.80}$$

und es ist somit

$$\boldsymbol{v}(t) = \dot{r}\,\boldsymbol{e}_{\mathrm{r}} + r\dot\theta\,\boldsymbol{e}_\theta + r\dot\varphi\sin\theta\,\boldsymbol{e}_\varphi\,. \tag{2.81}$$

Bewegt sich ein Massenpunkt in der x-y Ebene, so gilt für den Polarwinkel

$$\theta = \frac{\pi}{2} \qquad \dot\theta = 0$$

und es folgt

$$\boldsymbol{v}(t) = \dot{r}\,\boldsymbol{e}_{\mathrm{r}} + r\dot{\varphi}\,\boldsymbol{e}_{\varphi}\ .$$

Die Zerlegung für den Geschwindigkeitsvektor geht in das Ergebnis (2.56) für ebene Polarkoordinaten über.

Die Berechnung der Zerlegung des Beschleunigungsvektors $\boldsymbol{a}(t) = \dot{\boldsymbol{v}}(t)$ folgt dem gleichen Muster. Die Rechnung und der endgültige Ausdruck ist jedoch etwas länglich. Aus diesem Grund soll der entsprechende Ausdruck an dieser Stelle nicht angeben werden, sondern erst dann, wenn er wirklich benötigt wird (siehe ☺ D.tail 2.2).

Damit wurden die wichtigsten krummlinigen Koordinatensysteme vorgestellt. Diese Koordinatensätze werden in Kürze zum Einsatz kommen. Die hier angedeutete elementare Umrechnung von kartesischen Koordinaten in krummlinige Koordinaten ist ohne Zweifel etwas umständlich. Im Rahmen der Lagrangeschen Formulierung der Mechanik (siehe Kap. 5.3) wird eine elegantere und allgemeinere Methode zur Einführung beliebiger Koordinatensätze vorgestellt werden.

3 Dynamik I: Axiome und Erhaltungssätze

Das Fundament der klassischen Mechanik stellen drei, zuerst von Newton formulierte Axiome dar. Die ersten zwei Axiome sprechen die Frage nach geeigneten Bezugssystemen (Inertialsystemen) und die grundlegenden Bewegungsgleichungen an. Das dritte Axiom ist ein Versuch, eine Aussage über die fundamentalen Wechselwirkungen, die man in der Natur antrifft, zu machen. Als neue Begriffe treten in den Axiomen die Masse (zunächst die träge Masse) und Kräfte auf. Ausgehend von diesen kann man dann weitere Grundbegriffe der Physik wie Impuls, Arbeit, Energie, Drehimpuls, Drehmoment etc. erarbeiten. Wenn es nur darum ginge, die Bewegung von Objekten (Massenpunkten bzw. aus Massenpunkten zusammengesetzte Objekte) zu studieren, könnte man sich auf das zweite Axiom konzentrieren. Die oben genannten Begriffe zeichnen sich jedoch dadurch aus, dass unter bestimmten Umständen Erhaltungssätze gelten, aus denen man (manchmal recht mühelos) partielle Aussagen über und Einblick in das zu beobachtende System gewinnen kann.

Das gegenwärtige Kapitel enthält eine ausführliche Diskussion der drei Axiome und eine stufenweise Erarbeitung der Grundbegriffe der Mechanik.

3.1 Die Axiome der Mechanik

Die drei grundlegenden Aussagen der Mechanik, die drei Axiome, wurden 1687 von Isaac Newton in seinem Hauptwerk 'Philosphiae naturalis principia mathematica' veröffentlicht. Vor der Diskussion dieser Axiome sind jedoch noch zwei Grundbegriffe der Physik zu klären

Kraft und **Masse** .

3.1.1 Der Kraftbegriff

Der Kraftbegriff ist aus der Umgangssprache geläufig. Wenn man an einem Objekt zieht oder es schiebt, sagt man : „Man übt eine Kraftwirkung auf das Objekt aus". Um den Kraftbegriff zu präzisieren, könnte man eine Reihe von einfachen Versuchen durchführen.

1. Die Kraft ist eine Vektorgröße $\boldsymbol{F}$. Es spielt eine Rolle, in welcher Richtung man zieht oder schiebt. Kraftwirkungen heben sich auf, wenn man mit gleicher Stärke in entgegengesetzter Richtung zieht oder schiebt.

2. Die Stärke von verschiedenen Kräften (den Betrag des Vektors) kann man mittels Sprungfedern vergleichen (Abb. 3.1). Man stützt sich dabei auf das Hookesche Gesetz. Die Auslenkung einer Sprungfeder ist (falls die Auslenkung nicht zu groß ist) proportional zu der Kraft ($x \propto F$). Dies erlaubt den Vergleich von Kräften (genauer: den Beträgen von Kräften) durch Vergleich der Auslenkungen $F/F' = x/x'$.

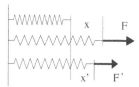

Abb. 3.1. Einfacher Kräftevergleich

3. Die Anwendung einer Kraft auf ein frei bewegliches Objekt bewirkt eine Bewegung oder eine Bewegungsänderung. Dabei spielt die Masse eine Rolle. Je 'massiver' das Objekt ist, desto geringer ist bei der Einwirkung gleicher Kräfte die Bewegungsänderung.

Solche einfachen Überlegungen können helfen, den Kraftbegriff etwas zu veranschaulichen. Wenn man jedoch eine quantitative Betrachtung anstrebt, muss man auf das zweite Axiom von Newton zurückgreifen. Das zweite Axiom besagt in seiner einfachsten Form

$$\boldsymbol{F} = m\boldsymbol{a}\,. \tag{3.1}$$

Diese Gleichung ist folgendermaßen zu lesen: Es gibt einen Leidtragenden: den Massenpunkt m. Wenn eine Kraft $\boldsymbol{F}$ auf dieses Objekt einwirkt, reagiert es mit der Beschleunigung $\boldsymbol{a} = \boldsymbol{F}/m$. Diese Grundgleichung der Mechanik kann man auf folgende Weise verwerten.

Diese Gleichung ist das **zentrale Bewegungsgesetz** der Mechanik. Aus der Kenntnis der Kraft, die auf einen Massenpunkt einwirkt, kann man die Beschleunigung bestimmen. Kennt man die Beschleunigung und die Anfangsbedingungen für den Bewegungsablauf, so kann man (wie in Kap. 2.2 diskutiert) den weiteren Bewegungsablauf berechnen. Die Umkehrung dieser Überlegung lautet: Aus der Bewegungsform kann man auf die Beschleunigung schließen. Die Kenntnis der Beschleunigung besagt dann, welche Kraft (genauer: welche Gesamtkraft) auf das Objekt mit der Masse m eingewirkt hat.

$$\boldsymbol{F} \quad\underset{m}{\overset{1/m}{\rightleftarrows}}\quad \boldsymbol{a} \quad\underset{\text{Differentiation}}{\overset{\text{DGL und Anfangsbed.}}{\rightleftarrows}}\quad \boldsymbol{r}(t)\,.$$

Diese Gleichung erlaubt es, den Kraftbegriff und den Massenbegriff quantitativ zu erfassen.

3.1.2 Träge und schwere Massen

Zur Präzisierung des **Massenbegriffes** kann man den folgenden Gedanken-versuch durchführen: Beschleunige zwei Massen m_1 und m_2 jeweils mit der gleichen Kraft $\mathbf{F}$. Es spielt keine Rolle, dass man die Kräfte noch nicht quan-titativ charakterisieren kann. Es kommt nur darauf an, dass die Kräfte in den beiden 'Experimenten' gleich sind. Im Vertrauen auf Newton kann man in diesem Fall für eine lineare Bewegung schreiben

$$F = m_1 a_1 = m_2 a_2 \,, \qquad \text{so dass folgt} \quad \frac{m_1}{m_2} = \frac{a_2}{a_1} \,.$$

Die jeweilige Beschleunigung kann gemessen werden (z.B. über $x_i(t)$). Die Messung der Beschleunigungen ergibt dann das Massenverhältnis. Um die Massenangabe absolut zu machen, benötigt man eine Standardmasse. Die-se wurde durch internationale Konvention festgelegt. Es ist die Masse 1 kg, die in Sèvres bei Paris aufbewahrt wird. Mit der Festlegung einer Standard-masse ergibt das zweite Axiom ein dynamisches Verfahren zur quantitativen Massenbestimmung. Je massiver ein Objekt ist, desto kleiner ist bei einer vorgegebenen Kraft seine Beschleunigung. Die Masse ist ein Maß für den Widerstand des Körpers (Massenpunktes) gegen Bewegungsänderungen. Die mit diesem Verfahren bestimmte Masse hat einen eigenen Namen: Man be-zeichnet sie als **träge** Masse.

Hat man eine Standardmasse eingeführt, so erhält man mit dem zweiten Axiom eine Maßeinheit für die Stärke der **Kraft**. Im MKS-System ist die Kraft, die eine Masse von 1 kg mit $1\,\text{m/s}^2$ beschleunigt, 1 Newton (N)

$$1\,\text{N} = 1\,\frac{\text{kg m}}{\text{s}^2} \,.$$

Im CGS-System ist die Krafteinheit dyn

$$1\,\text{dyn} = 1\,\frac{\text{g cm}}{\text{s}^2} \,.$$

Der Umrechnungsfaktor ist $1\,\text{N} = 10^5\,\text{dyn}$.

Es ist notwendig, den Begriff 'träge Masse' etwas genauer zu diskutie-ren. Im täglichen Leben werden Massen in den allerwenigsten Fällen mit der anvisierten dynamischen Methode bestimmt. Gewöhnlich legt man Objekte auf eine Waage (Abb. 3.2a). Man vergleicht damit die Gravitationskräfte, die die Erde auf Objekt und Gewicht ausübt. Für die Gravitationswirkung zwischen zwei Massenpunkten m_1^* und m_2^* im Abstand r wurde von Newton die folgende Gleichung angegeben

$$F = \gamma \frac{m_1^* m_2^*}{r^2} \,. \tag{3.2}$$

Die Stärke der Wechselwirkung wird durch die allgemeine Gravitationskon-stante γ bestimmt. Die Gravitation wird in (Kap. 3.2.4) noch ausführlicher besprochen. Für den Moment genügt die Aussage: Obwohl die Objekte, die

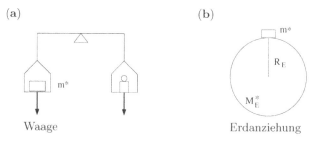

Abb. 3.2. Illustration des Begriffs der schweren Masse

man wiegt, und die Erde keine Massenpunkte sind, kann man diese Formel für die Angabe des Gewichtes G benutzen. An der Erdoberfläche gilt (Abb. 3.2b)

$$G = m^* \left[\frac{M_{\mathrm{E}}^* \gamma}{R_{\mathrm{E}}^2} \right] = m^* g \,. \tag{3.3}$$

In dieser Gleichung sind die Gravitationskonstante γ und die Gravitationsbeschleunigung g, die schon in Kap. 2.1 angesprochen wurde, über die Erdmasse M_{E}^* und den Erdradius R_{E} (ideale Kugelgestalt vorausgesetzt) verknüpft. Zu beachten ist: Das Gewicht eines Objektes ist die Kraft, die die Erde auf ein Objekt mit der Masse m^* ausübt.

Es besteht nun kein logisch zwingender Zusammenhang, dass die Masse m^*, die in die Formel für die Gravitationswirkung eingeht, mit der Masse m, die den Widerstand gegen Bewegungsänderungen misst, identisch ist. Man nennt aus diesem Grund die Masse in dem Gravitationsgesetz vorsichtshalber die **schwere Masse** (zur Unterscheidung charakterisiert durch m^*). Die Bewegungsgleichung für den freien Fall in der Nähe der Erdoberfläche ist dann

$$m\boldsymbol{a} = m^* \boldsymbol{g}$$

oder als Differentialgleichung

$$\ddot{\boldsymbol{r}} = \frac{m^*}{m} \boldsymbol{g} \,.$$

Seit 1915 (dem Datum der Formulierung der allgemeinen Relativitätstheorie durch A. Einstein) hat man versucht, herauszufinden, ob ein Unterschied zwischen den beiden Massen besteht. Zur Zeit ist die Aussage

$$m = m^*$$

mit einer Messgenauigkeit von $\Delta m/m = (m - m^*)/m \approx 10^{-10}$. Diese Messgenauigkeit entspricht 10^{-8} Prozent.

Man mag sich wundern, warum man solche Anstrengungen in Bezug auf eine anscheinende Haarspalterei unternimmt. Der Grund ist die Frage nach der Gültigkeit der allgemeinen Relativitätstheorie. Es ist nicht opportun, die Grundzüge der allgemeinen Relativitätstheorie an dieser Stelle auszubreiten. Zur Klärung der implizierten Frage genügt es, anhand eines hypothetischen

Experimentes (siehe Abb. 3.3) zu schildern, worauf es ankommt: Das 'Labor'
ist eine großer, geschlossener Behälter, in dem ein Objekt (Massenpunkt) und
ein Physiker eingeschlossen sind. Das 'Labor' ruht zunächst auf der Erde. Der

Abb. 3.3. Zum Unterschied von schwerer und träger Masse

Physiker wiegt das Objekt und notiert

$$G = m^* g \, .$$

Während der Physiker nach getaner Arbeit schläft, wird das 'Labor' in das
Weltall gebracht und zwar an eine Stelle, an der Gravitationswirkungen vernachlässigbar sind. Man beschleunigt nun das 'Labor' (samt Inhalt) nichtgra-
vitativ mit einer konstanten Beschleunigung $a = -g$. Der schlafende Physiker
und das Objekt schweben in dem All zunächst in dem Behälter. Nachdem
die nichtgravitative Beschleunigung eingesetzt hat, treffen beide auf eine Seite
des 'Labors' auf und werden mit diesem beschleunigt. Die letzten Aussagen
beschreiben die Situation aus der Sicht eines außenstehenden Beobachters.
Für den Physiker (der in der Zwischenzeit wieder aufgewacht ist) sieht die
Situation folgendermaßen aus: Er spürt eine Scheinbeschleunigung $a' = +g$,
die ihn wie die anfängliche Gravitation am Boden der Kiste hält. Wenn er
sein Objekt noch einmal 'wiegt' würde er in diesem Falle feststellen

$$G' = m g \, .$$

Er bestimmt (auch wenn er es nicht weiß) die träge Masse. Wenn beide Massen verschieden sind ($m \neq m^*$), ist er in der Lage, durch Vergleich der Resultate seiner Messungen ($G \neq G'$) die beiden Situationen (Position auf der
Erde in Ruhe mit Gravitationswirkung, Position im Weltall mit nichtgravita-
tiver Beschleunigung) zu unterscheiden. Das ist, nach Einstein, jedoch nicht
möglich. Die allgemeine Relativitätstheorie basiert auf dem Postulat: Es besteht prinzipiell kein Unterschied zwischen Beschleunigungen aufgrund von
Gravitationswirkungen und einer entsprechenden Beschleunigung aufgrund
anderer Einwirkungen. Diese Theorie steht oder fällt mit der Aussage

$$m^* = m \,,$$

die im Weiteren benutzt werden soll.

3.1.3 Die Axiome

Mit diesen Bemerkungen ist die eigentliche Diskussion der drei Axiome vorbereitet. Die Axiome lauten:

Axiom 1:

> Ein Massenpunkt ist in Ruhe oder bewegt sich mit konstanter Geschwindigkeit, wenn keine Kraft auf ihn einwirkt.

Axiom 2:

> Wenn eine Kraft auf einen Massenpunkt einwirkt, so gilt
>
> $$\frac{\mathrm{d}}{\mathrm{d}t}(m\boldsymbol{v}) = \boldsymbol{F} \quad \xrightarrow{\dot{m}=0} \quad m\boldsymbol{a} = \boldsymbol{F} \,. \qquad (3.4)$$
>
> Dies ist eine Variante gegenüber der zunächst angeführten einfachen Form, $m\boldsymbol{a} = \boldsymbol{F}$, die im Falle von zeitlich konstanten Massen gültig ist. Die jetzige Formulierung deckt auch Situationen mit zeitlich veränderlichen Massen ab.

Axiom 3:

> Übt ein Massenpunkt m_1 auf einen Massenpunkt m_2 eine Kraft $\boldsymbol{F}_{12}$ aus, dann übt auch der Massenpunkt m_2 auf m_1 eine Kraft $\boldsymbol{F}_{21}$ aus und es gilt
>
> $$\boldsymbol{F}_{12} = -\boldsymbol{F}_{21} \,. \qquad (3.5)$$
>
> Die beiden Kräfte haben die gleiche Größe und die entgegengesetzte Richtung.

Die kompakte Formulierung der drei Axiome verlangt einen deutlich längeren Kommentar. Zu dem ersten Axiom ist das Folgende zu bemerken.

3.1.4 Zum ersten Axiom, Inertialsysteme

Dieses Axiom bezeichnet man auch als das Trägheitsprinzip. Es wurde schon von G. Galilei in ähnlicher Weise formuliert. Auf den ersten Blick erscheint es überflüssig, denn aus dem zweiten Axiom folgt für $\boldsymbol{F} = 0$

$$\frac{\mathrm{d}}{\mathrm{d}t}(m\boldsymbol{v}) = 0 \longrightarrow m\boldsymbol{v} = \boldsymbol{const} \,.$$

Die gesonderte Auflistung hat jedoch durchaus einen Sinn. Das Axiom bringt zum Ausdruck, dass Bewegungsgesetze nur eine Bedeutung haben, wenn man sie auf ein geeignetes Bezugssystem bezieht. Das Axiom stellt den Zustand der Ruhe und den der uniformen Bewegung gleich. Wenn man also die Beschreibung eines Bewegungsablaufes aus der Sicht von zwei Bezugssystemen vergleicht, die sich mit konstanter Geschwindigkeit gegeneinander bewegen, so ist die Beschreibung gleichwertig.

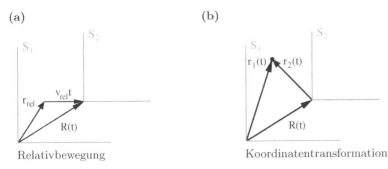

Abb. 3.4. Die Galileitransformation

Im Detail sieht die entsprechende Überlegung folgendermaßen aus. Zwei Koordinatensysteme S_1 und S_2 bewegen sich gleichförmig gegeneinander. Die Position des Ursprungs von System S_2 aus der Sicht von S_1 ist (Abb. 3.4a)

$$\boldsymbol{R}(t) = \boldsymbol{r}_{\mathrm{rel}} + \boldsymbol{v}_{\mathrm{rel}}t \ . \tag{3.6}$$

Die Position eines Massenpunktes aus der Sicht der jeweiligen Bezugssysteme kann in einfacher Weise verknüpft werden. Ist $\boldsymbol{r}_1(t)$ die Position zur Zeit t aus der Sicht von S_1, $\boldsymbol{r}_2(t)$ die Position zur Zeit t aus der Sicht von S_2, so gilt gemäß Abb. 3.4b die Relation

$$\boldsymbol{r}_1(t) = \boldsymbol{R}(t) + \boldsymbol{r}_2(t) = \boldsymbol{r}_{\mathrm{rel}} + \boldsymbol{v}_{\mathrm{rel}}t + \boldsymbol{r}_2(t) \ . \tag{3.7}$$

Diese Gleichung, die eine Koordinatentransformation beschreibt, bezeichnet man als **Galileitransformation**[1]. Differenziert man die Transformationsgleichung (3.7) nach der Zeit, so erhält man eine Relation zwischen den Geschwindigkeiten des Massenpunktes aus der Sicht der beiden Systeme

$$\boldsymbol{v}_1(t) = \boldsymbol{v}_{\mathrm{rel}} + \boldsymbol{v}_2(t) \ . \tag{3.8}$$

$\boldsymbol{v}_1$ ist die Geschwindigkeit des Massenpunktes aus der Sicht eines Beobachters im System S_1, Entsprechendes gilt für $\boldsymbol{v}_2$. Die Formel (3.8) (bekannt als Additionstheorem der Geschwindigkeiten) erlaubt in einfacher Weise eine Umrechnung der beiden Standpunkte.

Differenziert man noch einmal, so erhält man die Aussage

$$\boldsymbol{a}_1(t) = \boldsymbol{a}_2(t) \ .$$

Aus diesem Ergebnis kann man den folgenden Schluss ziehen. Wenn die Beschleunigungen, die jeder der beiden Beobachter für die Bewegung eines Massenpunktes registriert, gleich sind und wenn man annimmt, dass die Größe

---

[1] Eine implizite Annahme bei der Vorgabe dieser Transformation bezieht sich auf die Zeitmessung. Die Zeitmessung wird als unabhängig von den Bezugssystemen vorausgesetzt: $t_1 = t_2 = t$. Diese anscheinend vernünftige Annahme ist, gemäß der speziellen Relativitätstheorie, nicht gerechtfertigt, doch soll sie zunächst als annähernd gültig betrachtet werden.

der Masse unabhängig von der Betrachtungsweise ist, dann müssen auch die Kräfte aus der Sicht der beiden Beobachter gleich sein

$$m\boldsymbol{a}_1 = m\boldsymbol{a}_2 \quad \Longrightarrow \quad \boldsymbol{F}_1 = \boldsymbol{F}_2 \,.$$

Für jeden Beobachter ist somit die gleiche Form der Bewegungsgleichung zuständig

$$m\boldsymbol{a}_1 = \boldsymbol{F}_1 \qquad m\boldsymbol{a}_2 = \boldsymbol{F}_2 \,.$$

Die Bahnkurven, die jeder der Beobachter wahrnimmt, unterscheiden sich nicht aufgrund der Bewegungsgleichung, sondern nur aufgrund der jeweils verschiedenen Anfangsbedingungen.

Fallen zum Beispiel die beiden Koordinatensysteme (zweidimensional) zur Zeit $t = 0$ zusammen und bewegt sich das System S_2 gegenüber S_1 in Richtung der positiven x-Achse mit der Geschwindigkeit v_rel, so könnte man das folgende 'Experiment' (Abb. 3.5) durchführen. Der Beobachter in dem System S_2 wirft (aus seiner Sicht) ein Objekt senkrecht nach oben. Er beobachtet eine lineare freie Fallbewegung, die durch die Differentialgleichung $m\boldsymbol{a}_2 = m\boldsymbol{g}$ mit den Anfangsbedingungen $\boldsymbol{r}_2(0) = (0,0)$, $\boldsymbol{v}_2(0) = (0, v_0)$ charakterisiert wird. Ein Beobachter in dem System S_1 sieht diesen Bewegungsablauf als Wurfparabel, die durch die Differentialgleichung $m\boldsymbol{a}_1 = m\boldsymbol{g}$ und die Anfangsbedingungen $\boldsymbol{r}_1(0) = (0,0)$, $\boldsymbol{v}_1(0) = (v_\text{rel}, v_0)$ beschrieben wird. Die expliziten Lösungen der Bewegungsprobleme (jeweils bezogen auf das entsprechende Koordinatenzweibein) sind

$$\boldsymbol{r}_1(t) = (v_\text{rel}t, -\frac{g}{2}t^2 + v_0 t) \qquad \boldsymbol{v}_1(t) = (v_\text{rel}, -gt + v_0)\,,$$

$$\boldsymbol{r}_2(t) = (0, -\frac{g}{2}t^2 + v_0 t) \qquad \boldsymbol{v}_2(t) = (0, -gt + v_0)\,.$$

In Zusammenfassung dieser Bemerkungen kann man also feststellen: Die Frage nach Ruhe oder uniformer Bewegung ist eine Frage des Standpunktes. Die eigentliche 'Physik', die Bewegungsgleichung, ist davon nicht betroffen. In diesem Sinne sind alle Bezugssysteme, die sich uniform gegeneinander bewegen, gleichwertig. Man nennt solche Koordinatensysteme **Inertialsysteme**. Das erste Axiom ist als Definition des Begriffes Inertialsystem anzusehen.

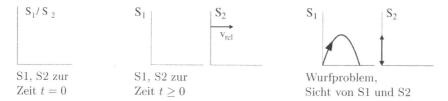

S1, S2 zur
Zeit $t = 0$

S1, S2 zur
Zeit $t \geq 0$

Wurfproblem,
Sicht von S1 und S2

Abb. 3.5. Wurf aus der Sicht von zwei Inertialsystemen

Die Situation ist grundverschieden, wenn man ein Inertialsystem S_1 und ein dagegen **beschleunigtes** Koordinatensystem S_2 betrachtet. In diesem

Fall sind die Bezugssysteme keineswegs gleichwertig. Das einfachste Beispiel ist der Fall von relativer uniformer Beschleunigung in der x-Richtung. In dem Inertialsystem S_1 gilt

$$m\ddot{\boldsymbol{r}}_1 = \boldsymbol{F}_1 \, .$$

Die Galileitransformation ist in diesem Fall durch die Transformation

$$\boldsymbol{r}_1(t) = \boldsymbol{r}_{\rm rel} + \boldsymbol{v}_{\rm rel}t + \frac{\boldsymbol{a}_{\rm rel}}{2}t^2 + \boldsymbol{r}_2(t) \tag{3.9}$$

zu ersetzen. Eine graphische Darstellung entspricht Abb. 3.4b mit einer anderen Form von $\boldsymbol{R}(t)$. Aus (3.9) folgt direkt

$$\ddot{\boldsymbol{r}}_1 = \boldsymbol{a}_{\rm rel} + \ddot{\boldsymbol{r}}_2 \longrightarrow m\ddot{\boldsymbol{r}}_1 = m\boldsymbol{a}_{\rm rel} + m\ddot{\boldsymbol{r}}_2 \, .$$

Die Umschreibung der Bewegungsgleichung im System S_1 ergibt also

$$m\ddot{\boldsymbol{r}}_2 = (\boldsymbol{F}_1 - m\boldsymbol{a}_{\rm rel}) = \boldsymbol{F}_2 \, . \tag{3.10}$$

In dem System S_2 liegt eine veränderte Kraftwirkung vor. Da der Zusatzterm einzig eine Konsequenz der relativen Beschleunigung ist, spricht man von **Scheinkräften**. Das Thema Scheinkräfte wird in dem Kap. 6.2 ausführlich diskutiert.

Beobachtet man Bewegungsabläufe aus der Sicht eines Koordinatensystems, das mit der Erde fest verbunden ist, so ergeben sich einige Komplikationen. Dieses Koordinatensystem ist kein Inertialsystem. Es rotiert sowohl um die Nord-Süd Achse der Erde als auch um die Sonne. Eine Drehung ist eine beschleunigte Bewegungsform. In vielen Fällen kann man jedoch die Effekte der Erdrotation vernachlässigen und ein erdbezogenes Koordinatensystem als (hinreichend) inertial betrachten. Die Effekte der Scheinkräfte, die hier auftreten, sind jedoch durchaus messbar (z.B. beim Foucault-Pendel oder, in der Natur, anhand der verschiedenen Struktur von Zyklonen auf der nördlichen und der südlichen Erdhalbkugel, siehe Kap. 6.2). Ein Koordinatensystem, das bezüglich der Sonne fixiert ist, ist ebenfalls kein Inertialsystem. Die Sonne rotiert um das Zentrum unseres Sternensystems. Die Bewegung der Sonne ist jedoch geradliniger als die Bewegung der Erde. Das sonnenfeste System ist somit eine bessere Näherung an ein Inertialsystem als ein erdbezogenes System.

Die notwendigen Korrekturen der Galileitransformation, die den Zeit- und den Massenvergleich zwischen zwei Inertialsystemen betreffen, fallen unter das Stichwort spezielle Relativitätstheorie (siehe Band 2). Diese Korrekturen beziehen sich jedoch nicht auf den Grundsatz der Gleichwertigkeit der Inertialsysteme, sondern auf die Form der Transformationsgleichungen. Die Korrekturen kommen nur zum Tragen, wenn wenigstens eine der drei Geschwindigkeiten $v_{\rm rel}$, v_1, v_2 in (3.8) von der Größenordnung der Lichtgeschwindigkeit ist. Für Geschwindigkeiten aus dem üblichen Erfahrungsbereich können die 'relativistischen Korrekturen' vernachlässigt werden.

3.1.5 Zum zweiten Axiom, Impuls

Das zweite Axiom wurde schon andiskutiert. Es ist das zentrale Bewegungsgesetz der klassischen Mechanik. Die klassische Mechanik ist eine deterministische Theorie. Wenn man die Kräfte kennt, die auf einen Massenpunkt einwirken, sowie dessen Position und Geschwindigkeit zu irgendeinem Zeitpunkt, so kann man sowohl den weiteren als auch den vorherigen Bewegungszustand berechnen (Abb. 3.6a). Diese Aussage gilt, wie in dem kurzen Abschnitt über 'chaotische Bewegung' in Kap. 5.4.3 angedeutet werden wird, für bestimmte Klassen von Problemen oder zumindest für einen mehr oder weniger kurzen Zeitraum.

(a)   (b)

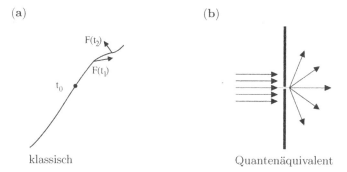

klassisch   Quantenäquivalent

Abb. 3.6. Zu dem Thema Determinismus

Den deterministischen Standpunkt kann man bei der Formulierung der Dynamik in der Mikrowelt (Quantenmechanik) nicht aufrecht erhalten. So ist es z.B. für die Beschreibung der Bewegung eines Elektrons prinzipiell nicht möglich, die geforderten Anfangsbedingungen vorzugeben (das ist die Aussage der Heisenbergschen Unschärferelation). Bestimmt man den Ort einigermaßen genau (z.B. durch eine Blende, Abb. 3.6b), so ist eine entsprechend genaue Vorgabe der Geschwindigkeit nicht möglich. Die Unschärferelation bedingt, dass der Bewegungsablauf von Mikroteilchen nur im Rahmen einer Wahrscheinlichkeitsaussage beschrieben werden kann (siehe Band 3).

Die Größe $m\boldsymbol{v}$, die in der allgemeinen Form des zweiten Axioms

$$\frac{\mathrm{d}}{\mathrm{d}t}(m\boldsymbol{v}) = \boldsymbol{F} \qquad (3.11)$$

auftritt, bezeichnet man als den **Impuls**(-vektor)

$$\boldsymbol{p} = m\boldsymbol{v} . \qquad (3.12)$$

Das zweite Axiom besagt also: Die auf einen Massenpunkt einwirkende Kraft bedingt eine Änderung des Impulses mit der Zeit. Diese allgemeine Formulierung des zweiten Axioms wird in der klassischen Mechanik nur für spezielle

Probleme mit zeitlich variablen Massen benötigt (z.B. bei der Berechnung der Bewegung einer Rakete unter der Berücksichtigung des Brennstoffverlustes, siehe ⊕ Aufg. 3.3-3.5). Von der Tatsache, dass der Impuls die dynamische Bewegungsgröße ist und nicht die Geschwindigkeit, könnte man sich leicht überzeugen, wenn man sich zwei Objekten mit gleicher Geschwindigkeit aber verschiedener Masse (Fliege versus Lastwagen) in den Weg stellt.

3.1.6 Zum dritten Axiom, Wechselwirkungen

Das dritte Axiom ist ein Versuch, eine allgemeine Aussage über die fundamentalen Kräfte in der Natur zu machen. Zu Newtons Zeiten kannte man nur die Gravitation. Heute sind vier fundamentale Kräfte bekannt, die - obschon sie die derzeitige Theorie der Elementarteilchen betreffen - kurz und unverbindlich vorgestellt werden sollen. Die Formel (3.2) für das Gravitationsgesetz hat Newton aus der Betrachtung der Planetenbewegung gewonnen. Er folgte dabei dem Schema[2]

$$\boxed{\text{Bewegungsform} \quad \longrightarrow \quad \text{Beschleunigung} \quad \longrightarrow \quad \text{Kraft.}}$$

Newton konnte sich auf die Zusammenfassung der Gesetzmäßigkeiten der Planetenbewegung in der Form der **Keplerschen Gesetze** stützen. Die Keplerschen Gesetze, die eine jahrtausendlange Beobachtung der Planetenbewegung krönten, lauten:

1. Die Planetenbahnen sind Ellipsen (Abb. 3.7). Die Sonne steht in einem der Brennpunkte der Ellipse.

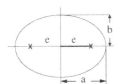

Abb. 3.7. Keplerellipse

2. Der Positionsvektor von Sonne zu Planet (Fahrstrahl) überdeckt in gleichen Zeiten gleiche Flächen (vergleiche Kap. 2.3.3).
3. Die Quadrate der Umlaufzeiten T der Planeten sind proportional zu den Kuben der großen Halbachsen a

$$T^2 = \kappa a^3 \ .$$

Die Proportionalitätskonstante κ ist in guter Näherung für alle Planeten gleich.

---

[2] Eine vollständige Diskussion des Planetenproblems (inkl. aller mathematischen Details) findet man in Kap. 4.1.

Eine vereinfachte Überlegung beruht auf der Beobachtung, dass die meisten Planetenellipsen gar keine schlechten Kreise sind. Zur Charakterisierung der Ellipsenform benutzt man den Begriff der **Exzentrizität**. Dieser ist folgendermaßen definiert: Für eine Ellipse mit den Halbachsen a, b ($a \geq b$) ist der Abstand der beiden Brennpunkte von dem Mittelpunkt

$$e = [a^2 - b^2]^{1/2} \,.$$

Die Exzentrizität ist

$$\epsilon = \frac{e}{a} = \left[1 - \frac{b^2}{a^2}\right]^{1/2} \qquad 0 \leq \epsilon \leq 1 \,.$$

Sie ist ein Maß für die 'Flachheit' der Ellipse. Ein Kreis wird durch $\epsilon = 0$ beschrieben. Je mehr sich ϵ dem Wert 1 nähert, desto flacher ist die Ellipse. Die Umkehrung der obigen Definition lautet

$$\frac{b}{a} = [1 - \epsilon^2]^{1/2} \approx 1 - \frac{1}{2}\epsilon^2 \,,$$

wobei die Entwicklung für $\epsilon \ll 1$ gilt. Die Daten für die Exzentrizitäten der neun Planeten sind in der kleinen Tabelle (Tab. 3.1) zusammengestellt.

Tabelle 3.1. Planetendaten: Verhältniss der Halbachsen

Planet	Exzentrizität ϵ	b/a	
Merkur	0.206	0.978552	(kein schlechter Kreis)
Venus	0.007	0.999975	(ein ausgezeichneter Kreis)
Erde	0.017	0.999855	
Mars	0.093	0.995666	
Jupiter	0.048	0.998847	
Saturn	0.056	0.998431	
Uranus	0.046	0.998941	
Neptun	0.009	0.999959	
Pluto	0.249	0.968503	

Bis auf Merkur und Pluto ist die Annahme einer Kreisform durchaus vertretbar, auch in diesen beiden Fällen ist sie gar nicht so schlecht. Um die Situation für die Erdbahn noch einmal zu verdeutlichen: Skaliert man die kleine Halbachse auf 4 cm, so ist die große Halbachse mit 4.0006 cm anzugeben.

Mit der Vorgabe von Kreisbahnen kann man wie folgt argumentieren:

(i) Für eine uniforme Kreisbewegung (Radius R) gilt die Formel für die Radialbeschleunigung (siehe (2.36))

$$a_R = \frac{v^2}{R} \ .$$

(ii) Die Geschwindigkeit v für die uniforme Kreisbewegung ist Kreisumfang geteilt durch Umlaufzeit (das zweite Keplergesetz)

$$v = \frac{2\pi R}{T} \quad \Longrightarrow \quad a_R = (2\pi)^2 \frac{R}{T^2} \ .$$

(iii) Mit dem zweitem Axiom erhält man für den Betrag der Zentralkraft, die die Sonne auf einen Planeten ausübt

$$F = m_p a_R = m_p \frac{4\pi^2 R}{T^2} \ .$$

(iv) Benutzt man nun das dritte Keplergesetz ($T^2 = \kappa R^3$), so erhält man

$$F = m_p \frac{4\pi^2}{\kappa} \frac{1}{R^2} \ .$$

Die Abhängigkeit der Kraft auf den Planeten von dem Abstand Sonne-Planet ist ein $1/R^2$-Gesetz. Nachdem Newton mit einer ähnlichen Argumentation das Kraftgesetz, das die Planetenbewegung dirigiert, gefunden hatte, stellte er fest, dass die gleiche Gesetzmäßigkeit auch für die Bewegung der Monde um die Planeten zuständig ist (nur wenige der Monde waren zu Newtons Zeit bekannt). Es war dann immer noch ein deutlicher Schritt zu der Erkenntnis, dass dieses Gesetz allgemeine Gültigkeit hat. Die vollständige Form des Gravitationsgesetzes für die Kraftwirkung zwischen zwei Massenpunkten m_1 und m_2 lautet (Abb. 3.9a)

$$\boldsymbol{F}_{1\,\text{auf}\,2} = \gamma \frac{m_1 m_2}{|\boldsymbol{r}_1 - \boldsymbol{r}_2|^3} (\boldsymbol{r}_1 - \boldsymbol{r}_2) \tag{3.13}$$

$$\boldsymbol{F}_{2\,\text{auf}\,1} = \gamma \frac{m_1 m_2}{|\boldsymbol{r}_1 - \boldsymbol{r}_2|^3} (\boldsymbol{r}_2 - \boldsymbol{r}_1) \ . \tag{3.14}$$

Das dritte Axiom $\boldsymbol{F}_{12} = -\boldsymbol{F}_{21}$ ist offensichtlich erfüllt (Abb. 3.8). Die

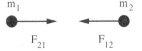

Abb. 3.8. Drittes Axiom: Actio = Reactio

Gravitationskonstante γ wurde zuerst 1798 von Cavendish bestimmt. Sie hat den (ungefähren) Wert

$$\gamma = 6.67 \cdot 10^{-11} \frac{\text{m}^3}{\text{kg} \, \text{s}^2} = 6.67 \cdot 10^{-8} \frac{\text{cm}^3}{\text{g} \, \text{s}^2} \ .$$

Infolge dieses 'niedrigen' Wertes ist die Gravitationswirkung zwischen zwei
Massen(-punkten), die einige Kilogramm schwer sind und einige Meter voneinander entfernt sind, recht bescheiden. Die Bestimmung der Gravitationskonstante ist übrigens für die Bestimmung der Erdmasse von Interesse. Aus
dem Gravitationsgesetz und der Erdbeschleunigung an der Erdoberfläche
folgt

$$M_\mathrm{E} = \frac{gR_e^2}{\gamma} \,. \tag{3.15}$$

Alle Größen auf der rechten Seite dieser Gleichung können experimentell
bestimmt werden.

Das zweite fundamentale Kraftgesetz wurde ca. 100 Jahre nach der Gravitation entdeckt (1785). Es ist die **Coulombkraft** (elektrostatische Kraft)
zwischen zwei Punktladungen. Das Kraftgesetz zwischen zwei Punktladungen
q_1 und q_2 hat die gleiche Form wie das Gravitationsgesetz

$$\boldsymbol{F}_\mathrm{el,1\,auf\,2} = k\frac{q_1 q_2}{r_{12}^3}(\boldsymbol{r}_2 - \boldsymbol{r}_1) \,. \tag{3.16}$$

Die Massen sind durch die Ladungen ersetzt, die Konstante k hat eine andere
Bedeutung, es gilt aber immer noch das $1/r_{12}^2$-Gesetz für die Abhängigkeit
von dem Abstand der beiden Ladungen. Auch die elektrostatischen Kräfte
erfüllen das 3. Axiom. In diesem Falle ist jedoch wegen der zwei möglichen
Vorzeichen der Ladungen sowohl Anziehung als auch Abstoßung möglich.

Kurze Zeit nach der elektrischen Kraftwirkung wurden die **magnetischen
Kraftwirkungen** vollständig erforscht. Das magnetische Kraftgesetz ist etwas komplizierter. In der einfachsten Situation, in der sich zwei Punktladun-
gen q_1 und q_2 mit konstanten Geschwindigkeiten $\boldsymbol{v}_1$ und $\boldsymbol{v}_2$ bewegen, wird
die wechselseitige magnetische Kraft durch die folgende Formel beschrieben
(elektromagnetische CGS-Einheiten, siehe Band 2)

(a)

(b)

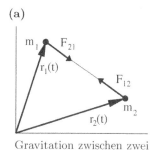

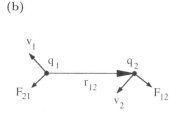

Gravitation zwischen zwei
Massenpunkten

Magnetische Kräfte zwischen
zwei bewegten Ladungen

Abb. 3.9. Kraftwirkungen

$$F_{12} = \frac{q_1 q_2}{c^2 r_{12}^3} [v_2 \times (v_1 \times r_{12})]$$

$$F_{21} = \frac{q_1 q_2}{c^2 r_{12}^3} [v_1 \times (v_2 \times (-r_{12}))] . \tag{3.17}$$

Der Vektor $r_{12} = r_2 - r_1$ charakterisiert den Abstand zwischen den beiden Ladungen, c die Lichtgeschwindigkeit. Für gleiches Ladungsvorzeichen erhält man die in Abb. 3.9b eingezeichneten Kraftvektoren. Die magnetischen Kraftvektoren erfüllen das dritte Axiom nicht direkt.

In dem letzten Jahrhundert sind noch zwei fundamentale Kraftwirkungen hinzugekommen. Man unterscheidet heute vier fundamentale Wechselwirkungen in der Natur:

- Gravitation
- elektromagnetische Wechselwirkung $\Big\}$ lange

Reichweite .

- schwache Wechselwirkung
- starke Wechselwirkung $\Big\}$ kurze

Die letzten zwei Wechselwirkungen vermitteln die Kraftwirkungen zwischen den Elementarteilchen. Ihre explizite Form ist nicht ohne weiteres in einfachen Gleichungen zu beschreiben. Man geht davon aus (und es gibt bisher keine gegenteiligen experimentellen Hinweise), dass alle vier Wechselwirkungen eine erweiterte Form des dritten Axioms erfüllen.

Um diese Aussagen wenigstens andeutungsweise zu unterlegen, muss man auf die Frage eingehen: Wie entsteht eine Kraftwirkung? Was ist der Mechanismus mit dem z.B. ein Massenpunkt m_1 einem Massenpunkt m_2, der sich in der Entfernung r_{12} befindet, mitteilt, dass er dessen Bewegung beeinflussen wird? Dass eine Antwort auf diese Frage nicht einfach ist, verdeutlicht eine 'Theorie' der Gravitation aus dem 16. Jahrhundert, also vor der abstrakteren Gravitationstheorie von Newton. Nach dieser Theorie werden die Planeten auf ihren Bahnen von Engeln geschoben (Abb. 3.10).

Abb. 3.10. Gravitationsmodell, 16. Jahrhundert

Unser derzeitiges Verständnis von Kraftwirkungen basiert auf der Quantenfeldtheorie. Gemäß dieser Theorie werden die vier fundamentalen Wechselwirkungen durch den Austausch von für die Wechselwirkung charakteristischen Feldquanten (den sogenannten Eichteilchen) zwischen den wechselwirkenden Partnern vermittelt. Die Wechselwirkung entspricht quasi dem Austausch von 'Bällen' zwischen zwei Personen, wobei jedoch nicht klar ist, wie man bei dieser Vorstellung zwischen Abstoßung und Anziehung unterscheiden könnte. In der Quantenfeldtheorie werden die Wechselwirkungen durch die sogenannten **Feynmandiagramme** dargestellt. Diese Bilder können direkt in einschlägige, mathematische Ausdrücke übersetzt werden. Die einfachsten Feynmangraphen für die vier fundamentalen Wechselwirkungen, die den Austausch von genau einem Eichteilchen zwischen den Elementarteilchen beschreiben, haben die angedeutete Form: Zwei Elementarteilchen mit den Impulsen p_1 und p_2 tauschen ein Eichteilchen aus und erhalten die Impulse p'_1 und p'_2 :

Bis zum Jahre 1970 benannte man als Eichteilchen: Gravitonen, Photonen, hypothetische intermediäre Vektorbosonen und diverse Mesonen im Falle von Gravitation, Elektromagnetismus, der schwachen und der starken Wechselwirkung. Die Gravitation wirkt zwischen allen Teilchen, die schwache Wechselwirkung zwischen allen Elementarteilchen. Photonen werden zwischen geladenen Teilchen ausgetauscht, die starke Wechselwirkung ist auf Baryonen, wie Proton und Neutron beschränkt. Das dritte Axiom tritt in diesem Rahmen in einer abgewandelten Form auf: Für jeden Elementarprozess (charakterisiert durch einen 'Vertex', dem Punkt in den Feynmandiagrammen, in dem die Eichteilchen emittiert oder absorbiert werden) gilt Impulserhaltung in der Form

$$p_{\text{ein}} = p_{\text{aus}} + p_{\text{Eichteilchen}} \, .$$

Die Impulsbilanz zwischen den in den Wechselwirkungspunkt ein- und auslaufenden Teilchen und den Eichteilchen muss stimmig sein. Diese Aussage gilt insbesondere auch für (elektro-)magnetische Wechselwirkungen, so dass man anhand der Gültigkeit des Impulserhaltungssatzes auch für diese Wechselwirkungen auf die Gültigkeit des dritten Axioms in einer erweiterten Form schließen kann (vergleiche Kap. 3.2.1).

Die Aussagen über die Eichteilchen, die bis 1970 akzeptiert wurden, sind in der Zwischenzeit revidiert worden: Es gibt keine neue Erkenntnis bezüglich der (immer noch hypothetischen) Gravitonen. Die elektromagnetische und die schwache Wechselwirkung sind vereinigt worden: Es werden entweder zwei elektrisch neutrale Eichteilchen (Mischungen aus Photon und dem auf den Namen Z^0 getauften Vektorboson) oder zwei entgegengesetzt geladene W-Bosonen ausgetauscht. Die Vorstellung bezüglich der starken Wechselwirkung hat sich vollständig geändert. Die alte Mesonaustauschtheorie wurde durch die Quantenchromodynamik ersetzt. Die fundamentalen Teilchen, die wechselwirken, sind die Quarks, die 'Bälle' entsprechen 8 verschiedenen Gluonen.

Die Teilchen, denen man zuvor die starke Wechselwirkung zugeschrieben hat, setzen sich aus den Quarks zusammen: die Mesonen bestehen aus einem Quark-Antiquark Paar, die Baryonen (wie Neutron und Proton) aus drei Quarks. Die ursprünglich als starke Wechselwirkung bezeichnete Kraft ist sozusagen nur ein nach außen greifender Abklatsch der starken Wechselwirkung im Innern der Hadronen.

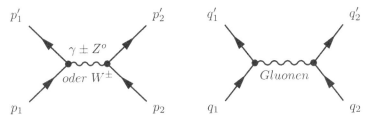

Inwieweit diese Vorstellungen von der Natur der fundamentalen Kräfte sich in 500 Jahren genauso naiv anhören wird wie heute die Geschichte mit den schiebenden Engeln, sollte man vielleicht dahingestellt lassen.

Nach diesem Kommentar zu den drei Axiomen der Mechanik steht die Frage nach ihrer praktischen Verwendung an. Dabei werden zwei Themenkreise angesprochen:

1. Die Lösung der zentralen Bewegungsgleichung für vorgegebene Kräfte. Für den Fall eines Massenpunktes ist der folgende Satz von Differentialgleichungen zu diskutieren

$$m\ddot{x} = F_x(t, x, y, z, \dot{x}, \dot{y}, \dot{z})$$
$$m\ddot{y} = F_y(t, x, y, z, \dot{x}, \dot{y}, \dot{z})$$
$$m\ddot{z} = F_z(t, x, y, z, \dot{x}, \dot{y}, \dot{z}) \,,$$

beziehungsweise in vektorieller Zusammenfassung

$$m\ddot{\boldsymbol{r}} = \boldsymbol{F}(t, \boldsymbol{r}, \dot{\boldsymbol{r}}) \,. \tag{3.18}$$

Die rechte Seite (drei Funktionen von je 7 Variablen im allgemeinen Fall) ist vorgegeben. Zu bestimmen sind die Funktionen $\boldsymbol{r}(t)$. Für einfache Fälle wurde die Lösung solcher Aufgaben unter dem Stichwort Kinematik schon in Kap. 2 geübt.

2. Es ist jedoch auch nützlich, die Frage zu stellen: Kann man aufgrund der drei Axiome allgemeine Aussagen über mechanische Systeme machen, ohne dass man sich auf spezifische Situationen bezieht? Die Antwort auf diese Frage fällt unter das Stichwort Erhaltungssätze (und zwar für Impuls, Drehimpuls und Energie). In der Mechanik werden die Erhaltungssätze als Konsequenz der Axiome (plus generellen Aussagen über die Kräfte) dargestellt. Die Erhaltungssätze sind jedoch aus experimenteller Sicht viel zugänglicher und einsichtiger als die Axiome. Es ist deswegen in der Physik durchaus üblich, die Erhaltungssätze als die erste Erkenntnis an den Anfang zu stellen und zu versuchen, das Lehrgebäude der Physik mit der Forderung der Erhaltungssätze axiomatisch zu begründen. Dies ist insofern nützlich, als die Erhaltungssätze auch in der Quantenwelt Gültigkeit haben. Das zweite Axiom ist hingegen in der Quantenwelt nicht gültig.

Die explizite Umsetzung der Axiome der Mechanik beginnt mit der Diskussion der Erhaltungssätze.

3.2 Die Erhaltungssätze der Mechanik

Erhaltungssätze der Mechanik sind pauschale Aussagen über Systeme von Massenpunkten, die äußeren Einflüssen unterworfen sind (man spricht dann von **äußeren Kräften**) und die miteinander wechselwirken (über **innere Kräfte**). Von den drei grundlegenden Erhaltungssätzen der klassischen Mechanik ist der Impulssatz der zugänglichste. Aus diesem Grund ist es zweckmäßig, die Diskussion mit diesem Thema zu beginnen.

3.2.1 Der Impulssatz und der Impulserhaltungssatz

Das einfachste 'System', das man betrachten kann, ist ein System aus zwei Massenpunkten.

3.2.1.1 Systeme mit zwei Massenpunkten. Als Bezugspunkt für die vektorielle Beschreibung des Systems benutzt man den Schwerpunkt. Die Position des Schwerpunktes in Bezug auf ein beliebiges Koordinatensystem ist durch den Vektor

$$\boldsymbol{R}(t) = \frac{1}{M}(m_1 \boldsymbol{r}_1(t) + m_2 \boldsymbol{r}_2(t)) \qquad M = m_1 + m_2 \qquad (3.19)$$

definiert (Abb. 3.11). M ist die Gesamtmasse des Systems. Der Schwerpunkt

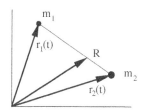

Abb. 3.11. Definition des Schwerpunktes von zwei Massenpunkten

liegt auf der Verbindungslinie der beiden Massen und unterteilt diese im Verhältnis der Massen

$$\boldsymbol{R}(t) - \boldsymbol{r}_1 = \frac{m_1 \boldsymbol{r}_1 + m_2 \boldsymbol{r}_2}{M} - \frac{m_1 + m_2}{M} \boldsymbol{r}_1 = \frac{m_2}{M}(\boldsymbol{r}_2 - \boldsymbol{r}_1)$$

$$\boldsymbol{R}(t) - \boldsymbol{r}_2 = \frac{m_1 \boldsymbol{r}_1 + m_2 \boldsymbol{r}_2}{M} - \frac{m_1 + m_2}{M} \boldsymbol{r}_2 = \frac{m_1}{M}(\boldsymbol{r}_1 - \boldsymbol{r}_2).$$

Die zeitliche Ableitung des Schwerpunktvektors ergibt die Schwerpunktgeschwindigkeit

$$\boldsymbol{V} = \dot{\boldsymbol{R}} = \frac{1}{M}(m_1 \dot{\boldsymbol{r}}_1 + m_2 \dot{\boldsymbol{r}}_2). \qquad (3.20)$$

Der Impuls des Schwerpunktes ist somit gemäß der allgemeinen Definition (Masse mal Geschwindigkeit)

$$P = MV = m_1\dot{r}_1 + m_2\dot{r}_2 = p_1 + p_2 \; . \tag{3.21}$$

Der Impuls des Schwerpunktes ist mit dem Gesamtimpuls des Systems (Summe der Einzelimpulse) identisch.

Falls die beiden Massenpunkte von allen äußeren Einflüssen isoliert werden können, liegt die Idealsituation eines **abgeschlossenen Systems** vor. In einem abgeschlossenen System wirken keine äußeren Kräfte (die mit F bezeichnen werden) auf die Massen

$$F_1 = F_2 = 0 \; .$$

Die zwei Massen bewegen sich einzig unter dem Einfluss der gegenseitigen Wechselwirkung, den inneren Kräften (gekennzeichnet durch f). Diese sollen das dritte Axiom erfüllen

$$f_{12} + f_{21} = 0 \; .$$

Betrachtet man nun die Bewegungsgleichungen für die beiden Massenpunkte

$$\frac{\mathrm{d}}{\mathrm{d}t}p_1 = f_{21} \qquad \frac{\mathrm{d}}{\mathrm{d}t}p_2 = f_{12}$$

und addiert diese beiden Vektorgleichungen, so erhält man

$$\frac{\mathrm{d}}{\mathrm{d}t}P(t) = \frac{\mathrm{d}}{\mathrm{d}t}(p_1 + p_2) = f_{21} + f_{12} = 0 \; . \tag{3.22}$$

Bei Gültigkeit des dritten Axioms für die inneren Kräfte ergibt die Anwendung des zweiten Axioms somit die Aussage: Für ein abgeschlossenes System von (zwei) Massenpunkten verschwindet die zeitliche Ableitung des Gesamtimpulses. Eine direkte Konsequenz dieser Aussage ist

$$P(t) = P(t_0) \quad \text{bzw.} \quad R(t) = R(t_0) + V(t_0)\,t \; . \tag{3.23}$$

Der Gesamtimpuls ist für jeden Zeitpunkt gleich, bzw. der Schwerpunkt ist, je nach Anfangsbedingungen, in Ruhe oder bewegt sich uniform. Diese Aussagen sind äquivalente Formen des **Impuls(erhaltungs)satzes**.

Ist z.B. für zwei Massen zu dem Zeitpunkt t_0 der Schwerpunkt in Ruhe ($V(t_0) = 0$), so bleibt der Schwerpunkt für alle Zeiten an der gleichen Stelle, wie immer sich die zwei Massen unter dem Einfluss der inneren Kräfte bewegen (siehe Abb. 3.12a).

Ein Punkt ist noch zu betonen: Das dritte Axiom, dessen Gültigkeit bei der Aufstellung des Impulssatzes benutzt wurde, verlangt nur, dass die inneren Kräfte antiparallel und gleich stark sind. Es ist nicht nötig, dass die Kraftvektoren entlang der Verbindungslinie der beiden Massenpunkte gerichtet sind (Abb. 3.12b).

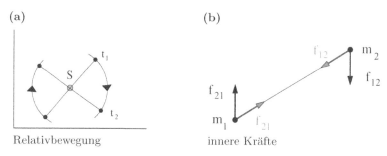

Abb. 3.12. Zum Impulssatz

3.2.1.2 Beispiele zur Impulserhaltung. Mit Hilfe des Impulserhaltungssatzes kann man partielle Aussagen über Bewegungsprobleme machen, ohne
dass man die inneren Kräfte explizit angeben oder kennen muss. Zwei einfache Beispiele sollen diese Aussage verdeutlichen.
Zwischen zwei Massen m_1 und m_2 (Beispiel 3.1) ist eine Sprungfeder zusam-
mengepresst (Abb. 3.13). Die Sprungfeder soll eine gegenseitige Wechselwir-
kung nach dem dritten Axiom simulieren. Zur Zeit $t = 0$ ist $\boldsymbol{v}_1(0) = \boldsymbol{v}_2(0) = \boldsymbol{0}$
und somit $\boldsymbol{P}(t = 0) = \boldsymbol{0}$. Lässt man die Sprungfeder wirken, so laufen die

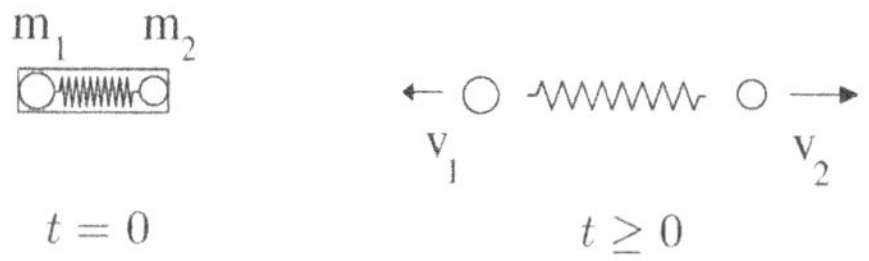

Abb. 3.13. 'Experiment' zum Impulserhaltungssatz

Massen (nach einem anfänglichen Beschleunigungsprozess) mit konstanter
Geschwindigkeit auseinander. Nach dem Erhaltungssatz gilt

$$m_1\boldsymbol{v}_1 + m_2\boldsymbol{v}_2 = \boldsymbol{0}\,.$$

Man kann also z.B. auf $\boldsymbol{v}_2$ schließen, wenn man die beiden Massen und $\boldsymbol{v}_1$
kennt. Misst man $\boldsymbol{v}_1$ und $\boldsymbol{v}_2$ und eine der Massen, so kann man die andere Masse bestimmen, etc. Über die detailliertere Kraftwirkung der Feder
benötigt man keine Angaben, solange man sicherstellt, dass die Feder mit
der gleichen Stärke in genau entgegengesetzter Richtung auf jede der Massen einwirkt. Methoden zur Bestimmung der Massen von Elementarteilchen
mittels Stoßprozessen beruhen auf diesem einfachen Prinzip.
Ein weiteres Beispiel (Beispiel 3.2) ist das (vereinfachte) ballistische Pendel
(Abb. 3.14). Eine Masse m_2 wird mit der Geschwindigkeit $\boldsymbol{v}_2$ auf eine Masse m_1, die anfänglich in Ruhe ist, geschossen. Nachdem sich die Masse m_2
in die Masse m_1 gebohrt hat, bewegt sich das Gesamtsystem mit der Geschwindigkeit $\boldsymbol{v}$. Es ist bestimmt nicht einfach, die Kraftwirkung während
des Einschlags zu analysieren. Solange man jedoch voraussetzen kann, dass

diese Kraftwirkungen das dritte Axiom erfüllen (sie sind im Endeffekt von atomarer also elektrostatischer Natur), gilt

$$m_2 \boldsymbol{v}_2 = (m_1 + m_2)\,\boldsymbol{v}\,.$$

Bestimmt man z.B. die Massen und die Endgeschwindigkeit $\boldsymbol{v}$, so kann man mit Hilfe dieser Gleichung(en) die Anfangsgeschwindigkeit $\boldsymbol{v}_2$ der Masse m_2 berechnen (⊙ Aufg. 3.8).

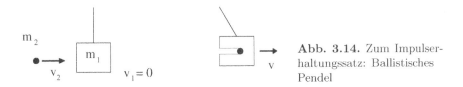

Abb. 3.14. Zum Impulserhaltungssatz: Ballistisches Pendel

Falls auf jeden der beiden Massenpunkte auch eine äußere Kraft wirkt ($\boldsymbol{F}_1$, $\boldsymbol{F}_2$), so liegt ein **offenes System** vor. Die Bewegungsgleichungen für die einzelnen Massen lauten in diesem Fall

$$\frac{\mathrm{d}}{\mathrm{d}t}(\boldsymbol{p}_1) = \boldsymbol{F}_1 + \boldsymbol{f}_{21} \qquad \frac{\mathrm{d}}{\mathrm{d}t}(\boldsymbol{p}_2) = \boldsymbol{F}_2 + \boldsymbol{f}_{12}\,.$$

Gilt für die inneren Kräfte wieder das dritte Axiom, so folgt für die Summe der beiden Bewegungsgleichungen

$$\frac{\mathrm{d}}{\mathrm{d}t}\boldsymbol{P} = \boldsymbol{F}_1 + \boldsymbol{F}_2 = \boldsymbol{F}\,. \tag{3.24}$$

Diese Aussage ist wie folgt zu interpretieren: Das System von zwei Massenpunkten verhält sich gegenüber äußeren Kräften, als ob die gesamte Masse in dem Schwerpunkt vereinigt wäre. Die Vektorsumme der äußeren Kräfte (die gesamte äußere Kraft) greift an dem Schwerpunkt an und bestimmt dessen Bewegung. Man bezeichnet auch diese Aussage als den **Impulssatz**. Ist für jeden Zeitpunkt $\boldsymbol{F}(t) = \boldsymbol{0}$, so geht der Impulssatz in den Impulserhaltungssatz über.

Eine direkte Anwendung des Impulssatzes verdeutlicht das folgende Beispiel 3.3. Ein Projektil bewegt sich unter dem Einfluss der einfachen Gravitation auf einer Wurfparabel (Abb. 3.15). Zum Zeitpunkt t_0 zerplatzt es durch Explosionswirkung in zwei Stücke. Die beiden Stücke stellen das System dar,

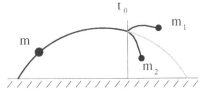

Abb. 3.15. Wurfexperiment in einem offenen System

wobei die Kraftwirkungen zwischen den Stücken als innere Kräfte gelten und die Gravitationswirkung der Erde auf die Stücke als äußere Kräfte. Vor dem Zeitpunkt t_0 ($t \leq t_0$) bewegen sich die beiden Stücke zusammen, gemäß der Bewegungsgleichung

$$\frac{\mathrm{d}}{\mathrm{d}t}\Big[(m_1 + m_2)\boldsymbol{V}\Big] = (m_1 + m_2)\boldsymbol{g} \quad \longrightarrow \quad \frac{\mathrm{d}}{\mathrm{d}t}\boldsymbol{P} = M\boldsymbol{g}\,.$$

Da die Stücke zusammenbleiben, müssen die inneren Kräfte im Gleichgewicht sein. Die Explosionswirkung bedingt einen Kraftstoß von kurzer Dauer auf jedes der Teilstücke. Nach einer entsprechenden Beschleunigungsphase gelten für $t > t_0$ die Bewegungsgleichungen

$$\frac{\mathrm{d}}{\mathrm{d}t}(m_1\boldsymbol{v}_1) = m_1\boldsymbol{g} + \boldsymbol{f}_{21} \qquad \frac{\mathrm{d}}{\mathrm{d}t}(m_2\boldsymbol{v}_2) = m_2\boldsymbol{g} + \boldsymbol{f}_{12}\,. \tag{3.25}$$

Anfangsbedingungen ergeben sich aus der Natur des Kraftstoßes.

Aus diesen Angaben folgt für Zeiten nach der Explosion:

1. Der Schwerpunkt gehorcht derselben Bewegungsgleichung wie vor der Explosion. Mit den Anfangsbedingungen für den Schwerpunkt zu dem Zeitpunkt t_0 bewegt sich der Schwerpunkt weiterhin auf der Wurfparabel

$$\frac{\mathrm{d}}{\mathrm{d}t}(\boldsymbol{P}) = M\boldsymbol{g} \qquad \boldsymbol{P} = m_1\boldsymbol{v}_1 + m_2\boldsymbol{v}_2 = M\boldsymbol{V}\,. \tag{3.26}$$

2. Für die Beschreibung der Bewegung der Stücke gegeneinander ist es zweckmäßig ein Koordinatensystem zu benutzen, dessen Ursprung zu jedem Zeitpunkt mit dem Schwerpunkt zusammenfällt. Man nennt dieses Koordina-

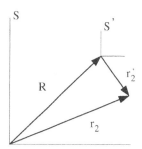

Abb. 3.16. Relation zwischen Laborsystem S und Schwerpunktsystem S'

tensystem das **Schwerpunktsystem**. Da der Schwerpunkt in diesem Beispiel eine beschleunigte Bewegung ausführt, ist das Schwerpunktsystem in der vorliegenden Situation kein Inertialsystem. Die Position der beiden Massen in Bezug auf den Schwerpunkt (r') sind (Abb. 3.16)

$$\boldsymbol{r}_1 = \boldsymbol{R} + \boldsymbol{r}_1' \qquad \boldsymbol{r}_2 = \boldsymbol{R} + \boldsymbol{r}_2'\,.$$

Für die zeitliche Änderung gilt dann

$$\boldsymbol{v}_1 = \boldsymbol{V} + \boldsymbol{v}_1' \qquad \boldsymbol{v}_2 = \boldsymbol{V} + \boldsymbol{v}_2'\,.$$

Setzt man diese Transformation in die Bewegungsgleichungen (3.25) für die erste Masse ein, so erhält man mit dem Impulssatz (3.26) z.B. für die linke Seite

$$\frac{\mathrm{d}}{\mathrm{d}t}(m_1 \boldsymbol{v}_1) = \frac{\mathrm{d}}{\mathrm{d}t}m_1(\boldsymbol{V} + \boldsymbol{v}'_1) = \frac{m_1}{M}\frac{\mathrm{d}}{\mathrm{d}t}(\boldsymbol{P}) + \frac{\mathrm{d}}{\mathrm{d}t}(m_1\boldsymbol{v}'_1)$$
$$= m_1\boldsymbol{g} + \frac{\mathrm{d}}{\mathrm{d}t}(m_1\boldsymbol{v}'_1)\,.$$

Vergleich mit der rechten Seite der Bewegungsgleichung ergibt dann

$$\frac{\mathrm{d}}{\mathrm{d}t}(m_1\boldsymbol{v}'_1) = \boldsymbol{f}_{21}\,.$$

Entsprechend erhält man für die zweite Masse die Aussage

$$\frac{\mathrm{d}}{\mathrm{d}t}(m_2\boldsymbol{v}'_2) = \boldsymbol{f}_{12}\,.$$

Diese Gleichungen besagen, dass die Bewegung der beiden Fragmente gegenüber dem Schwerpunkt nur durch die inneren Kräfte bestimmt wird.

3.2.1.3 Systeme von N Massenpunkten. Die Erweiterung der Diskussion auf den allgemeinen Fall, ein System von N Massenpunkten mit den Massen m_1, m_2, m_3 ,..., m_N, ist nicht schwierig. Die Massenpunkte können frei beweglich sein wie z.B. Sonne, Planeten, Monde, Asteroiden etc. in dem Planetensystem oder auch die ca. 10^{24} Moleküle in einem bestimmten Gasvolumen. Die Massenpunkte können auch eine feste Lage gegeneinander haben. Man spricht dann von einem festen oder starren Körper. In einem starren Körper müssen die inneren Kräfte im Gleichgewicht sein (in einem Molekül oder Kristall sind es Coulombkräfte plus einige Feinheiten), da sich sonst die Massenpunkte gegeneinander bewegen würden. Wie 'starr' ein Körper ist, wird von seinem Verhalten gegenüber zusätzlichen äußeren Kräften abhängen. Man kann solange von einem starren Körper sprechen, als er unter dem Einfluss von äußeren Kräften seine Form beibehält.

Für ein solches System von N Massenpunkten (ob starr, deformierbar oder aus frei beweglichen Massenpunkten bestehend) benutzt man die folgenden Definitionen:

Gesamtmasse:

$$M = \sum_{i=1}^{N} m_i = m_1 + m_2 + \ldots + m_N\,, \tag{3.27}$$

Position des Schwerpunktes:

$$\boldsymbol{R} = \frac{1}{M}\sum_i m_i\boldsymbol{r}_i\,, \tag{3.28}$$

Schwerpunktgeschwindigkeit:

$$V = \dot{R} = \frac{1}{M} \sum_i m_i v_i \,, \tag{3.29}$$

Schwerpunktimpuls oder Gesamtimpuls:

$$P = MV = \sum_i m_i v_i = \sum_i p_i \,, \tag{3.30}$$

Position eines Massenpunktes in Bezug auf den Schwerpunkt:

$$r_i' = r_i - R \,. \tag{3.31}$$

Die Bewegungsgleichung des k-ten Massenpunktes in dem System hat die Form

$$\frac{\mathrm{d}}{\mathrm{d}t} p_k = F_k + f_{1k} + f_{2k} + \ldots + f_{Nk}$$

$$= F_k + \sum_{\substack{i=1 \\ i \neq k}}^{N} f_{i,k} \,. \tag{3.32}$$

Neben der äußeren Kraft F_k wirken auf den k-ten Massenpunkt die $(N-1)$ inneren Kräfte der anderen Massenpunkte. Mit der Verabredung

$$f_{kk} = 0 \qquad (k = 1 \ldots N) \,,$$

die wegen

$$f_{ik} = -f_{ki}$$

für $i = k$ in dem dritten Axiom enthalten ist, kann man die Summe in (3.32) ohne Einschränkung von 1 bis N laufen lassen

$$\sum_{\substack{i=1 \\ i \neq k}}^{N} \quad \longrightarrow \quad \sum_{i=1}^{N} \,.$$

Addiert man die vektoriellen Bewegungsgleichungen (3.32) für alle Massen, so erhält man

$$\sum_{k=1}^{N} \frac{\mathrm{d}}{\mathrm{d}t} (p_k) = \sum_{k=1}^{N} F_k + \sum_{k=1}^{N} \sum_{i=1}^{N} f_{ik} \,.$$

Auf der linken Seite steht die zeitliche Ableitung des Gesamtimpulses

$$\sum_{k=1}^{N} \frac{\mathrm{d}}{\mathrm{d}t} (p_k) = \frac{\mathrm{d}}{\mathrm{d}t} \sum_{k=1}^{N} (p_k) = \frac{\mathrm{d}}{\mathrm{d}t} P(t) \,.$$

Der erste Term auf der rechten Seite ist die Summe aller äußeren Kräfte

$$F_{ext} = \sum_k F_k \,.$$

Der zweite Term auf der rechten Seite verschwindet, falls die inneren Kräfte das dritte Axiom erfüllen, denn es gilt

$$\sum_{ik} \boldsymbol{f}_{ik} = -\sum_{ik} \boldsymbol{f}_{ki} \qquad \text{(nach dem dritten Axiom)}$$

$$= -\sum_{ik} \boldsymbol{f}_{ik} \qquad \text{(nach Umbenennung der Indices)}.$$

Die Aussage Vektor $= -$ Vektor ist offensichtlich nur für den Nullvektor möglich. Für ein beliebiges System von Massenpunkten, in dem die inneren Kräfte das dritte Axiom erfüllen, gilt also die Aussage

$$\boxed{\dot{\boldsymbol{P}} = \sum_k \boldsymbol{F}_k = \boldsymbol{F}_{ext}\,.} \qquad (3.33)$$

Das ist der allgemeine Impulssatz: Die zeitliche Änderung des Gesamtimpulses für ein System von N Massenpunkten, dessen innere Kräfte das dritte Axiom erfüllen, wird durch die Summe der äußeren Kräfte, die auf die Massen des Systems einwirken, bedingt. Ist die Summe der äußeren Kräfte zu jedem Zeitpunkt gleich Null, so gilt der Impulserhaltungssatz

$$\sum_k \boldsymbol{F}_k = \boldsymbol{0} \quad \longrightarrow \quad \dot{\boldsymbol{P}} = \boldsymbol{0} \quad \longrightarrow \quad \boldsymbol{P}(t) = \boldsymbol{P}(t_0)\,. \qquad (3.34)$$

Diese Aussage ist insbesondere in einem abgeschlossenen System, in dem keine äußeren Kräfte vorhanden sind ($\boldsymbol{F}_k = \boldsymbol{0} \quad (k = 1, 2, \ldots)$), gültig. Der Impulssatz lässt sich auch in der folgenden Form ausdrücken:

> Der Schwerpunkt eines Systems von Massenpunkten, dessen innere Kräfte das dritte Axiom erfüllen, bewegt sich so, als ob die Gesamtmasse in dem Schwerpunkt vereinigt wäre und als ob die äußeren Kräfte gemeinsam an dem Schwerpunkt angreifen.

Eine weitere Variante des Impulserhaltungssatzes lautet: In einem abgeschlossenen System ist der Schwerpunkt in Ruhe oder in gleichförmiger Bewegung.

Der Impulssatz wird sich im Endeffekt als ein recht nützliches Instrument für die Diskussion von mechanischen Systemen herausstellen. Da der Impulssatz meist in Verbindung mit dem Energiesatz (siehe Kap. 3.2.3ff) zur Anwendung kommt, soll an dieser Stelle auf weitere Beispiele verzichtet werden.

Das Moment des Impulses ist der Drehimpuls. Auch für diese dynamische Bewegungsgröße erhält man unter bestimmten Voraussetzungen einen Erhaltungssatz. Die Diskussion ist jedoch, infolge des bei der Momentbildung auftretenden Vektorproduktes, ein wenig aufwendiger.

3.2.2 Der Drehimpulssatz und der Drehimpulserhaltungssatz

Auch bei der Diskussion des Drehimpulses ist es nützlich, mit der einfachsten Situation zu beginnen.

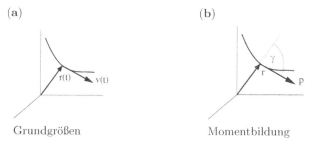

Grundgrößen   Momentbildung

Abb. 3.17. Zur Definition des Drehimpulses eines Massenpunktes

3.2.2.1 Der Drehimpuls für einen Massenpunkt. Betrachtet man zunächst wieder einen einzelnen Massenpunkt, der sich auf einer beliebigen Bahnkurve bewegt, so lautet die Definition des **Bahndrehimpulses** (Abb. 3.17a)

$$l(t) = m[r(t) \times v(t)] = r(t) \times p(t) . \tag{3.35}$$

Der Drehimpuls stimmt bis auf einen einfachen Faktor mit dem schon diskutierten Begriff des Flächengeschwindigkeit

$$\dot{A}(t) = \frac{1}{2}(r(t) \times v(t)) \qquad l(t) = 2m\dot{A}(t)$$

(siehe Kap. 2.3.3) überein. Trotz der vorangegangenen Diskussion der Flächengeschwindigkeit ist es angebracht, den Drehimpuls noch einmal als eigenständige Größe zu betrachten, der Einfachheit halber für ebene Bewegungsformen.

Liegt zu dem Zeitpunkt t die in Abb. 3.17b angedeutete Situation vor, so lautet die Zerlegung des Impulsvektors in eine radiale und eine azimutale Komponente

$$p = (p\cos\gamma)e_r + (p\sin\gamma)e_\varphi ,$$

wobei γ der Winkel zwischen r und p ist. Da $e_r \times e_r = 0$ und $e_r \times e_\varphi = e_z$ ist, folgt

$$l = (rp\sin\gamma)e_z = rp_\varphi e_z .$$

Der Betrag des Drehimpulses $|l| = rp|\sin\gamma|$ ist ein Maß für die Größe der momentanen Drehung um den Koordinatenursprung. Dieses Maß wächst proportional mit der Entfernung von dem Koordinatenursprung. Die Richtung des Drehimpulsvektors (in dem Beispiel $\pm e_z$) gibt den Umlaufsinn der momentanen Drehung (gemäß der rechten Handregel, siehe Math.Kap. 3.1.1) an. Für die Situation in Abb. 3.18a ist diese Richtung aus dem Blatt heraus[3], für die Situation in Abb. 3.18b in das Blatt hinein.

Eine Größe der Form $r \times$ Vektor bezeichnet man als **Moment des Vektors**. Der Betrag dieser Größe entspricht der Projektion des Vektors auf eine Richtung senkrecht zu r.

---

[3] markiert durch eine 'Pfeilspitze', im gegenteiligen Fall durch ein 'Pfeilende'.

(a)

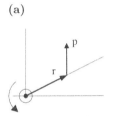

(b)

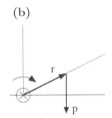

Abb. 3.18. Zur Definition des Drehimpulsvektors

Eine einfache Situation, mit deren Hilfe sich der Begriff des Drehimpulses gut erläutern lässt, ist die gleichförmige Bewegung eines Massenpunktes entlang einer Geraden. Eine solche Bewegung wird durch die Vektorgleichung $r(t) = r_0 + v_0 t$ beschrieben. Es gilt deswegen

$$l = m(r(t) \times v_0) = m(r_0 \times v_0) = \mathbf{const} \,.$$

Für das in Abb. 3.19a angedeutete Beispiel zeigt der (zeitlich konstante) Drehimpulsvektor in das Blatt hinein. Die Bewegung entlang einer Geraden würde man auf den ersten Blick vielleicht nicht mit einer Drehung in Verbindung bringen. Spätestens beim zweiten Blick wird jedoch klar, dass sich der Massenpunkt doch um den Koordinatenursprung dreht, wenn auch nur um 180°.

Man erkennt eine weitere Eigenschaft des Drehimpulses. Der Drehimpuls hängt von der Wahl des Koordinatensystems ab. Beschreibt man die Bewegung aus der Sicht eines Koordinatensystems **S'**, dessen Ursprung auf der Geraden liegt (Abb. 3.19b), so gilt

$$r'(t) = r_0' + v_0 t \,,$$

wobei

$$r_0' = C v_0$$

und somit

$$l' = m(C + t)(v_0 \times v_0) = \mathbf{0} \,.$$

ist. Aus der Sicht von **S'** liegt nur eine radiale Bewegung und keine Drehung um den Koordinatenursprung vor.

Zur weiteren Illustration dieses Punktes kann man die uniforme Kreisbewegung betrachten. Für ein Koordinatensystem mit Ursprung im Kreismittelpunkt (Abb. 3.20a) gilt

$$r = R e_r \qquad v = R\omega e_\varphi$$

und somit

$$l = mR^2 \omega e_z = \mathbf{const} \,.$$

(a)

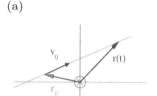

(b)

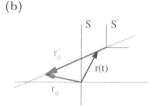

aus der Sicht des Systems S   aus der Sicht des Systems S'

Abb. 3.19. Drehimpuls bei der Bewegung entlang einer Geraden

(a)

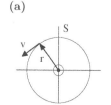

(b)

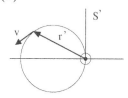

aus der Sicht des Mittelpunktes   aus der Sicht eines Kreispunktes

Abb. 3.20. Drehimpuls bei der Kreisbewegung

Beschreibt man die gleiche Situation aus der Sicht eines Koordinatensystems mit Ursprung auf dem Kreis (z.B. auf der x-Achse, Abb. 3.20b), so gilt für die Koordinaten

$$x'=x - R = R(\cos \omega t - 1) \qquad y' = R \sin \omega t$$
$$\dot{x}'=-R\omega \sin \omega t \qquad \dot{y}' = R\omega \cos \omega t \ .$$

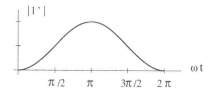

Abb. 3.21. Zeitliche Variation des Drehimpulses aus der Sicht eines Kreispunktes

Der Drehimpuls aus der Sicht dieses Koordinatensystems ist

$$l' = m(x'\dot{y}' - y'\dot{x}')e_z = mR^2\omega(1 - \cos \omega t)e_z \ .$$

Der Betrag des Drehimpulses l' ändert sich in diesem Fall, wie in Abb. 3.21 angedeutet, mit der Zeit. Es ist somit die wichtige Aussage festzuhalten:

> Der Drehimpuls eines Massenpunktes (Objektes) ist nur dann vollständig definiert, wenn man den Bezugspunkt für die Moment-bildung (in dem Normalfall den Ursprung eines Koordinatensystems) festlegt.

Um den Aspekt, der für die Drehbewegung zuständig ist, aus der Bewegungs-gleichung für einen Massenpunkt

$$\frac{\mathrm{d}}{\mathrm{d}t}\boldsymbol{p} = \boldsymbol{F}$$

zu isolieren, bildet man das Moment dieser Gleichung

$$\boldsymbol{r} \times \dot{\boldsymbol{p}} = \boldsymbol{r} \times \boldsymbol{F} \,.$$

Die linke Seite ist die zeitliche Ableitung des Drehimpulses, denn es gilt

$$\dot{\boldsymbol{l}} = (\dot{\boldsymbol{r}} \times \boldsymbol{p}) + (\boldsymbol{r} \times \dot{\boldsymbol{p}}) = (\boldsymbol{r} \times \dot{\boldsymbol{p}}) \,,$$

da der erste Term wegen $(\dot{\boldsymbol{r}} \times \boldsymbol{p}) = m(\dot{\boldsymbol{r}} \times \dot{\boldsymbol{r}}) = \boldsymbol{0}$ verschwindet. Auf der rechten Seite steht das Moment der Kraft oder das **Drehmoment**

$$\boldsymbol{M} = \boldsymbol{r} \times \boldsymbol{F} \qquad |\boldsymbol{M}| = rF \sin\theta_{r,F} \,. \tag{3.36}$$

Den Faktor r in dem Betrag des Drehmomentes bezeichnet man als den Arm der Kraft. Folglich ist die Auswirkung einer Kraft auf eine Drehbe-wegung umso größer, je weiter der Angriffspunkt der Kraft von dem Be-zugspunkt entfernt ist. Diese Aussage entspricht der alltäglichen Erfahrung: Man würde nicht versuchen, eine Tür zu öffnen, indem man die Kraft in der Nähe der Angeln ansetzt, sondern möglichst weit von den Angeln entfernt (Abb. 3.22).

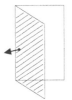

Drehmoment groß   Drehmoment klein

Abb. 3.22. Illustration des Drehmomentes

Aus der Bewegungsgleichung folgt somit für den Fall eines Massenpunktes der **Drehimpulssatz**

$$\boxed{\frac{\mathrm{d}}{\mathrm{d}t}\boldsymbol{l}(t) = \boldsymbol{M}(t) \,.} \tag{3.37}$$

Das Drehmoment bewirkt eine zeitliche Veränderung des Drehimpulses. Ver-schwindet das Drehmoment für alle Zeiten, so gilt der **Drehimpulserhal-tungssatz**

$$\boxed{\boldsymbol{M} = 0 \quad \longrightarrow \quad \dot{\boldsymbol{l}} = 0 \quad \longrightarrow \quad \boldsymbol{l}(t) = \boldsymbol{l}(t_0) \,.} \tag{3.38}$$

Der Drehimpuls ist eine Erhaltungsgröße, wenn das Drehmoment der angreifenden Kraft verschwindet. Das Drehmoment verschwindet, wenn

1. keine Kraft wirkt (siehe uniforme Bewegung entlang einer Geraden),
2. die angreifende Kraft eine Zentralkraft ist (siehe Diskussion des Flächensatzes in Kap. 2.3 oder das Beispiel der einfachen uniformen Kreisbewegung).

Drehmoment und Drehimpuls hängen wegen der Form $\boldsymbol{r} \times$ Vektor von der Wahl des Koordinatensystems bzw. des gemeinsamen Bezugspunktes ab. Nur in einem Koordinatensystem, in dem der Vektor $\boldsymbol{M}(t)$ für alle Zeiten verschwindet, gilt der Erhaltungssatz.

3.2.2.2 Der Drehimpuls für Systeme von N Massenpunkten. Die Überlegungen für den Fall eines Massenpunktes müssen auf die Betrachtung eines Systems von N Massenpunkten verallgemeinert werden. Infolge der Momentbildung ist die Diskussion ein wenig aufwendiger. Alle N Massenpunkte des Systems sind aus der Sicht eines einzigen Bezugsystems zu charakterisieren. Der Drehimpuls des k-ten Teilchens ist (Abb. 3.23a)

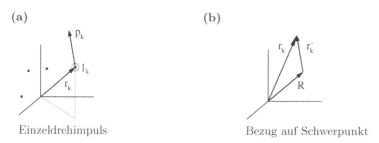

(a)   **(b)**

Einzeldrehimpuls   Bezug auf Schwerpunkt

Abb. 3.23. Drehimpuls eines Systems von Massenpunkten

$$\boldsymbol{l}_k(t) = \boldsymbol{r}_k(t) \times \boldsymbol{p}_k(t) \, .$$

Als Gesamtdrehimpuls des Systems bezeichnet man die Vektorsumme aller Einzeldrehimpulse

$$\boldsymbol{L}(t) = \sum_{k=1}^{N} \boldsymbol{l}_k(t) = \sum_{k=1}^{N} \boldsymbol{r}_k(t) \times \boldsymbol{p}_k(t) \, . \tag{3.39}$$

Für den linearen Impuls galt die Aussage

Gesamtimpuls   =   Impuls des Schwerpunktes .

Die folgende Argumentation zeigt, dass eine entsprechende Aussage für den Drehimpuls nicht zutrifft. Man bezieht sich auf den Schwerpunkt mittels (Abb. 3.23b)

$$\boldsymbol{r}_k = \boldsymbol{r}_k' + \boldsymbol{R} \qquad \boldsymbol{v}_k = \boldsymbol{v}_k' + \boldsymbol{V}$$

und erhält durch Einsetzen in (3.39)

$$L = \sum_k m_k [(\boldsymbol{R} + \boldsymbol{r}'_k) \times (\boldsymbol{V} + \boldsymbol{v}'_k)]$$
$$= \sum_k m_k [(\boldsymbol{R} \times \boldsymbol{V}) + (\boldsymbol{R} \times \boldsymbol{v}'_k) + (\boldsymbol{r}'_k \times \boldsymbol{V}) + (\boldsymbol{r}'_k \times \boldsymbol{v}'_k)] \ .$$

In dem ersten Term ist $\sum_k m_k = M$ und somit entspricht dieser Term dem Drehimpuls des Schwerpunktes in Bezug auf das vorgegebene Koordinatensystem

$$\boldsymbol{L}_{\mathrm{SP}} = \boldsymbol{R} \times \boldsymbol{P} \ .$$

Für den dritten Term folgt aus der Transformationsgleichung

$$\sum_k m_k \boldsymbol{r}'_k = \sum (m_k \boldsymbol{r}_k - m_k \boldsymbol{R}) = M\boldsymbol{R} - M\boldsymbol{R} = \boldsymbol{0} \ .$$

Es gilt dann auch für den zweiten Term

$$\sum_k m_k \boldsymbol{v}'_k = \frac{\mathrm{d}}{\mathrm{d}t} \sum_k m_k \boldsymbol{r}'_k = \boldsymbol{0} \ .$$

Diese Terme ergeben keinen Beitrag. Der letzte Term entspricht der Summe der Einzeldrehimpulse bezogen auf das Schwerpunktsystem

$$\sum_k \boldsymbol{l}'_k = \sum_k m_k (\boldsymbol{r}'_k \times \boldsymbol{v}'_k) \ .$$

Für den Gesamtdrehimpuls gilt somit die Zerlegung

$$L = (\boldsymbol{R} \times \boldsymbol{P}) + \sum_k (\boldsymbol{r}'_k \times \boldsymbol{p}'_k)$$
$$L(t) = \boldsymbol{L}_{\mathrm{SP}}(t) + \sum_k \boldsymbol{l}'_k(t) \ . \tag{3.40}$$

Der Gesamtdrehimpuls eines Systems von N Massenpunkten ist gleich dem Drehimpuls des Schwerpunktes (bezogen auf ein vorgegebenes Koordinatensystem) plus der Summe der Drehimpulse der Massenpunkte in Bezug auf den Schwerpunkt.

Zur Betrachtung des Drehimpulssatzes in der allgemeinen Situation benötigt man eine Aussage über $\dot{\boldsymbol{L}}(t)$

$$\dot{\boldsymbol{L}}(t) = \sum_k \dot{\boldsymbol{l}}_k(t) \ .$$

Für die zeitliche Änderung der Einzeldrehimpulse gilt

$$\dot{\boldsymbol{l}}_k = \boldsymbol{r}_k \times \dot{\boldsymbol{p}}_k \ .$$

Setzt man hier die Bewegungsgleichung (3.32) ein, so erhält man

$$\dot{\boldsymbol{L}}(t) = \sum_k (\boldsymbol{r}_k \times \boldsymbol{F}_k) + \sum_{ik} (\boldsymbol{r}_k \times \boldsymbol{f}_{ik}) \ . \tag{3.41}$$

Der zweite Term auf der rechten Seite dieser Gleichung verschwindet, wenn die inneren Kräfte $\boldsymbol{f}_{ik}$ das 3. Axiom erfüllen *und* wenn sie entlang den Verbindungslinien der jeweiligen Paare von Massenpunkten zeigen.

Um diese Aussage zu beweisen, benutzt man die Tatsache, dass die Summationsindices umbenannt werden können

$$\sum_{ik}(\boldsymbol{r}_k \times \boldsymbol{f}_{ik}) = \sum_{ik}(\boldsymbol{r}_i \times \boldsymbol{f}_{ki})\,,$$

so dass man schreiben kann

$$\sum_{ik}(\boldsymbol{r}_k \times \boldsymbol{f}_{ik}) = \frac{1}{2}\sum_{ik}\left\{(\boldsymbol{r}_k \times \boldsymbol{f}_{ik}) + (\boldsymbol{r}_i \times \boldsymbol{f}_{ki})\right\}\,.$$

Für Kräfte, die das 3. Axiom erfüllen, gilt somit

$$\sum_{ik}(\boldsymbol{r}_k \times \boldsymbol{f}_{ik}) = \frac{1}{2}\sum_{ik}\left[(\boldsymbol{r}_k - \boldsymbol{r}_i) \times \boldsymbol{f}_{ik}\right]\,.$$

Dieser Ausdruck verschwindet im Allgemeinen nicht. Haben die inneren Kräfte jedoch die Form

$$\boldsymbol{f}_{ik} = f_{ik}(\boldsymbol{r}_i, \boldsymbol{r}_k) \cdot (\boldsymbol{r}_k - \boldsymbol{r}_i)\,,$$

also eine skalare Funktion der beiden Vektoren multipliziert mit dem vektoriellen Abstand der beiden Massenpunkte, so verschwindet der zweite Term. Diese Forderung an die inneren Kräfte ist weitergehender als die Forderung, die zu dem Impulssatz führte. Sie ist für die Gravitation und für elektrostatische Kräfte erfüllt.

Der erste Term auf der rechten Seite von (3.41) ist die Summe der Drehmomente der äußeren Kräfte. Man bezeichnet diese Größe als das **Gesamtdrehmoment**

$$\boldsymbol{M} = \sum_{k}(\boldsymbol{r}_k \times \boldsymbol{F}_k) = \sum_{k}\boldsymbol{M}_k\,. \tag{3.42}$$

Analog zu dem Gesamtdrehimpuls kann man das Gesamtdrehmoment in der folgenden Weise zerlegen. Man benutzt wieder

$$\boldsymbol{r}_k = \boldsymbol{R} + \boldsymbol{r}'_k$$

und schreibt

$$\begin{aligned}
\boldsymbol{M} &= \sum_{k}\left\{(\boldsymbol{R} \times \boldsymbol{F}_k) + (\boldsymbol{r}'_k \times \boldsymbol{F}_k)\right\} \\
&= (\boldsymbol{R} \times \boldsymbol{F}) + \sum_{k}(\boldsymbol{r}'_k \times \boldsymbol{F}_k) \\
&= \boldsymbol{M}_{\mathrm{SP}} + \boldsymbol{M}'_{\mathrm{ext}}\,. \tag{3.43}
\end{aligned}$$

Das Gesamtdrehmoment ist die Summe aus dem Drehmoment des Schwerpunktes und dem Drehmoment der äußeren Kräfte in Bezug auf das Schwerpunktsystem.

In Zusammenfassung dieser Argumente kann man den Drehimpulssatz eines Systems von N Massenpunkten notieren:

> Erfüllen die inneren Kräfte eines Systems von N Massenpunkten das dritte Axiom und sind sie entlang der Verbindungslinie der jeweiligen Massenpaare gerichtet, so gilt für ein beliebiges System von Massenpunkten
>
> $$\dot{\boldsymbol{L}}(t) = \boldsymbol{M}(t) \qquad \text{und} \qquad \sum_k \dot{\boldsymbol{l}}_k = \sum_k (\boldsymbol{r}_k \times \boldsymbol{F}_k) \,. \qquad (3.44)$$
>
> In Worten: Die zeitliche Änderung des Gesamtdrehimpulses ist gleich der Summe der Momente der äußeren Kräfte.

Verschwindet das Gesamtdrehmoment (z.B. für ein abgeschlossenes System mit $\boldsymbol{F}_k = \boldsymbol{0}$ für alle k), so folgt daraus der Drehimpulserhaltungssatz

$$\boxed{\boldsymbol{M}(t) = \boldsymbol{0} \quad \longrightarrow \quad \dot{\boldsymbol{L}}(t) = \boldsymbol{0} \quad \longrightarrow \quad \boldsymbol{L}(t) = \boldsymbol{L}(t_0) \,.} \qquad (3.45)$$

Zu betonen ist die Aussage: Der Drehimpulssatz ist (wie der Impulssatz) eine Vektorgleichung. Jede dieser Vektorgleichungen ist eine Zusammenfassung von drei skalaren Gleichungen.

3.2.2.3 Beispiele zum Drehimpulssatz. Die allgemeine Form des Drehimpulssatzes wird in Kap. 6.3 bei der Diskussion der Bewegung starrer Körper eine zentrale Rolle spielen. Für den Moment sollen zur Erläuterung einige einfache Beispiele genügen.

Das erste Beispiel (Beispiel 3.4) ist eine kurze Bemerkung zu den Hebelgesetzen, die schon in der Antike (von Archimedes entdeckt) angewandt wurden. Ein Hebel ist eine primitive **Maschine**, die aus einer starren, um eine Achse drehbare Stange besteht, an der zwei oder mehrere Kraftvektoren angreifen. Hat man, wie in Abb. 3.24a angedeutet, zwei konstante Kräfte mit den Armen $\boldsymbol{r}_1$ und $\boldsymbol{r}_2$, die in einer Ebene senkrecht zu der Drehachse liegen, so lautet die Gleichgewichtsbedingung

$$\boldsymbol{M}_1 + \boldsymbol{M}_2 = (\boldsymbol{r}_1 \times \boldsymbol{F}_1) + (\boldsymbol{r}_2 \times \boldsymbol{F}_2) = \boldsymbol{0} \,. \qquad (3.46)$$

Die Summe der Drehmomente in Bezug auf die Drehachse verschwindet in der Gleichgewichtssituation.

Liegen die beiden Kraftvektoren nicht in einer Ebene senkrecht zu der Drehachse (Abb. 3.24b, ☻ D.tail 3.1), so wird entweder ein Teil der Momentwirkung von der Lagerung aufgefangen oder die gesamte Maschine setzt sich in Bewegung. Die Anwendung der Hebelgesetze erläutert die Abb. 3.25. Um ein Objekt der Masse M zu heben, benötigt man ohne Hilfsmittel wenigstens die Kraft $-M\boldsymbol{g}$. Mit Hilfe eines Hebels kann man durch die Armwirkung mit kleineren (für einen sehr langen Hebelarm im Prinzip mit beliebig kleinen) Kräften auskommen.

(a)   (b)

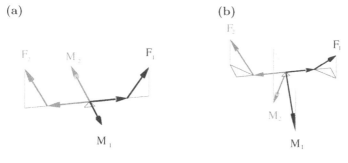

Drehung um Achse   Allgemeine Situation

Abb. 3.24. Hebelgesetze

Abb. 3.25. Hebelanwendung

In dem nächsten Beispiel (Beispiel 3.5) werden einige Bewegungsformen des einfachsten Modelles eines starren Körpers, der Hantel, vorgestellt. Die Hantel besteht aus zwei Massenpunkten m_1 und m_2, die durch eine starre, gewichtslose Stange verbunden sind. Die Hantel soll sich zunächst gleichförmig

(a)   (b)

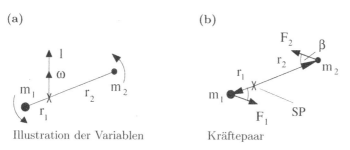

Illustration der Variablen   Kräftepaar

Abb. 3.26. Hantelbewegung

um eine Achse, die senkrecht auf der Hantelstange steht und die durch den Schwerpunkt verläuft, drehen (Abb. 3.26a). Zur Beschreibung der Bewegung benutzt man zweckmäßigerweise Zylinderkoordinaten bezogen auf den Schwerpunkt. Es gilt dann für die erste Masse:

$$\boldsymbol{r}_1(t) = r_1 \boldsymbol{e}_{r_1}$$
$$\boldsymbol{v}_1(t) = r_1 \omega \boldsymbol{e}_{\varphi_1} \qquad (\dot{r}_1 = 0)$$

(r_1 ist der Abstand der Masse m_1 von dem Schwerpunkt der Hantel) und somit für den Drehimpuls

$$l_1 = r_1 \times p_1 = \begin{vmatrix} e_{r_1} & e_{\varphi_1} & e_z \\ r_1 & 0 & 0 \\ 0 & m_1 r_1 \omega & 0 \end{vmatrix} = m_1 r_1^2 \omega e_z \ .$$

Die Winkelgeschwindigkeit kann durch einen Vektor charakterisiert werden, der die momentane Drehachse markiert und in dem vorliegenden Fall die Form $\omega = \omega e_z$ hat.

Für den zweiten Massenpunkt erhält man ein entsprechendes Ergebnis

$$l_2 = r_2 \times p_2 = m_2 r_2^2 \omega \ .$$

Der Gesamtdrehimpuls des Systems ist somit

$$L = l_1 + l_2 = (m_1 r_1^2 + m_2 r_2^2) \omega \ . \tag{3.47}$$

Dieser Vektor ändert sich nicht mit der Zeit ($\dot{L} = 0$). An einer Hantel, die sich gleichförmig dreht, greift kein Drehmoment an. Den Faktor der Drehgeschwindigkeit, der in dieser Gleichung auftritt, bezeichnet man als das **Trägheitsmoment** der Hantel

$$I = (m_1 r_1^2 + m_2 r_2^2) \ . \tag{3.48}$$

Das Trägheitsmoment ist (wie der Drehimpuls) in Bezug auf ein vorgegebenes Koordinatensystem definiert, in dem vorliegenden Beispiel in Bezug auf den Schwerpunkt. Die Relation zwischen Drehimpuls und Drehgeschwindigkeit ist hier

$$L = I\omega \ ,$$

eine Verallgemeinerung dieser Relation wird in Kap. 6.3.3 im Rahmen der Diskussion der Bewegung starrer Körper vorgestellt.

Aus der Ähnlichkeit mit der Definition des linearen Impulses $p = mv$ folgt die Bemerkung: Das Trägheitsmoment beschreibt den Widerstand des starren Körpers gegenüber einer Änderung der Drehbewegung. Die Armwirkung jeder der Massen wird dabei durch eine quadratische Abhängigkeit von dem Abstand von der Drehachse betont.

Eine beschleunigte Drehbewegung ergibt sich, wenn an jeder Masse der Hantel eine gleich große, konstante Kraft angreift. Die beiden Kraftvektoren sollen antiparallel und zu jedem Zeitpunkt den gleichen Winkel (β) mit der Hantelachse einschließen. Eine solche Kombination von Kraftvektoren bezeichnet man als ein Kräftepaar (siehe Abb. 3.26b). Der Schwerpunkt der Hantel bleibt in Ruhe, falls er anfänglich in Ruhe ist, denn es gilt der Impulssatz

$$\dot{P} = F_1 + F_2 = F = 0 \ ,$$
$$R(t) = R(0) + V(0)t \ .$$

Für die Anwendung des Drehimpulssatzes $\dot{L}(t) = M$ benutzt man zweckmäßigerweise die Zerlegungen

$$L = \sum l_k = R \times P + \sum l'_k = \sum l'_k \quad (\text{da} \quad P = 0)$$

$$M = R \times F + \sum (r'_k \times F_k) = \sum (r'_k \times F_k) \quad (\text{da} \quad F = 0).$$

Die beiden Größen sind auf den Schwerpunkt bezogen. Das Drehmoment M steht senkrecht auf der von der Hantelachse und dem Kräftepaar aufgespannten Ebene und ist zeitlich konstant. Die Stärke des Drehmomentes wird durch den Betrag $|M| = (r_1 + r_2)F \sin \beta$ charakterisiert. Nur die Komponenten von F_1 und F_2 senkrecht zu der Hantelachse tragen zu dem Drehmoment bei. Benutzt man (für Drehungen um eine Achse senkrecht zu der Hantelachse) in Erweiterung der Betrachtung für uniforme Drehungen (siehe 3.48)

$$L(t) = I\omega(t) ,$$

so lautet der Drehimpulssatz

$$I\dot{\omega} = M .$$

Die Ableitung der Winkelgeschwindigkeit in dieser Bewegungsgleichung der Hantel bei Einwirkung eines Kräftepaares ist eine Winkelbeschleunigung ($\dot{\omega} = \alpha$). Die Bewegungsgleichung lautet somit 'Trägheitsmoment mal Winkelbeschleunigung ist gleich dem vorgegebenen Drehmoment'.

Das letzte Beispiel (Beispiel 3.6) zu dem Thema Drehimpuls betrifft eine einfache Anwendung des Drehimpulserhaltungssatzes. Eine Hantel mit gleichen Massen $m_1 = m_2 = m$, soll sich mit konstanter Winkelgeschwindigkeit um eine Achse durch den Schwerpunkt, die senkrecht auf der Hantelachse steht, drehen. Die Massen sind in diesem Beispiel auf der fiktiven Stange ver-

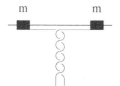

Abb. 3.27. Pirouetteneffekt

schiebbar und zwar so, dass die Verschiebung durch 'innere Kräfte' (jeweils in Richtung auf den Schwerpunkt, erzeugt durch einen geeigneten Mechanismus) entlang der Stange bewerkstelligt wird (Abb. 3.27). Da keine äußeren Kräfte angreifen, gilt Drehimpulserhaltung

$$L(t) = L(0) ,$$

im Detail mit (3.47)

$$[2mr(t)^2]\omega(t) = [2mr(0)^2]\omega(0) .$$

Ändert sich das Trägheitsmoment mit der Zeit, so ändert sich auch die Winkelgeschwindigkeit und zwar gemäß

$$\omega(t) = \frac{I(0)}{I(t)}\omega(0) \ .$$

Zieht man z.B. die Massen nach innen, so verkleinert sich das Trägheitsmoment. Die Hantel dreht sich dann schneller. Man beobachtet einen Pirouetteneffekt.

Die dritte dynamische Bewegungsgröße, die Energie, ist eine der zentralen Größen der Physik. Sie spielt nicht nur in der Mechanik eine Rolle, sondern tritt in verschiedenen Varianten in allen Bereichen der Physik auf. Die Fundierung dieses Begriffes und des verwandten Begriffes der Arbeit ist eines der Hauptanliegen der theoretischen Mechanik.

3.2.3 Die Energie und der Energieerhaltungssatz für einen Massenpunkt

Es ist notwendig, den Feldbegriff der Physik kurz zu beleuchten, bevor die eigentliche Diskussion der Begriffe Arbeit und Energie in Angriff genommen werden kann.

3.2.3.1 Vektorfelder. Dieser Vorspann betrifft das Thema Vektorfelder (siehe auch Math.Kap. 5.1), insbesondere Kraftfelder. Es soll anhand des folgenden Beispiels eingeführt werden: In dem Ursprung eines Koordinatensystems befindet sich ein Massenpunkt M. Bringt man nun in einem anderen Raumpunkt $\boldsymbol{r}$ eine 'Probemasse' m an (Abb. 3.28a), so erfährt diese die Gravitationswirkung (siehe (3.13), S. 79)

$$\boldsymbol{F} = -\gamma\frac{mM}{r^3}\boldsymbol{r} \ .$$

Man kann sich vorstellen, dass der gesamte Raum mit der Probemasse abgefahren (die Masse M bleibt im Koordinatenursprung) und in jedem Raumpunkt der entsprechende Kraftvektor angeheftet wird. Alle Kraftvektoren auf

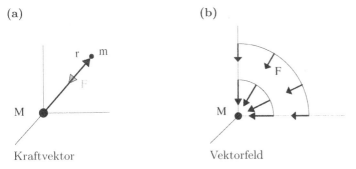

(a)   (b)

Kraftvektor   Vektorfeld

Abb. 3.28. Illustration des Schwerekraftfeldes

einer Kugelschale haben die gleiche Länge und sind radial nach innen gerichtet. Je größer der Radius der Kugelschale ist, desto kürzer sind die Kraftvektoren. Eine derartige Zuordnung von Vektoren zu Raumpunkten bezeichnet man als Vektorfeld (Abb. 3.28b), in dem vorliegenden Fall als Kraftfeld

$$\boldsymbol{F}(\boldsymbol{r}) = \Big(F_x(x,y,z),\ F_y(x,y,z),\ F_z(x,y,z) \Big) . \tag{3.49}$$

Ein stationäres (zeitunabhängiges) Vektorfeld wird durch die vektorielle Zusammenfassung von drei Funktionen von drei Veränderlichen charakterisiert. Für das obige Beispiel gilt explizit

$$\boldsymbol{F}(\boldsymbol{r}) = -\gamma \frac{mM}{r^3}(x,\ y,\ z) \qquad r = [x^2 + y^2 + z^2]^{1/2} . \tag{3.50}$$

Man kann die gleiche Situation in einer alternativen Weise beschreiben. Die Größe

$$\boldsymbol{G}(\boldsymbol{r}) = \frac{1}{m}\boldsymbol{F}(\boldsymbol{r}) = -\gamma \frac{M}{r^3}\boldsymbol{r} \tag{3.51}$$

ist ebenfalls ein Vektorfeld, das man als das **Gravitationsfeld** der Masse M bezeichnet. Man kann dann folgende Modellvorstellung der Kraftwirkung zwischen zwei Massen entwickeln (Abb. 3.29): Zunächst ist nur der leere Raum vorhanden. Bringt man die Masse M an die Stelle $(0, 0, 0)$, so wird der Raum 'modifiziert'. Die Anwesenheit der Masse M äußert sich in dem Aufbau des Gravitationsfeldes $\boldsymbol{G}$. Bringt man im nächsten Schritt an die Stelle $\boldsymbol{r}$ eine Masse m, so erfährt diese eine Kraftwirkung, die sich durch $\boldsymbol{F} = m\boldsymbol{G}$ ergibt. Die Kraftwirkung wird also unterteilt in

(i) die Forderung der Existenz des Gravitationsfeldes,
(ii) die Sondierung dieses Feldes mit der 'Probemasse'.

Die naheliegende Frage: 'Existiert das Feld $\boldsymbol{G}$?', kann nicht beantwortet werden, da sich dieses Feld experimentell nur über die Kraftwirkung $\boldsymbol{F}$ nachweisen lässt. Die Modellvorstellung eines Gravitationsfeldes (und eine gute Anzahl von vergleichbaren Feldern) hat sich jedoch als sehr nützlich erwiesen.

Der Raum   Das Gravitationsfeld   Die Kraftwirkung

Abb. 3.29. Der Begriff des Gravitationsfeldes

Anstatt ein Vektorfeld durch eine Sammlung von Vektorpfeilen, die an Raumpunkte angeheftet werden, zu charakterisieren, kann man eine Darstellung durch Feldlinien benutzen. Diese entsprechen Tangenten an die Feldvektoren. Die Feldliniendarstellung wird im Rahmen der Elektrostatik (siehe Band 2) ausführlich besprochen.

Ein weiteres Beispiel, neben den erwähnten Zentralkraftfeldern, ist das uniforme Kraftfeld der Gravitation in der Nähe der (flachen) Erdoberfläche

$$\boldsymbol{F} = (0, 0, -mg)$$

bzw. das entsprechende Gravitationsfeld

$$\boldsymbol{G} = (0, 0, -g) \, .$$

3.2.3.2 Der Arbeitsbegriff und die kinetische Energie für einen Massenpunkt.
Um die beiden grundlegenden Begriffe Arbeit und kinetische Energie zu erläutern, beginnt man zweckmäßigerweise mit einer einfachen Situation, der Bewegung eines Massenpunktes m in einem konstanten Kraftfeld. In jedem Raumpunkt ist ein Kraftvektor der gleichen Länge und der gleichen Richtung angeheftet. Der Einfachheit halber wählt man das Koordinatensystem so, dass gilt

$$\boldsymbol{F} = (F, 0, 0) \, .$$

Eine Bewegung des Massenpunktes in der x-Richtung von der Stelle x_0 zum Zeitpunkt $t = 0$ zu der Stelle $x(t)$ unter dem Einfluss der konstanten Kraft (mit den expliziten Anfangsbedingungen $\boldsymbol{r}(0) = (x_0, 0, 0)$ und $\boldsymbol{v}(0) = (v_0, 0, 0)$) ist eine geradlinige, gleichförmig beschleunigte Bewegung entlang der x-Achse. Die Lösung der Bewegungsgleichung $\boldsymbol{F} = m\boldsymbol{a}$ lautet

$$v - v_0 = \frac{F}{m}t \qquad x - x_0 = v_0 t + \frac{F}{2m}t^2 \, .$$

Durch Elimination der Zeit aus diesen beiden Gleichungen erhält man

$$\frac{F}{m}(x - x_0) = v_0 \left(\frac{F}{m}t \right) + \frac{1}{2} \left(\frac{F}{m}t \right)^2 = v_0(v - v_0) + \frac{1}{2}(v - v_0)^2$$

oder

$$F\,(x - x_0) = \frac{m}{2}v^2 - \frac{m}{2}v_0^2 \, . \tag{3.52}$$

Dieses Ergebnis kann folgendermaßen interpretiert werden. Auf der linken Seite steht die einwirkende Kraft multipliziert mit dem zurückgelegten Weg. Diese Größe bezeichnet man als die **Arbeit**. Etwas präziser muss man sagen: Es ist die Arbeit, die das Kraftfeld an der Masse leistet, indem es die Masse um die Strecke $x - x_0$ verschiebt (und dabei beschleunigt). Die rechte Seite beschreibt die Änderung der Größe $mv^2/2$, die nur von den Eigenschaften des Objekts (Masse und Geschwindigkeit) abhängt. Diese Größe bezeichnet man als die **kinetische Energie** des Massenpunktes

$$E_{\mathrm{kin}} = T = \frac{m}{2}v^2 = \frac{p^2}{2m} \geq 0 \, . \tag{3.53}$$

Die Implikation dieses Begriffes ist: Ein Objekt, das sich mit der Geschwindigkeit v bewegt, hat eine kinetische Energie $T \geq 0$. Man kann das gewonnene Ergebnis in einer suggestiveren Form schreiben

$$T(t) = T(0) + A(0 \rightarrow t) \tag{3.54}$$

und diese Gleichung symbolisch in der in Abb. 3.30a angedeuteten Form darstellen: Zur Zeit $t = 0$ hat das Objekt die kinetische Energie T(0). Durch Anwendung der Kraft $\boldsymbol{F}$ (hier einer konstanten Kraft, die in Richtung des zurückgelegten Weges zeigt) leistet man an dem Objekt Arbeit. Dadurch wird die kinetische Energie um den Betrag A erhöht.

Betrachtet man den gleichen Bewegungsablauf von x_0 bis x in einem Kraftfeld mit umgekehrter Richtung $\boldsymbol{F} = (-F, 0, 0)$, so gilt

$$\frac{m}{2} v^2 = \frac{m}{2} v_0^2 - F \left(x - x_0 \right) .$$

Das Objekt wird gebremst und die an dem Objekt geleistete Arbeit ist negativ. Symbolisch kann man diese Situation, wie in Abb. 3.30b gezeigt, darstellen. Das System (der Massenpunkt) verliert kinetische Energie.

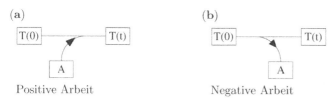

(a) Positive Arbeit

(b) Negative Arbeit

Abb. 3.30. Arbeitsbegriff: Flussdiagramme

Eine dritte Variante der Energiezufuhr ergibt sich, wenn man die Situation betrachtet, dass sich die Masse parallel zu der x-Achse in einem konstanten Kraftfeld bewegt, das jedoch eine Richtung α mit der x-Achse einschließt, z.B.

$$\boldsymbol{F} = (F \cos \alpha, \, 0, \, -F \sin \alpha) .$$

Aus praktischer Sicht ist diese Bewegung nur möglich, wenn sich das Objekt (ohne Reibung) auf einer Unterlage bewegt. Die Komponente der Kraft senkrecht zu der Bewegungsrichtung wird durch den Druck der Unterlage kompensiert (Abb. 3.31). Für die Bewegung in x-Richtung ist nur die x-Komponente der Kraft zuständig und man erhält entsprechend

$$\frac{m}{2} v^2 = \frac{m}{2} v_0^2 + F \left(x - x_0 \right) \cos \alpha .$$

Diesen drei speziellen Situationen kann man die folgende Definition der Arbeit entnehmen

> Arbeit ist gleich dem Skalarprodukt der Vektoren für Kraft und Weg:
> $$A = \boldsymbol{F} \cdot \boldsymbol{r} .$$

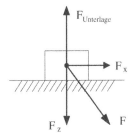

Abb. 3.31. Arbeit in einem homogenen Kraftfeld mit beliebiger Richtung

Diese Definition gilt jedoch nur, wenn das Kraftfeld konstant und der Weg geradlinig ist. Diese vorläufige Definition muss verallgemeinert werden. Zuvor sind jedoch einige Randbemerkungen zu der einfachen Definition angebracht:

(1) Damit Arbeit an einem Objekt (Massenpunkt) geleistet wird, müssen die folgenden Voraussetzungen gegeben sein:
  a) Das Objekt muss seine Position verändern.
  b) Die angreifende Kraft muss eine nicht verschwindende Komponente in der Bewegungsrichtung haben.
Zur Verdeutlichung dieser Aussage kann man das folgende Beispiel betrachten: Eine Person hält einen 20 kg schweren Stein mit ausgestrecktem Arm. Auch wenn die Person den Eindruck hat, dass sie schwer arbeitet, so leistet sie (solange sie den Stein nicht bewegt) im Sinne der obigen Definition *keine* Arbeit *an* dem Objekt

$$r = 0 \longrightarrow A = 0 \, .$$

(2) Für eine uniforme Kreisbewegung eines Massenpunktes (Abb. 3.32) ist die

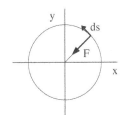

Abb. 3.32. Arbeit bei der uniformen Kreisbewegung

Situation schon komplizierter als in der obigen Definition vorgesehen. Es liegt weder ein geradliniger Weg noch ein konstantes Kraftfeld vor. Man kann die Situation jedoch folgendermaßen diskutieren. Die Zentralkraft, die notwendig ist, um den Massenpunkt auf der Kreisbahn zu halten, steht zu jedem Zeitpunkt senkrecht auf der **momentanen** Verschiebung

$$\boldsymbol{F} \perp \mathrm{d}\boldsymbol{r} \qquad \mathrm{d}\boldsymbol{r} = \boldsymbol{v} \, \mathrm{d}t \, .$$

Man wird also erwarten, dass diese Kraft keine Arbeit an dem Massenpunkt leistet. In der Tat findet man aufgrund der Geschwindigkeitsformel (2.33)

$$v(t) = (-R\omega \sin\omega t,\ R\omega \cos\omega t,\ 0)\ ,$$

die der Anfangsbedingung $v(0) = (0,\ R\omega,\ 0)$ entspricht,

$$\frac{m}{2}v^2(t) = \frac{m}{2}v^2(0) = \frac{m}{2}R^2\omega^2\ .$$

Es wird (im Sinne der obigen Betrachtung) keine Energie zu- oder abgeführt. Es wird keine Arbeit an der gleichförmig rotierenden Masse geleistet.

(3) Die kinetische Energie (eine positiv definite Größe) kann auch als Skalarprodukt geschrieben werden

$$T = \frac{m}{2}(v \cdot v) = \frac{1}{2m}(p \cdot p)\ . \qquad (3.55)$$

Diese Schreibweise erweist sich auch im allgemeinen Fall als korrekt und ist z.B. nützlich, falls man zu krummlinigen Koordinaten übergehen möchte.

(4) Man misst die Energie und die Arbeit in den Einheiten

MKS System: $1\ \text{Joule} = 1\ \text{N m} = \quad 1\ \dfrac{\text{kg m}^2}{\text{s}^2}$

CGS System: $1\ \text{erg} = \quad 1\ \text{dyn cm} = 1\ \dfrac{\text{g cm}^2}{\text{s}^2}$.

Der Umrechnungsfaktor ist $1\ \text{Joule} = 10^7\ \text{erg}$.

Zur Verallgemeinerung des Arbeitsbegriffes beginnt man zweckmäßigerweise noch einmal mit dem Fall einer geradlinigen Verschiebung in der x-Richtung jedoch in einem variablen Kraftfeld der Form

$$F(r) = (F(x),\ 0,\ 0)\ .$$

(a)

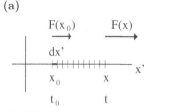

Infinitesimale
Verschiebung

(b)

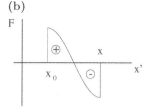

Arbeitsbilanz

Abb. 3.33. Arbeit in variablen Kraftfeldern

Hier zerlegt man (Abb. 3.33a) die Gesamtverschiebung in differentielle Verschiebungen dx' und addiert die infinitesimalen Arbeitsbeiträge

$$dA = F(x')\, dx' \ .$$

Die gesamte Arbeit für die Bewegung von der Stelle x_0 nach der Stelle x wird im Grenzfall durch das Integral gegeben

$$A = \int_{x_0}^{x} F(x')\, dx' \ .$$

Hat die Kraft entlang des geraden Weges zum Beispiel den in Abb. 3.33b dargestellten Verlauf, so wirkt sie (Verschiebung in positiver x-Richtung vorausgesetzt) zunächst beschleunigend und dann abbremsend. Die Arbeitsbeiträge sind zunächst positiv, dann negativ. Alle möglichen Varianten (auch die Reihenfolge der Grenzen) sind durch die übliche Definition des Integrals abgedeckt.

Um eine Beziehung zwischen der geleisteten Arbeit und der Änderung der kinetischen Energie zu gewinnen, benutzt man wieder die Bewegungsgleichung. Für eine eindimensionale Bewegung gilt

$$m\frac{dv}{dt} = F(x) \ .$$

Nach Multiplikation dieser Gleichung mit dx und Integration von Anfangs- bis zur Endsituation erhält man

$$m\int_{x_0}^{x} \dot{v}\, dx' = \int_{x_0}^{x} F(x')\, dx' \ .$$

Auf der rechten Seite dieser Gleichung steht die geleistete Arbeit. Die linke Seite schreibt man folgendermaßen um

$$\int_{x_0}^{x} \dot{v}\, dx' =$$

$$[\,\text{Substitution}: \quad x' = x(t'), \quad dx' = v(t')\, dt'\,]$$

$$= \int_{t_0}^{t} \left[\frac{d}{dt'}v(t')\right] v(t')\, dt'$$

$$[\,\text{Zusammenfassung des Integranden}\,]$$

$$= \frac{1}{2}\int_{t_0}^{t} \frac{d}{dt'}\left[v^2(t')\right] dt'$$

$$[\,\text{direkte Integration}\,]$$

$$= \frac{1}{2}(v^2(t) - v^2(t_0)) \ .$$

Es folgt wie zuvor die Relation

$$\frac{m}{2}v^2(t) - \frac{m}{2}v^2(t_0) = \frac{m}{2}v^2 - \frac{m}{2}v_0^2 = A = \int_{x_0}^{x} F(x')\,dx' \ . \qquad (3.56)$$

Die Diskussion des allgemeinen Falles (Abb. 3.34), die Berechnung der Arbeit für die Bewegung eines Massenpunktes entlang einer beliebigen Bahnkurve durch ein beliebiges Kraftfeld, folgt dem gleichen Muster. Die Bahnkurve

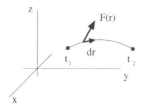

Abb. 3.34. Arbeit im allgemeinen Kraftfeld

wird durch die Parameterdarstellung

$$\boldsymbol{r}(t) = (x(t),\, y(t),\, z(t)) \qquad \text{mit} \quad t_1 \le t \le t_2$$

beschrieben, das Kraftfeld hat die Form (3.49)

$$\boldsymbol{F}(\boldsymbol{r}) = (F_x(x,y,z),\, F_y(x,y,z),\, F_z(x,y,z)) \ .$$

Man definiert zunächst mit Hilfe der Parameterdarstellung für jeden Zeitpunkt eine infinitesimale Verschiebung entlang der Kurve

$$\mathbf{d}\boldsymbol{r} = (dx,\, dy,\, dz) = (\dot{x}(t)dt,\, \dot{y}(t)dt,\, \dot{z}(t)dt) \ . \qquad (3.57)$$

Jedes Linienelement $\mathbf{d}\boldsymbol{r}$ liefert einen infinitesimalen Arbeitsbeitrag der Form

$$dA = \boldsymbol{F}(\boldsymbol{r}) \cdot \mathbf{d}\boldsymbol{r} \ . \qquad (3.58)$$

Die Gesamtarbeit entlang des Kurvenstückes ergibt sich wiederum als Integral, in expliziter Form

$$A = \int_{t_1}^{t_2} dt \ \Big\{ F_x(x(t),\, y(t),\, z(t))\, \dot{x}(t) + F_y(x(t),\, y(t),\, z(t))\, \dot{y}(t)$$

$$+ F_z(x(t),\, y(t),\, z(t))\, \dot{z}(t) \Big\} \ . \qquad (3.59)$$

Die entsprechende Kurzform lautet

$$A = \int_{1}^{2} (F_x dx + F_y dy + F_z dz) \qquad (3.60)$$

$$= \int_{K_{12}} \boldsymbol{F} \cdot \mathbf{d}\boldsymbol{r} \ . \qquad (3.61)$$

Die allgemeine Definition der Arbeit entspricht einem **Kurvenintegral** über ein Kraftfeld. Die eigentliche Berechnungsvorschrift (3.59) basiert auf der vorgegebenen Parameterdarstellung. Die Notation impliziert, dass von dem

Raumpunkt zur Zeit t_1 bis zu dem Raumpunkt zu der Zeit t_2 entlang einer vorgegebenen Raumkurve zu integrieren ist. In der Form (3.60) wird diese Vorschrift kompakter zum Ausdruck gebracht, in der Variante (3.61) wird der Integrand mittels des Skalarproduktes der beiden Vektoren zusammengefasst.

Zusätzliche Information über Kurvenintegrale findet man in Math.Kap. 5.3.1.

Der Ausgangspunkt für die Herleitung der **Arbeit-Energie** Relation ist wiederum die Bewegungsgleichung für einen Massenpunkt, dieses Mal im dreidimensionalen Raum

$$m\dot{\boldsymbol{v}} = \boldsymbol{F}(\boldsymbol{r}) \ .$$

Man bildet das Skalarprodukt mit $\mathrm{d}\boldsymbol{r}$ und benutzt auf der linken Seite die Substitution $\mathrm{d}\boldsymbol{r} = \boldsymbol{v}\,\mathrm{d}t$

$$m\dot{\boldsymbol{v}} \cdot \boldsymbol{v}\,\mathrm{d}t = \boldsymbol{F}(\boldsymbol{r}) \cdot \mathrm{d}\boldsymbol{r} \ .$$

Integration von Anfangszeit bis zur Endzeit ergibt auf der linken Seite

$$\int_{t_1}^{t_2} \dot{\boldsymbol{v}} \cdot \boldsymbol{v}\,\mathrm{d}t = \frac{1}{2}\int_{t_1}^{t_2}\left[\frac{\mathrm{d}}{\mathrm{d}t}(\boldsymbol{v} \cdot \boldsymbol{v})\right]\mathrm{d}t = \frac{1}{2}(\boldsymbol{v}(t_2)^2 - \boldsymbol{v}(t_1)^2) \ .$$

Auf der rechten Seite steht die Arbeit, die das Kraftfeld an der Masse leistet. Die gesuchte Relation lautet also auch in diesem Fall

$$A = \int_1^2 \boldsymbol{F} \cdot \mathrm{d}\boldsymbol{r} = \frac{m}{2}v_2^2 - \frac{m}{2}v_1^2 \ . \tag{3.62}$$

Die an dem Massenpunkt geleistete Arbeit äußert sich in einer Änderung der kinetischen Energie.

Die endgültige Formulierung des Energiesatzes für den Fall eines Massenpunktes in einem Kraftfeld basiert, falls die entsprechenden Bedingungen erfüllt sind, auf dem Begriff der potentiellen Energie. Zwei Beispiele sollen die Arbeit-Energie Relation genauer erläutern und das Konzept der potentiellen Energie einführen.

3.2.3.3 Konservative Systeme, Potentielle Energie und Energieerhaltung.

Recht durchsichtig ist die Situation für den eindimensionalen harmonischen Oszillator (Beispiel 3.7). Eine Masse m an einer Feder (mit der Federkonstanten k) hat die Ruhelage $x = 0$. Die Kraft, die auf die Masse wirkt, wenn sie um die Strecke x ausgelenkt ist, ist (Abb. 3.35a)

$$F = -kx \ .$$

Bewegt sich die Masse unter dem Einfluss der Federkraft von der Stelle x_0 zu der Stelle x, so leistet die Feder an der Masse die Arbeit

$$A = \int_{x_0}^x (-kx')\,\mathrm{d}x' = \frac{k}{2}x_0^2 - \frac{k}{2}x^2 \ .$$

(a)   (b)

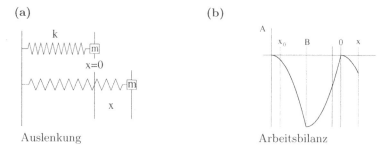

Auslenkung   Arbeitsbilanz

Abb. 3.35. Arbeitssituation für den harmonischen Oszillator

Die Benutzung einer Parameterdarstellung der Bewegung ist hier nicht notwendig. Bei der Integration wird die relative Orientierung von Kraft und Verschiebung automatisch eingearbeitet. Betrachtet man z.B. (siehe Abb. 3.35b) einen Weg von x_0 über die rechte maximale Auslenkung (B) bis zu der Stelle x auf der linken Seite der Gleichgewichtslage, so werden an der Masse die folgenden Teilarbeiten geleistet:

$x_0 \longrightarrow B$ negative Arbeit (die Feder wird gespannt)

$B \longrightarrow 0$ positive Arbeit (die Feder wird kontrahiert)

$0 \longrightarrow x$ negative Arbeit (die Feder wird gestaucht) .

Die Gesamtarbeit ist gleich der Änderung der kinetischen Energie

$$\frac{k}{2}x_0^2 - \frac{k}{2}x^2 = \frac{m}{2}v^2 - \frac{m}{2}v_0^2 \ .$$

Dabei beschreiben die mit Null indizierten Größen die Anfangssituation, die nicht indizierten Größen die Endsituation. Diese Relation erlaubt es, z.B. bei Kenntnis der Anfangsgrößen, für jede Auslenkung den Betrag der entsprechenden Geschwindigkeit $|v|$ zu berechnen.

Für eine weitere Interpretationsmöglichkeit sortiert man das Ergebnis in der Form

$$\frac{m}{2}v^2 + \frac{k}{2}x^2 = \frac{m}{2}v_0^2 + \frac{k}{2}x_0^2 \ . \tag{3.63}$$

Der Term $mv_0^2/2$ auf der rechten Seite dieser Gleichung ist die kinetische Energie des Massenpunktes zur Zeit t_0. Den Term $kx_0^2/2$ kann man als den Energieinhalt der anfänglich gespannten (oder gestauchten) Feder auffassen. Eine etwas abstraktere Sprechweise ist: Aufgrund der Position an der Stelle x_0 in dem (eindimensionalen) Kraftfeld hat der Massenpunkt die **potentielle Energie**

$$E_{\text{pot}}(x_0) = U_0 = \frac{k}{2}x_0^2 \ . \tag{3.64}$$

Die potentielle Energie ist die Energie, die ein Massenpunkt aufgrund seiner Lage in einem Kraftfeld hat. Auf der linken Seite der Gleichung (3.63) steht die Summe von kinetischer und potentieller Energie zu dem Zeitpunkt t.

Die umgeschriebene Version der Arbeit-Energie Relation ist der Energiesatz bzw. **Energieerhaltungssatz** für die vorliegende Situation: Die Gesamtenergie des Massenpunktes, die Summe von kinetischer und potentieller Energie, ist zu jedem Zeitpunkt gleich

$$E = E_{\text{kin}} + E_{\text{pot}} \longrightarrow E(t) = E(t_0) \quad \text{oder} \quad \frac{\mathrm{d}E}{\mathrm{d}t} = 0 \; . \tag{3.65}$$

Die beiden Betrachtungsweisen (Arbeit-Energie Relation versus Energiesatz) sollen für einen konkreten Satz von Anfangsbedingungen noch einmal gegenübergestellt werden. Für die Anfangsbedingungen

$$t_0 = 0 \qquad x_0 = B \qquad v_0 = 0$$

lautet die Lösung der Bewegungsgleichung des harmonischen Oszillators

$$x(t) = B \cos \omega t \qquad v(t) = -B \omega \sin \omega t \qquad \omega = \sqrt{\frac{k}{m}} \; . \tag{3.66}$$

Die Relation $T - T_0 = A$ beschreibt den Standpunkt: Die kinetische Energie der Masse ändert sich aufgrund der Arbeitsleistung eines äußeren Agenten (der Feder oder allgemeiner des Kraftfeldes). Da die Kraft (als Vektor) teils gegen die Richtung der Bewegung wirkt, teils in Richtung der Bewegung, liegt eine zeitlich oszillierende Arbeitsleistung vor

$$A = \frac{k}{2}(x_0^2 - x^2) = \frac{k}{2}B^2(1 - \cos^2 \omega t) = \frac{k}{2}B^2 \sin^2 \omega t \; .$$

Die Änderung der kinetischen Energie ist entsprechend

$$T - T_0 = \frac{m}{2}(v^2 - v_0^2) = \frac{m}{2}B^2 \omega^2 \sin^2 \omega t = \frac{k}{2}B^2 \sin^2 \omega t = A \; .$$

Man kann auch, mittels der Vorgabe (3.66), die Berechnung der Arbeit noch einmal nachvollziehen

$$A = \int_0^t (-kx(t'))v(t')\mathrm{d}t = kB^2 \omega \int_0^t \cos \omega t' \sin \omega t' \mathrm{d}t' = \frac{k}{2}B^2 \sin^2 \omega t \; .$$

Die Relation

$$T + U = T_0 + U_0 \tag{3.67}$$

beschreibt den Standpunkt: Die Masse plus die Feder bilden ein abgeschlossenes System. In diesem System ist die Gesamtenergie eine Erhaltungsgröße. Es findet jedoch (als Funktion der Zeit) ein Austausch zwischen den beiden Energieformen statt (Abb. 3.36a)

$$T = \frac{m}{2}v^2 = \frac{k}{2}B^2 \sin^2 \omega t \qquad U = \frac{k}{2}x^2 = \frac{k}{2}B^2 \cos^2 \omega t \; .$$

Die Gesamtenergie (unabhängig von t)

$$E = T + U = \frac{k}{2}B^2$$

(a)   (b)

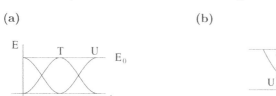

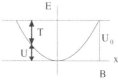

Energie als Funktion der Zeit   Energie als Funktion des Ortes

Abb. 3.36. Beispiel zu der Energiesituation für den harmonischen Oszillator

entspricht, in diesem Beispiel, der anfänglich in der gedehnten Feder gespeicherten Energie.

Eine alternative Charakterisierung könnte folgendermaßen lauten: Der Massenpunkt hat anfänglich aufgrund seiner Lage in dem Kraftfeld die potentielle Energie U_0. Die kinetische Energie für die Anfangssituation ist gleich Null. Bei der Bewegung in dem Kraftfeld findet ein Austausch zwischen beiden Energieformen statt. Potentielle Energie wird in kinetische umgewandelt und umgekehrt (Abb. 3.36b).

Die beiden Standpunkte werden durch die Relation

$$A = U_0 - U = U(x_0) - U(x) \tag{3.68}$$

verknüpft. Diese Gleichung besagt: Die Arbeitsleistung der Feder an der Masse wird durch die Veränderung der potentiellen Energie aufgebracht, für das konkrete Beispiel liegt zunächst ein Verlust an potentieller Energie vor.

Eine Relation der Form (3.68) ist nur für einen bestimmten Typ von Kraftfeldern, den **konservativen Kraftfeldern**, möglich. Für konservative Kraftfelder ist das Arbeitsintegral unabhängig von dem Weg, der Anfangs- und Endpunkt verknüpft. Das Arbeitsintegral wird durch die Differenz der potentiellen Energien in diesen Punkten bestimmt. Im allgemeinen Fall kann das Kraftfeld von allen relevanten Variablen abhängen

$$\boldsymbol{F} = (F_x(x, y, z, \dot{x}, \dot{y}, \dot{z}, t)), F_y(\ldots), F_z(\ldots)) \ .$$

Die Berechnung des Arbeitsintegrales

$$A = \int_{t_1}^{t_2} dt \big\{ F_x(x(t), \ldots) \ \dot{x}(t) + F_y(\ldots) \ \dot{y}(t) + F_z(\ldots) \ \dot{z}(t) \big\}$$

ist nur bei Vorgabe der Parameterdarstellung möglich. Das Ergebnis kann von der Wahl des Integrationsweges zwischen Anfangs- und Endpunkt abhängen. Ist dies der Fall, so liegt ein **nichtkonservatives** Kraftfeld vor. (Siehe Kap. 3.2.4 für eine weitere Charakterisierung von konservativen und nichtkonservativen Kraftfeldern.)

Die Relation $T - T_0 = A$ ist allgemein gültig. Sie wird aus der Bewegungsgleichung (dem zweiten Axiom) durch direkte mathematische Manipulation (und der Definition der entsprechenden Größen) gewonnen.

In dem Beispiel 3.8 wird eine Projektilbewegung (ein zweidimensionales Bewegungsproblem) in dem Kraftfeld

$$F = (0, -mg)$$

analysiert. Die Lösung der Bewegungsgleichungen für die Anfangsbedingungen

$$t_1 = 0 \qquad r(0) = (0, y_1) \qquad v(0) = (v_1, 0)$$

lautet

$$v_x(t) = v_1 \qquad x(t) = v_1 t \qquad v_y(t) = -gt \qquad y(t) = y_1 - \frac{1}{2}gt^2 \, .$$

Die Berechnung der Arbeitsleistung der Schwerkraft während der Fallbewegung von der Stelle $r(0)$ bis einer Stelle $r(t_2)$ mittels Standardauswertung des Kurvenintegrals (3.59) ergibt

$$A = \int_0^{t_2} (F_x \dot{x} + F_y \dot{y}) \, dt = \int_0^{t_2} (-mg)(-gt) dt = \frac{m}{2} g^2 t_2^{\,2} \, .$$

Mit Hilfe der Lösung der Bewegungsgleichungen kann man dies in der Form schreiben

$$A = mg \left(\frac{1}{2}gt_2^2 \right) = mg \left(y_1 - y(t_2) \right) = mg \left(y_1 - y_2 \right) \, .$$

Man kann dieses Ergebnis direkt erhalten

$$A = \int_1^2 (F_x dx + F_y dy) = \int_{y_1}^{y_2} (-mg) dy = mg \left(y_1 - y_2 \right) \, .$$

Diese Ergebnisse kann man noch etwas anders deuten (Abb. 3.37). Anstatt von der Stelle $(0, y_1)$ entlang der Fallkurve bis zu dem Punkt (x_2, y_2) zu integrieren (Abb. 3.37a), wurde nur das Integral von $(0, y_1)$ entlang einer Geraden bis zu dem Punkt $(0, y_2)$ ausgewertet (Abb. 3.37b). Für das Wegstück von

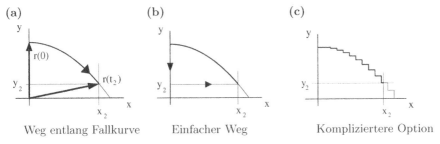

(a) Weg entlang Fallkurve   (b) Einfacher Weg   (c) Kompliziertere Option

Abb. 3.37. Arbeit im Gravitationsfeld

dem Punkt $(0, y_2)$ bis zu dem Punkt (x_2, y_2) gilt in diesem Beispiel $F \cdot dr = 0$.

Die Schwerkraft leistet entlang dieses Weges keine Arbeit. Man könnte somit auch einen beliebigen Weg von dem Punkt $(0, y_1)$ zu dem Punkt (x_2, y_2) wählen (Abb. 3.37c). Unterteilt man diesen Weg in infinitesimale Wegstücke, so stellt man fest: Nur die Wegstücke parallel zu der y-Achse tragen zu dem Arbeitsintegral bei. Man erhält deswegen für alle Wege K_{12} zwischen Anfangs- und Endpunkt das gleiche Resultat

$$A = \int_{\text{alle } K_{12}} \boldsymbol{F} \cdot \mathrm{d}\boldsymbol{r} = mg(y_1 - y_2) = U(1) - U(2) \ .$$

Auch in diesem Beispiel ist das Kraftfeld konservativ. Die Tatsache, dass die Differenz potentielle Energie am Anfangspunkt minus die potentielle Energie am Endpunkt (und nicht $U(2) - U(1)$) vorliegt, ist im Endeffekt eine Frage der Konvention. Mit *dieser* Konvention ergibt sich dann aus

$$A = U_1 - U_2 = T_2 - T_1$$

die übliche Form des Energiesatzes

$$T_1 + U_1 = T_2 + U_2 = E \ . \tag{3.69}$$

Für einen Massenpunkt in einem konservativen Kraftfeld gilt der Energiesatz in der Form

$$\boxed{T + U = E = \text{const} \ .}$$

Für das Beispiel einer Masse im Schwerefeld der Erde (Erdnähe vorausgesetzt) gilt

$$U = mgy \tag{3.70}$$

und der Energiesatz lautet

$$\frac{m}{2}v^2 + mgy = E = \text{const} \ .$$

Zwei Zusatzbemerkungen bieten sich trotz dieser einfachen Ergebnisse an:

(1) Das Arbeitsintegral macht nur eine Aussage über die Differenz der potentiellen Energien. Man hätte mit dem gleichen Recht sagen können

$$U = mgy + \text{const} \ .$$

Die potentielle Energie ist nur bis auf eine (Integrations-) Konstante festgelegt. Die Konstante hat keine physikalische Bedeutung. Setzt man (wie oben) const. = 0, so legt man (willkürlich) fest, dass die potentielle Energie an der Erdoberfläche ($y = 0$) den Wert 0 hat.

(2) Die Tatsache, dass das Arbeitsintegral in dem Schwerefeld unabhängig von dem Weg ist, kann man nutzbringend verwerten. Gleitet z. B. eine Masse unter dem Einfluss der Schwerkraft auf einer beliebig geformten Rutsche (unter Vernachlässigung eventueller Reibungseffekte) herunter, so müsste man zur Berechnung des Bewegungsablaufes auf der vorgegebenen Bahnkurve neben der Schwerkraft auch Führungskräfte durch

die Rutsche berücksichtigen. Die vorgeschriebene Bahnkurve wird durch diese beiden Kräfte bestimmt[4] Die Führungskräfte sind im Allgemeinen einigermaßen kompliziert, sie haben jedoch eine nützliche Eigenschaft. Der Kraftvektor steht zu jedem Zeitpunkt senkrecht auf dem momentanen Verschiebungsvektor (Abb. 3.38a). Die Zwangskräfte spielen aus diesem Grund bei der Arbeitsbilanz keine Rolle. Auch für die Bewegung entlang der Rutsche gilt der Energiesatz in der Form

$$\frac{m}{2}v^2 + mgy = \frac{m}{2}v_0^2 + mgy_0$$

(falls Reibungseffekte vernachlässigbar sind).

(a)   (b)

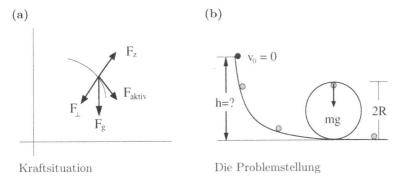

Kraftsituation   Die Problemstellung

Abb. 3.38. Reibungsfreie Rutsche mit Überschlag

Ein typisches Beispiel (Beispiel 3.9) für die Anwendung des Energiesatzes in solchen Situationen ist die Aufgabe: Man betrachte eine Rutsche mit Überschlag in der Form eines Kreises mit dem Radius R (Abb. 3.38b). Die Frage lautet: Wie hoch über dem Boden muss eine Masse m mit $v_0 = 0$ beginnen, damit sie sich gerade noch durch den Überschlag bewegt, ohne abzustürzen?

Zu der Antwort benötigt man zwei Zutaten: Die Geschwindigkeit im höchsten Punkt der Schleife kann man über den Energiesatz mit der Anfangshöhe verknüpfen

$$\frac{m}{2}v^2 + mg(2R) = mgh \ .$$

Außerdem muss Masse mal Radialbeschleunigung einer 'Zentralkraft' entsprechen, damit die Masse sich auf einer Kreisbahn bewegt. In dem höchsten Punkt ist die Zentralkraft gleich der Schwerkraft, da keine Führungskraft notwendig ist, wenn sich die Masse gerade noch durch den höchsten Punkt bewegen soll. Es ist somit im höchsten Punkt der Schleife

$$m\frac{v^2}{R} = mg \ .$$

---

[4] Die offizielle Bezeichnung der Führungskräfte (siehe Kap. 5), ist Zwangskräfte.

Schreibt man diese Bedingung in der Form

$$\frac{m}{2} v^2 = \frac{1}{2} m g R$$

und setzt sie in den Energiesatz ein, so erhält man

$$m g h = \frac{1}{2} m g R + 2 m g R$$

oder aufgelöst

$$h = \frac{5}{2} R \,.$$

Dies gilt, wie gesagt, für den Fall, dass Reibungseffekte vernachlässigt werden können. Ersetzt man die reibungsfrei gleitende Masse durch eine rollende Kugel, so muss man die kinetische Energie der Drehbewegung in die Energiebilanz einbeziehen (Aufg. 3.10).

Mit Hilfe des Energiesatzes kann eine partielle Antwort für ein relativ kompliziertes Bewegungsproblem gewonnen werden. Die vollständige Beschreibung der Bewegung (Position als Funktion der Zeit) erhält man nur, wenn man die Bewegungsgleichung unter Einbeziehung der Zwangskräfte löst. Dies ist möglich, jedoch wesentlich schwieriger (siehe Kap. 5).

Die mehr an Beispielen orientierte Diskussion der Energiesituation für die Bewegung eines Massenpunktes soll nun in formalerer Weise zusammengefasst werden.

Um den Energiesatz in allgemeiner Form zu diskutieren, sind einige Konzepte der Vektoranalysis notwendig. Diese werden in Math.Kap. 5 eingeführt und erläutert.

3.2.3.4 Formale Fassung des Energiesatzes.

Die Bewegungsgleichung eines Massenpunktes lautet

$$\frac{\mathrm{d}}{\mathrm{d}t} \boldsymbol{p} = \boldsymbol{F}(x, y, z) \,.$$

Ein konservatives Kraftfeld wird durch die Aussage rot $\boldsymbol{F} = \boldsymbol{\nabla} \times \boldsymbol{F} = \boldsymbol{0}$ charakterisiert. Ein derartiges Kraftfeld wird auch als wirbelfrei bezeichnet. Es kann als Gradient (Richtungsableitung) einer skalaren Funktion dargestellt werden

$$\boldsymbol{F}(x, y, z) = -\boldsymbol{\nabla} U(x, y, z) \,. \tag{3.71}$$

Diese Skalarfunktion ist die potentielle Energie. Die Wahl des Vorzeichens ist eine Frage der Konvention. Die Umkehrung dieser Relation (die Umkehroperation zu einer Richtungsableitung ist eine Kurvenintegration) lautet

$$U(x, y, z) = -\int^{\boldsymbol{r}} \boldsymbol{F}(\boldsymbol{r}') \cdot \mathrm{d}\boldsymbol{r}' \,. \tag{3.72}$$

Integriert man die Bewegungsgleichung für ein konservatives Kraftfeld (auch hier Kurvenintegration) zwischen den Punkten $\boldsymbol{r}_1$ und $\boldsymbol{r}_2$

$$\int_{\boldsymbol{r}_1}^{\boldsymbol{r}_2} \frac{\mathrm{d}}{\mathrm{d}t}\, \boldsymbol{p} \cdot \mathrm{d}\boldsymbol{r} = \int_{\boldsymbol{r}_1}^{\boldsymbol{r}_2} \boldsymbol{F}(\boldsymbol{r}) \cdot \mathrm{d}\boldsymbol{r}\,,$$

so erhält man

$$\frac{m}{2} v_1^2 + U(\boldsymbol{r}_1) = \frac{m}{2} v_2^2 + U(\boldsymbol{r}_2) = \text{const.}\,,$$

bzw. wenn man die Anfangs- und Endsituation explizit durch entsprechende Zeiten charakterisiert

$$\frac{m}{2} v(t_1)^2 + U(\boldsymbol{r}(t_1)) = \frac{m}{2} v(t_2)^2 + U(\boldsymbol{r}(t_2))\,. \tag{3.73}$$

Die Gesamtenergie (Summe von kinetischer und potentieller Energie) ist für die Bewegung eines Massenpunktes in einem konservativen Kraftfeld eine Erhaltungsgröße.

3.2.3.5 Konservative Kraftfelder und Potentiale. Im Sinne der obigen Manipulation der Bewegungsgleichung bezeichnet man den Energiesatz als das **erste Integral der Bewegungsgleichung**. Die einfachsten, konservativen Kraftfelder sind
1. Homogenes Schwerefeld in Erdnähe mit

$$\boldsymbol{F} = (0,\, 0,\, -mg)\,.$$

Die potentielle Energie ist dann

$$U = mgz + U_0\,,$$

wobei üblicherweise $U_0 = 0$ gesetzt wird. Der Energiesatz lautet

$$\frac{m}{2}(\dot{x}^2 + \dot{y}^2 + \dot{z}^2) + mgz = E_0\,. \tag{3.74}$$

Die konstante Energie wird durch Anfangsbedingungen festgelegt.
2. Der anisotrope harmonische Oszillator mit

$$\boldsymbol{F} = (-k_x x,\, -k_y y,\, -k_z z)\,.$$

Man kann leicht nachrechnen, dass dieses Kraftfeld konservativ ist

$$\text{rot } \boldsymbol{F} = \begin{vmatrix} \boldsymbol{e}_x & \boldsymbol{e}_y & \boldsymbol{e}_z \\ \partial_x & \partial_y & \partial_z \\ k_x x & k_y y & k_z z \end{vmatrix} = \boldsymbol{0}\,.$$

Die potentielle Energie ist

$$U = \frac{1}{2}(k_x x^2 + k_y y^2 + k_z z^2)\,. \tag{3.75}$$

Zu beachten ist noch: Nur für $k_x = k_y = k_z$ liegt ein Zentralkraftfeld vor. Für den anisotropen Oszillator (mit verschiedenen Kraftkonstanten k_i) gilt der Energiesatz, nicht aber der Drehimpulssatz.

3. Beliebige Zentralkraftfelder mit

$$\boldsymbol{F} = f(r) \left(\frac{x}{r}, \frac{y}{r}, \frac{z}{r} \right) = f(r) \boldsymbol{e}_r \ .$$

Der erste Faktor ist die eigentliche Kraft, der zweite Faktor beschreibt die Richtung des Kraftvektors (bis auf das Vorzeichen). Auch in diesem Fall kann man noch einmal die Wirbelfreiheit überprüfen

$$\text{rot} \, \boldsymbol{F} = \begin{vmatrix} \boldsymbol{e}_x & \boldsymbol{e}_y & \boldsymbol{e}_z \\ \partial_x & \partial_y & \partial_z \\ \frac{x}{r}f & \frac{y}{r}f & \frac{z}{r}f \end{vmatrix} = \boldsymbol{e}_x \left(\frac{\partial}{\partial y} \left(\frac{z}{r}f \right) - \frac{\partial}{\partial z} \left(\frac{y}{r}f \right) \right) + \dots \ .$$

Mit den Aussagen

$$\frac{\partial}{\partial y} \left(\frac{z}{r}f \right) = z \left\{ \frac{\mathrm{d}}{\mathrm{d}r} \left(\frac{f(r)}{r} \right) \frac{\partial r}{\partial y} \right\} = \frac{zy}{r} \left(\frac{f}{r} \right)'$$

$$\frac{\partial}{\partial z} \left(\frac{y}{r}f \right) = y \left\{ \frac{\mathrm{d}}{\mathrm{d}r} \left(\frac{f(r)}{r} \right) \frac{\partial r}{\partial z} \right\} = \frac{yz}{r} \left(\frac{f}{r} \right)'$$

folgt sofort $(\text{rot} \, \boldsymbol{F})_x = 0$. Entsprechendes gilt für die anderen Komponenten.

Zur Diskussion der potentiellen Energie ist das Arbeitsintegral in der Form

$$A = \int_1^2 \boldsymbol{F} \cdot \mathrm{d}\boldsymbol{r} = \int_1^2 f(r) \left(\frac{x}{r}\mathrm{d}x + \frac{y}{r}\mathrm{d}y + \frac{z}{r}\mathrm{d}z \right)$$

zu betrachten. Der Ausdruck in der Klammer ist das totale Differential der Abstandsfunktion

$$r = [x^2 + y^2 + z^2]^{1/2} \ ,$$

denn es gilt

$$\mathrm{d}r = \frac{\partial r}{\partial x}\mathrm{d}x + \frac{\partial r}{\partial y}\mathrm{d}y + \frac{\partial r}{\partial z}\mathrm{d}z = \frac{x}{r}\mathrm{d}x + \frac{y}{r}\mathrm{d}y + \frac{z}{r}\mathrm{d}z \ .$$

Es verbleibt somit nur die Auswertung von

$$A = \int_1^2 f(r)\mathrm{d}r \ ,$$

das heißt eine gewöhnliche Integration in Radialrichtung. Man kann dieses Ergebnis wie folgt verstehen (Abb. 3.39): Zur Berechnung des Arbeitsintegrals wählt man ein Wegstück in Radialrichtung von 1 nach 2′ (dieses Wegstück ergibt den obigen Beitrag) und kann den Gesamtweg von 2′ entlang einer Kugelschale nach 2 abschließen. Für dieses Wegstück ist $\boldsymbol{F}$ orthogonal zu $\mathrm{d}\boldsymbol{r}$ und man erhält deswegen keinen Beitrag zu dem Arbeitsintegral. Die potentielle Energie eines Zentralkraftfeldes kann also in der Form

$$U(r) = - \int^r f(r')\mathrm{d}r' \tag{3.76}$$

Abb. 3.39. Berechnung der potentiellen Energie in einem Zentralkraftfeld

dargestellt werden. Sie ist eine Funktion des Abstandes von dem Kraftzentrum (hier dem Koordinatenursprung). Die nicht festgelegte untere Grenze entspricht der frei wählbaren Konstanten.

Einige Spezialfälle sind

(3a) Der isotrope harmonische Oszillator

$$\boldsymbol{F} = -(kr)\boldsymbol{e}_r \qquad U(r) = \frac{1}{2}kr^2 + U_0 \ .$$

(3b) Die Gravitationswirkung einer Punktmasse M (die fest im Ursprung angebracht ist) auf einen Massenpunkt m

$$\boldsymbol{F} = -\gamma\frac{mM}{r^2}\boldsymbol{e}_r$$

mit der potentiellen Energie

$$U(r) = +\gamma mM \int^r \frac{\mathrm{d}r'}{r'^2} = -\gamma\frac{mM}{r} + U_0 \ .$$

Die Konstante wird gewöhnlich Null gesetzt, so dass gilt

$$U(r) = -\gamma\frac{mM}{r} \qquad \text{mit } U(r \to \infty) = 0 \ . \tag{3.77}$$

Stellt man die Kraftwirkung durch das Gravitationsfeld der großen Masse dar

$$\boldsymbol{F}(\boldsymbol{r}) = m\,\boldsymbol{G}(\boldsymbol{r}) \ ,$$

so bietet es sich an, die potentielle Energie in analoger Weise zu zerlegen

$$U(r) = m\,\Phi(r) = m\left[-\gamma\frac{M}{r}\right] \ . \tag{3.78}$$

Man bezeichnet die so definierte Größe Φ als das **Potential** des Gravitationsfeldes (kurz: Gravitationspotential). Die Verknüpfung von Gravitationsfeld und Gravitationspotential ist

$$\boldsymbol{G}(\boldsymbol{r}) = -\boldsymbol{\nabla}\Phi(\boldsymbol{r}) \tag{3.79}$$

beziehungsweise im Fall eines Zentralfeldes

$$\boldsymbol{G}(\boldsymbol{r}) = -\boldsymbol{e}_r\left\{\frac{\partial}{\partial r}\Phi(r)\right\} \ .$$

Da die Angabe und die Behandlung von Skalarfunktionen einfacher ist als die Angabe und die Verarbeitung von Vektorfunktionen, ist (falls möglich)

eine Beschreibung der Mechanik mittels Skalarfunktionen vorzuziehen. Dies
ist ein Aspekt, der bei der Lagrangeschen Formulierung der Mechanik (siehe
Kap. 5.3) berücksichtigt wird.

(3c) Die Gravitationswirkung einer homogenen Massenverteilung in Kugelform (Radius R) mit der Gesamtmasse M auf eine Punktmasse m. Ausgangspunkt ist das Gravitationsfeld einer homogenen Kugel, das in Kap. 3.2.4.1,
S. 128 berechnet wird.

$$\boldsymbol{G}(\boldsymbol{r}) = \begin{cases} -\gamma\dfrac{M}{r^2}\boldsymbol{e}_r & r \geq R \\[3mm] -\gamma\dfrac{M}{R^3}r\boldsymbol{e}_r & r \leq R\,. \end{cases}$$

Das entsprechende Gravitationspotential ist

$$\Phi(r) = \begin{cases} \displaystyle\int^r \dfrac{\gamma M}{r'^2}\mathrm{d}r' = -\dfrac{\gamma M}{r} + C_1 & r \geq R \\[4mm] \displaystyle\int^r \dfrac{\gamma M}{R^3}r'\mathrm{d}r' = \dfrac{1}{2}\dfrac{\gamma M}{R^3}r^2 + C_2 & r \leq R\,. \end{cases}$$

Setzt man $C_1 = 0$ (die übliche Wahl, wie oben schon bemerkt), so ist die
zweite Konstante durch den stetigen Anschluss der Potentiale an der Kugel-
oberfläche

$$\Phi_{\mathrm{innen}}(R) = \Phi_{\mathrm{außen}}(R)$$

zu bestimmen

$$C_2 + \frac{1}{2}\frac{\gamma M}{R} = -\frac{\gamma M}{R} \quad\longrightarrow\quad C_2 = -\frac{3}{2}\frac{\gamma M}{R}\,.$$

Zusammenfassend kann man das Ergebnis notieren

$$\Phi(r) = \begin{cases} -\dfrac{\gamma M}{r} & r \geq R \\[4mm] -\gamma M\left\{\dfrac{3}{2R} - \dfrac{1}{2}\dfrac{r^2}{R^3}\right\} & r \leq R\,. \end{cases} \tag{3.80}$$

Diese Funktion ist in Abb. 3.40 dargestellt. Sie besteht aus einem Parabel-

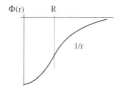

Abb. 3.40. Das Gravitationspotential einer homogenen
Massenverteilung in Kugelform

bogen an den sich stetig ein Hyperbelbogen anschließt. Die Ableitung des
Potentials ist in dem Anschlusspunkt stetig. Die potentielle Energie der kleinen Masse im Kraftfeld der homogenen Kugelmasse ist

$$U(r) = m\Phi(r) \;.$$

Nichtkonservative Kraftfelder werden durch die Aussage rot $\boldsymbol{F} \neq \boldsymbol{0}$ charakterisiert. Für solche Kraftfelder ist der Energiesatz nicht gültig. Als ein Beispiel für eine Bewegung in einem nichtkonservativen Kraftfeld kann man eine Projektilbewegung mit Reibung betrachten

$$\boldsymbol{F} = (-k\dot{x}, -k\dot{y}, -k\dot{z} - mg) = -k\boldsymbol{v} - m\boldsymbol{g} \;.$$

Für dieses Kraftfeld ist z.B. die x-Komponente der Rotation

$$(\text{rot } \boldsymbol{F})_x = \frac{\partial}{\partial y}(-k\dot{z} - mg) - \frac{\partial}{\partial z}(-k\dot{y}) \;.$$

Dies kann man in der Form auswerten (Kettenregel)

$$(\text{rot } \boldsymbol{F})_x = -k\left\{\frac{\mathrm{d}\dot{z}}{\mathrm{d}t}\frac{\mathrm{d}t}{\mathrm{d}y} - \frac{\mathrm{d}\dot{y}}{\mathrm{d}t}\frac{\mathrm{d}t}{\mathrm{d}z}\right\} = -k\left\{\frac{\ddot{z}}{\dot{y}} - \frac{\ddot{y}}{\dot{z}}\right\} \neq 0 \;.$$

Das Arbeitsintegral ist somit wegabhängig und eine Potentialfunktion kann (im Allgemeinen) nicht definiert werden[5].

Es steht noch die Diskussion des Energiesatzes für den Fall eines Systems von Massenpunkten an.

3.2.4 Der Energieerhaltungssatz für Systeme von Massenpunkten

Als Vorspann soll ein System von zwei Massenpunkten, das durch die Bewegungsgleichungen

$$m_1\dot{\boldsymbol{v}}_1 = \boldsymbol{f}_{21} \qquad m_2\dot{\boldsymbol{v}}_2 = \boldsymbol{f}_{12}$$

charakterisiert wird, betrachtet werden. Die Massen bewegen sich unter dem Einfluss von inneren Kräften. Jede der Kräfte könnte eine Vektorfunktion von 13 Variablen sein, im Allgemeinen also

$$\boldsymbol{f}_{12} = \boldsymbol{f}(\boldsymbol{r}_1, \boldsymbol{v}_1; \boldsymbol{r}_2, \boldsymbol{v}_2; t) \qquad \boldsymbol{f}_{21} = \boldsymbol{g}(\boldsymbol{r}_2, \boldsymbol{v}_2; \boldsymbol{r}_1, \boldsymbol{v}_1; t) \;.$$

Es gibt jedoch einige Einschränkungen:

(1) Die Forderung nach der Gültigkeit des 3. Axioms bedingt

$$\boldsymbol{f}_{12} = -\boldsymbol{f}_{21} \quad \Longrightarrow \quad \boldsymbol{f}(\boldsymbol{r}_1, \boldsymbol{v}_1; \boldsymbol{r}_2, \boldsymbol{v}_2; t) = -\boldsymbol{g}(\boldsymbol{r}_2, \boldsymbol{v}_2; \boldsymbol{r}_1, \boldsymbol{v}_1; t)$$

oder abgekürzt geschrieben

$$\boldsymbol{f}_{12} = -\boldsymbol{f}_{21} \quad \Longrightarrow \quad \boldsymbol{f}(1, 2, t) = -\boldsymbol{g}(2, 1, t) \;.$$

Man benötigt nur eine Vektorfunktion, die bei Vertauschung der Koordinaten ihr Vorzeichen wechselt

$$\boldsymbol{f}_{12} = \boldsymbol{f}(1, 2, t)$$
$$\boldsymbol{f}_{21} = \boldsymbol{f}(2, 1, t) = -\boldsymbol{f}(1, 2, t) \;.$$

---

[5] Siehe jedoch Kap. 5.3.1 bezüglich der Definition verallgemeinerter Potentiale.

(2) Die Forderung nach der Gültigkeit des ersten Axioms beinhaltet die Gleichwertigkeit aller Inertialsysteme. Diese ist gewährleistet, wenn die Kräfte gegenüber Galileitransformationen (3.7) forminvariant sind. In Formeln bedeutet dies: Transformiert man die Koordinaten und die Zeit gemäß

$$r_i' = r_i + v_{\text{rel}}t + r_{\text{rel}} \quad (i = 1, 2) \quad \text{und} \quad t' = t \,,$$

so muss gelten

$$f(1, 2, t) = f(1', 2', t') \,.$$

Dies ist nur möglich, wenn die Vektorfunktion von der Differenz der Koordinaten und Geschwindigkeiten abhängt

$$f_{12} = f(r_1 - r_2, v_1 - v_2, t)$$
$$f_{21} = f(r_2 - r_1, v_2 - v_1, t) \,.$$

Es soll im Folgenden jedoch nicht die allgemeinste Situation ins Auge gefasst, sondern nur eine Abhängigkeit von den Koordinaten vorausgesetzt werden

$$f_{12} = f(r_1 - r_2) = \{f_x(r_1 - r_2), f_y(r_1 - r_2), f_z(r_1 - r_2)\}$$
$$f_{21} = f(r_2 - r_1) = -f(r_1 - r_2) \,.$$

Man bezeichnet die Wechselwirkung zwischen den Massenpunkten als konservativ, wenn die folgenden Bedingungen erfüllt sind

$$\text{rot}_1 \, f_{21} = \text{rot}_2 \, f_{12} = 0 \,, \tag{3.81}$$

wobei der Rotationsoperator auf die indizierte Koordinate wirkt. In diesem Fall ist es möglich, die wechselseitige Kraftwirkung als Gradienten *einer* Skalarfunktion darzustellen

$$f_{12} = -\nabla_2 V(r_1 - r_2) \qquad f_{21} = -\nabla_1 V(r_1 - r_2) \,. \tag{3.82}$$

Das dritte Axiom sortiert sich automatisch. Bezeichnet man den Abstand mit $r = r_1 - r_2$, so gilt

$$\nabla_1 = \sum_{i=1}^{3} e_i \frac{\partial}{\partial x_{i1}} = \sum_i e_i \frac{\partial}{\partial x_i} \frac{\partial x_i}{\partial x_{i1}} = \sum_i e_i \frac{\partial}{\partial x_i} = \nabla$$

$$\nabla_2 = \sum_{i=1}^{3} e_i \frac{\partial}{\partial x_{i2}} = \sum_i e_i \frac{\partial}{\partial x_i} \frac{\partial x_i}{\partial x_{i2}} = -\sum_i e_i \frac{\partial}{\partial x_i} = -\nabla \,.$$

Für eine konservative Wechselwirkung erhält man mit dem folgenden Argument einen Energiesatz. Man betrachtet eine Verschiebung von m_1 um dr_1

$$m_1 \dot{v}_1 \cdot dr_1 = f_{21} \cdot dr_1 \,,$$

sowie eine Verschiebung der zweiten Masse m_2 um dr_2

$$m_2\dot{\boldsymbol{v}}_2 \cdot \mathrm{d}\boldsymbol{r}_2 = \boldsymbol{f}_{12} \cdot \mathrm{d}\boldsymbol{r}_2 \,.$$

Addition dieser beiden Gleichungen und Kurvenintegration von einer Anfangssituation

$$t_i \qquad \text{mit} \quad \boldsymbol{r}_1(t_i), \, \boldsymbol{r}_2(t_i)$$

bis zu einer Endsituation

$$t_f \qquad \text{mit} \quad \boldsymbol{r}_1(t_f), \, \boldsymbol{r}_2(t_f)$$

ergibt

$$\int_i^f (m_1\dot{\boldsymbol{v}}_1 \cdot \mathrm{d}\boldsymbol{r}_1 + m_2\dot{\boldsymbol{v}}_2 \cdot \mathrm{d}\boldsymbol{r}_2) = \int_i^f (\boldsymbol{f}_{21} \cdot \mathrm{d}\boldsymbol{r}_1 + \boldsymbol{f}_{12} \cdot \mathrm{d}\boldsymbol{r}_2) \,.$$

Auf der linken Seite (LS) erhält man (analog zu dem Fall eines Massenpunktes) die Änderung der kinetischen Energie

$$\text{LS} = \left[\frac{m_1}{2}v_1(t_f)^2 + \frac{m_2}{2}v_2(t_f)^2\right] - \left[\frac{m_1}{2}v_1(t_i)^2 + \frac{m_2}{2}v_2(t_i)^2\right] \,.$$

Auf der rechten Seite (RS) setzt man die Darstellung der Kräfte durch die Potentialfunktion V ein

$$\text{RS} = -\int_i^f (\boldsymbol{\nabla}_1 V(\boldsymbol{r}_1 - \boldsymbol{r}_2) \cdot \mathrm{d}\boldsymbol{r}_1 + \boldsymbol{\nabla}_2 V(\boldsymbol{r}_1 - \boldsymbol{r}_2) \cdot \mathrm{d}\boldsymbol{r}_2) \,.$$

Der Ausdruck in der Klammer ist das totale Differential der Funktion V

$$= -\int_i^f \mathrm{d}V = V(i) - V(f) \,.$$

Der Energiesatz für ein System von zwei Massen mit einer konservativen, wechselseitigen Kraftwirkung hat demnach die Form

$$\left[\frac{m_1}{2}v_1^2 + \frac{m_2}{2}v_2^2 + V(\boldsymbol{r}_1 - \boldsymbol{r}_2)\right]_{\text{für jedes }t} = E_0 \,. \tag{3.83}$$

Die Summe der kinetischen Energie der beiden Massen plus die potentielle Energie *zwischen* den zwei Massen ist zeitlich konstant.

Ein Paradebeispiel ist natürlich die Gravitation

$$\boldsymbol{f}_{21} = -\boldsymbol{f}_{12} = -\gamma m_1 m_2 \frac{(\boldsymbol{r}_1 - \boldsymbol{r}_2)}{|\boldsymbol{r}_1 - \boldsymbol{r}_2|^3}$$

oder im Detail

$$= -\gamma m_1 m_2 \left\{\frac{x_1 - x_2}{r^3}, \frac{y_1 - y_2}{r^3}, \frac{z_1 - z_2}{r^3}\right\}$$

$$\text{mit} \qquad r = \left[(x_1 - x_2)^2 + (y_1 - y_2)^2 + (z_1 - z_2)^2\right]^{1/2} \,.$$

Man kann nachrechnen, dass die Bedingung

$$\mathrm{rot}_1\, \boldsymbol{f}_{12} = \mathrm{rot}_2\, \boldsymbol{f}_{12} = \boldsymbol{0}$$

erfüllt ist. Die potentielle Energie der beiden Massen ist

$$V(\boldsymbol{r}_1 - \boldsymbol{r}_2) = -\gamma \frac{m_1 m_2}{r} = -\gamma \frac{m_1 m_2}{|\boldsymbol{r}_1 - \boldsymbol{r}_2|} , \qquad (3.84)$$

wobei wieder $V(r \to \infty) = 0$ gesetzt wurde. Die potentielle Energie aufgrund der relativen 'Lage' der beiden Massen ist eine Funktion des Abstandes der Massen.

Als Nächstes werden äußere konservative Kräfte einbezogen

$$\frac{\mathrm{d}}{\mathrm{d}t}\boldsymbol{p}_1 = \boldsymbol{F}_1(\boldsymbol{r}_1) + \boldsymbol{f}_{21} \qquad \frac{\mathrm{d}}{\mathrm{d}t}\boldsymbol{p}_2 = \boldsymbol{F}_2(\boldsymbol{r}_2) + \boldsymbol{f}_{12} . \qquad (3.85)$$

Für diese soll

$$\mathrm{rot}_1\, \boldsymbol{F}_1(\boldsymbol{r}_1) = \mathrm{rot}_2\, \boldsymbol{F}_2(\boldsymbol{r}_2) = \boldsymbol{0}$$

gelten, so dass man die äußeren Kräfte als Gradienten von Skalarfunktionen darstellen kann

$$\boldsymbol{F}_1 = -\boldsymbol{\nabla}_1 U_1(x_1\, y_1\, z_1) \qquad \boldsymbol{F}_2 = -\boldsymbol{\nabla}_2 U_2(x_2\, y_2\, z_2) .$$

Integration der Bewegungsgleichungen (3.85) ergibt mit den gleichen Schritten wie zuvor

$$(T_1 + T_2)_f - (T_1 + T_2)_i = V(1,2)_i - V(1,2)_f + \int_i^f (\boldsymbol{F}_1 \cdot \mathrm{d}\boldsymbol{r}_1 + \boldsymbol{F}_2 \cdot \mathrm{d}\boldsymbol{r}_2) .$$

Die beiden verbleibenden Integrale ergeben

$$-\int_i^f (\mathrm{d}U_1 + \mathrm{d}U_2)$$

und der Energiesatz lautet deswegen

$$[T_1 + T_2 + U_1(\boldsymbol{r}_1) + U_2(\boldsymbol{r}_2) + V(\boldsymbol{r}_1 - \boldsymbol{r}_2)]_t = E_0 . \qquad (3.86)$$

Die Summe der kinetischen Energien plus die Summe der externen potentiellen Energien plus die interne potentielle Energie zwischen den Massen ist eine Erhaltungsgröße.

Als Beispiel kann man das System Erde-Mond betrachten, das sich im Gravitationsfeld der Sonne (die somit die äußere Kraft liefert) bewegt. In diesem Fall gilt

$$\frac{m_{\mathrm{E}}}{2} v_{\mathrm{E}}^2 + \frac{m_{\mathrm{M}}}{2} v_{\mathrm{M}}^2 - \gamma \frac{m_{\mathrm{E}} m_{\mathrm{S}}}{r_{\mathrm{E}}} - \gamma \frac{m_{\mathrm{M}} m_{\mathrm{S}}}{r_{\mathrm{M}}} - \gamma \frac{m_{\mathrm{E}} m_{\mathrm{M}}}{|\boldsymbol{r}_{\mathrm{E}} - \boldsymbol{r}_{\mathrm{M}}|} = E_0 .$$

Die Vektoren $\boldsymbol{r}_{\mathrm{E}}$ und $\boldsymbol{r}_{\mathrm{M}}$ verbinden den Schwerpunkt der Sonne mit dem Schwerpunkt des jeweiligen Himmelskörpers.

Für eine beliebige Anzahl von Massenpunkten ist der Ausgangspunkt der Satz von Bewegungsgleichungen

$$\frac{\mathrm{d}}{\mathrm{d}t}\boldsymbol{p}_i = \boldsymbol{F}_i(\boldsymbol{r}_i) + \sum_{k=1}^N \boldsymbol{f}_{ki}(\boldsymbol{r}_k - \boldsymbol{r}_i) \qquad (i = 1, 2, 3 \ldots N) .$$

Zur Indizierung der verschiedenen Kräfte ist Folgendes zu bemerken: Die äußeren Kräfte hängen nur von den Koordinaten der jeweiligen Masse ab. Natürlich kann für jede Masse eine andere Funktion auftreten. Bei der Gravitation (siehe obiges Beispiel) ergibt sich der Unterschied nur aus dem Massenfaktor. Die inneren Kräfte sind ebenfalls indiziert. Es könnte z.B. der Fall sein, dass einige der Massen auch Ladung tragen, so dass z.B. f_{12}, f_{21} nur Gravitation beinhalten, während f_{13}, f_{31} Gravitation plus elektrische Kräfte darstellen. Die inneren Kräfte zwischen jedem Massenpaar werden durch *eine* Vektorfunktion beschrieben, falls diese Kräfte das dritte Axiom erfüllen

$$f_{ik} = g^{(ik)}(r_1, r_2)\,(r_i - r_k), \qquad f_{ki} = g^{(ik)}(r_1, r_2)\,(r_k - r_i)\,.$$

Setzt man voraus, dass alle auftretenden Kräfte wirbelfrei sind

$$\boxed{\nabla_i \times F_i = 0 \qquad \nabla_i \times f_{ki} = \nabla_k \times f_{ik} = 0\,,}$$

so kann man die Argumentation für den Fall von zwei Massen wiederholen: Multipliziere die Bewegungsgleichung der i-ten Masse skalar mit $\mathrm{d}r_i$, addiere diese Gleichungen und integriere von der Anfangs- bis zu der Endsituation. Das Ergebnis dieser Rechnung, die nicht im Detail vorgeführt werden soll, ist der allgemeine Energiesatz in der Form

$$\boxed{\begin{aligned}
E = \quad & T_1 + \quad T_2 + \quad T_3 + \ldots + T_N \\
& + U_1 + \quad U_2 + \quad U_3 + \ldots + U_N \\
& \qquad + V_{12} + \quad V_{13} + \ldots + V_{1N} \\
& \qquad\qquad\; + V_{23} + \ldots + V_{2N} \\
& \qquad\qquad\qquad\quad \vdots \\
& \qquad\qquad\qquad\; + V_{N-1,N} = E_0\,.
\end{aligned}} \tag{3.87}$$

Die gesamte Energie setzt sich zusammen aus

1. der Summe der kinetischen Energien der einzelnen Massen

$$T = \sum_{i=1}^{N} T_i = \sum_{i=1}^{N} \frac{m_i}{2} v_i^2 = \sum_i \frac{p_i^2}{2m_i}\,, \tag{3.88}$$

2. der Summe der potentiellen Energien der einzelnen Massen in einem äußeren Kraftfeld

$$U = \sum_{i=1}^{N} U_i = \sum_{i=1}^{N} U_i(r_i)\,, \tag{3.89}$$

3. der Summe der internen potentiellen Energien zwischen allen Paaren von Massenpunkten

$$V = \sum_{i<k} V_{ik} = \sum_{i<k} V_{ik}(\boldsymbol{r}_i - \boldsymbol{r}_k)$$
$$= \frac{1}{2} \sum_{i \neq k} V_{ik}(\boldsymbol{r}_i - \boldsymbol{r}_k) \,. \tag{3.90}$$

Die zweite Zeile ist eine Konsequenz des dritten Axioms, das bedingt, dass

$$V_{ik}(\boldsymbol{r}_i - \boldsymbol{r}_k) = V_{ki}(\boldsymbol{r}_k - \boldsymbol{r}_i)$$

ist.

Ein Beispiel für ein solches System ist das Planetensystem mit Sonne, Planeten, Monden, Asteroiden etc., vorausgesetzt alle Himmelskörper können als Massenpunkte betrachtet werden. Zeichnet man die Sonne aus, so dass die Einwirkung der Sonne auf die anderen Massen als äußere Kräfte angesehen werden kann, so gilt (mit der Sonne als Ursprung des Koordinatensystems)

$$U = \sum_i \left(-\gamma \frac{m_i m_S}{r_i} \right) \qquad V = \sum_{i<k} \left(-\gamma \frac{m_i m_k}{|\boldsymbol{r}_i - \boldsymbol{r}_k|} \right) \,.$$

Zeichnet man die Sonne nicht aus, so sind alle Kräfte innere Kräfte.

Ein weiteres Beispiel ist ein starrer Körper, der sich in einem konservativen äußeren Kraftfeld bewegt. Da die innere Energie (normalerweise) nur von dem Abstand der Massenpunkte abhängt, dieser Abstand bei einem starren Körper per Definition konstant ist, ändert sich die innere potentielle Energie nicht mit der Zeit. Die konstante innere potentielle Energie ist aus diesem Grund nicht von Interesse. Sie kann gleich Null gesetzt werden, so dass der Energiesatz für einen starren Körper lautet

$$E = \sum_i T_i + \sum_i U_i = \text{const} \,.$$

Vor der Diskussion eines weiten Anwendungsfeldes der Erhaltungssätze, dem Stoß von zwei Massenpunkten (oder entsprechend Punktladungen), soll die auf S. 122 zitierte Formel für das Potential bzw. die potentielle Energie einer kontinuierlichen Massenverteilung berechnet werden.

3.2.4.1 Die potentielle Energie einer kontinuierlichen Massenverteilung. Bei der Diskussion der potentiellen Energie einer Masse m im Gravitationsfeld einer vorgegeben Verteilung von N Massen (m_i)

$$U(\boldsymbol{r}) = \sum_{i=1}^{N} \left(-\gamma \frac{m m_i}{|\boldsymbol{r} - \boldsymbol{r}_i|} \right)$$

tritt die Frage auf: Wie ist die Situation zu handhaben, wenn die diskrete Verteilung in eine kontinuierliche übergeht? Die Antwort lautet: Die N Massen entsprechen infinitesimalen Massenelementen $(\mathrm{d}m_i)$, die im Grenzfall durch Dichte (ρ) mal infinitesimales Volumenelement $\mathrm{d}V$ zu ersetzen sind. Die Summation geht in Integration über (Abb. 3.41)

$$\sum_i \mathrm{d}m_i f(\boldsymbol{r}_i) \longrightarrow \iiint_V \rho(\boldsymbol{r}')f(\boldsymbol{r}')\mathrm{d}V' \ .$$

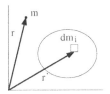

diskrete Massenverteilung   kontinuierliche Massenverteilung

Abb. 3.41. Zur Berechnung der potentiellen Energie von Massenverteilungen

Die Masse berechnet sich aus der Dichteverteilung durch

$$M = \iiint_V \rho(\boldsymbol{r}')\mathrm{d}V'$$

und die potentielle Energie der Masse m im Feld der Massenverteilung ist

$$U(\boldsymbol{r}) = \iiint_V (-\gamma m)\frac{\rho(\boldsymbol{r}')\mathrm{d}V'}{|\boldsymbol{r} - \boldsymbol{r}'|} \ .$$

Für eine allgemeine Dichteverteilung und ein beliebiges Integrationsvolumen ist die Berechnung des Dreifachintegrals nicht einfach. Von besonderem Interesse ist die Berechnung der potentiellen Energie im Gravitationsfeld der Erde, für die eine ideale Kugelgestalt angenommen wird

$$R_\mathrm{E} \approx 6.37 \cdot 10^8 \,\mathrm{cm} = 6370 \,\mathrm{km}$$

$$M_\mathrm{E} \approx 5.98 \cdot 10^{27} \,\mathrm{g} = 5.98 \cdot 10^{24} \,\mathrm{kg} \ .$$

Setzt man voraus, dass die Dichteverteilung isotrop ist

$$\rho(\boldsymbol{r}) = \begin{cases} \rho(r) & r \le R_\mathrm{E} \\ 0 & r \ge R_\mathrm{E} \end{cases} \ ,$$

also nur eine radiale Variation der Dichte vorliegt, so folgt

$$M = 4\pi \int_0^{R_\mathrm{E}} \rho(r')r'^2\mathrm{d}r' \ .$$

Zur Auswertung des Dreifachintegrals für die potentielle Energie wählt man zweckmäßigerweise ein Koordinatensystem, dessen Ursprung im Zentrum der Kugel liegt und in dem die Masse m auf der z-Achse angebracht ist. Diese Wahl ist wegen der vorliegenden Symmetrie der Massenverteilung keine Einschränkung. Es gilt dann bei Zerlegung des Integrationsbereiches in Kugelkoordinaten

$$U(r) = -\gamma m \int_0^{2\pi} d\varphi' \int_0^{R_E} r'^2 \rho(r') dr' \int_0^\pi \frac{\sin\theta' d\theta'}{[r^2 + r'^2 - 2rr'\cos\theta']^{1/2}} \; .$$

Das Integral über die Variable φ' kann direkt ausgewertet werden. In dem Integral über θ' hilft die Substitution $x = \cos\theta'$ $dx = -\sin\theta' d\theta'$ weiter. Es verbleibt zunächst das Doppelintegral

$$U(r) = -2\pi\gamma m \int_0^{R_E} r'^2 \rho(r') dr' \int_{-1}^1 \frac{dx}{[r^2 + r'^2 - 2rr'x]^{1/2}} \; .$$

Das Integral über x ist eine Standardangelegenheit

$$\int_{-1}^1 \frac{dx}{[r^2 + r'^2 - 2rr'x]^{1/2}} = -\frac{1}{rr'}[r^2 + r'^2 - 2rr'x]^{1/2}\Big|_{-1}^1 \; ,$$

doch man muss bei dem Einsetzen der Grenzen vorsichtig sein. Für $r > r'$ erhält man

$$= -\frac{1}{rr'}[(r - r') - (r + r')] = \frac{2}{r} \; ,$$

für $r' > r$

$$= -\frac{1}{rr'}[(r' - r) - (r + r')] = \frac{2}{r'} \; .$$

Ist also die Position der Masse m ausserhalb der Kugel ($r > R$), so gilt

$$U(r) = (-\gamma m)(4\pi)\frac{1}{r} \int_0^R \rho(r') r'^2 dr'$$

oder

$$U(r) = -\gamma \frac{mM}{r} \qquad r \geq R \; , \tag{3.91}$$

unabhängig von der radialen Variation der Massenverteilung. Ist die Position der Masse m innerhalb der Kugel, so ist U durch das Integral

$$U(r) = (-\gamma m)(4\pi) \left[\frac{1}{r} \int_0^r \rho(r') r'^2 dr' + \int_r^R \rho(r') r' dr' \right]$$

zu berechnen. Eine weitere Aussage ist nur möglich, wenn $\rho(r')$ bekannt ist. Der einfachste Fall ist die homogene Massenverteilung $\rho(r') = \rho_0$, für den die potentielle Energie zu

$$U(r) = (-\gamma m)(4\pi\rho_0) \left[\frac{1}{r} \int_0^r r'^2 dr' + \int_r^R r' dr' \right]$$

$$= (-\gamma m)(4\pi\rho_0) \left[\frac{1}{3}r^2 + \frac{1}{2}R^2 - \frac{1}{2}r^2 \right]$$

$$= (-\gamma m)(4\pi\rho_0) \left[\frac{1}{2}R^2 - \frac{1}{6}r^2 \right]$$

bestimmt werden kann. Setzt man hier anstelle der Dichte die Gesamtmasse

$$\rho_0 = \frac{3}{4\pi} \frac{M}{R^3}$$

ein, so erhält man

$$U(r) = (-\gamma m M) \left[\frac{3}{2} \frac{1}{R} - \frac{1}{2} \frac{r^2}{R^3} \right] \qquad r \leq R \ . \tag{3.92}$$

Für Punkte außerhalb der Kugel verhält sich die Massenverteilung so, als ob die gesamte Masse in dem Schwerpunkt vereinigt wäre (unabhängig von der radialen Form der Verteilung). Im Innern hat die potentielle Energie bei einer homogenen Verteilung eine Parabelform[6]. Man kann aus diesen Ergebnissen die Formeln für das Gravitationsfeld der Erde gewinnen

$$r \geq R \qquad \boldsymbol{G} = -\frac{1}{m} \boldsymbol{\nabla} U = -\gamma \frac{M}{r^2} \boldsymbol{e}_r \tag{3.93}$$

$$r \leq R \qquad \boldsymbol{G} = -\frac{1}{m} \boldsymbol{\nabla} U = -\gamma \frac{M}{R^3} r \boldsymbol{e}_r \ . \tag{3.94}$$

Für einen Massenpunkt außerhalb der Erde kann man das Gravitations-potential (3.91) mit $r = R_{\mathrm{E}} + h$

$$U = -\gamma \frac{m M_{\mathrm{E}}}{R_{\mathrm{E}}} \left(\frac{1}{1 + h/R_{\mathrm{E}}} \right)$$

für Punkte in der Nähe der Erdoberfläche mit

$$h \ll R_{\mathrm{E}} \approx 6370 \,\mathrm{km}$$

in einer binomischen (oder geometrischen) Reihe entwickeln

$$= -\gamma \frac{m M_{\mathrm{E}}}{R_{\mathrm{E}}} \left(1 - \frac{h}{R_{\mathrm{E}}} + \frac{h^2}{R_{\mathrm{E}}^2} - \dots \right)$$

$$= \mathrm{const} + m \left[\gamma \frac{M_{\mathrm{E}}}{R_{\mathrm{E}}^2} \right] h - m \left[\gamma \frac{M_{\mathrm{E}}}{R_{\mathrm{E}}^3} \right] h^2 + \dots = U_0 + mgh + \dots \ .$$

Der Ausdruck in der ersten Klammer entspricht mgh und ergibt somit als Zusammenhang zwischen den beiden Gravitationskonstanten g und γ

$$g = \frac{\gamma M_{\mathrm{E}}}{R_{\mathrm{E}}^2} \ . \tag{3.95}$$

---

[6] Man vergleiche Abb. 3.40, in der das Gravitationspotential einer homogenen Massenverteilung in Kugelform gezeigt wird.

3.2.5 Anwendung: Stoßprobleme

Die Erhaltungssätze (vor allem Energiesatz (in einfacher Form) und Impulssatz) spielen bei der (pauschaleren) Diskussion von Stoßproblemen eine besondere Rolle. Die Standardsituation sieht folgendermaßen aus: Zwei Massen bewegen sich (gleichförmig) aufeinander zu, so dass sie zu irgendeinem Zeitpunkt zusammenstoßen. Äußere Kräfte sollen in dem Experiment ausgeschaltet sein (eventuell durch Luftkissenschiene etc.). Solange die Massen genügend weit voneinander entfernt sind, kann man die wechselseitige Gravitation vernachlässigen. Es gilt dann für das System vor dem Stoß

Gesamtimpuls: $\boldsymbol{P}_{\text{ein}} = m_1 \boldsymbol{v}_1 + m_2 \boldsymbol{v}_2$

Gesamtenergie: $\boldsymbol{E}_{\text{ein}} = \dfrac{m_1}{2} v_1^2 + \dfrac{m_2}{2} v_2^2$.

Der Stoßprozess ist einigermaßen kompliziert. Die Massen können deformiert werden, ihre ursprüngliche Form wiedergewinnen, etc. Energie wird in der Form von Schall und Wärme an die Umgebung abgegeben. Unabhängig von den Details der Stoßsituation kann man jedoch sagen: Der Stoßprozess wird von inneren Kräften (in der Hauptsache von interatomaren oder intermolekularen, also elektrischen Kräften) beherrscht. Setzt man voraus, dass die inneren Kräfte das 3. Axiom erfüllen, so gilt unabhängig von den Details des Stoßes der Impulssatz

$$\boldsymbol{P}_{\text{ein}} = \boldsymbol{P}_{\text{aus}} \ . \tag{3.96}$$

Zur weiteren Charakterisierung der Stoßsituation unterscheidet man die Fälle

3.2.5.1 Der vollständig elastische Stoß. Die Massen gewinnen nach dem Stoß ihre Gestalt wieder und bewegen sich auseinander. Bei der Diskussion dieser Stoßsituation wird vorausgesetzt, dass kein Energieverlust auftritt. Diese Voraussetzung ist für den Stoß von Billard- oder Stahlkugeln (ohne Drehbewegung) recht gut realisiert. Es gilt dann

$$\boldsymbol{P}_{\text{aus}} = \frac{m_1}{2} \boldsymbol{v}_1' + \frac{m_2}{2} \boldsymbol{v}_2' = \boldsymbol{P}_{\text{ein}} \ . \tag{3.97}$$

Falls die Massen nach dem Stoß wieder weit genug voneinander entfernt sind, ist die Gesamtenergie wieder kinetisch und es ist

$$E_{\text{aus}} = \frac{m_1}{2} v_1'^2 + \frac{m_2}{2} v_2'^2 = E_{\text{ein}} \ . \tag{3.98}$$

Sind die Geschwindigkeitskomponenten vor dem Stoß (sowie die Massen) bekannt, so kann man die Frage stellen, inwieweit die Geschwindigkeitskomponenten nach dem Stoß durch die Erhaltungssätze bestimmt sind. Im dreidimensionalen Raum müssten sechs unbekannte Größen bestimmt werden, es stehen jedoch nur vier Gleichungen (drei Gleichungen des Impulssatzes und eine Gleichung des Energiesatzes) zur Verfügung. Zwei Geschwindigkeitskomponenten nach dem Stoß sind unbestimmt. Setzt man zusätzlich voraus, dass die inneren Kräfte, die während des Stoßprozesses wirken, so geartet sind, dass auch Drehimpulserhaltung gilt, so kann man sich auf eine Diskussion in der Ebene (zweidimensional) beschränken. In der zweidimensionalen Welt stehen drei Gleichungen (zwei Gleichungen des Impulssatzes, eine Gleichung Energiesatz) für die Bestimmung von vier unbekannten Größen nach dem Stoß zur Verfügung. Die Endsituation ist immer noch nicht vollständig durch die Erhaltungssätze bestimmt. Man kann nur partielle Aussagen über die Endsituation $(\boldsymbol{v}_1', \boldsymbol{v}_2')$ machen. Für den zentralen elastischen Stoß (eindimensional) ist die Endsituation jedoch eindeutig bestimmt, denn man hat zwei Gleichungen für die Bestimmung von zwei Größen.

3.2.5.2 Der zentrale elastische Stoß. Für die eindimensionale Bewegung lauten die Erhaltungssätze

$$m_1 v_1 + m_2 v_2 = m_1 v_1' + m_2 v_2'$$

$$\frac{1}{2} m_1 v_1^2 + \frac{1}{2} m_2 v_2^2 = \frac{1}{2} m_1 v_1'^2 + \frac{1}{2} m_2 v_2'^2 \, .$$

Die Bewegungsrichtung äußert sich in dem Vorzeichen der Geschwindigkeiten. Nimmt man an, dass die Geschwindigkeiten vor dem Stoß (und die Massen) bekannt sind, so kann man mit Hilfe dieser beiden Gleichungen die Geschwindigkeiten nach dem Stoß bestimmen. Geeignete Kombination dieser Gleichungen ergibt (siehe ⊙ Aufg. 3.19)

$$v_1' = \left(\frac{m_1 - m_2}{m_1 + m_2} \right) v_1 + \left(\frac{2m_2}{m_1 + m_2} \right) v_2 \tag{3.99}$$

$$v_2' = \left(\frac{2m_1}{m_1 + m_2} \right) v_1 - \left(\frac{m_1 - m_2}{m_1 + m_2} \right) v_2 \, . \tag{3.100}$$

Anhand dieser Formeln kann man eine Reihe von Spezialfällen diskutieren. So ist zum Beispiel für $m_1 = m_2 = m$

$$v_1' = v_2, \qquad v_2' = v_1 \, .$$

Die beiden Massen tauschen ihre Geschwindigkeiten aus. Wird eine ruhende Masse $m_2 = m$ von einer gleich großen Masse $m_1 = m$ mit der Geschwindigkeit v_1 gestoßen, so bleibt nach dem Stoß die Masse m_1 in Ruhe, die Masse m_2 bewegt sich mit v_1 weiter.
Für $m_1 >> m_2$ erhält man

$$v_1' \approx v_1, \qquad v_2' \approx 2v_1 - v_2 \, .$$

Stößt z.B. eine kleine Masse gegen eine ruhende große Masse ($v_1 = 0$), so wird die kleine Masse total reflektiert. Laufen die beiden Massen mit gleichgroßer Geschwindigkeit aufeinander zu ($v_1 = -v_2 = v$), so bewegt sich die kleine Masse nach dem Stoß mit der Geschwindigkeit $3v$ in der gleichen Richtung wie die Große. Die große Masse läuft unbeeinflusst weiter.

3.2.5.3 Der nichtzentrale elastische Stoß. Die entsprechende zweidimensionale Situation ist in Abbildung 3.42a angedeutet. Die Erhaltungssätze lauten in diesem Fall

$$m_1 \boldsymbol{v}_1 + m_2 \boldsymbol{v}_2 = m_1 \boldsymbol{v}_1' + m_2 \boldsymbol{v}_2' \qquad (\text{2 Gleichungen}) \tag{3.101}$$

$$\frac{m_1}{2} v_1^2 + \frac{m_2}{2} v_2^2 = \frac{m_1}{2} v_1'^2 + \frac{m_2}{2} v_2'^2 \qquad (\text{1 Gleichung}) \,. \tag{3.102}$$

Eine vollständige Bestimmung der vier Komponenten der Endgeschwindigkeiten

$$(v_{1x}', \, v_{1y}', \, v_{2x}', \, v_{2y}')$$

aus den Anfangsbedingungen ist nicht möglich. Es sind jedoch durchaus nützliche partielle Aussagen möglich, die anhand des Spezialfalles $\boldsymbol{v}_2 = \boldsymbol{0}$ (die zweite Masse ruht vor dem Stoß) etwas genauer analysiert werden sollen. Dem

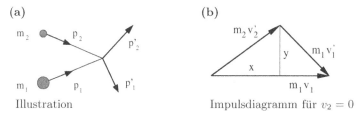

(a) Illustration   (b) Impulsdiagramm für $v_2 = 0$

Abb. 3.42. Nichtzentraler elastischer Stoß

Impulssatz entnimmt man die Aussage: Für den Endpunkt des Impulsvektors $\boldsymbol{p}_2'$, dessen Koordinaten mit (x, y) bezeichnet werden, gilt (Abb. 3.42b)

$$x^2 + y^2 = m_2^2 v_2'^2 \,, \quad (m_1 v_1 - x)^2 + y^2 = m_1^2 v_1'^2 \,.$$

Setzt man diese Aussage in den Energiesatz ein, so folgt

$$m_1 v_1^2 = \frac{1}{m_1} \left[(m_1 v_1 - x)^2 + y^2 \right] + \frac{1}{m_2} [x^2 + y^2] \,.$$

Sortiert man diese Gleichung, so erhält man

$$\left[x - \frac{m_1 m_2}{m_1 + m_2} v_1 \right]^2 + y^2 = \left[\frac{m_1 m_2}{m_1 + m_2} v_1 \right]^2 \,.$$

Dies ist die Gleichung eines Kreises mit den Koordinaten des Mittelpunktes

$$\boldsymbol{P}_M = \left(\frac{m_1 m_2}{m_1 + m_2} v_1, \, 0 \right)$$

und dem Radius

$$R = \frac{m_1 m_2}{m_1 + m_2} v_1 \,.$$

Die Spitze des Impulsvektors p_2' liegt auf einem Kreis durch den Endpunkt des Impulsvektors p_1'. Der Mittelpunkt des Kreises liegt auf dem Vektor p_1, der Radius des Kreises ist der $m_2/(m_1 + m_2)$-te Teil dieses Vektors (Abb. 3.43a). Bestimmt man in diesem Fall nach dem Stoß die Richtung oder den Betrag eines der beiden Impulsvektoren, so liegen alle weiteren Größen fest. Als Folge der Erhaltungssätze ist die Situation nach dem Stoß eingeschränkt.

Für den Stoß von zwei gleichen Massen (Abb. 3.43b) halbiert der Mittelpunkt des Kreises den Impulsvektor p_1. In diesem Fall findet man nach dem

(a) 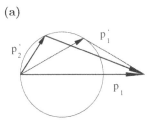   (b)

Geometrischer Ort für p_2' Entsprechende Situation für $m_1 = m_2$

Abb. 3.43. Nichtzentraler elastischer Stoß

Stoß immer einen rechten Winkel zwischen den auslaufenden Massen.

3.2.5.4 Der inelastische Stoß. Die Massen behalten teilweise die Deformation bei oder es geht auf andere Weise (z.B. Schall) während des Stoßprozesses Energie aus dem System der beiden stoßenden Massen verloren. Es gilt dann der Impulssatz

$$P_{\text{aus}} = m_1 v_1' + m_2 v_2' = P_{\text{ein}},$$

für die Energiebilanz muss man schreiben

$$E_{\text{aus}} = \frac{m_1}{2} v_1'^2 + \frac{m_2}{2} v_2'^2 + Q = E_{\text{ein}},$$

wobei Q der Energieverlust ist, der in andere Energieformen umgesetzt wird. Auch für den zentralen Stoß (eindimensional) ist in diesem Fall die Endsituation nicht vollständig bestimmt, denn es sind drei Größen (v_1', v_2', Q) aus zwei Gleichungen zu bestimmen.

Man kann trotzdem einige interessante Aussagen machen, wie z.B. in dem Spezialfall $m_1 = m_2 = m$, $v_2 = 0$, für den gilt

Impulserhaltung : $v_1 - v_1' = v_2'$

Energiebilanz   : $(v_1 - v_1')(v_1 + v_1') = v_2'^2 + \dfrac{2Q}{m}$.   (3.103)

Nach Division der beiden Gleichungen mit dem Resultat

$$(v_1 + v_1') = v_2' + \frac{2Q}{v_2' m}$$ (3.104)

ergibt Addition der ersten Gleichung von (3.103) und der Gleichung (3.104) mit Auflösung nach v_2' die Aussage

$$v_2' = \frac{v_1}{2} \pm \left[\frac{v_1^2}{4} - \frac{Q}{m} \right]^{1/2} . \tag{3.105}$$

Diese Aussage ist nur sinnvoll, wenn der Radikand positiv, also wenn

$$\frac{v_1^2}{4} - \frac{Q}{m} \geq 0 \quad \text{oder} \quad \frac{1}{2} T_1 \geq Q$$

ist. Der Energieverlust kann höchstens die Hälfte der Energie der stoßenden Kugel betragen. Diese Einschränkung ist eine direkte Konsequenz der Erhaltungssätze.

3.2.5.5 Der vollständig inelastische Stoß. Die deformierten Massen bleiben nach dem Stoß zusammen und bewegen sich gemeinsam weiter (z.B. Stoß von Kittkugel auf Stahlkugel oder von Kittkugel auf Kittkugel). Für die Situation nach dem Stoß gilt

$$\boldsymbol{P}_{\text{aus}} = (m_1 + m_2)\boldsymbol{v}' = \boldsymbol{P}_{\text{ein}}$$

$$\boldsymbol{E}_{\text{aus}} = \frac{1}{2}(m_1 + m_2)v'^2 + Q = \boldsymbol{E}_{\text{ein}} .$$

Sowohl im eindimensionalen Fall (zentraler Stoß) als auch im zweidimensionalen Fall (allgemeiner Stoß) ist die Endsituation eindeutig bestimmt. Im eindimensionalen Fall stehen zwei Gleichungen für die Bestimmung von zwei Größen (v', Q), im zweidimensionalen Fall drei Gleichungen für die Bestimmung von drei Größen ($\boldsymbol{v}'$, Q) . zur Verfügung. Für einen zentralen Stoß findet man z.B.

$$v' = \frac{1}{m_1 + m_2}(m_1 v_1 + m_2 v_2)$$

$$Q = \frac{m_1 m_2}{2(m_1 + m_2)}(v_1 - v_2)^2 ,$$

so dass z.B. für den Fall gleicher Massen ($m_1 = m_2$) und entgegengesetzten Anfangsgeschwindigkeiten ($v_2 = -v_1$) die zusammengesetzte Masse $M = 2m_1$ stehen bleibt ($v' = 0$) und die gesamte anfängliche kinetische Energie in Deformationsenergie etc. umgesetzt wird ($Q = m_1 v_1^2$).

Ein konkretes Beispiel für ein zweidimensionales Stoßproblem ist das Folgende: Zwei Massen stoßen senkrecht aufeinander (Abb. 3.44a). Aus dem Impulssatz folgt dann

$$m_1 |v_1| + 0 = (m_1 + m_2)v_x \quad \longrightarrow \quad v_x = \frac{m_1}{M}|v_1|$$

$$0 - m_2 |v_2| = (m_1 + m_2)v_y \quad \longrightarrow \quad v_y = -\frac{m_2}{M}|v_2| .$$

(a)

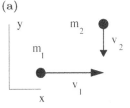

Stoßsituation

(b)

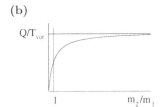

Relativer Energieverlust

Abb. 3.44. Inelastischer Stoß

Nach dem Stoß bewegen sich beide Massen gemeinsam im vierten Quadranten. Für gleiche Massen und gleiche Geschwindigkeitsbeiträge vor dem Stoß wäre z.B. die Endgeschwindigkeit $v = (0.5|v|, -0.5|v|)$. Der Energieverlust ist:

$$Q = T_{\text{vor Stoß}} - T_{\text{nach Stoß}}$$
$$= \frac{m_1}{2}v_1^2 + \frac{m_2}{2}v_2^2 - \frac{M}{2}\left(\frac{m_1^2}{M^2}v_1^2 + \frac{m_2^2}{M^2}v_2^2\right)$$
$$= \frac{1}{2}\frac{m_1 m_2}{M}(v_1^2 + v_2^2) .$$

Ist m_2 vor dem Stoß in Ruhe $v_2 = 0$ (und wird von der ersten Masse getroffen und mitgenommen), so gilt

$$\frac{Q}{T_{\text{vor}}} = \frac{m_2/m_1}{1 + m_2/m_1} .$$

Der Energieverlust wächst mit dem Massenverhältnis und ist fast total wenn eine kleine Masse auf eine ruhende große Masse stößt (Abb. 3.44b).

Die Entdeckung des Neutrons durch Chadwick im Jahre 1931 ist ein historisches Beispiel für die Anwendung der einfachen Stoßtheorie. Im Jahre 1931 kannte man 2 Elementarteilchen, das Elektron e und das Proton p. Beides sind geladene Teilchen, die man durch Ablenkung in elektrischen und magnetischen Feldern identifizieren kann. Man kannte auch eine neutrale Kernstrahlung, die γ-Strahlung. γ-Strahlen fallen wie Licht oder Radiowellen unter den Begriff elektromagnetische Strahlung. Die verschiedenen Strahlungstypen unterscheiden sich durch die Wellenlänge

$$\lambda_\gamma \approx 10^{-10}\,\text{cm} \qquad \lambda_{\text{Licht}} \approx 10^{-5}\,\text{cm} \qquad \lambda_{\text{Radio}} \approx 10^{4}\,\text{cm} .$$

Im Jahre 1931 untersuchten verschiedene Gruppen die Kernreaktion

$$^{4}_{2}\text{He} + ^{9}_{4}\text{Be} \longrightarrow ^{12}_{6}\text{C} + A ,$$

in der ein Heliumkern auf einen Berylliumkern stößt. Es traten zwei Reaktionsprodukte auf, ein Kohlenstoffkern und eine elektrisch neutrale Komponente A. Man konnte sich relativ schnell davon überzeugen, dass diese Komponente keiner γ-Strahlung (Photonen) entsprach. Die Energiebilanz stimmte

nicht. Chadwick schlug vor, dass es sich bei dieser Strahlung um ein neues, neutrales und massives Teilchen handeln könnte. Um diese Hypothese zu
verifizieren, führte er zwei Experimente durch, die in vereinfachter Form so
aussahen:

Experiment 1: Stoß des neutralen 'Teilchens', das die (unbekannte) Geschwindigkeit v hat, mit ruhenden Protonen

$$A_v + p_{v_p=0} \longrightarrow A_{v'} + p_{v'_p} \ .$$

Zur Analyse des Stoßes benutzt man Energie- und Impulserhaltung in der
Form

$$mv = mv' + m_p v'_p \qquad \frac{m}{2}v^2 = \frac{m}{2}v'^2 + \frac{m_p}{2}v'^2_p \ .$$

Dies liefert die Beziehung

$$v'_p = \frac{2m}{(m_p + m)}v \ .$$

Da jedoch weder die Masse m noch die Geschwindigkeit v des neuen Teilchens
bekannt waren, war ein zweites Experiment notwendig.

Experiment 2: Stoß von A mit einem ruhenden Stickstoffkern ^{14}N mit der
Masse $M_N \approx 14 m_p$

$$A_v + {}^{14}_7 N_{v_N=0} \longrightarrow A_{v'} + {}^{14}_7 N_{v'_N} \ .$$

Anwendung der Erhaltungssätze ergibt hier

$$v'_N = \frac{2m}{(M_N + m)}v \ .$$

Kombination der beiden Aussagen ergibt

$$\frac{v'_p}{v'_N} = \frac{14 m_p + m}{(m_p + m)} \ .$$

Aus dem Verhältnis der Geschwindigkeiten der gestoßenen Teilchen kann man
die unbekannte Masse m bestimmen. Die Geschwindigkeiten (der geladenen
Teilchen) wurden mittels der Analyse von Nebelkammerspuren vermessen.
Man fand

$$\frac{v'_p}{v'_N} \approx 7,5$$

und somit $m \approx m_p$. Die Gleichung der Kernreaktion, die zur Identifizierung
des Neutrons führte, lautet

$$^4_2 He + {}^9_4 Be \longrightarrow {}^{13}_6 C \longrightarrow {}^{12}_6 C + {}^1_0 n \ .$$

Der erste Reaktionsschritt ist eine Fusionsreaktion, die zu der Bildung des
Kohlenstoffisotops $^{13}_6$C führt. Dieser Kern zerfällt unter Aussendung eines
Neutrons in das Kohlenstoffisotop $^{12}_6$C.

4 Dynamik II: Bewegungsprobleme

Newtons Bewegungsgleichungen ermöglichen im Prinzip die Berechnung des Bewegungsablaufes für ein System von Massenpunkten (oder für einen Massenpunkt) falls alle Kräfte (zum Beispiel als Funktion der Position der Massen) und die Anfangsbedingungen für alle Massen vorgegeben sind. Unabhängig von der Frage, ob sich diese prinzipielle Möglichkeit rechentechnisch umsetzen lässt, unterscheidet man zwischen integrablen und chaotischen Bewegungsproblemen. Einige weitere Details zu dieser Unterscheidung werden in Kap. 5.4.3 erläutert. Der Unterschied beruht letztlich darauf, dass in dem ersten Fall infinitesimal benachbarte Anfangsbedingungen zu infinitesimal benachbarten Lösungen führen. In dem zweiten Fall divergieren die Lösungen (und zwar exponentiell), auch wenn infinitesimal benachbarte Anfangsbedingungen vorliegen.

In diesem Kapitel wird ein Grundstock von Beispielen für die Lösung von integrablen Bewegungsproblemen für *einen* Massenpunkt

$$m\ddot{\boldsymbol{r}} = \boldsymbol{F}$$

vorgestellt. Weitere Beispiele für die Lösung von Bewegungsproblemen werden nach der Aufbereitung der 'höheren Mechanik' in den Kap. 5 und 6 diskutiert. Das erste Problem, das hier betrachtet werden soll, ist die einfachst mögliche Behandlung der Planetenbewegung, bekannt unter der Bezeichnung Keplerproblem. In der Folge werden dann einige direkte Varianten des Oszillatorproblems (mathematisches Pendel, gedämpfte Schwingungen, erzwungene Schwingungen) aufbereitet.

4.1 Das Keplerproblem

Eine Problem, das die Menschheit seit der Frühzeit beschäftigt, ist das Verständnis der regelmäßigen Bewegung der Himmelskörper in unserem Sonnensystem. Eine genügend exakte Berechnung dieser Bewegung muss infolge der Vielzahl von wechselwirkenden Objekten letztlich durch aufwendige Integration der gekoppelten Bewegungsgleichungen erfolgen. Das Ziel, das in diesem Abschnitt verfolgt wird, ist bescheidener. Die auf S. 77ff zitierten Keplerschen Gesetze für die Planetenbewegung sollen eine einfache, natürliche Erklärung finden und die Bewegung von Kometen und Meteoriten soll auf der gleichen Basis untersucht werden.

4.1.1 Vorbemerkungen

Es ist eine bekannte Tatsache, dass die Sonnenmasse die dominante Masse in unserem Planetensystem ist. Der folgende Vergleich mit der Masse der Erde (m_E) verdeutlicht diese Aussage

Sonnenmasse $\qquad\qquad\qquad\qquad\qquad M \approx 333000\, m_E$

Masse des leichtesten Planeten (Merkur) $\;\; m_{Me} \approx \dfrac{1}{20}\, m_E$

Masse des schwersten Planeten (Jupiter) $\;\; m_{Ju} \approx 320\, m_E$.

Die Dominanz der Sonnenmasse bedingt, dass die Bahn eines jeden Planeten in der Hauptsache durch die Gravitationswirkung der Sonne bestimmt wird. Die Kraft, die ein Himmelskörper X auf die Erde ausübt, ist (vergleiche (3.2))

$$F_{XE} = \gamma \frac{m_X m_E}{R_{XE}^2} \; .$$

Das Verhältnis der Gravitationswirkung der Sonne auf die Erde im Vergleich zu der Gravitationswirkung eines anderen Himmelskörpers ist also

$$\frac{F_{SE}}{F_{XE}} = \frac{M}{m_X}\frac{R_{XE}^2}{R_{SE}^2} \; .$$

Für die der Erde benachbarten Himmelskörper findet man die in den ersten zwei Zeilen der Tabelle 4.1 angegebenen Werte. Daraus ergeben sich mit dem exakteren Wert $M = 332\,942\, m_E$ die in der letzten Zeile aufgeführten Kräfteverhältnisse (gerundet).

Tabelle 4.1. Zur Gravitationswirkung von Sonne und weiteren Himmelskörpern auf die Erde

	Mars	Venus	Jupiter	Mond	[Einheiten]
m_X	0.107	0.815	318	0.0123	m_E
R_{XE} (min)	0.524	0.277	4.20	0.00257	R_{SE}
F_{SE}/F_{XE}	852 000	31 300	18 500	178	

Das einzige Objekt, das eine vergleichbare Kraftwirkung wie die Sonne (wenn auch nur entfernt) aufweist, ist der Erdmond. In erster Näherung kann man aus diesem Grund die Bewegung der Erde, wie auch die Bewegung jedes anderen Planeten, als Zweikörperproblem zwischen Sonne und dem Himmelskörper behandeln. Die dominante Sonnenmasse erlaubt noch eine weitere Vereinfachung. Es ist möglich, zunächst die Mitbewegung der Sonne zu vernachlässigen, so dass das Zweikörperproblem auf ein Einkörperproblem reduziert werden kann. Diese Näherung kann, wie auf S. 152ff gezeigt wird, durch Übergang zu Relativ- und Schwerpunktkoordinaten leicht korrigiert werden.

4.1.2 Planetenbewegung

Mit den genannten Annahmen gilt für die Bewegung jedes Planeten die Bewegungsgleichung

$$m_{\mathrm{P}}\ddot{\boldsymbol{r}} = -\gamma \frac{M\,m_{\mathrm{P}}}{r^3} \boldsymbol{r} \;. \tag{4.1}$$

Dabei ist M die Sonnenmasse, m_P die Masse des Planeten und $\boldsymbol{r}$ der Abstandsvektor von der Sonne zu dem Planeten. Diese (vektorielle) Differentialgleichung charakterisiert das einfache Keplerproblem.

4.1.2.1 Die Lösung der Bewegungsgleichungen. Als Erstes ist zu bemerken, dass sich die Planetenmasse herauskürzt. Dies bedeutet, dass die Bahnen nicht spezifisch für einen speziellen Planeten sind. Bringt man zum Beispiel die Erde auf die Bahn der Venus und gibt ihr die entsprechenden Anfangsbedingungen, so bewegt sich die Erde genau wie die Venus um die Sonne. Die zweite Bemerkung betrifft die Wahl von geeigneten Koordinaten. Bei dieser Wahl (und bei der weiteren Diskussion) sind die Erhaltungssätze eine Hilfe. Das einfache Keplerproblem (4.1) ist ein Zentralkraftproblem. Es gilt der Drehimpulserhaltungssatz. Die Bewegung läuft in einer Ebene ab, die durch die Vektoren $\boldsymbol{r}(0)$ und $\boldsymbol{v}(0)$ festgelegt ist. Infolge der vorgegebenen Zentralkraft bieten sich natürlich ebene Polarkoordinaten an. Die entsprechende Zerlegung der vektoriellen Bewegungsgleichung ist (siehe (2.60))

$$a_r = \ddot{r} - r\dot{\varphi}^2 = -\gamma \frac{M}{r^2} \tag{4.2}$$

$$a_\varphi = r\ddot{\varphi} + 2\dot{r}\dot{\varphi} = 0 \;, \tag{4.3}$$

wobei als Anfangsbedingungen für $t_0 = 0$ die Werte von $r_0, \dot{r}_0, \varphi_0, \dot{\varphi}_0$ vorzugeben sind. Aus der zweiten Gleichung gewinnt man (siehe (2.63)) den Drehimpulserhaltungs- oder Flächensatz

$$r^2(t)\dot{\varphi}(t) = A \;. \tag{4.4}$$

Die Größe A bestimmt sich aus den Anfangsbedingungen zu

$$A = r_0^2 \dot{\varphi}_0 = \frac{l_0}{m_{\mathrm{P}}} \;. \tag{4.5}$$

Falls $r(t)$ bekannt ist, kann man $\varphi(t)$ durch Variablentrennung bestimmen

$$\varphi(t) - \varphi_0 = \int_0^t \frac{A}{r(t')^2} \mathrm{d}t' \,. \tag{4.6}$$

Für die Bestimmung von $r(t)$ ist die Differentialgleichung (4.2) zuständig. Da die Gravitationskraft konservativ ist, kann man für eine 'erste Integration' dieser Bewegungsgleichung auf den Energieerhaltungssatz zurückgreifen

$$\frac{m_\mathrm{P}}{2} v^2 - \gamma \frac{m_\mathrm{P} M}{r} = E_0 \,. \tag{4.7}$$

Für v^2 gilt in Polarkoordinaten (2.57)

$$v^2 = \dot{r}^2 + r^2 \dot{\varphi}^2 \,.$$

Ersetzt man hier $\dot{\varphi}$ durch A/r^2 und kürzt in dem Energiesatz die Planetenmasse heraus, so erhält man

$$\frac{1}{2} \dot{r}^2 + \frac{1}{2} \frac{A^2}{r^2} - \gamma \frac{M}{r} = B = \frac{E_0}{m_\mathrm{P}} \,. \tag{4.8}$$

Die Konstante B ist durch die anfängliche Energie (dividiert durch die Planetenmasse) bestimmt. Der Energiesatz führt mittels Variablentrennung auf das folgende Integral

$$t = \pm \int_{r_0}^r \frac{\mathrm{d}r'}{\left[2B + 2\gamma \dfrac{M}{r'} - \dfrac{A^2}{r'^2} \right]^{1/2}} \,. \tag{4.9}$$

Das Vorzeichen ist so zu wählen, dass die resultierende Funktion $t = t(r)$ eine monoton wachsende Funktion ist. Setzt man die Umkehrung $r = r(t)$ in den Drehimpulssatz (4.6) ein und führt die Integration aus, so erhält man $\varphi(t)$. Das Bewegungsproblem wäre somit gelöst.

Entsprechend gilt für ein beliebiges Zentralkraftproblem (die Bewegung einer Masse m in einem Potential $\Phi(r) = U(r)/m$)

$$t = \pm \sqrt{\frac{m}{2}} \int_{r_0}^r \frac{\mathrm{d}r'}{\left[E_0 - U(r') - \dfrac{mA^2}{2r'^2} \right]^{1/2}} \,. \tag{4.10}$$

Das angedeutete Lösungsschema ist jedoch analytisch nicht so direkt durchführbar. Dies kann man zum Beispiel der Diskussion des einfacheren Meteoritenproblems in Kap. 4.1.3 oder den Ausführungen am Ende dieses Abschnittes auf S. 153ff entnehmen. Aus diesem Grund ist es zweckmäßig, zunächst einen einfacheren Zugang zu betrachten. Anstatt zu versuchen, den expliziten, zeitlichen Ablauf der Bewegung (die Funktionen $r(t)$ und $\varphi(t)$) zu berechnen, kann man sich darauf beschränken, die möglichen Bahnkurven des Keplerproblems zu bestimmen. Die Bahnkurven werden durch Funktionen $r = r(\varphi)$ oder $\varphi = \varphi(r)$ beschrieben, die man im Prinzip aus den Funktionen $r(t)$ und $\varphi(t)$ durch Elimination des 'Kurvenparameters' t erhält. Die folgende Umschreibung erlaubt eine direkte Berechnung der Bahnkurven. Differenziere die Funktion $r = r(\varphi)$ nach der Zeit unter Benutzung der Kettenregel

$$\dot{r} = \frac{\mathrm{d}}{\mathrm{dt}} r(\varphi) = \frac{\mathrm{d}r}{\mathrm{d}\varphi}\dot{\varphi} = \frac{A}{r^2}\frac{\mathrm{d}r}{\mathrm{d}\varphi} \; .$$

Einsetzen in den Energiesatz (4.8)

$$\frac{1}{2}\frac{A^2}{r^4}\left(\frac{\mathrm{d}r}{\mathrm{d}\varphi}\right)^2 + \frac{1}{2}\frac{A^2}{r^2} - \gamma\frac{M}{r} = B \tag{4.11}$$

und Auflösen nach $\mathrm{d}r/\mathrm{d}\varphi$ ergibt

$$\frac{\mathrm{d}r}{\mathrm{d}\varphi} = \pm\frac{r^2}{A}\left[2B + 2\gamma M\frac{1}{r} - \frac{A^2}{r^2}\right]^{1/2} \; .$$

Das Vorzeichen in dieser Gleichung markiert die Richtung der Änderung des Winkels φ mit dem Abstand r. Variablentrennung führt auf das Integral

$$\varphi(r) - \varphi_0 = \pm\int_{r_0}^{r}\frac{A\mathrm{d}r'}{r'^2}\left[2B + \frac{2\gamma M}{r'} - \frac{A^2}{r'^2}\right]^{-1/2} \; . \tag{4.12}$$

Dieses Integral unterscheidet sich von dem Integral (4.9) zwar nur um einen Faktor $1/r'^2$ im Integranden, ist aber elementar auswertbar. Die Substitution

$$s' = \frac{1}{r'} \quad\longrightarrow\quad \mathrm{d}s' = -\frac{\mathrm{d}r'}{r'^2}$$

ergibt in diesem Fall

$$\varphi(s) - \varphi(s_0) = \mp\int_{s_0}^{s}\frac{A\,\mathrm{d}s'}{[2B + 2\gamma Ms' - A^2 s'^2]^{1/2}} \; .$$

Jeder Standardintegraltafel[1] entnimmt man das benötigte Integral

$$\varphi(s) - \varphi(s_0) = \pm\left[\arcsin\left\{\frac{-A^2 s' + \gamma M}{[\gamma^2 M^2 + 2A^2 B]^{1/2}}\right\}\right]_{s_0}^{s} \; . \tag{4.13}$$

Um die weitere Diskussion der Bahnkurven möglichst einfach zu gestalten, wählt man die x-Achse so, dass der Radiusvektor und der Geschwindigkeitsvektor in den Schnittpunkten von x-Achse und Bahnkurve senkrecht aufeinander stehen (Abb. 4.1). Für solche Punkte, die durch $\mathrm{d}r/\mathrm{d}\varphi = 0$ charakte-

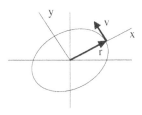

Abb. 4.1. Keplerproblem: Wahl des Koordinatensystems

---

[1] Siehe Literaturliste A[3].

risiert sind, ergibt sich aus dem Energiesatz (4.11)

$$\frac{\mathrm{d}r}{\mathrm{d}\varphi} = 0 \quad \longrightarrow \quad \frac{1}{2}A^2 s_0^2 - \gamma M s_0 = B \qquad (s_0 = \frac{1}{r_0})$$

oder durch Auflösung dieser quadratischen Gleichung

$$A^2 s_0 = \gamma M \pm \left[\gamma^2 M^2 + 2A^2 B\right]^{1/2} .$$

Der Radikand muss größer als oder gleich Null sein (B kann negative Werte annehmen), damit reelle Anfangswerte s_0 vorliegen. Es stellt sich heraus, dass diese Bedingung erfüllt ist (siehe ⊙ D.tail 4.1), eine explizite Bestätigung kann jedoch erst gegeben werden, wenn der Lösungsprozess abgeschlossen ist.

Die Schnittpunkte auf der x-Achse entsprechen den Winkeln $\varphi_0 = 0$ und/oder $\varphi_0 = \pi$. Setzt man diese unteren Grenzen in (4.13) ein, so folgt

$$\varphi(s) - \begin{bmatrix} \pi \\ 0 \end{bmatrix} = \pm \left\{ \arcsin\left[\frac{-A^2 s + \gamma M}{\left[\gamma^2 M^2 + 2A^2 B\right]^{1/2}}\right] - \arcsin\begin{bmatrix} -1 \\ +1 \end{bmatrix} \right\}$$

$$= \pm \left\{ \arcsin\left[\frac{-A^2 s + \gamma M}{\left[\gamma^2 M^2 + 2A^2 B\right]^{1/2}}\right] \pm \frac{\pi}{2} \right\} .$$

Auflösung nach s bzw. nach r ergibt dann

$$\frac{A^2}{\gamma M}\frac{1}{r} = 1 \pm \left[1 + \frac{2A^2 B}{\gamma^2 M^2}\right]^{1/2} \cos\varphi .$$

Die Bahngleichung des einfachen Keplerproblems in ebenen Polarkoordinaten hat die Form

$$\boxed{\frac{p}{r} = 1 \pm \epsilon \cos\varphi ,} \tag{4.14}$$

wobei die Parameter durch die Anfangsgrößen A und B als

$$p = \frac{A^2}{\gamma M} \quad \text{und} \quad \epsilon = \left[1 + \frac{2A^2 B}{\gamma^2 M^2}\right]^{1/2} \tag{4.15}$$

gegeben sind.

4.1.2.2 Kegelschnitte. Die Gleichung (4.14) beschreibt die Kegelschnitte Kreis, Ellipse, Parabel und Hyperbel in einem Koordinatensystem, dessen Ursprung in einem der Brennpunkte liegt. Zur Überprüfung dieser Aussage kann man die kartesische Darstellung der Kegelschnitte in Polarkoordinaten umschreiben.

Eine **Parabel** ist der geometrische Ort aller Punkte, die von einer vorgegebenen Geraden (der Leitlinie) und einem vorgegebenen Punkt (Brennpunkt) den gleichen Abstand haben (Abb. 4.2). Die Normalform ist die Gleichung

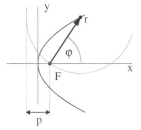

Abb. 4.2. Definition: Parabel

$y^2 = \pm 2px$, wobei p der Abstand der Geraden von dem Brennpunkt ist. Die Vorzeichen beschreiben eine nach rechts (Pluszeichen) bzw. eine nach links offene Parabel. Für brennpunktbezogene Polarkoordinaten gelten die Transformationsgleichungen

$$x = \pm \frac{p}{2} + r\cos\varphi \qquad y = r\sin\varphi \,,$$

wobei die Vorzeichen mit den Vorzeichen in der Normalform korrespondieren. Einsetzen in die Parabelgleichung ergibt

$$r^2 \sin^2\varphi = p^2 \pm 2pr\cos\varphi \qquad r^2 = r^2\cos^2\varphi \pm 2pr\cos\varphi + p^2$$

$$r = \pm(p \pm r\cos\varphi) \,.$$

Auflösung in der Form[2]

$$\frac{p}{r} = 1 \pm \cos\varphi$$

zeigt, dass eine Parabel vorliegt falls der Parameter ϵ in (4.14) den Wert 1 hat.

Eine **Ellipse** ist definiert als der geometrische Ort aller Punkte, für die die Summe der Abstände von zwei gegebenen Punkten gleich ist (Abb. 4.3). Die kartesische Hauptachsengleichung lautet

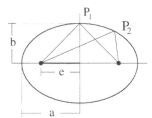

Abb. 4.3. Definition: Ellipse

---

[2] Das positive Vorzeichen vor der Klammer wurde benutzt, das negative Vorzeichen liefert ein entsprechendes Paar von nach rechts bzw. links orientierten Parabeln, wenn auch mit vertauschten Rollen.

$$\frac{x^2}{a^2} + \frac{y^2}{b^2} = 1 \, .$$

Die Lage der Brennpunkte[3] entlang der großen Halbachse ist für $a > b$

$$x_B = \pm e \quad \text{mit} \quad e = [a^2 - b^2]^{1/2} \, .$$

Bezieht man die Polarkoordinaten auf die Brennpunkte, so gilt

$$x = \pm e + r \cos\varphi \qquad y = r \sin\varphi \, .$$

Damit folgt

$$b^2(e^2 \pm 2er\cos\varphi + r^2\cos^2\varphi) + a^2r^2\sin^2\varphi = a^2b^2$$
$$b^4 \mp 2eb^2r\cos\varphi + e^2r^2\cos^2\varphi = a^2r^2$$
$$\pm(b^2 \mp er\cos\varphi) = ar \, .$$

Wieder ist das Gesamtvorzeichen nicht relevant und man erhält

$$\frac{b^2/a}{r} = 1 \pm \epsilon \cos\varphi \, ,$$

wobei die numerische Exzentrizität

$$\epsilon = \frac{e}{a} = \left[1 - \frac{b^2}{a^2}\right]^{1/2}$$

einen Kreis ($\epsilon = 0$) oder eine Ellipse ($0 < \epsilon < 1$) beschreibt.

Eine **Hyperbel** ist der geometrische Ort aller Punkte, für die die Differenz der Abstände von zwei Punkten konstant ist (Abb. 4.4). Die Hauptachsen-

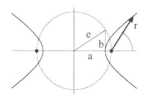

Abb. 4.4. Definition: Hyperbel

gleichung lautet

$$\frac{x^2}{a^2} - \frac{y^2}{b^2} = 1 \, . \tag{4.16}$$

Die Position der Brennpunkte auf der x-Achse ist in diesem Fall

$$x_B = \pm e \quad \text{mit} \quad e = [a^2 + b^2]^{1/2} \, .$$

Einsetzen der Transformationsgleichung

---

[3] Zur Herleitung dieser Relation benutzt man $2\sqrt{e^2 + b^2} = (a + e) + (a - e)$ (siehe Abb. 4.3), also Vergleich der Summe der Abstände des geometrischen Ortes $P1$ auf der y-Achse von den Brennpunkten mit der Summe der Abstände von $P2$ auf der x-Achse.

$$x = \pm e + r \cos \varphi \qquad y = r \sin \varphi$$

in die Hauptachsengleichung ergibt

$$a^2 b^2 = b^2 e^2 \pm 2 b^2 e r \cos \varphi + b^2 r^2 \cos^2 \varphi - a^2 r^2 \sin^2 \varphi$$
$$a^2 r^2 = b^4 \pm 2 e b^2 r \cos \varphi + e^2 r^2 \cos^2 \varphi$$
$$a r = \pm (b^2 \pm e r \cos \varphi) \, .$$

Die Darstellung der Hyperbel in brennpunktbezogenen Polarkoordinaten ist somit

$$\frac{b^2/a}{r} = 1 \pm \epsilon \cos \varphi \, , \qquad \epsilon = \left[1 + \frac{b^2}{a^2} \right]^{1/2} ,$$

wobei der Parameter ϵ Werte größer als 1 annimmt.

4.1.2.3 Bahntypen. Der Parameter p $(= b^2/a)$ in (4.14) beschreibt die Öffnung der Parabel oder der Hyperbel, bzw. die 'Größe' der Ellipse. Die numerische Exzentrizität ϵ legt den Kurventyp fest. Das Vorzeichen in $1 \pm \epsilon \cos \varphi$ gibt an, ob die Kegelschnitte nach links (Pluszeichen) oder nach rechts orientiert sind (Abb. 4.5). Die Winkelbereiche für die einzelnen Kegelschnitte

Abb. 4.5. Vorzeichen in der Kegelschnittgleichung (4.14)

sind:

- Für die Ellipse ist es der Standardbereich $0 \le \varphi \le 2\pi$.
- Für die Parabel und das positive Vorzeichen hat man $-\pi \le \varphi \le \pi$, im Fall des negativen Vorzeichens jedoch $0 \le \varphi \le 2\pi$. Die unterschiedliche Wahl ist dadurch bedingt, dass die Nullstellen von $1 \pm \cos \varphi$ nur am Rand der Intervalle auftreten dürfen.
- Für die Hyperbel und $+\epsilon$ gilt

$$- \arccos \left(-1/\epsilon \right) \le \varphi \le \arccos \left(-1/\epsilon \right) \, ,$$

in dem Fall $-\epsilon$ ist der Bereich

$$\arccos \left(1/\epsilon \right) \le \varphi \le 2\pi - \arccos \left(1/\epsilon \right) \, .$$

Die Intervalle werden durch die Steigungen der Asymptoten begrenzt.

Für die Kegelschnittparameter des Keplerproblems findet man im Detail

$$p = \frac{A^2}{\gamma M} = \frac{l_0^2}{m_P} \left(\frac{1}{m_P M \gamma} \right) \tag{4.17}$$

$$\epsilon = \left[1 + \frac{2 A^2 B}{\gamma^2 M^2} \right]^{1/2} = \left[1 + 2 E_0 \frac{l_0^2}{m_P} \frac{1}{(m_P M \gamma)^2} \right]^{1/2} . \tag{4.18}$$

Der Bahntyp wird durch die Anfangswerte von Energie und Drehimpuls bestimmt, die Details (Öffnung, Achsenverhältnisse, Radius) durch den Drehimpuls alleine.

Eine Kreisbahn liegt vor, wenn $\epsilon = 0$, beziehungsweise wenn

$$E_0 = -\frac{m_P}{2 l_0^2} (m_P M \gamma)^2$$

ist. Der Drehimpuls und die (negative) Energie müssen für eine Kreisbahn genau aufeinander abgestimmt sein. Wenn man für einen vorgegebenen Wert des Drehimpulses einen kleineren Energiewert als den der Kreisbahn annimmt, wird ϵ imaginär. Dies bedeutet: Für einen gegebenen Drehimpulswert gibt es keine Bahn mit einer geringeren Energie als die der Kreisbahn.

Eine Ellipsenbahn ist durch die Werte $0 < \epsilon < 1$ gekennzeichnet. Diesen Werten von ϵ entspricht der Energiebereich

$$E_0(\text{Kreis}) < E_0 < 0 .$$

Kreis und Ellipse sind die möglichen Bahnformen für Planeten. Es sind Bahnen, bei denen der Planet an die Sonne gebunden ist ($E_0 < 0$). Die Parabel erhält man für $\epsilon = 1$ oder $E_0 = 0$, Hyperbelbahnen für $\epsilon > 1$ oder $E_0 > 0$. Dies sind die beiden möglichen Kometenbahnen. Ein Objekt gerät (in sehr großer Entfernung) in den Bereich der Gravitationswirkung des Zentralkörpers, läuft mehr oder weniger nah an ihm vorbei und verschwindet wieder im Weltraum. Dazu ist zu bemerken, dass es auch Objekte in unserem Planetensystem gibt, die auf parabelnahen Ellipsenbahnen umlaufen. Diese werden als wiederkehrende Kometen bezeichnet. Das bekannteste Beispiel ist der Halleysche Komet (mit einer Umlaufzeit von ca. 76 Jahren). Für diesen 'Kometen' ist der maximale Abstand von der Sonne ungefähr 60 mal so groß wie der minimale.

Die Bahntypen des Keplerproblems werden in der Hauptsache durch die Gesamtenergie bestimmt. Aus diesem Grund ist eine einfachere (aber noch weniger detaillierte) Diskussion des Keplerproblems auf dieser Basis möglich. Die Gesamtenergie lässt sich in der Form schreiben

$$E = \frac{m_P \dot{r}^2}{2} + \frac{1}{2} \frac{l_0^2}{m_P r^2} - \gamma \frac{m_P M}{r} . \tag{4.19}$$

Die einzelnen Terme sind kinetische Energie der Radialbewegung, kinetische Energie der Drehbewegung und potentielle Energie der Gravitation. Da der Drehimpuls eine Erhaltungsgröße (eine Konstante der Bewegung) ist, kann

man den zweiten Term als eine potentielle Energie bezüglich der Radialbewegung interpretieren und diesen **Zentrifugalterm** zusammen mit der
Gravitationsenergie als eine effektive potentielle Energie bezeichnen

$$E = T_{\text{rad}} + U_{\text{zent}} + U_{\text{grav}} = T_{\text{rad}} + U_{\text{eff}} \; .$$

Das Schaubild für $U_{\text{eff}}(r)$ hat (falls $l_0 \neq 0$ ist) den in Abb. 4.6a angedeuteten
Verlauf. Für $r \to 0$ dominiert der Zentrifugalterm (wie $1/r^2$), für $r \to \infty$
schmiegt sich die effektive potentielle Energie von oben an den reinen Gra-
vitationsterm an, der mit $1/r$ langsamer abfällt als der Zentrifugalterm. Für
jeden Wert der Variablen r setzt sich die gesamte vorgegebene Energie E_0 aus
einem (negativen) Potentialbeitrag und einem (positiven) kinetischen Energiebeitrag zusammen.

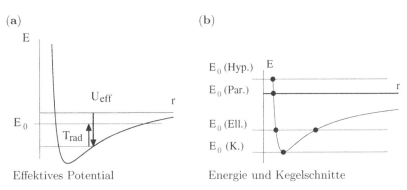

(a)   **(b)**

Effektives Potential   Energie und Kegelschnitte

Abb. 4.6. Keplerproblem: Energie als Funktion des Abstandes

Die Korrelation von Bahntyp und Gesamtenergie ist in Abb. 4.6b dargestellt. Die Kreisbahn, die durch einen festen Abstand von dem Koordinatenursprung ausgezeichnet ist ($\dot{r} = 0$), entspricht dem tiefstmöglichen Wert
von E_0. Es gilt dann

$$E_0(\text{min}) = U_{\text{eff}}(R) \qquad T_r = 0 \; .$$

Für Energiewerte E_0 zwischen dem Minimalwert und 0 gibt es zwei Umkehrpunkte mit $\dot{r} = 0$. In diesen Punkten ist die Gesamtenergie gleich der
effektiven potentiellen Energie. Für jeden möglichen Abstand zwischen dem
sonnennächsten und dem sonnenfernsten Punkt ist die Gesamtenergie (ne-
gativ) die Summe aus U_{eff} (negativ) und T_{rad} (positiv). Die Bahnkurve mit
zwei Umkehrpunkten und einem endlichen Entfernungsbereich entspricht der
Ellipse (obwohl die explizite Bahnform aus dem Energieerhaltungssatz alleine nicht abgeleitet werden kann). Für $E_0 \geq 0$ besteht keine Bindung an den
Zentralkörper. Für die Parabel mit $E_0 = 0$ gibt es noch zwei Umkehrpunkte:
einen in Sonnennähe, einen im Unendlichen. Die Parabelbahn ist somit der
Grenzfall einer unendlich lang gestreckten Ellipse. Die Hyperbel mit $E_0 > 0$
ist durch einen einzigen Umkehrpunkt in Sonnennähe ausgezeichnet.

Bezüglich des Drehimpulses kann man der Abb. 4.7 die folgenden Aussagen entnehmen

(1) Je größer l_0 ist, desto weiter sind die inneren Umkehrpunkte von der Sonne entfernt und desto schwächer ist die Bindung (gemessen durch den Betrag der negativen Energie) auf einer Kreisbahn (Abb. 4.7a).
(2) Ist $l_0 = 0$, so reduziert sich das effektive Potential auf das Gravitationspotential. Die möglichen Bahnformen sind Geraden radial auf die Sonne zu oder in umgekehrter Richtung (Abb. 4.7b). Sowohl der Fall $E_0 < 0$ (das Objekt steigt oder fällt) als auch der Fall $E_0 \geq 0$ (das Objekt entfernt sich z.B. beliebig weit von der Sonne) sind möglich.

(a)   **(b)**

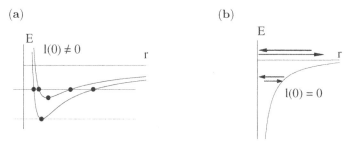

Variation der Energie mit dem Drehimpuls   Fall-/Raketenproblem

Abb. 4.7. Keplerproblem: Drehimpulsfragen

Mit der Lösung des einfachen Keplerproblems wurden zwei der Keplergesetze verifiziert:

> Die Planetenbahnen sind Ellipsenbahnen.
> Es gilt der Flächensatz.

4.1.2.4 Das dritte Keplersche Gesetz. Zur Diskussion des dritten Gesetzes

$$T^2 \propto a^3 \qquad \text{für Planeten mit } a > b$$

benötigt man einen Zusammenhang zwischen den Ellipsendaten und den Anfangsbedingungen. Aus den Definitionen (4.17) und (4.18)

$$\epsilon^2 = 1 - \frac{b^2}{a^2} = 1 + \frac{2A^2B}{\gamma^2M^2} \longrightarrow \frac{b^2}{a^2} = -\frac{2A^2B}{\gamma^2M^2} \tag{4.20}$$

$$p = \frac{b^2}{a} = \frac{A^2}{\gamma M} \longrightarrow \frac{b^2}{a} = \frac{A^2}{\gamma M} \tag{4.21}$$

ergibt sich

$$\frac{1}{a} = -\frac{2B}{\gamma M} = -\frac{2E_0}{\gamma M m_P} \, .$$

Die große Halbachse der Planetenbahn wird nur durch die Anfangsenergie (und die Massen) bestimmt.

Eine Aussage über die Umlaufzeit T auf einer Ellipsenbahn gewinnt man aus dem Flächensatz

$$\frac{\mathrm{d}F}{\mathrm{d}t} = \frac{1}{2}A \,,$$

wobei F für 'Fläche' steht und A durch (4.5) gegeben ist, mittels Integration

$$\int_{\text{Ellipse}} \mathrm{d}F = \pi ab = \frac{1}{2}A \int_0^T \mathrm{d}t = \frac{1}{2}AT \,.$$

Daraus folgt das dritte Keplersche Gesetz

$$T^2 = \frac{4\pi^2 a^2}{A^2}b^2 = \frac{4\pi^2 a^2}{A^2}\left(\frac{A^2}{\gamma M}a\right) = \frac{4\pi^2}{\gamma M}a^3 \,. \tag{4.22}$$

Folgende Bemerkungen bieten sich an:

1. Die Umlaufzeit des Planeten wird durch die Energie bestimmt. Sie ist unabhängig von dem Drehimpulswert.
2. Die Proportionalitätskonstante hängt nur von der Sonnenmasse (und der Gravitationskonstanten) ab, sollte also für alle Planeten gleich sein. Dies wird experimentell recht gut bestätigt. Man findet

$$\left.\frac{T^2}{a^3}\right|_{\text{Planeten}} \longrightarrow (0.985 - 1.005)\left.\frac{T^2}{a^3}\right|_{\text{Erde}} \,.$$

Innerhalb der angegebenen Abweichung kann man damit die Sonnenmasse aus den Planetendaten (a, T) bestimmen. Die angedeuteten Abweichungen sind auf zwei Gründe zurückzuführen: Die Vernachlässigung der Mitbewegung der Sonne und die 'Störung' der Bahn durch benachbarte Planeten, Monde, etc.

4.1.2.5 Mitbewegung der Sonne. Die Mitbewegung der Sonne lässt sich in einfacher Weise diskutieren. Behandelt man das System Sonne-Planet

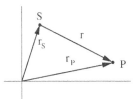

Abb. 4.8. Keplerproblem: Zweikörperproblem

(Abb. 4.8) als ein Zweikörperproblem (und nicht mittels der zusätzlichen Annahme einer ruhenden Sonne als Einkörperproblem), so lauten die Bewegungsgleichungen

$$M\ddot{\boldsymbol{r}}_{S} = \gamma \frac{M\,m_{P}}{r^{3}}\boldsymbol{r} \qquad \boldsymbol{r} = \boldsymbol{r}_{P} - \boldsymbol{r}_{S} \tag{4.23}$$

$$m_{P}\ddot{\boldsymbol{r}}_{P} = -\gamma \frac{M\,m_{P}}{r^{3}}\boldsymbol{r} \ . \tag{4.24}$$

Für die Bewegung des Schwerpunktes

$$\boldsymbol{R} = \frac{1}{m_{P} + M}(m_{P}\boldsymbol{r}_{P} + M\boldsymbol{r}_{S})$$

folgt direkt

$$\ddot{\boldsymbol{R}} = \boldsymbol{0} \longrightarrow \dot{\boldsymbol{R}} = \boldsymbol{const} \ .$$

Die Schwerpunktbewegung ist (wie erwartet) uniform und somit nicht von Interesse. Für die Relativbewegung findet man

$$\ddot{\boldsymbol{r}} = -\gamma \frac{(m_{P} + M)}{r^{3}}\boldsymbol{r} \ . \tag{4.25}$$

Diese Gleichung unterscheidet sich nicht wesentlich von der Differentialgleichung (4.1) des einfachen Keplerproblems. In den Endformeln des einfachen Keplerproblems ist die Sonnenmasse M durch die Gesamtmasse $M + m_{P}$ zu ersetzen, um die Mitbewegung der Sonne korrekt zu beschreiben. Das für die Sonnenmitbewegung korrigierte dritte Gesetz von Kepler lautet dann

$$T^{2} = \frac{4\pi^{2}}{\gamma(M + m_{P})}a^{3} \ . \tag{4.26}$$

Der Unterschied gegenüber (4.22) ist wegen der dominierenden Sonnenmasse offensichtlich klein. Die Formel erklärt zum großen Teil die oben angedeutete Variation des Proportionalitätsfaktors.

Die Mitbewegung der Sonne erkennt man am einfachsten im Schwerpunktsystem, das durch

$$\boldsymbol{R} = \boldsymbol{0} \longrightarrow \boldsymbol{r}_{S} = -\frac{m_{P}}{M}\boldsymbol{r}_{P}$$

charakterisiert ist. Es folgt dann: Die Sonne bewegt sich wie der Planet auf einer Ellipse, jedoch wegen des Vorfaktors $-m_{P}/M$ auf der anderen Seite des Schwerpunktes auf einer Miniaturellipse (Abb. 4.9).

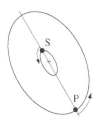

Abb. 4.9. Keplerproblem: Mitbewegung der Sonne

4.1.2.6 Zusatzbemerkungen. Um die Diskussion abzuschließen, folgen noch einige Bemerkungen:

1. Die Betrachtungen zu dem Zweikörperproblem Sonne-Planet kann man direkt auf das System Planet-Mond übertragen. Auf diese Weise kann man über das dritte Keplersche Gesetz aus den Monddaten (Umlaufzeit und Länge der großen Halbachse) die Planetenmasse (zum Beispiel die Erdmasse) bestimmen (☉ Aufg. 4.1).

2. Die Berechnung der Bewegung aller Planeten des Sonnensystems unter Einbeziehung der wechselseitigen Kraftwirkungen ist eine größere Aufgabe. Schon das Dreikörperproblem Sonne plus zwei Planeten kann nicht exakt analytisch gelöst werden. Man geht aus diesem Grund folgendermaßen vor: In einem ersten Schritt betrachtet man, wie oben ausgeführt, die Teilsysteme Sonne und jeweils einen Planeten. In einem zweiten Schritt wird dann die Störung der Bahnen eines jeden Planeten durch die anderen Planeten in sukzessiver Näherung berechnet[4].

3. Es kann die Frage gestellt werden, ob die $1/r^2$-Form des Gravitationsgesetzes korrekt ist. Zu diesem Zwecke betrachtet man den allgemeineren Ansatz

   $$\boldsymbol{F} \propto -r^\alpha \boldsymbol{r} \qquad (\alpha \text{ beliebig}) .$$

   Der Flächensatz gilt für jeden Wert des Parameters α. Die entsprechenden Bahnkurven des Zweikörperproblems können berechnet werden. Ellipsenbahnen sind nur für $\alpha = -3$ und 0 möglich. Nur für $\alpha = -3$ sind die Ellipsen auf den Brennpunkt bezogen. Außerdem sind für das Oszillatorproblem ($\alpha = 0$) keine Kometenbahnen möglich. Die Beobachtung der brennpunktsbezogenen Ellipsenbahn für Planeten ergibt einen Beweis für die Gültigkeit des $1/r^2$ Gravitationsgesetzes.

4. Die direkte Integration der Grundgleichung (4.9) des einfachen Keplerproblems

   $$t = \pm \int_{r_0}^{r} \frac{\mathrm{d}r'}{\left[2B + 2\gamma \frac{M}{r'} - \frac{A^2}{r'^2}\right]^{1/2}}$$

   ist möglich, wenn auch nur in der Form einer Parameterdarstellung $r = r(\psi)$, $t = t(\psi)$. So ist zum Beispiel für Ellipsenbahnen (mit einer negativen Gesamtenergie) das Integral

   $$t = \pm \frac{1}{\sqrt{2|B|}} \int \frac{r' \mathrm{d}r'}{\left[-r'^2 + \gamma \frac{Mr'}{|B|} - \frac{A^2}{2|B|}\right]^{1/2}} \qquad (4.27)$$

   auszuwerten. Die Notation ist die gleiche wie bei der Aufbereitung von (4.9)

---

[4] Eine Übersicht zur Berechnung der Planetenbewegung findet man unter A[4] in der Literaturliste.

$$B = \frac{E_0}{m_\mathrm{P}} \qquad A = \frac{l_0}{m_\mathrm{P}} \ .$$

Benutzt man zusätzlich die Definitionen

$$\epsilon = \left[1 - \frac{2A^2|B|}{\gamma^2 M^2} \right]^{1/2}$$

für die Exzentrizität und

$$a = \frac{\gamma M}{2|B|} \qquad b = a\sqrt{1 - \epsilon^2} = \frac{A}{\sqrt{2|B|}}$$

für die große und kleine Halbachse, so kann man den Radikanden der Wurzel in (4.27) umschreiben

$$-r'^2 + 2ar' - b^2 = a^2\epsilon^2 - (r' - a)^2 \ .$$

Das resultierende Integral

$$t = \pm \sqrt{\frac{a}{\gamma M}} \int \frac{r'\mathrm{d}r'}{[a^2\epsilon^2 - (r' - a)^2]^{1/2}}$$

kann mit der Substitution

$$(r' - a) = -a\epsilon \cos\psi \qquad \mathrm{d}r' = a\epsilon \sin\psi\mathrm{d}\psi$$

behandelt werden. Das elementare Integral kann direkt ausgewertet werden

$$t = \pm \sqrt{\frac{a^3}{\gamma M}} \int \mathrm{d}\psi \, (1 - \epsilon \cos\psi)$$

$$= \pm \left(\sqrt{\frac{a^3}{\gamma M}} (\psi - \epsilon \sin\psi) + \mathrm{const.} \right) \ .$$

Setzt man die Konstante gleich Null, so erhält man als Parameterdarstellung der Funktion $r = r(t)$ (das positive Vorzeichen ist dann relevant)

$$r = a(1 - \epsilon \cos\psi) \qquad t = \sqrt{\frac{a^3}{\gamma M}} \, (\psi - \epsilon \sin\psi) \ . \tag{4.28}$$

Diese Wahl der Anfangsbedingungen entspricht $t = 0$ für $\psi = 0$ und somit

$$r(0) = a(1 - \epsilon) = a - e \quad \text{sowie} \quad \dot{r}(0) = 0 \ ,$$

wobei die zweite Aussage aus der Kettenregel folgt.

Anhand der Darstellung der Bahnkurve durch brennpunktbezogene Polarkoordinaten (4.14) kann man einen Ausdruck für $\cos\varphi$ und somit letztlich auch eine Parameterdarstellung der kartesischen Beschreibung der Keplerellipsen gewinnen. Es ist

$$\cos\varphi = \pm\frac{(\cos\psi - \epsilon)}{(1 - \epsilon\cos\psi)} \, ,$$

so dass man für die kartesischen Koordinaten das Resultat

$$x = \pm\, a\epsilon + r\cos\varphi = \pm\, a\cos\psi$$
$$y = r\sin\varphi = a\,\sqrt{1 - \epsilon^2}\,\sin\psi = b\sin\psi$$

gewinnt. Man erkennt in diesen Gleichungen die Standardparameterdarstellung einer Ellipse, die auf den Koordinatenursprung (der die Strecke zwischen den beiden Brennpunkten halbiert) bezogen ist. Das Vorzeichen der x-Koordinate reguliert den Umlaufsinn.

Bei einem vollen Umlauf auf der Ellipse wächst der Parameter ψ um 2π. Die Gleichung für die Zeit t in (4.28) enthält somit explizit das dritte Keplergesetz (4.22).

Eine ähnliche Diskussion kann für Parabel- oder Hyperbelbahnen geführt werden (siehe ☉ Aufg. 4.5).

5. Von Interesse (im Rahmen der Elektrodynamik) ist auch die Frage nach den Lösungen des Keplerproblems für eine repulsive Kraft

$$\boldsymbol{F} = \frac{\alpha}{r^3}\boldsymbol{r}, \quad \alpha > 0 \, .$$

Man überzeugt sich leicht davon, dass nur Bahnen mit positiver Energie möglich sind. Die Aussagen für diese Bahnen ergeben sich aus den Formeln des normalen Keplerproblems mittels der Ersetzung von $|\gamma\, m_{\mathrm{P}}\, M|$ durch $-\alpha$.

4.1.3 Kometen und Meteoriten

Während die maximale Entfernung der Planeten von dem Zentralkörper einen endlichen Wert hat, können Kometen und Meteoriten aus sehr großer Entfernung in das Schwerefeld eines anderen Himmelskörpers eindringen.

4.1.3.1 Meteoriten. Das Meteoritenproblem, der freie Fall eines Körpers aus großer Entfernung vom Erdmittelpunkt, kann folgendermaßen diskutiert werden. Beschreibt man die Erde als eine Kugel mit homogener Massenverteilung, so ist die potentielle Energie eines Objektes mit der Masse m in Punkten außerhalb der Erde (siehe (3.91))

$$U_{\mathrm{grav}}(r) = -\gamma\frac{mM_{\mathrm{E}}}{r} \qquad r \geq R_{\mathrm{E}} \, .$$

Als Anfangsbedingungen ($t_0 = 0$) für das freie Fallproblem kann man ansetzen

$$\boldsymbol{r}(0) = r_0\boldsymbol{e}_r \qquad \boldsymbol{v}(0) = \boldsymbol{0} \, .$$

Diese Vorgabe entspricht in ebenen Polarkoordinaten

$$r_0 = r_0 \qquad \varphi_0 = \text{beliebig} \qquad \dot{r}_0 = 0 \qquad \dot{\varphi}_0 = 0 \, .$$

Aus dem Drehimpulserhaltungssatz (4.4) gewinnt man zunächst die Aussage

$$r(t)^2 \dot{\varphi}(t) = r_0^2 \dot{\varphi}_0 = l_0/m = 0 \ .$$

Für $r(t) > R_{\mathrm{E}} \neq 0$ folgt sofort $\dot{\varphi}(t) = 0$. Bei den gegebenen Anfangsbedingungen fällt das Objekt radial auf die Erde zu.

Für verschwindenden Drehimpuls entspricht der Energiesatz (4.19)

$$\frac{1}{2}\dot{r}^2 - \gamma\frac{M_{\mathrm{E}}}{r} = \frac{E_0}{m_{\mathrm{p}}} = -\gamma\frac{M_{\mathrm{E}}}{r_0} \ .$$

Mit Hilfe des Energiesatzes kann man in direkter Weise einfache Fragen beantworten, wie z.B.: Mit welcher Geschwindigkeit trifft ein Objekt auf der Erde auf, wenn es aus der Ruhelage aus großer Entfernung ($r_0 \to \infty$) auf die Erde fällt? Die Antwort (bei Vernachlässigung von möglichen Reibungseffekten) ist

$$v_{\mathrm{E}} = [2gR_{\mathrm{E}}]^{1/2} \approx 40250 \, \mathrm{km/h} \ .$$

Dies folgt aus

$$\frac{1}{2}v_{\mathrm{E}}^2 - \gamma\frac{M_{\mathrm{E}}}{R_{\mathrm{E}}} = 0$$

und der Definition (3.95)

$$g = \gamma\frac{M_{\mathrm{E}}}{R_{\mathrm{E}}^2} \ .$$

Zur Bestimmung des expliziten Bewegungsablaufes ist die Integration der Differentialgleichung (4.8) notwendig. Mittels Variablentrennung (die Konstante A hat den Wert Null)

$$\frac{\mathrm{d}r}{\mathrm{d}t} = \pm\left[(2\gamma M_{\mathrm{E}})\left(\frac{1}{r} - \frac{1}{r_0}\right)\right]^{1/2} \ ,$$

sowie Umformung und Integration erhält man

$$t = \pm\left[\frac{r_0}{2\gamma M_{\mathrm{E}}}\right]^{1/2} \int_{r_0}^{r} \left[\frac{r'/r_0}{1 - r'/r_0}\right]^{1/2} \mathrm{d}r' \ .$$

Das Integral auf der rechten Seite kann einer Integraltafel entnommen oder direkt berechnet werden. Mit der Substitution (sinnvoll, da $0 < r'/r_0 \leq 1$)

$$\left(\frac{r'}{r_0}\right)^{1/2} = \cos\alpha \quad \longrightarrow \quad r' = r_0\cos^2\alpha$$

und

$$\mathrm{d}r' = -2r_0\cos\alpha\sin\alpha \, \mathrm{d}\alpha$$

$$\alpha_{\max} = \arccos\sqrt{r/r_0} \qquad \alpha_{\min} = \arccos 1 = 0$$

erhält man

$$t = \mp \left[\frac{2r_0^3}{\gamma M_E} \right]^{1/2} \int_0^{\alpha_{\max}} \left[\frac{\cos^2 \alpha \sin \alpha}{\sin \alpha} \right] d\alpha .$$

Das verbleibende Integral ist

$$\int \cos^2 \alpha d\alpha = \frac{1}{2} (\alpha + \cos \alpha \sin \alpha) ,$$

so dass man nach Einsetzen der Grenzen das Ergebnis erhält

$$t = \mp \left[\frac{r_0^3}{2\gamma M_E} \right]^{1/2} \left\{ \arccos \sqrt{\frac{r}{r_0}} + \sqrt{\frac{r}{r_0}} \sqrt{\left(1 - \frac{r}{r_0} \right)} \right\} . \qquad (4.29)$$

Da $t > 0$ ist, kommt nur das untere Vorzeichen in Frage. Das Resultat in der Form $t = t(r)$ kann nicht analytisch in der gewünschten Weise nach $r = r(t)$ aufgelöst werden. Man muss also einen Teil des Keplerproblems (wenn man an der Diskussion des expliziten Zeitablaufes interessiert ist) numerisch behandeln. Die numerische Verwertung wird in Abb. 4.10 verdeutlicht, in der $t = t(r)$ für das Meteoritenproblem dargestellt ist. Man kann für jeden Ab-

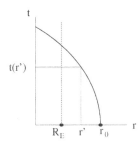

Abb. 4.10. Meteoritenproblem: Variation der Fallzeit t mit dem Abstand r

stand $R_E \leq r' \leq r_0$ die zugehörige Fallzeit ablesen. Anstelle der graphischen Darstellung könnte man auch eine Wertetabelle des funktionalen Zusammenhanges $r' = r'(t)$ (oder einer Parameterdarstellung wie in 4.1.2.6) mit beliebiger Genauigkeit aufbereiten. Solche Tabellen werden in der Astronomie in großem Umfang genutzt.

Das Ergebnis des Meteoritenproblems (4.29) geht in die Aussagen des einfachen freien Falls über, wenn man

$$r_0 = R_E + h_0 \qquad r = R_E + h$$

setzt und nach h ($\leq h_0 \ll R_E$) entwickelt.

4.1.3.2 Das klassische Streuproblem: Kometenbahnen. Bewegt sich eine Masse (mit $E_0 > 0$) nicht direkt auf einen Zentralkörper zu, sondern passiert ihn in einem gewissen Abstand, so ergibt sich eine Kometenbahn. Dieses Streuproblem kann man folgendermaßen präzisieren: Eine Punktmasse m bewegt sich aus großer Entfernung $r_0 = \infty$ mit der Anfangsgeschwindigkeit v_0 im Abstand ρ auf eine 'schwere' Punktmasse M zu (Abb. 4.11a).

(a)   (b)

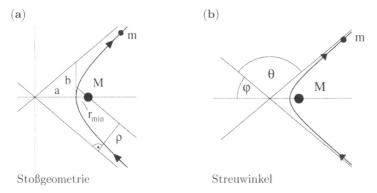

Stoßgeometrie   Streuwinkel

Abb. 4.11. Kometen: Das Streuproblem

Infolge der attraktiven, gravitativen Wechselwirkung beschreibt die Masse m eine Hyperbelbahn. Die Masse m soll sich zu der Anfangszeit auf einer der Asymptoten der Hyperbel befinden. Sie läuft in einem Minimalabstand r_{min} an der großen Masse vorbei und setzt ihre Bewegung auf der Hyperbel in Richtung der anderen Asymptoten fort. Der Winkel zwischen der einlaufenden Asymptoten und der x-Achse, auf der sich die Masse M befindet, wird mit φ bezeichnet. Ein entsprechender Winkel tritt, infolge der Symmetrie der Hyperbel, zwischen der auslaufenden Asymptoten und der x-Achse auf. Der **Streuwinkel** θ, der Winkel zwischen der auslaufenden Asymptoten und der Verlängerung der einlaufenden Asymptoten (Abb. 4.11b), ist somit $\theta = \pi - 2\varphi$. Die genannten Anfangsbedingungen entsprechen

$$E_0 = \frac{m}{2}v_0^2 \qquad l_0 = m\rho v_0 \, ,$$

beziehungsweise für die Parameter A und B des Keplerproblems

$$A = \rho v_0 \qquad B = \frac{v_0^2}{2} \, .$$

Der Abstand ρ wird als **Stoßparameter** bezeichnet. Der Winkel φ wird durch die Hyperbelparameter a und b (siehe (4.16)) bestimmt und zwar in der Form $\tan\varphi = b/a$. Die Hyperbelparameter sind über (4.20) und (4.21) mit den Anfangswerten des Keplerproblems verknüpft, so dass man die Relation

$$\tan\varphi = \frac{b}{a} = \frac{A\sqrt{2B}}{\gamma M} = \frac{\rho v_0^2}{\gamma M} \tag{4.30}$$

erhält, anhand derer man für einen vorgegebenen Stoßparameter ρ den Winkel φ (bzw. den Streuwinkel θ) bestimmen kann. Man erhält eine Beziehung zwischen Streuwinkel θ und Stoßparameter ρ mittels

$$\tan\varphi = \tan\left(\frac{\pi - \theta}{2}\right) = \cot\left(\frac{\theta}{2}\right) \, .$$

Die Relation (4.30) kommt, mit Modifikationen, auch in der Streutheorie der Quantenmechanik zur Anwendung, da in dem Fall eines $1/r$ Potentials klassische und quantenmechanische Rechnungen das gleiche Ergebnis liefern. In quantenmechanischen Streuexperimenten betrachtet man weniger die Streuung eines einzelnen Teilchens, sondern die Streuung von Teilchen aus einem Strahl von Teilchen, die mit gleicher Geschwindigkeit und verschiedenen Stoßparametern auf das Streuzentrum zulaufen (Abb. 4.12). Die Teilchen in dem Strahl werden je nach Stoßparameter unter verschiedenen Winkeln θ gestreut. Zur Charakterisierung der Situation definiert man den **differentiellen Wirkungsquerschnitt** der Streuung $d\sigma$. Der differentielle Wirkungsquerschnitt entspricht der Anzahl der Teilchen dN, die pro Zeiteinheit in das Intervall zwischen θ und $\theta + d\theta$ gestreut werden. Diese Größe wird noch auf die Anzahl der Teilchen N, die pro Zeiteinheit durch eine Flächeneinheit des Strahlquerschnittes hindurchtreten, bezogen. Die Zahl dN entspricht dem Produkt von N mit dem Flächeninhalt eines Kreisringes mit den Radien ρ und $\rho + d\rho$. Somit hat der differentielle Wirkungsquerschnitt

$$d\sigma = \frac{dN}{N} = 2\pi\rho d\rho$$

die Dimension einer Fläche (Abb. 4.12). Die Abhängigkeit des differentiellen Wirkungsquerschnitts von dem Streuwinkel θ ergibt sich dann mit Hilfe der Kettenregel zu

$$d\sigma = 2\pi\rho(\theta)\left|\frac{d\rho}{d\theta}\right|d\theta \, ,$$

wobei der Absolutwert der Ableitung einzusetzen ist, um eine positive Größe zu gewinnen. Benutzt man nun die Relation (4.30) in der Form

$$\rho = \frac{\gamma M}{v_0^2} \cot \frac{\theta}{2} \, ,$$

so folgt für den differentiellen Wirkungsquerschnitt

$$d\sigma = \pi \frac{(\gamma M)^2}{v_0^4} \frac{\cos(\theta/2)}{\sin^3(\theta/2)} \, d\theta \, .$$

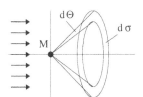

Abb. 4.12. Illustration der Geometrie des differentiellen Wirkungsquerschnitts

Üblicherweise bezieht man den differentiellen Wirkungsquerschnitt wegen der Zylindersymmetrie des Streuproblems auf den Raumwinkel[5] $\mathrm{d}\Omega$

$$\mathrm{d}\Omega = 2\pi \sin\theta \, \mathrm{d}\theta = 4\pi \sin(\theta/2)\cos(\theta/2) \, \mathrm{d}\theta \ ,$$

so dass man als Endformel für den differentiellen Wirkungsquerschnitt

$$\mathrm{d}\sigma = \left(\frac{\gamma M}{2v_0^2}\right)^2 \frac{\mathrm{d}\Omega}{\sin^4(\theta/2)} \tag{4.31}$$

erhält. Dies ist die **Rutherfordformel**, die in der Entwicklung der Quantenmechanik eine besondere Rolle gespielt hat. Sie wurde eingesetzt, um die Streuung von α-Teilchen an Goldkernen zu interpretieren und daraus eine Modellvorstellung des Atoms zu gewinnen. In diesen Streuexperimenten bewirken die Coulombkräfte (3.16) die Streuung. Da die Gravitation und die elektrischen Kräfte ein vergleichbares Kraftgesetz erfüllen, muss man nur den Faktor γM durch den entsprechenden Faktor $\pm ke^2/m$ ersetzen, der sich auf der Basis des Coulombgesetzes ergibt. Die Rutherfordformel ist sowohl für abstoßende als auch anziehende Kraftwirkungen gültig, da dieser Faktor quadratisch eingeht.

Zu beachten ist noch, dass die Rutherfordformel in Bezug auf das Schwerpunktsystem hergeleitet wurde. Zur Interpretation des Experimentes in dem Laborsystem (dem System, in dem die Targetmasse M anfänglich ruht) muss noch eine kinematische Umschreibung vorgenommen werden (⚉ Aufg. 4.10).

4.2 Oszillatorprobleme

Der harmonische Oszillator wird in vielen Gebieten der Physik (von der Mechanik bis zu der Quantenfeldtheorie) diskutiert. Es stellt sich somit die Frage nach dem Grund für diese außergewöhnliche Popularität. Zur Antwort kann man eine Funktion $U(x)$ (der Einfachheit halber in einer eindimensionalen Welt) betrachten (Abb. 4.13a). Diese potentielle Energie eines Massenpunktes soll ein deutliches Minimum aufweisen.

Es ist immer möglich ein Koordinatensystem so zu wählen, dass die Minimalstelle und der Koordinatenursprung zusammenfallen. Jede Potentialfunktion ist nur bis auf eine willkürliche Konstante bestimmt, die so gewählt werden kann, dass $U(0) = 0$ ist. Ist für einen Massenpunkt in der Potentialmulde die kinetische Energie geringer als die angrenzenden Maxima der potentiellen Energie, so bewegt sich der Massenpunkt nur in einem begrenzten Bereich. Die Taylorentwicklung der potentiellen Energie um die Stelle $x = 0$ ist

$$U(x) = U(0) + \left.\frac{\mathrm{d}U}{\mathrm{d}x}\right|_0 x + \frac{1}{2!}\left.\frac{\mathrm{d}^2U}{\mathrm{d}x^2}\right|_0 x^2 + \frac{1}{3!}\left.\frac{\mathrm{d}^3U}{\mathrm{d}x^3}\right|_0 x^3 \cdots .$$

---

[5] Dies ist der Raumwinkel zwischen zwei Kegeln mit den Öffnungswinkeln θ und $\theta + \mathrm{d}\theta$.

Der erste Term und der zweite Term verschwinden per Konstruktion, der dritte Term ist positiv, da für $x = 0$ eine Minimalstelle vorliegen soll. Schematisch kann man also schreiben

$$U(x) = a_2 x^2 + a_3 x^3 + a_4 x^4 + \dots \qquad a_2 > 0 \, .$$

(a)   (b)

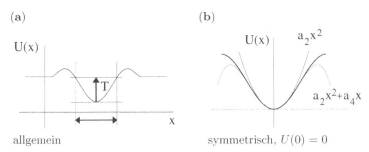

allgemein   symmetrisch, $U(0) = 0$

Abb. 4.13. Eindimensionale Potentialmulden

Ist die Potentialmulde symmetrisch in Bezug auf die Stelle $x = 0$ (Abb. 4.13b), so gilt $U(x) = U(-x)$ und alle ungeraden Potenzen verschwinden. In diesem Fall ist

$$U(x) = a_2 x^2 + a_4 x^4 + \dots \, .$$

Die Taylorentwicklung besagt: Jede Potentialmulde sieht in erster Näherung (für kleine Auslenkungen aus der Gleichgewichtslage) wie ein harmonischer Oszillator aus. Man kann diesen Sachverhalt auch anders ausdrücken. Die entsprechende Kraftwirkung auf den Massenpunkt ist

$$F(x) = -\frac{\mathrm{d}U}{\mathrm{d}x} = -2a_2 x - 3a_3 x^2 \dots \, .$$

Jedes System mit einer Potentialmulde wird in erster Näherung durch eine Rückstellkraft nach dem Hookeschen Gesetz charakterisiert. Die Stabilität, die man in der Natur vorfindet, weist auf die Verbreitung von derartigen Rückstellkräften hin. In der Mechanik kann man diverse Pendel, angestoßene Flüssigkeitstropfen, Federsysteme, Stimmgabeln, Musikinstrumente, in der Elektrodynamik schwingende Systeme vom einfachen Schwingkreis bis zu Sendern betrachten. Im Bereich der Molekülphysik stellen gegeneinander schwingende Atome in erster Näherung einen quantenmechanischen harmonischen Oszillator dar, der sich jedoch durchaus von dem klassischen Oszillator unterscheiden kann.

Für größere Auslenkungen sind natürlich die höheren Potenzen der Taylorentwicklung zu berücksichtigen. Der Oszillator ist dann anharmonisch. Hat der Massenpunkt eine zu hohe kinetische Energie, so kann er die Potentialmulde verlassen. Die Potenzreihenbetrachtung ist in diesem Falle nicht angemessen. Ein explizites Beispiel für ein klassisches, oszillierendes System ist das mathematische Pendel.

4.2.1 Das mathematische Pendel

Ein mathematisches Pendel besteht aus einer fiktiven Stange der Länge l, die sich um einen Aufhängepunkt drehen kann und an deren Ende sich ein Massenpunkt m befindet. Fiktiv bedeutet: Die Stange ist gewichtslos und absolut starr. An dem Massenpunkt greifen die folgenden Kräfte an (Abb. 4.14a)

(i) die Schwerkraft mg.
(ii) Die (zunächst unbekannte) Führungskraft der Stange $\boldsymbol{S}$.

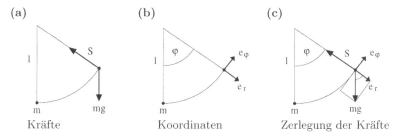

(a) Kräfte   **(b)** Koordinaten   **(c)** Zerlegung der Kräfte

Abb. 4.14. Mathematisches Pendel

Falls man die Anfangsbedingungen geeignet wählt, führt das Pendel eine ebene Bewegung aus (bei beliebigen Anfangsbedingungen hat man ein sphärisches Pendel, siehe Kap. 5.3.2). Für die Diskussion der ebenen Bewegung benutzt man Polarkoordinaten (Abb. 4.14b). Die Zerlegung der angreifenden Kräfte in Radial- und Winkelanteil ist (Abb. 4.14c)

$$F_r = -S + mg\cos\varphi \qquad F_\varphi = -mg\sin\varphi \,, \tag{4.32}$$

die entsprechende Zerlegung des Beschleunigungsvektors (siehe (2.60))

$$a_r = \ddot{r} - r\dot{\varphi}^2 \qquad a_\varphi = r\ddot{\varphi} + 2\dot{r}\dot{\varphi} \,.$$

Für eine starre Stange ist $r = l$ und $\dot{r} = 0$, $\ddot{r} = 0$. Die Komponentenzerlegung der vektoriellen Bewegungsgleichung $m\ddot{\boldsymbol{r}} = \boldsymbol{F}$ ergibt somit

$$\begin{aligned} \text{Azimutalanteil}: & \qquad ml\ddot{\varphi} = -mg\sin\varphi \\ \text{Radialanteil}: & \quad -ml\dot{\varphi}^2 = -S + mg\cos\varphi \,. \end{aligned} \tag{4.33}$$

Die zeitliche Änderung des Winkels mit der Anfangsbedingung $\varphi(0) = \varphi_0$, $\dot{\varphi}(0) = \omega_0$ wird alleine durch die erste Differentialgleichung bestimmt. Ist die Lösung dieser Differentialgleichung bekannt, so kann man aus der zweiten Gleichung die Führungskraft

$$S(t) = ml\dot{\varphi}^2 + mg\cos\varphi$$

berechnen. Es gilt offensichtlich *nicht* $S(t) = mg\cos\varphi$, wie man anhand einer statischen Betrachtung erwarten würde.

4.2.1.1 Lösung der Pendelgleichung. Die Pendelgleichung in (4.33)

$$\ddot{\varphi} + \frac{g}{l}\sin\varphi = 0 \tag{4.34}$$

hat nicht die Form der Differentialgleichung des harmonischen Oszillators. Nur für kleine Ausschläge gilt die harmonische Näherung

$$\sin\varphi \approx \varphi$$

mit der Differentialgleichung

$$\ddot{\varphi} + \omega^2\varphi = 0$$

und der allgemeinen Lösung

$$\varphi(t) = \alpha\sin(\omega t + \beta)\,.$$

Die Schwingungsdauer des mathematischen Pendels ergibt sich bei genügend kleinen Ausschlägen aus der Kreisfrequenz $\omega = \sqrt{g/l}$ zu

$$T = \frac{2\pi}{\omega} = 2\pi\sqrt{\frac{l}{g}}\,. \tag{4.35}$$

Diese Schwingungsdauer hängt nur von der Pendellänge und der Konstanten g ab und nicht von der Größe der (kleinen) anfänglichen Auslenkung. Man sagt: Pendel gleicher Länge sind bei kleinen Ausschlägen (nahezu) isochron. Die Hersteller von Pendeluhren nutzen diese Tatsache.

Für die Lösung der vollständigen Pendelgleichung (4.34) mit der Form $\ddot{\varphi} = F(\varphi)$ ist die Substitution

$$\dot{\varphi} = \gamma \qquad \ddot{\varphi} = \frac{d\gamma}{dt} = \frac{d\gamma}{d\varphi}\frac{d\varphi}{dt} = \gamma\frac{d\gamma}{d\varphi}$$

zuständig (siehe Math.Kap. 2.2.1). Damit ergibt sich

$$\gamma\frac{d\gamma}{d\varphi} = -\omega^2\sin\varphi$$

und nach Integration mittels Variablentrennung (die Substitution wurde rückgängig gemacht)

$$\frac{1}{2}\dot{\varphi}^2(t) - \frac{1}{2}\dot{\varphi}^2(0) = \omega^2(\cos\varphi(t) - \cos\varphi(0))\,. \tag{4.36}$$

Dieses Ergebnis ist (bis auf einen Faktor ml^2) der Energiesatz. Da $\boldsymbol{S}$ zu jedem Zeitpunkt senkrecht zu der momentanen Verschiebung $d\boldsymbol{r}$ ist, trägt die Führungskraft nicht zu der Energiebilanz bei. Man hätte somit direkt mit dem Energiesatz

$$\frac{m}{2}v^2 + mgh = E_0$$

beginnen und die Geometrie des Problems an dieser Stelle einführen können.

Der weitere Lösungsprozess soll für die speziellen Anfangsbedingungen

$$t = 0 \qquad \varphi(0) = 0 \qquad \dot{\varphi}(0) = \omega_0$$

durchgeführt werden. Das Pendel befindet sich zu der Zeit $t = 0$ in dem tiefsten Punkt und hat die Winkelgeschwindigkeit ω_0. Bezüglich der anfänglichen Winkelgeschwindigkeit muss man zwei Möglichkeiten unterscheiden.

(1) ω_0 ist so groß, dass das Pendel überschlägt und im Weiteren eine Drehung um den Aufhängepunkt ausführt. In diesem Falle ist im zweiten Integrationsschritt die Differentialgleichung

$$\dot{\varphi} = \pm \left[2\omega^2(\cos\varphi - 1) + \omega_0^2 \right]^{1/2}$$

zu lösen. Die Vorzeichen beschreiben eine Drehung im oder gegen den Uhrzeigersinn (siehe ⊛ Aufg. 4.12).

(2) ω_0 ist klein genug, so dass das Pendel nur einen Maximalausschlag φ_m $(0 \leq \varphi_\mathrm{m} \leq \pi)$ erreicht. Für den Umkehrpunkt mit $\dot{\varphi} = 0$ folgt aus dem Energiesatz (4.36)

$$-\omega_0^2 = 2\omega^2(\cos\varphi_\mathrm{m} - 1) \; .$$

Diese Aussage kann man verwenden, um ω_0 aus der Differentialgleichung (4.36) zu eliminieren

$$\dot{\varphi} = \pm\sqrt{2}\,\omega \left[\cos\varphi - \cos\varphi_\mathrm{m} \right]^{1/2} \; . \qquad (4.37)$$

Mittels der Vorzeichen in dieser Gleichung kann man den Wechsel in der Bewegungsrichtung beschreiben. Ist für die erste Schwingungsphase $(0 \leq \varphi \leq \varphi_\mathrm{m})$ die Winkelgeschwindigkeit positiv $(\dot{\varphi} \geq 0)$, so gilt das positive Vorzeichen. In der nächsten Schwingungsphase $(\varphi_\mathrm{m} \geq \varphi \geq -\varphi_\mathrm{m})$ ist für die rückschwingende Masse das negative Vorzeichen zu benutzen, für die letzte Phase einer vollen Schwingung wieder das positive Vorzeichen.

Nur die zweite Situation soll im Detail diskutiert werden[6]. Die Bewegung des Pendels ist in diesem Fall periodisch (aber nicht harmonisch). Man erhält mittels Variablentrennung für die vier Schwingungsphasen

$$\int_0^{\tau_1} dt = \frac{1}{\sqrt{2}\omega} \int_0^{\varphi_\mathrm{m}} \frac{d\varphi'}{\left[\cos\varphi' - \cos\varphi_\mathrm{m} \right]^{1/2}}$$

$$\int_{\tau_1}^{\tau_2} dt = -\frac{1}{\sqrt{2}\omega} \int_{\varphi_\mathrm{m}}^0 \frac{d\varphi'}{\left[\cos\varphi' - \cos\varphi_\mathrm{m} \right]^{1/2}}$$

$$= \frac{1}{\sqrt{2}\omega} \int_0^{\varphi_\mathrm{m}} \frac{d\varphi'}{\left[\cos\varphi' - \cos\varphi_\mathrm{m} \right]^{1/2}}$$

$$\int_{\tau_2}^{\tau_3} dt = -\frac{1}{\sqrt{2}\omega} \int_0^{-\varphi_\mathrm{m}} \frac{d\varphi'}{\left[\cos\varphi' - \cos\varphi_\mathrm{m} \right]^{1/2}}$$

---

[6] Eine zusätzliche Diskussion des mathematischen Pendels findet man unter der Überschrift 'Ein Blick in den Phasenraum' in Kap. 5.4.3.

$$= \frac{1}{\sqrt{2}\omega} \int_0^{\varphi_\mathrm{m}} \frac{\mathrm{d}\varphi'}{\left[\cos\varphi' - \cos\varphi_\mathrm{m}\right]^{1/2}}$$

$$\int_{\tau_3}^{\tau_4} \mathrm{d}t = \frac{1}{\sqrt{2}\omega} \int_{-\varphi_\mathrm{m}}^0 \frac{\mathrm{d}\varphi'}{\left[\cos\varphi' - \cos\varphi_\mathrm{m}\right]^{1/2}}$$

$$= \frac{1}{\sqrt{2}\omega} \int_0^{\varphi_\mathrm{m}} \frac{\mathrm{d}\varphi'}{\left[\cos\varphi' - \cos\varphi_\mathrm{m}\right]^{1/2}} \; .$$

Die Schwingungsdauer für jede der vier Phasen ist gleich

$$\tau_1 = \tau_2 - \tau_1 = \tau_3 - \tau_2 = \tau_4 - \tau_3 \; .$$

Für die Integration bis zu einem Zeitpunkt $t \le \tau_1$ gilt

$$\omega t = \frac{1}{\sqrt{2}} \int_0^\varphi \frac{\mathrm{d}\varphi'}{\left[\cos\varphi' - \cos\varphi_\mathrm{m}\right]^{1/2}} \qquad 0 \le \varphi \le \varphi_\mathrm{m} \le \pi \; . \tag{4.38}$$

Das Integral auf der rechten Seite lässt sich nicht elementar auswerten. Es ist ein **unvollständiges elliptisches Integral erster Art** (Math.Kap. 4.3.4). Eine Normalform dieser speziellen Funktion erhält man mit der folgenden Substitution

1. Benutze $\cos\varphi = 1 - 2\sin^2(\varphi/2)$ und setze $k = \sin(\varphi_\mathrm{m}/2)$. Es folgt

$$\cos\varphi - \cos\varphi_\mathrm{m} = 2(k^2 - \sin^2(\varphi/2)) \; .$$

2. Substituiere $\sin(\varphi/2) = k\sin s$. Es entspricht dann

$$\varphi = 0 \rightarrow s = 0 \; , \quad \varphi = \varphi_\mathrm{m} \quad \rightarrow s = \pi/2 \; .$$

Die Details der Substitution sind

$$\frac{1}{2}\cos(\varphi/2)\,\mathrm{d}\varphi = k\cos s\,\mathrm{d}s$$

$$\mathrm{d}\varphi = \frac{2k\cos s}{\left[1 - k^2\sin^2 s\right]^{1/2}}\,\mathrm{d}s \; .$$

Für den Integranden gilt

$$\frac{1}{\left[\cos\varphi - \cos\varphi_\mathrm{m}\right]^{1/2}} = \frac{1}{\sqrt{2}} \frac{1}{\left[k^2 - k^2\sin^2 s\right]^{1/2}} = \frac{1}{\sqrt{2}\,k\cos s} \; .$$

Setzt man diese Zutaten zusammen, so findet man

$$\omega t = \int_0^s \frac{\mathrm{d}s'}{\left[1 - k^2\sin^2 s'\right]^{1/2}} \equiv F(s,k) \; . \tag{4.39}$$

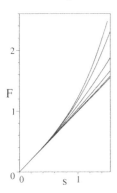

Abb. 4.15. Das elliptische Integral $F(s, \varphi_\mathrm{m})$ für verschiedene Maximalausschläge φ_m

4.2.1.2 Diskussion des Pendelproblems. Für das elliptische Integral $F(s, k)$ existieren Wertetabellen. Eine graphische Darstellung der Funktion F in Abhängigkeit von der Variablen s in dem Bereich $0 \leq s \leq \pi/2$ und dem Parameter $\varphi_\mathrm{m} = 2\arcsin k$ zeigt die Abb. 4.15. Die verschiedenen Kurven entsprechen den Werten $\varphi_\mathrm{m} = 0°, 60°, 90°, 120°, 150°, 180°$, beginnend mit der untersten Kurve für $\varphi_\mathrm{m} = 0°$. Umkehrung dieser numerischen Resultate ergibt mit (4.39) letztlich $\varphi(t)$ für vorgegebene Werte von φ_m.

Die Zeit für die Dauer einer gesamten Schwingung T berechnet sich infolge der Periodizität der Viertelschwingungen zu

$$T = \frac{4}{\omega} \int_0^{\pi/2} \frac{\mathrm{d}s'}{\left[1 - k^2 \sin^2 s'\right]^{1/2}} = \frac{4}{\omega} F(\pi/2, k) \ . \tag{4.40}$$

Das Integral mit der oberen Grenze $\pi/2$, das hier auftritt, bezeichnet man als **vollständiges** elliptisches Integral. Seine Werte sind in der Abb. 4.15 für $s = \pi/2$ abzulesen. Für den etwas extremen Grenzfall $k = 0$, der $\varphi_\mathrm{m} = 0$ entspricht, ist

$$F(\pi/2, 0) = \int_0^{\pi/2} \mathrm{d}s' = \frac{\pi}{2} \ .$$

Damit erhält man $T = 2\pi/\omega$, die Schwingungsdauer in der harmonischen Näherung (4.35).

Da sich die Funktion $F(\pi/2, k)$ für kleine Werte von k (also für kleine Maximalausschläge) nur langsam mit k ändert, ist diese Näherung (wie die kleine Tabelle 4.2 zeigt) für einen relativ großen Bereich von Maximalausschlägen akzeptabel. Infolge dieser schwachen Abhängigkeit von der Variablen k kann das elliptische Integral in guter Näherung mit Hilfe einer Reihenentwicklung ausgewertet werden. Die binomische Reihe

$$[1 - x]^{-1/2} = 1 + \frac{1}{2}x + \frac{3}{8}x^2 + \dots$$

entspricht in dem vorliegenden Fall

Tabelle 4.2. Variation des vollständigen elliptischen Integrals $F(\pi/2, k)$ mit dem Maximalausschlag $k = \sin \varphi_{\mathrm{m}}/2$

φ_{m}	$0°$	$20°$	$40°$	$60°$	$90°$
$F(\pi/2, k)$	1.571	1.583	1.620	1.686	1.854

$$\left[1 - k^2 \sin^2 s'\right]^{-1/2} = 1 + \frac{1}{2}k^2 \sin^2 s' + \frac{3}{8}k^4 \sin^4 s' + \ldots .$$

Integriert man Term für Term, so benötigt man die Einzelintegrale

$$\int_0^{\pi/2} \sin^{2n} s' \mathrm{d}s' = \frac{1 \cdot 3 \cdot 5 \cdots (2n-1)}{2 \cdot 4 \cdot 6 \cdots 2n} \frac{\pi}{2} \qquad n \geq 1 , \tag{4.41}$$

die in elementarer Weise rekursiv berechnet werden können (● D.tail 4.2). Die Entwicklung für die Schwingungsdauer bis zu der vierten Potenz in k ist somit

$$T = T_{\mathrm{O}(k^4)} + \cdots \qquad T_{\mathrm{O}(k^4)} = \frac{2\pi}{\omega}\left[1 + \frac{1}{4}k^2 + \frac{9}{64}k^4\right] . \tag{4.42}$$

Die Schwingungsdauer hängt von dem Maximalausschlag ab. Das mathematische Pendel ist nicht isochron. Eine Vorstellung von der Größenordnung der Korrektur und von der Güte der Näherungsformel bis zu Termen mit k^4 gibt die folgende Tabelle 4.3. Bei einem Maximalauschlag von $90°$ ist die

Tabelle 4.3. Vergleich der exakten Schwingungsdauer des mathematischen Pendels mit der Näherung bis zur vierten Ordnung

φ_{m}	$0°$	$20°$	$40°$	$60°$	$90°$
$k = \sin \varphi_{\mathrm{m}}/2$	0	0.174	0.342	0.500	0.707
$T_{\mathrm{O}(k^4)}$	1	1.0077	1.0312	1.0713	1.1602
T_{exakt}	1	1.0077	1.0313	1.0732	1.1803

Abweichung von dem harmonischen Grenzfall 18%, die Näherungsformel ist auf 1.7 % genau. Die Korrektur zu der harmonischen Näherung findet Anwendung bei der Konstruktion mechanischer Uhren mit hoher Präzision (den alten astronomischen Uhren) und bei Präzisionsmessungen der Erdbeschleunigung g.

Der Grenzfall $k = 1 \rightarrow \varphi_{\mathrm{m}} = \pi$ ist ebenfalls von Interesse. Man findet

$$F(\pi/2, 1) = \int_0^{\pi/2} \frac{\mathrm{d}s'}{\cos s'} \rightarrow \infty .$$

Wenn das Pendel so angestoßen wird, dass es gerade in die aufrechte Lage schwingt, dauert der Prozess unendlich lange. Die entsprechende anfängliche Winkelgeschwindigkeit ist $\omega_0 = \pm 2\omega = \pm 2\sqrt{g/l}$.

Es bleibt noch die Frage nach der zeitlichen Variation der Führungskraft, die durch die radiale Bewegungsgleichung in (4.33) bestimmt wird

$$S(t) = mg\cos\varphi(t) + ml\dot{\varphi}^2(t) \ .$$

Um den Massenpunkt auf dem Kreisbogen zu halten, ist eine recht komplizierte Führungskraft notwendig. Benutzt man den Energiesatz (4.36)

$$\dot{\varphi}^2 = \frac{2g}{l}(\cos\varphi - \cos\varphi_{\mathrm{m}}) \ ,$$

so ergibt sich für die Führungskraft als Funktion des Ausschlages

$$S = mg(3\cos\varphi - 2\cos\varphi_{\mathrm{m}}) \ . \tag{4.43}$$

Die Funktion $S(\varphi)$ ist für $\varphi_{\mathrm{m}} = 60°$ in Abb. 4.16 dargestellt. Ist $\varphi_{\mathrm{m}} \leq 90°$, so ist dieser Ausdruck immer positiv. Dies bedeutet, dass die Masse durch die Führungskraft nach innen gezogen wird. Ersetzt man die fiktive Stange durch einen festen Faden (man spricht dann von einem Fadenpendel), so ergibt sich der gleiche Bewegungsablauf. Ist $\varphi_{\mathrm{m}} > 90°$, so nimmt S auch

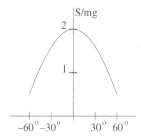

Abb. 4.16. Variation der Führungskraft mit der Auslenkung für $\varphi_{\mathrm{m}} = 60°$

negative Werte an. Die Abb. 4.17a zeigt die Funktion $S(\varphi)$ für $\varphi_{\mathrm{m}} = 180°$. Bei Auslenkungen, die größer als 132° ($\cos\varphi = -2/3$) sind, ist S negativ. Für solche Winkel muss man die Masse nach außen ziehen, um sie auf der Kreisbahn zu halten. Ein Fadenpendel würde bei diesen Winkeln einschlagen (Abb. 4.17b).

Weitere Pendeltypen (bzw. Schwingungsformen) können diskutiert werden, wie zum Beispiel:

1. Das sphärische oder Kugelpendel: ein mathematisches Pendel mit allgemeinen Anfangsbedingungen, so dass die Schwingung nicht auf eine Ebene beschränkt ist (siehe Kap. 5.3.2).
2. Pendel mit speziellen Führungskurven, wie das Zykloidenpendel, das für beliebige Maximalausschläge isochron schwingt (⊙ Aufg. 4.13).
3. Das physikalische Pendel: die Drehbewegung eines starren Körpers um eine beliebige Achse (siehe Kap. 6.3.7).

(a)   (b)

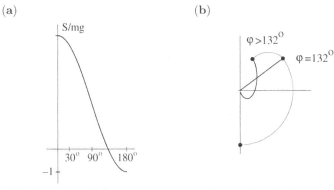

Die Funktion $S(\varphi)$ Illustration des Bewegungsablaufes
                                       für ein Fadenpendel

Abb. 4.17. Variation der Führungskraft mit der Auslenkung für $\varphi_\mathrm{m} = 180°$

Einige dieser Beispiele werden nach der Aufbereitung der Lagrangeformulierung (Kap. 5) der Mechanik betrachtet.

Eine direktere Variante des (eindimensionalen) harmonischen Oszillatorproblems mit einigen Anwendungen in der Messtechnik ist der gedämpfte harmonische Oszillator.

4.2.2 Der gedämpfte harmonische Oszillator

Die eindimensionale Bewegungsgleichung, die hier zur Diskussion steht, lautet

$$m\ddot{x} + b\dot{x} + kx = 0 \ . \tag{4.44}$$

Der zweite Term ist die Reibungskraft nach Stokes ($F_\mathrm{S} = -b\dot{x}$), der dritte Term die Rückstellkraft nach dem Hookeschen Gesetz ($F_\mathrm{H} = -kx$). Die Gesamtkraft ist nicht konservativ, so dass der Energiesatz in der direkten Form nicht gültig ist (siehe jedoch S. 172). Die Lösung der homogenen linearen Differentialgleichung zweiter Ordnung bereitet keine Schwierigkeiten. Zur Aufbereitung führt man die Standardabkürzungen

$$\beta = \frac{1}{2}\frac{b}{m} \qquad \omega_0 = \sqrt{\frac{k}{m}}$$

ein. Die Differentialgleichung lautet dann

$$\ddot{x} + 2\beta\dot{x} + \omega_0^2 x = 0 \ . \tag{4.45}$$

Der Exponentialansatz $x = \mathrm{e}^{\alpha t}$ führt auf die charakteristische Gleichung

$$\alpha^2 + 2\beta\alpha + \omega_0^2 = 0 \ ,$$

mit den Wurzeln

$$\alpha_{1,2} = -\beta \pm \left[\beta^2 - \omega_0^2\right]^{1/2} \ . \tag{4.46}$$

4.2.2.1 Diskussion der Bewegungsformen. Drei physikalisch unterschiedliche Lösungstypen sind zu unterscheiden:

1. Die *schwache Dämpfung* wird durch $\omega_0^2 > \beta^2$ charakterisiert. Der Radikand in (4.46) ist negativ, so dass die Wurzeln der quadratischen Gleichung komplex sind

$$\alpha_{1,2} = -\beta \pm i\omega_1 \qquad (\omega_1^2 = \omega_0^2 - \beta^2) \ .$$

Die allgemeine Lösung ist

$$x(t) = e^{-\beta t} \left\{ C_1 e^{i\omega_1 t} + C_2 e^{-i\omega_1 t} \right\} \ ,$$

beziehungsweise in reeller Form

$$x(t) = A e^{-\beta t} \cos(\omega_1 t + \delta) \ . \tag{4.47}$$

Die zwei Integrationskonstanten werden durch die Anfangsbedingungen bestimmt. So erhält man z.B. für die Anfangsbedingungen

$$x(0) = 0 \qquad \dot{x}(0) = v_0 \tag{4.48}$$

die explizite Lösung (Abb. 4.18)

$$x(t) = \frac{v_0}{\omega_1} e^{-\beta t} \sin \omega_1 t \ ,$$

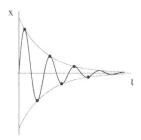

Abb. 4.18. Der gedämpfte harmonische Oszillator: schwache Dämpfung

die eine durch den abfallenden Exponentialfaktor gedämpfte Sinusschwingung mit der Kreisfrequenz ω_1 darstellt. Der Durchgang durch die Gleichgewichtslage findet für die Zeiten $\omega_1 t = n\pi$ statt. Die Schwingung ist also trotz Dämpfung periodisch. Die lokalen Maxima und Minima entsprechen den Berührungspunkten der Lösungskurve mit der exponentiellen Enveloppe.

2. Für den Fall der Doppelwurzel $\beta^2 = \omega_0^2$ liegt ein bestimmtes Verhältnis von Reibungskoeffizient zu Rückstellkonstante vor. Man bezeichnet diesen Fall als den *aperiodischen Grenzfall*. Die allgemeine Lösung hat hier die Form (siehe Math.Kap. 2.2.2)

$$x(t) = (C_1 + C_2 t) e^{-\beta t} \ . \tag{4.49}$$

Für die Anfangsbedingungen (4.48) folgt

$$x(t) = v_0 t e^{-\beta t} \ .$$

Diese Funktion beschreibt eine anfängliche (zunächst linear) wachsende Auslenkung bis zur Zeit $t = 1/\beta$ und nach Umkehrung der Bewegungsrichtung eine exponentielle Rückkehr in die Gleichgewichtslage (Abb. 4.19).

Abb. 4.19. Der gedämpfte harmonische Oszillator: aperiodischer Grenzfall

3. Eine *starke Dämpfung* wird durch die Ungleichung $\omega_0^2 < \beta^2$ charakterisiert. Die Wurzeln der charakteristischen Gleichung sind in diesem Fall reell. Da $\beta \geq \sqrt{\beta^2 - \omega_0^2}$ ist, sind sowohl α_1 als auch α_2 negative Zahlen. Die allgemeine Lösung

$$x(t) = C_1 e^{\alpha_1 t} + C_2 e^{\alpha_2 t} \qquad \alpha_1, \alpha_2 < 0$$

ist also eine Überlagerung von zwei Termen, die exponentiell mit der Zeit abnehmen. Der Bewegungsablauf ist demnach auch keine Schwingung (er wird oft als Kriechbewegung bezeichnet). Für die Anfangsbedingung (4.48) ergibt sich die spezielle Lösung

$$x(t) = \frac{v_0}{\sqrt{\beta^2 - \omega_0^2}} e^{-\beta t} \sinh(\sqrt{(\beta^2 - \omega_0^2)}\, t) \qquad (4.50)$$

mit der hyperbolischen Sinusfunktion

$$\sinh x = \frac{1}{2}(e^x - e^{-x})\,.$$

Die entsprechende $x(t)$-Kurve (Abb. 4.20) ist vergleichbar mit der Kurve des aperiodischen Grenzfalles: Ausschlag bis zu einem Maximum und dann

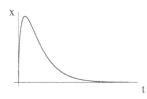

Abb. 4.20. Der gedämpfte harmonische Oszillator: starke Dämpfung

exponentielles Rückschwingen in die Gleichgewichtsposition. Der Unterschied gegenüber dem aperiodischen Grenzfall ist eine langsamere Rückbewegung in die Gleichgewichtslage.

Zu der Energiesituation des gedämpften Oszillators ist das Folgende zu bemerken. Aus der Bewegungsgleichung (4.44) folgt nach Multiplikation mit $\dot{x}$

$$m\ddot{x}\dot{x} + kx\dot{x} = -b\dot{x}^2\,,$$

beziehungsweise nach Zusammenfassung der linken Seite dieser Gleichung

$$\frac{\mathrm{d}}{\mathrm{d}t}\left(\frac{m}{2}\dot{x}^2 + \frac{k}{2}x^2\right) = -b\dot{x}^2 .$$

Zur Interpretation dieses Ausdrucks kann man sich vorstellen, dass der Oszillator ein Masse-Feder System ist, das in einer viskosen Flüssigkeit schwingt (Abb. 4.21). Der Ausdruck in der Klammer stellt dann die kinetische Energie

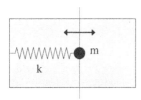

Abb. 4.21. Der gedämpfte harmonische Oszillator: 'Gesamtsystem'

der Masse sowie die potentielle Energie, die in der Feder gespeichert ist, dar. Die zeitliche Änderung der gesamten mechanischen Energie des Masse-Feder Systems ist negativ. Die mechanische Energie nimmt also mit der Zeit ab und zwar gemäß (⊚ Aufg. 4.14)

$$E_{\mathrm{mech}}(t) = E_{\mathrm{mech}}(0) - b\int_0^t \dot{x}(t')^2\mathrm{d}t' .$$

Die mechanische Energie, die dem Masse-Feder System entzogen wird, findet sich hauptsächlich in der Form von Wärme (einer anderen Energieform) des Systems Masse-Feder-Flüssigkeit wieder. Man kann also den Energiesatz für dieses Gesamtsystem (vorausgesetzt es ist gegen die weitere Umwelt thermisch isoliert) in der Form

$$\frac{\mathrm{d}}{\mathrm{d}t}\Big(E_{\mathrm{mech}}(t) + Q(t)\Big) = 0$$

wieder in Ordnung bringen, wobei Q den zeitlich variablen Wärmeinhalt des Gesamtsystems darstellt.

Eine weitere Variation des Oszillatorproblems stellen erzwungene Schwingungen dar, die durch eine Differentialgleichung der Form

$$m\ddot{x} + b\dot{x} + kx = F(t)$$

oder

$$\ddot{x} + 2\beta\dot{x} + \omega_0^2 x = f(t) \qquad f = F/m \tag{4.51}$$

charakterisiert werden. Die Größe ω_0 bezeichnet man als die **Eigenfrequenz** des Systems. Das Masse-Feder System wird nicht nur angestoßen, sondern einer zusätzlichen, zeitabhängigen, äußeren Kraft unterworfen. Auch in diesem Fall kann man zwischen einer freien ($\beta = 0$) und einer gedämpften ($\beta \neq 0$) Schwingung unterscheiden. Der einfachste Fall liegt vor, wenn die äußere Kraft harmonisch ist.

4.2.3 Erzwungene Schwingungen: Harmonische Kraft

Für die äußere Kraft kann man hier zum Beispiel

$$f(t) = \gamma \cos \omega t \tag{4.52}$$

ansetzen. Die schwingende Masse wird mit der Frequenz $\nu = \omega/2\pi$ periodisch angetrieben. Die Lösung der inhomogenen Differentialgleichung (4.51) hat die Form (Math.Kap. 2.2.2)

$$x(t) = x_{\text{hom}}(C_1, C_2, t) + x_{\text{part}}(t) \,.$$

Die allgemeine Lösung der homogenen Differentialgleichung wurde in dem vorangehenden Abschnitt besprochen. Die noch ausstehende Partikulärlösung der inhomogenen Differentialgleichung gewinnt man für die einfache kosinusförmige Kraft über einen einfachen Ansatz mit trigonometrischen Funktionen

$$x_{\text{part}}(t) = A \cos \omega t + B \sin \omega t \,.$$

Eine Anwendung der allgemeinen Methode der 'Variation der Konstanten' ist auch möglich, doch ein wenig aufwendiger.

Um die unbekannten Koeffizienten A und B zu bestimmen, setzt man den Ansatz in die Differentialgleichung ein. Mit

$$\dot{x}_{\text{part}} = -A\omega \sin \omega t + B\omega \cos \omega t \qquad \ddot{x}_{\text{part}} = -A\omega^2 \cos \omega t - B\omega^2 \sin \omega t$$

erhält man

$$\cos \omega t \left\{ -A\omega^2 + 2\beta B\omega + A\omega_0^2 \right\} + \sin \omega t \left\{ -B\omega^2 - 2\beta A\omega + B\omega_0^2 \right\}$$
$$= \gamma \cos \omega t \,.$$

Koeffizientenvergleich ergibt das lineare Gleichungssystem

$$(-2\beta\omega)A + (\omega_0^2 - \omega^2)B = 0$$

$$(\omega_0^2 - \omega^2)A + (2\beta\omega)B = \gamma$$

mit der Lösung

$$A = \frac{\gamma(\omega_0^2 - \omega^2)}{[(\omega_0^2 - \omega^2)^2 + 4\beta^2\omega^2]} \qquad B = \frac{2\beta\gamma\omega}{[(\omega_0^2 - \omega^2)^2 + 4\beta^2\omega^2]} \,. \tag{4.53}$$

Es ist nützlich, die Partikulärlösung in die Form

$$x_{\text{part}} = a \cos(\omega t - \varphi)$$

(Amplitude und Phase) zu bringen. Die Standardumschreibung ist

$$a = [A^2 + B^2]^{1/2}$$
$$\cos \varphi = \frac{A}{\sqrt{A^2 + B^2}} \qquad \sin \varphi = \frac{B}{\sqrt{A^2 + B^2}} \qquad \tan \varphi = \frac{B}{A} \,.$$

Damit erhält man explizit

$$a = \frac{\gamma}{[(\omega_0^2 - \omega^2)^2 + 4\beta^2\omega^2]^{1/2}} \qquad (4.54)$$

$$\tan\varphi = \frac{2\beta\omega}{\omega_0^2 - \omega^2} \ . \qquad (4.55)$$

Die Phase ist unabhängig von der Stärke der äußeren Kraft.
Über die Gesamtlösung

$$x(t) = x_{\mathrm{hom}}(C_1, C_2, t) + x_{\mathrm{part}}(t)$$

kann man zunächst die folgenden pauschalen Aussagen machen:

1. Die Integrationskonstanten C_1 und C_2 der Gesamtlösung sind aus vorgegebenen Anfangsbedingungen zu bestimmen. Die endgültige Form der Lösung kann unter Umständen einigermaßen kompliziert aussehen.
2. Wenn die homogene Lösung einen Schwingungsvorgang beschreibt, der mit der Zeit exponentiell abklingt, wird für große Zeiten der zweite Term dominieren

$$\lim_{\substack{t \text{ groß}}} x(t) = x_{\mathrm{part}}(t) \qquad \text{falls} \qquad \lim_{\substack{t \text{ groß}}} x_{\mathrm{hom}}(t) = 0 \ .$$

Nach einem komplizierten 'Einschwingvorgang' folgt die Bewegung der aufgeprägten äußeren Kraft mit

$$x_{\mathrm{part}}(t) = a\cos(\omega t - \varphi) \ .$$

Die Phasenverschiebung φ zeigt an, dass der Oszillator nicht synchron mit der äußeren Kraft, sondern mit einer **Phasendifferenz** schwingt.

In dem Fall $\beta = 0$, das heißt einer erzwungenen Schwingung ohne Dämpfung, ist

$$a = \frac{\gamma}{|\omega_0^2 - \omega^2|} \quad \text{und} \quad \varphi = 0 \ .$$

Da die Amplitude eine positive Größe ist, muss hier der Betrag benutzt werden. Die allgemeine Lösung hat die Form

$$x(t) = a_0\cos(\omega_0 t - \delta_0) + a(\gamma, \omega, \omega_0)\cos\omega t \ ,$$

a_0 und δ_0 sind die Integrationskonstanten. Die Lösung entspricht einer Überlagerung von zwei harmonischen Schwingungen, einmal mit der Eigenfrequenz des Systems (ω_0), zum anderen mit der Frequenz der aufgeprägten Kraft (ω). Für die speziellen Anfangsbedingungen

$$x(0) = 0 \qquad \dot{x}(0) = 0$$

würde sich die Masse ohne die aufgeprägte Kraft nicht bewegen. Für diese Anfangswerte erhält man die Bedingungen

$$a_0\cos\delta_0 + a = 0$$

$$\{-a_0\,\omega_0\sin(\omega_0 t - \delta_0) - a\,\omega\sin\omega t\}_{t=0} = a_0\,\omega_0\sin\delta_0 = 0 \ ,$$

aus denen

$$\delta_0 = 0 \quad \text{und} \quad a_0 = -a$$

folgt. Die spezielle Lösung ist also

$$x(t) = a\left(\cos\omega t - \cos\omega_0 t\right) .$$

4.2.3.1 Beispiele für erzwungene Schwingungen. Die Vielfalt von Schwingungsformen, die durch die Überlagerung dieser zwei Kosinusschwingungen entstehen können, wird durch die folgenden Beispiele angedeutet.

- Ist die Eigenfrequenz des Systems doppelt so groß wie die Frequenz der aufgezwungenen Kraft $\omega_0 = 2\omega$ (Beispiel 4.1), so erhält man die Amplitude $a = \gamma/3\omega$. Die grauen Kurven in Abb. 4.22 zeigen die beiden separaten Anteile. Die Kurve $\cos\omega t$ und eine Kosinuskurve, die mit der doppelten Frequenz oszilliert. Addition ergibt die schwarze Kurve. Der Bewegungs-

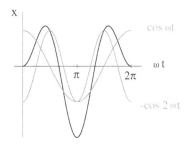

Abb. 4.22. Erzwungene Schwingungen mit harmonischer Kraft: Eine Partikulärlösung für $\omega_0 = 2\,\omega$

ablauf ist periodisch (das Muster wiederholt sich), jedoch nicht harmonisch. Der Maximalausschlag in der negativen Richtung ist doppelt so groß wie der Maximalausschlag in der positiven x-Richtung.
- Die Eigenfrequenz unterscheidet sich nur minimal von der Frequenz der aufgezwungenen Schwingung (Beispiel 4.2)

$$\omega_0 = \omega + \Delta\omega \quad \text{mit} \quad \omega \gg \Delta\omega > 0 .$$

Die Amplitude ist in diesem Fall

$$a = \frac{\gamma}{(2\omega\Delta\omega + \Delta\omega^2)} \approx \frac{\gamma}{2\omega\Delta\omega} .$$

Falls $\Delta\omega$ sehr klein ist, kann die Amplitude sehr groß werden. Für Zeiten, die die Bedingung $\Delta\omega\, t < 1$ erfüllen, gilt die Näherung

$$\cos\omega t - \cos\omega_0 t = \cos\omega t - \cos\omega t\,\cos\Delta\omega t + \sin\omega t\,\sin\Delta\omega t$$
$$\approx \cos\omega t - \cos\omega t + (\Delta\omega t)\sin\omega t$$
$$= (\Delta\omega t)\sin\omega t + O((\Delta\omega t)^2) .$$

Es folgt somit

$$x(t) \approx \frac{\gamma}{2\omega} t \sin \omega t \qquad \text{gültig für } \Delta\omega t < 1 \;.$$

Diese Gleichung beschreibt (Abb. 4.23a) eine Sinusschwingung zwischen den Enveloppen $\pm\, \gamma\, t/(2\,\omega)$. Das System schwingt aus der vorgegebenen Anfangssituation bis zu einer großen Amplitude auf. Man bezeichnet dieses Phänomen als **Resonanz**.

Betrachtet man, etwas allgemeiner, die Amplitude als Funktion der Frequenz der äußeren Schwingung

$$a(\omega) = \frac{\gamma}{|\omega_0^2 - \omega^2|} \;,$$

so findet man das folgende Verhalten (Abb. 4.23b): Die Kurve $a(\omega)$ ist für

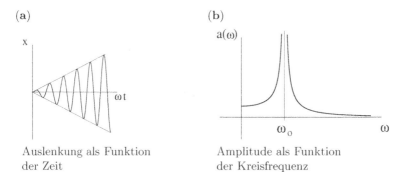

(a)   (b)

Auslenkung als Funktion   Amplitude als Funktion
der Zeit   der Kreisfrequenz

Abb. 4.23. Resonanzkatastrophe: ungedämpfter Oszillator

$\omega = \omega_0$ singulär. Die Singularität ist durch eine extreme Kopplung zwischen der Eigenschwingung und der aufgezwungenen Schwingung bedingt. Das System folgt der aufgezwungenen Schwingung um so williger, je näher die Frequenz ω an die Eigenfrequenz ω_0 herankommt. Sind beide Frequenzen gleich, so ist die Amplitude (formal) unendlich groß. In der Realität ist jedoch das Folgende zu bedenken: Der Ansatz für die Rückstellkraft ist nur für kleine Ausschläge gültig. Wenn man die 'Resonanzkatastrophe' wirklich berechnen möchte, müsste man einen realistischeren Ansatz für die Rückstellkraft, der auch für größere Ausschläge gültig ist, benutzen.

Resonanzkatastrophen von mechanischen Systemen, die periodischen Kraftwirkungen ausgesetzt sind, treten jedoch durchaus auf. Ein sehr dramatisches Beispiel ist der Einsturz der Tacomabrücke in der Nähe von Seattle (USA) in den 40er Jahren des 20. Jahrhunderts. Es existiert ein kurzer Film, der zeigt, wie die Brücke (eine Hängebrücke) während eines Sturmes von periodischen Windstößen, deren Frequenz nahe der Eigenfrequenz der Brücke lag, aufgeschaukelt wird. Das Aufschwingen war so stark, dass die Brücke einstürzte.

Ist $\omega \gg \omega_0$, so kann das System (infolge seiner Trägheit) der äußeren Einwirkung nicht so recht folgen. Es reagiert, indem es die wilden Schwingungen gar nicht mitmacht ($a \longrightarrow 0$).

4.2.3.2 Detaildiskussion des Resonanzphänomens.

Ist der Oszillator gedämpft ($\beta \neq 0$), so hat die Amplitudenfunktion (4.54)

$$a(\omega) = \frac{\gamma}{\left[(\omega_0^2 - \omega^2)^2 + 4\beta^2\omega^2\right]^{1/2}} \tag{4.56}$$

ungefähr den folgenden Verlauf (Abb. 4.24): Für $\omega = 0$ hat sie den Wert γ/ω_0^2. Sie wächst dann mit ω ebenfalls an, die Amplitude bleibt jedoch endlich. Die

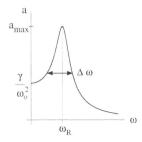

Abb. 4.24. Resonanz: Amplitude als Funktion der Kreisfrequenz bei Dämpfung

Funktion hat an der Stelle

$$\omega_R = \left[\omega_0^2 - 2\beta^2\right]^{1/2} \tag{4.57}$$

ein Maximum, das aus der Bedingung

$$\frac{da}{d\omega} = -\frac{2\omega\gamma}{\left[(\omega_0^2 - \omega^2)^2 + 4\beta^2\omega^2\right]^{3/2}} \left\{\omega_0^2 - \omega^2 - 2\beta^2\right\} = 0$$

bestimmt werden kann. Die Resonanzstelle ist im Vergleich zu dem ungedämpften Fall zu kleineren ω-Werten verschoben. Nach dem Durchgang durch die Resonanzstelle fällt die Funktion $a(\omega)$ letztlich wie $1/\omega^2$ ab. Die Resonanzstruktur kann (grob) durch die folgenden Angaben charakterisiert werden:

1. die Resonanzfrequenz ω_R.
2. Die maximale Amplitude

$$a(\omega_R) = a_{\max} = \frac{\gamma}{2\beta(\omega_0^2 - \beta^2)^{1/2}} \,. \tag{4.58}$$

3. Die Halbwertsbreite

$$\Delta\omega_{1/2} = \omega\left(\frac{a_{\max}}{2}\right)_{\text{oberhalb}} - \omega\left(\frac{a_{\max}}{2}\right)_{\text{unterhalb}}, \tag{4.59}$$

die einem Intervall um die Resonanzstelle ω_R zwischen den Punkten, an denen die Amplitude die Hälfte des Maximalwertes annimmt, entspricht

(Abb. 4.24). Eine explizite Formel für die Halbwertsbreite als Funktion von β und ω_0 kann angegeben werden (⦿ D.tail 4.3). Man begnügt sich jedoch meist mit Abschätzungen. So gilt z.B. für den Fall der schwachen Dämpfung ($\omega_0 > \beta$) die Näherung $\Delta\omega_{1/2} \approx 2\sqrt{3}\,\beta$.

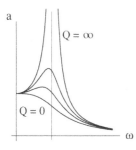

Abb. 4.25. Variation der Resonanzkurven mit dem Gütefaktor

Die Variation der Resonanzkurven mit dem Grad der Dämpfung zeigt die Abb. 4.25. Der relevante Parameter ist der **Gütefaktor**

$$Q = \frac{\omega_R}{2\beta} = \frac{\sqrt{\omega_0^2 - 2\beta^2}}{2\beta}\,. \tag{4.60}$$

Der Wert $Q \to \infty$ entspricht einer verschwindenden Dämpfung ($\beta \to 0$). Wächst die Dämpfung an, so verschiebt sich das Maximum langsam nach links, der maximale Amplitudenwert wird kleiner und die Resonanzstruktur wird breiter. Für $Q = 1$ ist die Resonanzstelle kaum ersichtlich, für $Q = 0$ (dies entspricht $\omega_0 = \sqrt{2}\beta$) ist sie nicht mehr evident.

Auch die Phasenfunktion (4.55)

$$\tan\varphi(\omega) = \frac{2\beta\omega}{\omega_0^2 - \omega^2} \quad \text{bzw.} \quad \varphi(\omega) = \arctan\left(\frac{2\beta\omega}{\omega_0^2 - \omega^2}\right)$$

zeigt einen für Resonanzeffekte charakteristischen Verlauf (Abb. 4.26). Die

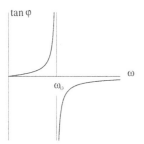

Abb. 4.26. Die Phasenfunktion $\tan\varphi(\omega)$

Kurve $\tan\varphi(\omega)$ beginnt bei $\omega = 0$ mit dem Wert 0. Sie steigt mit wachsendem ω an und wird für $\omega \to \omega_0$ unendlich groß. Wenn man diese Stelle passiert hat, springt der Tangens auf den Wert $-\infty$ und nähert sich für größere Werte von ω dem Wert $\tan\varphi = 0$ von unten. Für das entsprechende Verhalten von $\varphi(\omega)$ selbst ergibt sich das folgende Bild (Abb. 4.27): $\varphi(\omega)$ wächst von dem Wert Null bis zu dem Wert $\pi/2$ an der Stelle ω_0 und erreicht für große Werte von ω den Wert π. Betrachtet man die Variation der Phasenfunktion mit dem Gütefaktor, so findet man die folgenden Charakteristika: Für starke Reibung

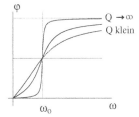

Abb. 4.27. Variation von φ mit dem Gütefaktor

(Q klein) ist der Durchgang durch die Stelle ω_0 recht flach. Je größer Q ist, (je kleiner die Reibung), desto schärfer wird der Wechsel von $\varphi = 0$ zu $\varphi = \pi$. In dem Grenzfall $Q \to \infty$ (keine Reibung) erhält man eine Sprungfunktion. Die vollständige Lösung

$$x(t) = x_{\text{hom}}(C_1, C_2, t) + a(\omega)\cos(\omega t - \varphi(\omega))$$

(z.B. für die Anfangsbedingung $x(0) = 0$, $\dot{x}(0) = 0$, siehe ☺ Aufg. 4.15) ist infolge des Einschwingvorgangs meist recht kompliziert. Dämpfungseffekte (falls vorhanden) bedingen jedoch, dass die Lösung letztlich in

$$\lim_{t \text{ groß}} x(t) = a\cos(\omega t - \varphi)$$

übergeht. Der Massenpunkt schwingt dann mit der gleichen Frequenz wie die anregende Kraft. Die Amplitude a beschreibt, wie stark das System auf die Anregung reagiert. In jedem Fall ist die Amplitude proportional zu γ, d.h. der Stärke der anregenden Kraft. Die Phase beschreibt, wie der Massenpunkt der Anregung folgen kann. Ist die Frequenz klein, so ist auch $\varphi(\omega)$ klein und die Oszillation folgt (nach dem Einschwingvorgang) der äußeren Kraft ohne größere Verzögerung. Ist $\omega = \omega_0$, so ist der Phasenunterschied (unabhängig von dem Grad der Dämpfung) $90°$. Die Masse schwingt gemäß einer Sinuskurve, wenn die Anregung durch eine Kosinuskurve beschrieben wird. Für große ω-Werte ist der Phasenunterschied π. Der Oszillator schwingt (mit kleiner Amplitude) entgegengesetzt zu der äußeren Kraft.

Neben der Realisierung in mechanischen Systemen spielt der gedämpfte, erzwungene Oszillator in der Elektrotechnik eine Rolle (siehe Band 2). Ein Stromkreis (Abb. 4.28) aus Wechselspannungsquelle (U), Spule (mit der Induktion L), Kondensator (mit der Kapazität C) und Widerstand (R) wird als **Schwingkreis** bezeichnet. Ein Strom i, der durch den Schwingkreis fließt, wird durch die folgende Differentialgleichung beschrieben

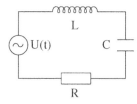

Abb. 4.28. Elektrischer Schwingkreis

$$L\frac{\mathrm{d}^2 i}{\mathrm{d}t^2} + R\frac{\mathrm{d}i}{\mathrm{d}t} + \frac{i}{C} = \frac{\mathrm{d}U}{\mathrm{d}t} \ .$$

Die Lösungen dieser Differentialgleichung entsprechen, unabhängig von der Interpretation der einzelnen Terme, genau dem Fall des mechanischen Oszillators.

4.2.4 Erzwungene Schwingungen: Allgemeine Anregungen

Nach der Diskussion der Respons eines Masse-Feder Systems auf eine harmonische Anregung stellt sich die Frage: Wie gewinnt man die Lösung der Schwingungsgleichung

$$a\ddot{x} + b\dot{x} + cx = F(t) \tag{4.61}$$

im Fall einer allgemeinen äußeren Anregung $F(t)$? Eine Antwort auf diese Frage findet man mit Hilfe des **Superpositionsprinzips**, das man in der folgenden Weise formulieren kann:

> Sei $F(t) = \sum_{n=0}^{N} F_n(t)$ und $x_n(t)$ eine Partikulärlösung der Differentialgleichung $a\ddot{x}_n + b\dot{x}_n + cx_n = F_n(t)$. Dann ist $x_{\mathrm{part}}(t) = \sum_{n=0}^{N} x_n(t)$ eine Partikulärlösung der Differentialgleichung $a\ddot{x} + b\dot{x} + cx = F(t)$.

Der Beweis dieser Aussage ist einfach: Setze x_{part} in die zugehörige Differentialgleichung ein, sortiere linke und rechte Seite und benutze die Voraussetzung. Das Superpositionsprinzip erlaubt die Zusammensetzung der Partikulärlösung von linearen, inhomogenen Differentialgleichungen im Falle eines komplizierteren inhomogenen Termes aus einfacheren Bestandteilen.

Das Theorem ist (unter geeigneten Voraussetzungen, siehe Math.Kap. 1.3.4) auch in dem Grenzfall $N \to \infty$ gültig. Es ist dann

$$F(t) = \sum_{n=0}^{\infty} F_n(t) \qquad x_{\mathrm{part}}(t) = \sum_{n=0}^{\infty} x_n(t) \ .$$

Eine Voraussetzung ist: Die Funktionenreihen müssen (in einem Intervall) absolut und gleichmäßig konvergieren.

In dieser Form bietet das Theorem die Möglichkeit, exotischere periodische Anregungen zu diskutieren, so z.B. diverse 'Sägezahnkräfte' (Abb. 4.29a) oder eine Kraft, die aus Parabelstücken zusammengesetzt ist (Abb. 4.29b).

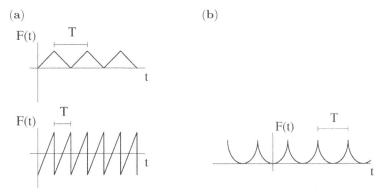

(a)   (b)

durch Sägezahnkräfte   durch eine Kraft aus Parabelstücken

Abb. 4.29. Periodische Anregungen (mit der Periode T)

Die periodischen Funktionen in diesen Beispielen sind zwar stetig aber nicht stetig differenzierbar. Solche Anregungen werden in der Elektrotechnik verwendet.

Für die Darstellung der in der Abbildung gezeigten, periodischen Funktionen ist die Theorie der Fourierreihen zuständig: Man versucht solche Funktionen darzustellen, indem man Sinus- und Kosinusfunktionen mit Perioden, die genau in das Grundintervall der unabhängigen Variablen eingebettet werden können, überlagert. Für den Fall der Sägezahnkraft in Abb. 4.30a sieht die naive Umsetzung des entsprechenden Verfahrens folgendermaßen aus: In einem Grundintervall $-a \leq t \leq a$ wird die Funktion $F(t)$ durch $F(t) = t$ beschrieben. Die periodische Fortsetzung in benachbarten Intervallen erfordert $F(t \pm 2a) = F(t)$. Zur Darstellung dieser ungeraden, periodischen Funktion durch trigonometrische Funktionen bietet sich als erste Näherung eine Sinusfunktion der Form

$$F_1(t) = \frac{2a}{\pi} \sin\left(\frac{\pi}{a} t\right)$$

an. Mit dem Faktor π/a in dem Argument der Sinusfunktion wird erreicht, dass die Sinuskurve genau in das Grundintervall passt. Die Amplitude der Sinusfunktion ergibt sich durch optimale Anpassung des Über- bzw. Unterschwingens (Abb. 4.30b). Zu dieser Näherung addiert man mit geeigneter Amplitude und Vorzeichen, eine Sinusfunktion mit der doppelten Frequenz. Die Amplitude wird so gewählt, dass die Abweichung der ersten Näherung von der Funktion $F(t) = t$ optimal reduziert wird. Man erhält auf diese Weise

$$F_2(t) = \frac{2a}{\pi} \left(\sin\frac{\pi}{a} t - \frac{1}{2} \sin\frac{2\pi}{a} t \right) .$$

Die Darstellung der Sägezahnfunktion in dieser Näherung ist in Abb. 4.30c wiedergegeben. Die Fortsetzung dieses Verfahrens ist im Prinzip einfach. In der nächsten Näherung benutzt man einen Beitrag mit drei Schwingungen

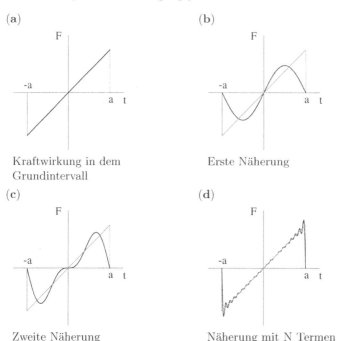

(a)

Kraftwirkung in dem
Grundintervall

(b)

Erste Näherung

(c)

Zweite Näherung

(d)

Näherung mit N Termen

Abb. 4.30. Fourierdarstellung einer Sägezahnkraft

im Grundintervall, etc. Für jeden zusätzlichen Beitrag wird die Amplitude so angepasst, dass die Abweichungen von dem Geradenstück reduziert werden. Eine Näherung mit N Termen ist in Abb. 4.30d angedeutet. Im Endeffekt gewinnt man (im Grenzfall $N \to \infty$) auf diese Weise die **Fourierdarstellung** der Sägezahnfunktion, die eine periodische Fortsetzung der in Abb. 4.30a gezeigten Grundfunktion ist

$$F(t) = \frac{2a}{\pi} \sum_{n=1}^{\infty} (-)^{n+1} \frac{1}{n} \sin\left(\frac{n\pi t}{a}\right) . \tag{4.62}$$

Diese Funktion ist offensichtlich periodisch, denn es gilt $F(t) = F(t \pm 2a)$. Die Darstellung in dem Grundintervall wiederholt sich für alle benachbarten Intervalle.

Diese verbale Beschreibung der Konstruktion einer Fourierreihe wird in Math.Kap. 1.3.4 genauer fundiert. In diesem Kapitel wird auch die explizite Herleitung der Darstellung der Sägezahnkraft (4.62) gegeben.

Die Antwort auf die anfangs gestellte Frage lautet somit: Falls man die äußere Kraft in der Form

$$F(t) = \sum_{n=0}^{N} F_n(t)$$

mit einem endlichen Wert von N darstellen kann und wenn man die Partikulärlösungen $x_n(t)$ der entsprechenden individuellen Schwingungsgleichungen

$$a\ddot{x}_n(t) + b\dot{x}_n(t) + cx_n(t) = F_n(t)$$

kennt, so lautet die allgemeine Lösung des getriebenen Oszillatorproblems

$$x(t) = x_{\text{hom}}(C_1, C_2, t) + \sum_{n=0}^{N} x_n(t) \; .$$

Falls man den Grenzfall $N \to \infty$ in Betracht zieht, wie zum Beispiel bei der Darstellung einer periodischen äußeren Kraft durch eine Fourierreihe, ist diese Aussage immer noch gültig, vorausgesetzt die relevanten mathematischen Bedingungen sind erfüllt.

5 Allgemeine Formulierungen der Punktmechanik

Das zweite Newtonsche Axiom besagt, dass der zeitliche Bewegungsablauf eines Massenpunktes berechnet werden kann, wenn die Kräfte, die auf den Massenpunkt einwirken, vorgegeben sind. Neben der Tatsache, dass die Lösung der Bewegungsgleichung unter Umständen nicht einfach ist, können sich andere Schwierigkeiten einstellen. Es ist möglich, dass die Kräfte (als Kraftfeld oder als Funktion der Zeit oder ...) gar nicht explizit bekannt sind, sondern dass geometrische Bedingungen vorliegen, die die Bewegung einschränken. Ein Beispiel dieser Art ist die Fallbewegung auf einer schiefen Ebene. Offensichtlich kompensiert eine Kraftwirkung, die durch den Druck eines Objektes (im Idealfall eines Massenpunktes) auf die 'starre Unterlage' zustande kommt, einen Teil der (einfachen) Schwerkraft. Diese Zwangskraft kann man im Fall der schiefen Ebene mit elementaren Mitteln bestimmen, im Allgemeinen ist jedoch ein weitergehender Ansatz erforderlich. Die Diskussion von Bewegungsproblemen mit Einschränkungen allgemeiner Art geht auf Lagrange zurück. Der entsprechende Satz von Bewegungsgleichungen, in denen die Zwangskräfte explizit auftreten, ist unter der Bezeichnung Lagrangegleichungen erster Art (kurz Lagrange I) bekannt. Eine formale Fundierung dieser Gleichungen liefert das Prinzip von d'Alembert, das man als eine präzise Erweiterung des zweiten Axioms bei Anwesenheit von Einschränkungen der Bewegung auffassen kann.

Das d'Alembertsche Prinzip kann auch als Grundlage zu der Aufstellung der Lagrangegleichungen zweiter Art (kurz Lagrange II) dienen, in denen eine bestimmte Klasse von einschränkenden Bedingungen durch eine optimale Koordinatenwahl (Wahl von generalisierten Koordinaten) einbezogen wird. Diese Bewegungsgleichungen zeichnen sich durch Ökonomie in der Formulierung und Flexibilität in der Handhabung aus. Sie stellen ein Kernstück der 'höheren Mechanik' dar.

Das Kapitel beginnt mit der Diskussion der Bewegungsgleichungen unter expliziter Einbeziehung der Zwangskräfte, also mit den Lagrangegleichungen erster Art.

5.1 Die Lagrangegleichungen erster Art (Lagrange I)

Die Thematik dieses Abschnittes lässt sich am einfachsten durch die Betrachtung einiger Beispiele vorstellen. Anhand dieser Beispiele wird es möglich sein, ausreichende Information über die Eigenschaften der Zwangs- oder Führungskräfte und somit eine allgemeine Formulierung von Bewegungsproblemen mit einschränkenden Bedingungen zu gewinnen.

5.1.1 Beispiele für Bewegungen unter Zwangsbedingungen

Ein Massenpunkt bewegt sich unter dem Einfluss der einfachen Schwerkraft auf einer beliebigen Fläche im Raum (Beispiel 5.1, siehe Abb. 5.1). Eventuelle Reibungseffekte werden vernachlässigt. Damit die Bewegung wirklich auf dieser Fläche abläuft, müssen die folgenden Anfangsbedingungen vorgelegen haben: Zu dem Anfangszeitpunkt $t = 0$ befand sich der Massenpunkt auf der Fläche und hatte eine Anfangsgeschwindigkeit v_0 in Richtung einer Tangente an die Fläche. Es ist klar, dass die Schwerkraft $F = mg$ nicht die einzige

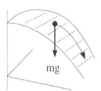

Abb. 5.1. Bewegung mit Zwangsbedingungen

Kraft ist, die auf den Massenpunkt einwirkt. Wäre dies der Fall, so würde, je nach Anfangsbedingung, eine Wurfparabel oder eine geradlinige, gleichförmig beschleunigte Bewegung vorliegen. Es treten Kräfte auf, die die Unterlage auf die Masse ausübt. Diese Führungskräfte sind letztlich atomaren Ursprungs. Durch die Belastung werden die Atome der Unterlage aus ihren Gleichgewichtslagen gedrückt. Sie reagieren mit einer Rückstellkraft auf das belastende Objekt. Es ist glücklicherweise möglich, Aussagen über diese Kräfte zu

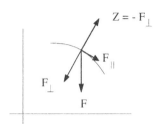

Abb. 5.2. Bewegung mit Zwangsbedingungen: Betrachtung der Kräfte

machen, ohne Atom- oder Festkörperphysik zu betreiben. Die folgende einfache Überlegung (Abb. 5.2) hilft weiter: Man zerlege die Schwerkraft (F) für jeden Punkt der Fläche in eine Komponente tangential an die Fläche und eine Komponente senkrecht dazu. Die Tangentialkomponente reguliert die Bewegung entlang der Fläche. Da keine Verschiebung (makroskopisch) der Masse in der Normalenrichtung auftritt, muss die Komponente der Schwerkraft in dieser Richtung ($F_\perp$) durch eine **Zwangskraft Z** kompensiert werden

$$F_\perp + Z = 0 \, . \tag{5.1}$$

Die geschickte Handhabung dieser Kompensation ist der Kernpunkt der zu besprechenden Lagrangegleichungen erster Art.

In dem Beispiel 5.2 soll der Massenpunkt (in Realität eine durchbohrte Kugel) unter dem Einfluss der einfachen Schwerkraft reibungsfrei an einem steifen Führungsdraht herunterrutschen (Abb. 5.3). Es liegt eine erzwungene Bewe-

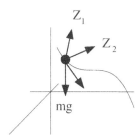

Abb. 5.3. Eindimensionale Bewegung mit Zwangsbedingungen: Zwangskräfte

gung entlang einer Raumkurve vor. Die Situation bezüglich der Zwangskräfte ist in diesem Fall etwas komplizierter, denn es ist nicht ausreichend, nur einen Anteil der Schwerkraft zu kompensieren (Z_1). Damit der Massenpunkt einen Bogen durchläuft, muss eine zusätzliche Zwangskraft in Richtung des momentanen Krümmungsmittelpunktes der Kurve (Z_2) angreifen.

Die beiden Zwangskräfte (und somit auch ihre Vektorsumme, die gesamte Zwangskraft) zeichnen sich auch in diesem Beispiel dadurch aus, dass sie zu jedem Zeitpunkt senkrecht auf der momentanen Bewegungsrichtung stehen

$$Z \cdot \mathrm{d}r = (Z_1 + Z_2) \cdot \mathrm{d}r = 0 \, . \tag{5.2}$$

Dies bedingt, dass auch bei der Anwesenheit von Zwangskräften nur die offen angreifenden Kräfte (F) zu der Energiebilanz beitragen. Aus der Bewegungsgleichung für einen Massenpunkt

$$m\ddot{r} = F + Z$$

mit konservativen Kräften F und (im Detail zunächst nicht bekannten) Zwangskräften Z erhält man durch Kurvenintegration den Energiesatz

$$\frac{m}{2}v^2 + U(r) = E_0$$

mit $U = -\int F \cdot \mathrm{d}r$. Das Kurvenintegral $\int Z \cdot \mathrm{d}r$ verschwindet. Zwangskräfte tragen wegen der Bedingung (5.2) nicht bei.

Die Bewegung entlang einer Raumkurve, ein Bewegungsproblem mit einem Freiheitsgrad, wird durch eine Differentialgleichung vollständig charakterisiert. Aus diesem Grund ist der Energiesatz zur Berechnung des Bewegungsablaufes ausreichend, obschon die Situation bezüglich der Zwangskräfte komplizierter ist. Als relevante Größe zur Beschreibung des einzigen Freiheitsgrades bietet sich die Bogenlänge entlang der vorgegebenen Kurve an. Die Länge eines infinitesimalen Kurvenstückes kann man in kartesischen Koordinaten in der Form

$$ds = \left[dx^2 + dy^2 + dz^2 \right]^{1/2} \tag{5.3}$$

darstellen. Wird die Kurve durch eine Parameterdarstellung

$$x = x(q) \qquad y = y(q) \qquad z = z(q)$$

beschrieben, so berechnet sich die Bogenlänge des Kurvenstückes zwischen zwei Punkten, die durch q_0 und q charakterisiert sind, als

$$s(q, q_0) = \int_{q_0}^{q} dq' \left[\left(\frac{dx}{dq'} \right)^2 + \left(\frac{dy}{dq'} \right)^2 + \left(\frac{dz}{dq'} \right)^2 \right]^{1/2} . \tag{5.4}$$

Für ein Bewegungsproblem muss man die Zeit ins Spiel bringen. Aus der Vorgabe (5.3) folgt zunächst

$$\frac{ds}{dt} = \left[\left(\frac{dx}{dt} \right)^2 + \left(\frac{dy}{dt} \right)^2 + \left(\frac{dz}{dt} \right)^2 \right]^{1/2} = v .$$

Wird der Bewegungsablauf durch $q = q(t)$ beschrieben, so erhält man mit der Kettenregel

$$\frac{ds}{dt} = \frac{ds}{dq} \frac{dq}{dt} .$$

Der erste Faktor kann mit (5.4) berechnet werden (Ableitung nach der oberen Grenze eines Integrals). Zusammenfassung mit dem zweiten Faktor liefert dann, entsprechend der schon diskutierten Unabhängigkeit eines Kurvenintegrals von der Wahl des Kurvenparameters, wiederum die Aussage $\dot{s} = v$.

Gelingt es nun, auch die potentielle Energie durch die Bogenlänge auszudrücken ($U(\boldsymbol{r}) \longrightarrow U(s)$), so lautet der Energiesatz

$$\frac{m}{2} \dot{s}^2 + U(s) = E_0 . \tag{5.5}$$

Es liegt ein eindimensionales Bewegungsproblem vor, dessen Lösung $s = s(t)$ die Bewegung entlang der vorgegebenen Raumkurve beschreibt. Die folgenden Beispiele sollen diese Aussage illustrieren.

In dem nächsten Beispiel (Beispiel 5.3) wird die Bewegung eines Massenpunktes m entlang einer Geraden in der x-z Ebene mit dem Steigungswinkel $-\alpha$ unter dem Einfluss der (einfachen) Schwerkraft betrachtet (Abb. 5.4). Die erzwungene Bahn wird durch die Parameterdarstellung

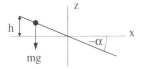

Abb. 5.4. Bewegung entlang einer vorgegebenen Geraden unter dem Einfluß der Schwerkraft

$$x = q \qquad z = -(\tan\alpha)\,q \qquad (y = 0)$$

beschrieben. Die Anfangsbedingungen, im *Einklang* mit der eingeschränkten Bewegung, seien

$$
\left.
\begin{aligned}
x(0) &= -\frac{h}{\tan\alpha} & z(0) &= h \\
v_x(0) &= 0 & v_z(0) &= 0
\end{aligned}
\right\}
\quad
\begin{aligned}
q(0) &= -\frac{h}{\tan\alpha} \\
\dot{q}(0) &= 0 .
\end{aligned}
$$

Der Energiesatz lautet dann

$$\frac{m}{2}\dot{s}^2 + mgz = 0 + mgh$$

oder

$$\dot{s} = \pm\,[2g(h - z)]^{1/2}\;.$$

Die noch benötigte Relation zwischen s und z kann man für dieses Beispiel direkt aus einer geometrischen Betrachtung (Abb. 5.5) gewinnen (es spielt nur der Betrag des Winkels α eine Rolle)

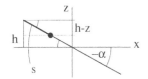

Abb. 5.5. Geometrie des Beispiels 5.3

$$\sin\alpha = \frac{h - z}{s} \qquad (h - z) = s\sin\alpha\;.$$

Alternativ kann man die Bogenlänge s über das Integral (5.4) (zweidimensional) berechnen, auch wenn dies umständlich ist

$$
s = \int_{q_0}^{q} dq' \left[\left(\frac{dx}{dq'}\right)^2 + \left(\frac{dz}{dq'}\right)^2\right]^{1/2} = \left[1 + \tan^2\alpha\right]^{1/2} \int_{-h/\tan\alpha}^{q} dq'
$$

$$
= \frac{1}{\cos\alpha}\left(q + \frac{h}{\tan\alpha}\right) = \frac{1}{\sin\alpha}(q\tan\alpha + h) = \frac{1}{\sin\alpha}(-z + h)\;.
$$

In jedem Fall lautet die Differentialgleichung

$$\dot{s} = +\sqrt{2g\sin\alpha}\sqrt{s}\;. \tag{5.6}$$

Es ist nur das Pluszeichen zuständig, da die Bogenlänge mit der Zeit zunimmt. Direkte Integration (mit Variablentrennung) liefert ($s(0) = 0$!)

$$s(t) = \left(\frac{g}{2}\sin\alpha\right) t^2 \ .$$

Die Zeitabhängigkeit der kartesischen Koordinaten ist somit

$$z = h - s\sin\alpha = h - \frac{g}{2}(\sin^2\alpha)t^2$$

$$x = -\frac{z}{\tan\alpha} = -\frac{h}{\tan\alpha} + \frac{g}{2}(\cos\alpha\sin\alpha)\,t^2 \ .$$

Dieses Ergebnis gilt auch für den freien Fall auf einer schiefen Ebene, falls die Anfangsbedingungen geeignet ($y(0) = 0$, $\dot{y}(0) = 0$) gewählt werden.
Das folgende Beispiel (Beispiel 5.4) wird sich im Endeffekt als wohl bekannt herausstellen. Ein Massenpunkt bewegt sich unter dem Einfluss der Schwer-

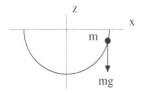

Abb. 5.6. Bewegung auf einem Halbkreis

kraft in der unteren x-z Ebene auf einem Halbkreis (Radius R) um den Koordinatenursprung (Abb. 5.6). Als Anfangsbedingungen werden

$$\begin{aligned} x(0) &= R & z(0) &= 0 \\ v_x(0) &= 0 & v_z(0) &= 0 \end{aligned}$$

vorgegeben. Der Energiesatz lautet in diesem Fall (beinahe wie zuvor)

$$\frac{1}{2}\dot{s}^2 + gz = 0 \ .$$

Die benötige Relation zwischen z und s gewinnt man in der folgenden Weise: Eine Parameterdarstellung der Bahnkurve ist

$$x = R\cos q \qquad z = -R\sin q \qquad (0 < q < \pi) \ .$$

Daraus ergibt sich

$$s = \int_0^q \mathrm{d}q' \left[R^2\sin^2 q' + R^2\cos^2 q'\right]^{1/2} = R\int_0^q \mathrm{d}q' = Rq \ .$$

Dieses Resultat hätte man mit der Bemerkung 'Bogenlänge entspricht Radius mal Winkel' direkt hinschreiben können. Setzt man q in die Parameterdarstellung für die z-Koordinate ein, so folgt

$$z = -R\sin\frac{s}{R} \ ,$$

sowie der Energiesatz

$$\dot{s}^2 - 2gR \sin \frac{s}{R} = 0 \; .$$

Benutzt man anstelle der Bogenlänge s den Winkel φ (gemessen von dem tiefsten Bahnpunkt, siehe Abb. 5.7) mit

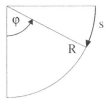

Abb. 5.7. Relation zwischen Bogenlänge und Winkel des Ausschlages

$$s = R \left(\frac{\pi}{2} - \varphi \right) \qquad \text{und} \qquad \dot{s} = -R\dot{\varphi} \; ,$$

so lautet der Energiesatz

$$\dot{\varphi}^2 - \frac{2g}{R} \cos \varphi = 0 \; .$$

Dies ist der Energiesatz des mathematischen Pendels (für die gewählten Anfangsbedingungen), der in Kap. 4.2.1 diskutiert wurde. Es spielt also keine Rolle, ob die Führungskraft durch eine fiktive Stange, einen Führungsdraht oder durch eine anderweitige Anordnung zustande kommt. Allein die Geometrie der Führungskurve ist ausschlaggebend.

Dieses Beispiel (Beispiel 5.5) soll aufzeigen, dass man bei der Darstellung der potentiellen Energie durch die Bogenlänge auch für relativ einfache geometrische Situationen leicht in rechentechnische Schwierigkeiten geraten kann. Für eine ähnliche Situation wie in dem Beispiel 5.2 (S. 187), jedoch mit einer Führungskurve in der Form der Parabel $z = x^2$, erhält man die folgende Darstellung der Bogenlänge: Ausgehend von der Parameterdarstellung $x = q$, $z = q^2$ berechnet man

$$s = \int_{q_0}^{q} \mathrm{d}q' \sqrt{(1 + 4q'^2)}$$

$$= \frac{1}{4} \left\{ 2q' \sqrt{(1 + 4q'^2)} + \ln \left[2q' + \sqrt{(1 + 4q'^2)} \right] \right\} \Big|_{q_0}^{q} \; .$$

Setzt man hier $q = \sqrt{z}$ bzw. $q_0 = \sqrt{z_0}$ ein, so sieht man, dass die erforderliche Umkehrung $z = z(s)$ offensichtlich Schwierigkeiten bereitet.

Man stellt fest, dass der Energiesatz im Prinzip zur Diskussion des Bewegungsablaufes entlang einer vorgegebenen Raumkurve ausreicht, jedoch nicht notwendigerweise einen optimalen Zugang zur Lösung des anstehenden Bewegungsproblems darstellt. Unter Umständen kann man diese Schwierigkeiten

durch eine flexiblere Wahl der Variablen, die in den Lagrange Bewegungsgleichungen zweiter Art vorgesehen ist, umgehen. Für die Bewegung eines Massenpunktes entlang einer vorgegebenen Fläche im Raum (ein Bewegungsproblem mit zwei Freiheitsgraden) ist der Energiesatz (eine Differentialgleichung)
nicht ausreichend. Es ist ein allgemeiner Zugang zu Bewegungsproblemen mit
Zwangsbedingungen erforderlich.

5.1.2 Lagrange I für einen Massenpunkt

Die Formulierung, die unter dem Namen Lagrange I bekannt ist, stellt eine Erweiterung der Newtonschen Bewegungsgleichungen dar. Sie bietet die
folgenden Vorteile:

(1) Alle Bewegungsprobleme mit Zwangskräften werden in einer einheitlichen
    Weise behandelt.
(2) Die Zwangskräfte können in allen Fällen explizit berechnet werden.

Der letzte Punkt ist unter Umständen erwünscht. Bei der Konstruktion von
mechanischen Apparaten (Maschinen) ist die Frage nach der Materialbela-
stung (d.h. die Zwangskräfte, denen die Maschine ausgesetzt ist) ohne Zweifel
wichtig. Ein Nachteil der Bewegungsgleichungen in der Form von Lagrange I
ist, wie oben gesehen, die mangelnde Flexibilität.

5.1.2.1 Bewegung auf einer Fläche. Für die Bewegung eines Massenpunktes auf einer vorgegebenen Fläche gewinnt man diese Bewegungsgleichungen mit dem folgenden Argument: Eine Fläche im dreidimensionalen
Raum (Abb. 5.8) kann durch eine implizite Gleichung der Form $f(x, y, z) = 0$
beschrieben werden (Math.Kap. 4.1.1). Beispiele sind

Kugelfläche: $x^2 + y^2 + z^2 - R^2 = 0$
Ebene: $z - ax - b = 0$.

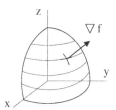

Abb. 5.8. Andeutung einer Fläche im Raum

Das totale Differential der Funktion $f = 0$ ist

$$df = \frac{df}{dx}dx + \frac{df}{dy}dy + \frac{df}{dz}dz = 0$$

oder in vektorieller Form

$$\mathrm{d}f = \boldsymbol{\nabla} f \cdot \mathbf{d}\boldsymbol{r} = 0 \, .$$

Der infinitesimale Verschiebungsvektor $\mathbf{d}\boldsymbol{r}$ zeigt in jedem Punkt der Fläche in Richtung einer Tangente. Die Gleichung besagt somit: Der Gradientenvektor $\boldsymbol{\nabla} f$ steht senkrecht auf der Fläche $f = 0$. Die gleiche Eigenschaft sollen auch die Zwangskräfte besitzen, für die man somit den Ansatz

$$\boldsymbol{Z} = \lambda(x, y, z) \, \boldsymbol{\nabla} f \tag{5.7}$$

machen kann. Der Proportionalitätsfaktor beschreibt die Variation der Stärke der Zwangskraft mit der Position auf der Fläche. Er ist zunächst nicht bekannt, sondern muss im Rahmen der Lösung des Bewegungsproblems bestimmt werden. Man bezeichnet den Faktor λ als den **Lagrangemultiplikator**. Die Bewegungsgleichungen nach Newton mit offen wirkenden Kräften und mit Zwangskräften lauten somit

$$\boxed{m\ddot{\boldsymbol{r}} = \boldsymbol{F} + \lambda \boldsymbol{\nabla} f} \tag{5.8}$$

oder im Detail

$$m\ddot{x} = F_x + \lambda(x, y, z)\frac{\partial f}{\partial x} \qquad m\ddot{y} = F_y + \lambda(x, y, z)\frac{\partial f}{\partial y}$$

$$m\ddot{z} = F_z + \lambda(x, y, z)\frac{\partial f}{\partial z} \, . \tag{5.9}$$

Diese drei Gleichungen reichen zur Bestimmung der vier unbekannten Funktionen

$$x(t), \, y(t), \, z(t) \text{ und } \lambda(x(t), y(t), z(t))$$

noch nicht aus. Die benötigte vierte Gleichung entspricht der Aussage: Die Flächengleichung muss erfüllt sein, wenn man die Lösung einsetzt:

$$\boxed{f(x(t), \, y(t), \, z(t)) = f(\boldsymbol{r}(t)) = 0 \, .} \tag{5.10}$$

Diese Bedingung besagt, dass sich die Masse wirklich auf der Fläche bewegt.

Diesen Satz von vier (eingerahmten) Gleichungen für vier unbekannte Funktionen bezeichnet man als die **Lagrangegleichungen erster Art** (für die Bewegung eines Massenpunktes auf einer vorgegebenen Fläche). Die Gleichungen erlauben, im Prinzip, die Berechnung des Bewegungsablaufes auf der Fläche sowie der Stärke der Zwangskräfte in jedem Bahnpunkt.

5.1.2.2 Bewegung entlang einer Raumkurve. Für die Diskussion der Bewegung entlang einer vorgegebenen Raumkurve im Rahmen der Lagrangeformulierung ist die Darstellung der Kurve als Schnitt zweier Flächen im Raum nützlich:

$$f_1(x, y, z) = 0 \qquad f_2(x, y, z) = 0 \ .$$

Beispiele sind:
Eine schief im Raum liegende Ellipse (Beispiel 5.6, siehe Abb. 5.9a) lässt sich als Schnittkurve einer Ebene, z.B.

$$f_1 = z - x = 0 \quad \text{oder} \quad z = x \ ,$$

und einem Zylinder um die z-Achse

$$f_2 = x^2 + y^2 - R^2 = 0$$

darstellen (siehe ⊚ D.tail 5.1).
Eine etwas exotischere Raumkurve (Beispiel 5.7) ergibt sich als Schnitt einer 'abfallenden Wellblechfläche'

$$f_1 = z + x - \sin x = 0$$

mit der x-z Ebene $f_2 = y = 0$. Die Schnittkurve ist eine Berg- und Talbahn mit uniformer Neigung (Abb. 5.9b).

(a)   (b)

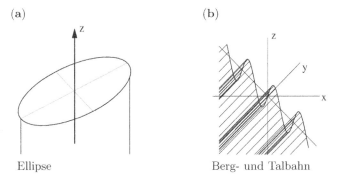

Ellipse   Berg- und Talbahn

Abb. 5.9. Raumkurven als Schnitt von Flächen

Die Forderung bezüglich der Zwangskräfte lautet: Sie sollen in jedem Punkt senkrecht auf der vorgegebenen Kurve stehen. Ein Ansatz für einen Vektor mit diesen Eigenschaften ist

$$\boldsymbol{Z} = \lambda_1(\boldsymbol{r}) \, \boldsymbol{\nabla} f_1(\boldsymbol{r}) + \lambda_2(\boldsymbol{r}) \, \boldsymbol{\nabla} f_2(\boldsymbol{r}) \ . \tag{5.11}$$

Die Summe der mit Lagrangemultiplikatoren multiplizierten (voneinander unabhängigen) Gradientenvektoren, die senkrecht auf den jeweiligen Flächen stehen, ergibt einen Vektor mit den gewünschten Eigenschaften.

Zur Bestimmung der fünf Größen $x(t)$, $y(t)$, $z(t)$, $\lambda_1(t)$, $\lambda_2(t)$ stehen die folgenden fünf Gleichungen zur Verfügung

$$
\boxed{
\begin{aligned}
m\ddot{\boldsymbol{r}} &= \boldsymbol{F} + \lambda_1 \boldsymbol{\nabla} f_1 + \lambda_2 \boldsymbol{\nabla} f_2, \\
&\text{sowie} \\
f_1 &= 0 \text{ und } f_2 = 0 \,.
\end{aligned}
}
\tag{5.12}
$$

Die drei Bewegungsgleichungen für die Komponenten des Positionsvektors und die zwei Flächengleichungen, die die vorgegebene Raumkurve charakterisieren, stellen die Lagrangegleichungen erster Art für die Bewegung eines Massenpunktes auf dieser Kurve dar.

Sind die expliziten Kräfte $\boldsymbol{F}$ konservativ, so gilt sowohl für die Bewegung auf einer Raumfläche als auch für die Bewegung auf einer Raumkurve der Energiesatz

$$
\frac{m}{2} v^2 + U(\boldsymbol{r}) = E_0 \,,
$$

da die Zwangskräfte bei Verschiebungen entlang der Kurve oder der Fläche keinen Energiebeitrag ergeben.

Die zentralen Annahmen bei der Aufstellung der Lagrangegleichungen erster Art sind:

(a) Die Gültigkeit des zweiten Axioms, wobei für die Kraft die Summe der offen wirkenden Kräfte (auch **eingeprägte** Kräfte genannt) und der Zwangskräfte einzusetzen ist.

(b) Die Zwangskräfte stehen zu jedem Zeitpunkt senkrecht auf der vorgegebenen Kurve oder Fläche.

Die zweite Annahme ist nicht Bestandteil der Newtonschen Axiome. Sie muss, ebenso wie die Axiome, durch Vergleich von Theorie und Experiment überprüft werden. Da bei der Aufstellung der Lagrange Bewegungsgleichungen erster Art Annahmen oder Erfahrungen eingebracht werden, die über Newtons Axiome hinausgehen, stellt sich die Frage: Ist es möglich die zusätzliche Erfahrung und die alten Axiome zu einem allgemeineren Prinzip der Mechanik zusammenzufassen? Diese Frage wird in Kap. 5.2.1 mit dem d'Alembertschen Prinzip (dem Prinzip der virtuellen Arbeit) positiv beantwortet werden.

5.1.2.3 Zeitlich veränderliche Kurven und Flächen. Die bisher betrachteten Bewegungsabläufe wurden durch zeitlich unveränderliche Kurven oder Flächen eingeschränkt. Man kann jedoch auch Fragen der folgenden Art stellen: Wie beschreibt man die Bewegung eines Massenpunktes, der unter dem Einfluss der Schwerkraft an einem oszillierenden (oder sich in anderer Weise bewegenden) Draht reibungsfrei heruntergleitet? Eine Fläche bzw. eine Kurve, die sich mit der Zeit ändert, wird durch Gleichungen der folgenden Form beschrieben

Fläche : $f(x,\,y,\,z,\,t)\ =0$

Kurve : $f_1(x,\,y,\,z,\,t)=0$ $f_2(x,\,y,\,z,\,t)=0$.   (5.13)

Einige Beispiele für derartige Vorgaben sind:

Eine sich hebende oder senkende schiefe Ebene (Beispiel 5.8) wird durch eine Funktion

$$z - h(t) + (\tan\alpha)x = 0$$

beschrieben. So ergibt z.B. die Funktion $h(t) = v_0 t$ eine uniforme Bewegung der gesamten Ebene, $h(t) = a_0 t^2$ eine gleichmäßig beschleunigte Ebene und $h(t) = a_0 \cos\omega_0 t$ eine Ebene, die sich periodisch hebt und senkt.

Eine sinusförmige Wellenfläche (Beispiel 5.9), die sich uniform nach rechts bewegt (Abb. 5.10a), entspricht einer Funktion der Form

$$z - A\sin\left(\frac{2\pi}{L}x - \omega_0 t\right) = 0 \ .$$

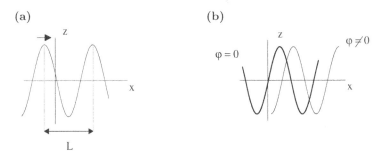

(a)   **(b)**

Abb. 5.10. Laufende Wellenfläche

Ist $\omega_0 = 0$, so stellt die Funktion im dreidimensionalen Raum eine stationäre sinusförmige Fläche dar, deren Periodizität in der x-Richtung durch die Wellenlänge L charakterisiert wird. Die zeitabhängige Phase $\varphi = \omega_0 t$ gibt an, wie weit die bewegte Sinusfläche gegenüber der Referenzfläche ($\varphi = 0$) verschoben ist (Abb. 5.10b). Falls die Phase, wie angenommen, linear mit der Zeit wächst, ist es eine uniform bewegte Wellenfläche, die als ein einfaches Modell einer Wasserwelle dienen könnte.

Das in Abb. 5.11 angedeutete Beispiel 5.10 stellt einen geraden Draht in der x-z Ebene dar, der sich um die y-Achse dreht. Diese Kurve kann als Schnittlinie der zeitabhängigen Flächen

$$z - (\tan\alpha(t))x = 0 \qquad y = 0$$

vorgegeben werden. Ist z.B. $\alpha(t) = \omega_0 t$, so rotiert der Draht gleichförmig um die y-Achse. Für $\alpha(t) = \alpha_0 \sin\omega_0 t$ oszilliert der Draht mit der Frequenz $f_0 = \omega_0/2\pi$ zwischen den Maximalwinkeln $\pm\alpha_0$.

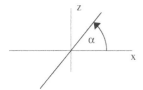

Abb. 5.11. Rotierender, gerader Draht

5.1.2.4 Klassifikation der Zwangsbedingungen. Alle bisher betrachteten Zwangsbedingungen (ob zeitabhängig oder nicht), können auch in differentieller Form vorgegeben werden. So kann z.B. eine Fläche $f(x, y, z, t) = 0$ durch das totale Differential

$$\mathrm{d}f = \frac{\partial f}{\partial x}\mathrm{d}x + \frac{\partial f}{\partial y}\mathrm{d}y + \frac{\partial f}{\partial z}\mathrm{d}z + \frac{\partial f}{\partial t}\mathrm{d}t = 0 \qquad (5.14)$$

charakterisiert werden. Sind die Koeffizientenfunktionen a_i einer allgemeinen Differentialform

$$a_1(x, y, z, t)\mathrm{d}x + a_2(x, y, z, t)\mathrm{d}y + a_3(x, y, z, t)\mathrm{d}z$$
$$+ a_0(x, y, z, t)\mathrm{d}t = 0 , \qquad (5.15)$$

wie in (5.14), die partiellen Ableitungen einer Funktion $f(x, y, z, t)$ nach den jeweiligen Variablen, so bezeichnet man die Zwangsbedingung als **holonom**. Holonom bedeutet 'ganz' oder 'vollständig'. Diese Bezeichnung bezieht sich auf die Aussage, dass ein vollständiges Differential vorliegt, aus dem die Funktion f mittels Kurvenintegration zurückgewonnen werden könnte. Ist die Funktion $f(x, y, z, t)$ zweimal stetig differenzierbar, so kann man sich auf den Satz von Schwarz (Math.Kap. 4.2.2) berufen und die offizielle Definition einer holonomen Zwangsbedingung folgendermaßen zum Ausdruck bringen:

Eine Zwangsbedingung in differentieller Form

$$a_1(x, y, z, t)\mathrm{d}x + a_2(\ldots)\mathrm{d}y + a_3(\ldots)\mathrm{d}z + a_0(\ldots)\mathrm{d}t = 0$$

heißt **holonom**, wenn die Bedingungen erfüllt sind:

$$\frac{\partial a_1}{\partial y} = \frac{\partial a_2}{\partial x} , \quad \ldots \quad \frac{\partial a_0}{\partial x} = \frac{\partial a_1}{\partial t} , \quad \ldots .$$

Die beiden Möglichkeiten, die oben unterschieden wurden,

$$a_0 = \frac{\partial f}{\partial t} = 0 \qquad \text{bzw.} \qquad a_0 = \frac{\partial f}{\partial t} \neq 0$$

(ob also eine ruhende oder eine bewegte Fläche vorliegt), unterscheidet man durch die Bezeichnungen **skleronom** (starr) beziehungsweise **rheonom** (fließend).

Für die Diskussion von rheonomen Zwangsbedingungen stellt sich die Frage nach einem Ansatz für die Zwangskräfte. Auch in diesem Fall muss man auf die Erfahrung (falls vorhanden) zurückgreifen. Die Antwort, die sich aufgrund der Erfahrung ergibt, lautet: Auch in dem rheonomen Fall stehen die Zwangskräfte zu jedem Zeitpunkt senkrecht auf den vorgegebenen geometrischen Gebilden. Es gilt also

$$\boldsymbol{Z} = \lambda \, \boldsymbol{\nabla} f(x, y, z, t) \quad \text{(Fläche)} \tag{5.16}$$

$$\boldsymbol{Z} = \lambda_1 \, \boldsymbol{\nabla} f_1(x, y, z, t) + \lambda_2 \, \boldsymbol{\nabla} f_2(x, y, z, t) \quad \text{(Kurve)}, \tag{5.17}$$

wobei die Abhängigkeit der Lagrangemultiplikatoren von den Koordinaten und der Zeit unterdrückt wurde. Diese Ansätze bedingen die Aussagen:

(1) Die Lagrangegleichungen erster Art haben die gleiche Form für rheonom-holonome und für skleronom-holonome Zwangsbedingungen.
(2) Die Zwangskräfte leisten an einem Massenpunkt, der sich auf einer zeitlich veränderlichen Kurve/Fläche bewegt (das heißt: der rheonomen Zwangsbedingungen unterworfen ist), Arbeit.

Die zweite Aussage ergibt sich aus der folgenden Überlegung: Betrachte einen Massenpunkt, dessen Position zu dem Zeitpunkt t auf der Fläche $f(t)$ durch den Vektor $\boldsymbol{r}(t)$ markiert wird. In dem Zeitintervall $\mathrm{d}t$ bewegt sich der Mas-

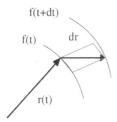

f(t+dt)

f(t)   dr

r(t)   **Abb. 5.12.** Zu dem Thema: Rheonome Zwangsbedingungen

senpunkt auf der Fläche, diese bewegt sich jedoch ebenfalls. Die Position auf der Fläche $f(t + \mathrm{d}t)$ zu einem infinitesimal benachbarten Zeitpunkt $t + \mathrm{d}t$ kann man durch den Vektor $\boldsymbol{r} + \mathrm{d}\boldsymbol{r}$ beschreiben (Abb. 5.12). Auf der anderen Seite entsprechen die Zwangsbedingungen der Aussage

$$\boldsymbol{\nabla} f \cdot \mathrm{d}\boldsymbol{r} = -\frac{\partial f}{\partial t}\mathrm{d}t \, . \tag{5.18}$$

Diese Gleichung besagt, dass die an dem Massenpunkt geleistete (infinitesimale) Arbeit (proportional zu $\boldsymbol{\nabla} f \cdot \mathrm{d}\boldsymbol{r}$) bei rheonomen Zwangsbedingungen ungleich Null ist (rechte Seite).

Zwangsbedingungen der Form (5.15), die nicht einem totalen Differential entsprechen, bezeichnet man als **nichtholonom**

$$a_1(x,y,z,t)\mathrm{d}x + a_2(x,y,z,t)\mathrm{d}y + a_3(x,y,z,t)\mathrm{d}z + a_0(x,y,z,t)\mathrm{d}t = 0$$

mit

$$\frac{\partial a_1}{\partial y} \neq \frac{\partial a_2}{\partial x} \qquad \frac{\partial a_1}{\partial z} \neq \frac{\partial a_3}{\partial y} \qquad \dots ,$$

wobei es ausreicht, wenn eine der möglichen Ungleichungen erfüllt ist. Man unterscheidet auch hier die Fälle

1. Ist $a_0 \neq 0$ und wenigstens einer der Koeffizienten keine partielle Ableitung einer Funktion $f(x, y, z, t)$ nach der entsprechenden Koordinate, so bezeichnet man die Zwangsbedingungen als nichtholonom-rheonom.
2. Ist wenigstens eine der Koeffizientenfunktionen keine partielle Ableitung einer Funktion $f(x, y, z, t)$, jedoch $a_0 = 0$, so liegt eine nichtholonome-skleronome Zwangsbedingung vor.

Nichtholonome Bedingungen entstehen, wenn Geschwindigkeiten und Koordinaten in irgendeiner Weise verknüpft werden. So kann man z.B. die Bedingung

$$\frac{\mathrm{d}x}{\mathrm{d}t} - g(x, y, z) = 0$$

in der nichtholonomen Form schreiben

$$\mathrm{d}x - g(x, y, z)\mathrm{d}t = 0 \ .$$

Mehr anschauliche Beispiele sind

- die Bedingungen für das Rollen eines Rades (siehe ☺ Aufg. 5.1),
- die Bedingungen für die Führung einer Schlittschuhkufe.

Eine letzte Variante von möglichen Bedingungen ist die Vorgabe einer Ungleichung. Die Einschränkung für die Bewegung eines Fadenpendels ist genau genommen

$$x^2 + y^2 + z^2 \leq l^2 \ .$$

Das Pendel kann einknicken, aber, falls der Faden nicht dehnbar ist, nicht weiter als die Fadenlänge l von dem Aufhängepunkt entfernt sein. Solche Bedingungen bezeichnet man als **einseitige Bindung**. Sie können nicht in einfacher Weise in die Bewegungsgleichungen eingefügt werden.

Der Unterschied zwischen skleronomen und rheonomen Zwangsbedingungen (in der Form einer einseitigen Bindung) kann beim Tennisspielen beobachtet werden: Hält man den Schläger in die Bahn des Balles (starre Bedingung), so wird der Ball reflektiert und ändert seine kinetische Energie (bis auf Nebeneffekte bedingt durch Schallerzeugung etc.) nicht. Schlägt man in üblicher Weise zu (fließende Bedingung), so leistet man an dem Ball Arbeit, die in eine Erhöhung der kinetischen Energie umgesetzt wird.

5.1.2.5 Zur Lösung der Bewegungsgleichungen nach Lagrange I.
Das Muster zur Lösung von Bewegungsproblemen vom Typ Lagrange I lässt sich vorzüglich anhand des Beispiels 5.11, dem freien Fall auf der schiefe Ebene, illustrieren. Dieses Beispiel ist ein einfaches, skleronom-holonomes Problem, das auch in elementarer Weise diskutiert werden kann. Die Resultate unterscheiden sich somit (nicht wesentlich) von den Resultaten des Beispiels

5.3. Die Ebene wird durch die Gleichung (Abb. 5.4 gibt die Situation im Schnitt wieder)

$$f = z + (\tan\alpha)x = 0$$

beschrieben, so dass man für den Gradienten

$$\boldsymbol{\nabla} f = (\tan\alpha, \, 0, \, 1) \tag{5.19}$$

erhält. Die Bewegungsgleichungen lauten also

$$\left. \begin{array}{l} m\ddot{x} = \lambda' \tan\alpha \\ m\ddot{y} = 0 \\ m\ddot{z} = -mg + \lambda' \end{array} \right\} \quad \longrightarrow \quad \begin{array}{l} \ddot{x} = \lambda\tan\alpha \\ \ddot{y} = 0 \\ \ddot{z} = -g + \lambda \; . \end{array} \tag{5.20}$$

Es ist zweckmäßig, die Masse in die Definition des Multiplikators einzubeziehen: $\lambda'/m = \lambda$.

Zur Bestimmung der Lösung dieses Systems von Bewegungsgleichungen differenziert man zunächst die Ebenengleichung zweimal nach der Zeit

$$\ddot{z} + \tan\alpha \, \ddot{x} = 0$$

und setzt diese Relation in die letzte der Bewegungsgleichungen (5.20) ein

$$-(\tan\alpha)\ddot{x} = -g + \lambda \; .$$

Auflösen nach λ und Einsetzen in die erste Bewegungsgleichung (5.20) ergibt

$$\ddot{x} = -(\tan^2\alpha)\ddot{x} + g\tan\alpha \; .$$

Sortiert man dies unter Benutzung von

$$1 + \tan^2\alpha = \frac{1}{\cos^2\alpha} \; ,$$

so erhält man als Differentialgleichung für die x-Koordinate

$$\ddot{x} = g\sin\alpha\cos\alpha \; .$$

Die allgemeine Lösung ist

$$x(t) = x(0) + v_x(0)t + \frac{1}{2}g(\sin\alpha\cos\alpha)t^2 \; .$$

Die Lösung der Differentialgleichung (5.20) für die y-Koordinate ist offensichtlich

$$y(t) = y(0) + v_y(0)t \; .$$

Der Massenpunkt kann eine vorgegebene Position und Geschwindigkeit in der y-Richtung haben. Zur Bestimmung der Funktion $z(t)$ benutzt man dann die Ebenengleichung $z(t) = -(\tan\alpha)x(t)$ und erhält

$$z(t) = -(\tan\alpha)x(0) - (\tan\alpha)v_x(0)\, t - \frac{1}{2}g(\sin^2\alpha)t^2 \; .$$

Für die z-Komponente können infolge der Zwangsbedingung *keine* unabhängigen Anfangsbedingungen vorgegeben werden, falls der Massenpunkt anfangs in der Ebene liegen und sich auf der Ebene bewegen soll.

Zur Bestimmung des Lagrangemultiplikators kann man z.B. die letzte der Gleichungen (5.20)

$$\lambda = g + \ddot{z} = g(1 - \sin^2\alpha) = g\cos^2\alpha$$

benutzen und erhält für die Zwangskraft

$$\boldsymbol{Z} = m\lambda\boldsymbol{\nabla}f = mg(\cos\alpha\sin\alpha,\, 0,\, \cos^2\alpha)\;.$$

Dies entspricht genau der Zerlegung des Vektors

$$\boldsymbol{F}_\perp = mg\cos\alpha\,\boldsymbol{e}_\perp$$

in kartesische Komponenten.

Ein Bewegungsproblem mit einer rheonom-holonomen Bedingung ist Beispiel 5.12, der freie Fall auf einer sich bewegenden schiefen Ebene, die durch

$$f = z - h(t) + (\tan\alpha)x = 0 \qquad \boldsymbol{\nabla}f = (\tan\alpha,\, 0,\, 1)$$

charakterisiert wird (eine zusätzliche Diskussion dieses Problems bietet ⊙ Aufg. 5.2). Die Funktion $h(t)$, die die Bewegung der Ebene in der z-Richtung beschreibt, soll zur Zeit $t = 0$ die Werte $h(0) = 0$ und $\dot{h}(0) = v$ annehmen. Die Bewegung der Ebene beginnt zur Zeit $t = 0$ mit der Geschwindigkeit v (nach oben, falls v eine positive Zahl ist). Die eingeprägte Kraft ist wieder die einfache Schwerkraft, die Bewegungsgleichungen sind somit gegenüber dem skleronomen Fall unverändert

$$\ddot{x} = \lambda\tan\alpha \qquad \ddot{y} = 0 \qquad \ddot{z} = -g + \lambda\;.$$

Bei der Elimination des Lagrangemultiplikators ergibt sich jedoch ein Unterschied. Bei der zweimaligen Differentiation der Flächengleichung erhält man

$$\ddot{z} = \ddot{h} - \ddot{x}\tan\alpha$$

und es folgt

$$\lambda = g + \ddot{h} - \ddot{x}\tan\alpha \qquad \text{und somit} \qquad \ddot{x} = (g + \ddot{h})\cos\alpha\sin\alpha\;.$$

Die Lösung der Differentialgleichung für x ist

$$x(t) = C_1 + C_2 t + \left(\frac{g}{2}t^2 + h(t)\right)\cos\alpha\sin\alpha\;. \tag{5.21}$$

Außerdem erhält man

$$\lambda = (g + \ddot{h})\cos^2\alpha$$

für den Multiplikator und

$$z(t) = -(C_1 + C_2 t)\tan\alpha - \frac{g}{2}t^2\sin^2\alpha + h(t)\cos^2\alpha \tag{5.22}$$

für die z-Koordinate. Als Anfangsbedingungen für die Bewegung der Masse in der x-Richtung sollen als Beispiel $x(0) = 0$ und $\dot{x}(0) = 0$ gewählt werden. Die speziellen Lösungen sind dann

$$x(t) = \left(-vt + \frac{g}{2}t^2 + h(t)\right)\sin\alpha\cos\alpha$$

$$z(t) = \left(+vt - \frac{g}{2}t^2 - h(t)\right)\sin^2\alpha + h(t) \ .$$

Die Bewegung in den beiden Koordinatenrichtungen entspricht den relevanten Komponenten des freien Falls plus einem 'Antrieb' durch die bewegte Ebene.

Bezüglich der Energiesituation ist das Folgende zu bemerken. Die Zwangskraft ist durch

$$\boldsymbol{Z} = m(g + \ddot{h}(t))(\sin\alpha\cos\alpha, \, 0, \, \cos^2\alpha)$$

gegeben. Die Gesamtkraft, die auf die Masse wirkt, ist

$$\boldsymbol{F} + \boldsymbol{Z} = -mg\boldsymbol{e}_z + \boldsymbol{Z} \ .$$

Ist die Ebene waagrecht ($\alpha = 0$), so hat die Zwangskraft nur eine z-Komponente, die durch die zweite Ableitung der Funktion $h(t)$ bestimmt wird.

Integriert man die Bewegungsgleichung (Kurvenintegration) entlang der Bahnkurve zwischen Anfangs- und Endpunkt

$$\int_i^f m\ddot{\boldsymbol{r}}\cdot\mathrm{d}\boldsymbol{r} = \int_i^f \boldsymbol{F}\cdot\mathrm{d}\boldsymbol{r} + \int_i^f \boldsymbol{Z}\cdot\mathrm{d}\boldsymbol{r} \ ,$$

so erhält man die Aussage

$$\left(\frac{m}{2}v_f^2 + U_f\right) - \left(\frac{m}{2}v_i^2 + U_i\right) = \Delta A \ ,$$

wobei

$$U = -\int_i^f \boldsymbol{F}\cdot\mathrm{d}\boldsymbol{r}$$

die potentielle Energie im Schwerefeld ist. ΔA ist die Arbeit, die die Zwangskraft an dem Massenpunkt leistet, da in dem vorliegenden Beispiel das Skalarprodukt von $\boldsymbol{Z}$ und $\mathrm{d}\boldsymbol{r}$ nicht verschwindet. Für die kinetische Energie ergeben die speziellen Lösung der Bewegungsgleichungen

$$T(t) = \frac{m}{2}\left(\dot{x}^2 + \dot{z}^2\right) = \frac{m}{2}\left[(v^2 - 2vgt + g^2t^2)\sin^2\alpha + \dot{h}^2(t)\cos^2\alpha\right] \ .$$

Die potentielle Energie im Schwerefeld ist

$$U = mgz = mg\left[\left(vt - \frac{g}{2}t^2\right)\sin^2\alpha + h(t)\cos^2\alpha\right] \ .$$

Somit erhält man für die Gesamtenergie der Masse zum Zeitpunkt $t = 0$ und zum Zeitpunkt t

$$(T+U)_t = \frac{m}{2}\left[v^2\sin^2\alpha + (\dot{h}(t)^2 + 2gh(t))\cos^2\alpha\right]$$

$$(T+U)_0 = \frac{m}{2}v^2\ .$$

Daraus folgt für die an der Masse in dem Zeitintervall $[0, t]$ geleistete Arbeit

$$\Delta A = E(t) - E(0) = \frac{m}{2}(\dot{h}(t)^2 - v^2 + 2gh(t))\cos^2\alpha\ .$$

Man kann dies auch explizit durch Auswertung des Arbeitsintegrals nachrechnen, wobei zur Auswertung des (im Allgemeinen wegabhängigen) Kurvenintegrals die Zeit als Parameter benutzt werden kann

$$\Delta A = \int_i^f (Z_x\mathrm{d}x + Z_z\mathrm{d}z) = \int_0^t (Z_x\dot{x} + Z_z\dot{z})\,\mathrm{d}t'\ .$$

Die Gesamtenergie des Massenpunktes $E = T + U$ ändert sich bei rheonomen Zwangsbedingungen mit der Zeit, da die Masse durch die Wirkung der Zwangskraft gehoben oder abgesenkt wird. Für den skleronomen Fall $(h(t) \equiv 0)$ ist die Energie erhalten, für die gewählten Anfangsbedingungen gilt

$$E(t) = E(0) = 0\ .$$

In dem Grenzfall $\alpha = \pi/2$ (die Ebene steht senkrecht auf der x-Achse) ergibt sich für die x-Koordinate $x(t) = 0$. Die Bewegung ist auf die y-z Ebene beschränkt, in der, für die angedachten Anfangsbedingungen, eine gewöhnliche Fallbewegung ablaufen kann.

Das letzte Beispiel verdeutlicht, dass rechentechnische Schwierigkeiten die analytische Lösung der Lagrange Bewegungsgleichungen erster Art verhindern können. Dazu dient (Beispiel 5.13) wiederum eine parabolische Beschränkung, die Bewegung auf einer parabolischen Wanne (Abb. 5.13), die durch

$$f = z - x^2 = 0 \tag{5.23}$$

beschrieben wird. Diese Fläche (eine quadratische Funktion anstatt einer li-

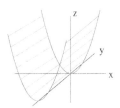

Abb. 5.13. Bewegung auf einer parabolischen Wanne

nearen) ist nicht sonderlich kompliziert. Der Gradient der Flächenfunktion ist

$$\boldsymbol{\nabla} f = (-2x,\, 0,\, 1)$$

und die Bewegungsgleichungen lauten

$$\ddot{x} = -2\lambda x \qquad \ddot{y} = 0 \qquad \ddot{z} = \lambda - g \qquad \lambda = \lambda'/m \;. \tag{5.24}$$

Der erste Schritt ist wieder die Elimination des unbekannten Multiplikators. Zu diesem Zweck differenziert man die Flächengleichung (5.23) nach der Zeit

$$\dot{z} = 2x\dot{x} \qquad \ddot{z} = 2\dot{x}^2 + 2x\ddot{x}$$

und ersetzt $\dot{x}$ in der zweiten Gleichung durch die erste

$$\ddot{z} - \frac{\dot{z}^2}{2z} = 2x\ddot{x} \;. \tag{5.25}$$

Man multipliziert dann die Bewegungsgleichung für die x-Komponente (5.24) mit $2x$

$$2x\ddot{x} = -4\lambda x^2 = -4\lambda z \tag{5.26}$$

und erhält durch Vergleich von (5.25) und (5.26)

$$\ddot{z} - \frac{\dot{z}^2}{2z} = -4\lambda z \;. \tag{5.27}$$

Entsprechend multipliziert man die Bewegungsgleichung für die z-Komponente mit $-4z$

$$-4\ddot{z}z = -4\lambda z + 4gz$$

und eliminiert λ mit Hilfe von (5.27)

$$(4z+1)\ddot{z} - \frac{\dot{z}^2}{2z} + 4gz = 0 \;. \tag{5.28}$$

Diese Differentialgleichung zweiter Ordnung für $z(t)$ ist nicht (in einfacher Weise) analytisch lösbar. Man ist auf numerische Lösungsmethoden (siehe Math.Kap. 6.4) angewiesen. Bei der Umsetzung der Lagrangegleichungen erster Art für das Problem mit der parabolischen Wanne trifft man auf die gleichen Schwierigkeiten wie in dem verwandten Beispiel 5.5 (S. 191), der Bewegung entlang eines parabelförmigen Drahtes, das mit Hilfe des Energiesatzes diskutiert wurde. Auf der anderen Seite ist noch zu bemerken: Mit einer auf numerischem Weg gewonnenen Lösung der Differentialgleichung (5.28) kann man den Multiplikator (und damit die Zwangskraft) über $\lambda = \ddot{z} + g$ und die x- Koordinate mit $x = \pm\sqrt{z}$ bestimmen.

Die Situation ist symptomatisch: Sobald die Zwangsbedingungen etwas aufwendiger sind, sind die Bewegungsgleichungen mit (zunächst unbekannten) Zwangskräften in vielen Situationen nicht einfach zugänglich. Dies ist eine ausreichende Motivation, eine flexiblere Formulierung, die Lagrangegleichungen zweiter Art, zu betrachten. Zuvor steht jedoch die Diskussion des Prinzips von d'Alembert und ein Blick auf die Formulierung der Lagrangegleichungen erster Art für Systeme von Massenpunkten an.

5.2 D'Alemberts Prinzip

Die anschaulichen Betrachtungen, die zu der Formulierung der Lagrangegleichungen erster Art für die Bewegung eines Massenpunktes bei der Anwesenheit von Zwangskräften führen, können nicht in einfacher Weise auf die Diskussion von Systemen von Massenpunkten verallgemeinert werden. Für die Aufbereitung von Bewegungsproblemen mit Zwangsbedingungen für solche Systeme ist es zweckmäßig, einen alternativen, durchaus nicht gewöhnlichen, Standpunkt einzunehmen, der in dem Prinzip von d'Alembert zusammengefasst werden kann. Dieses Prinzip wird zunächst für den Fall eines Massenpunktes formuliert.

5.2.1 Formulierung für einen Massenpunkt

Ausgangspunkt ist Newtons einfache Bewegungsgleichung für die Bewegung eines Massenpunktes ohne Zwangsbedingungen

$$m\ddot{\boldsymbol{r}} - \boldsymbol{F} = \boldsymbol{0} \ , \tag{5.29}$$

die in der folgenden Weise interpretiert werden kann: Man bezeichnet die Größe $m\ddot{\boldsymbol{r}}$ (eine Kraft) als den Trägheitswiderstand und sagt: Der Trägheitswiderstand und die eingeprägten Kräfte sind im Gleichgewicht.

5.2.1.1 Die virtuelle Verschiebung und die virtuelle Arbeit. Der Vorteil dieser Betrachtungsweise ist zunächst minimal: Ein dynamisches Problem wurde formal auf ein statisches Problem (zwei Kräfte, eine wirkliche und eine fiktive, sind im Gleichgewicht) zurückgeführt. Diese Interpretation wird sich jedoch als nützlich erweisen. Man definiert als nächstes den Begriff der **virtuellen Verschiebung**. Das ist eine mögliche, aber nur gedachte, infinitesimale Verschiebung des Massenpunktes. Diese Verschiebung wird mit dem Symbol

$$\delta \boldsymbol{s} = (\delta x, \, \delta y, \, \delta z) \qquad \text{mit} \quad \delta t = 0 \tag{5.30}$$

bezeichnet. Sie unterscheidet sich von der wirklichen Verschiebung

$$\mathrm{d}\boldsymbol{s} = (\mathrm{d}x, \, \mathrm{d}y, \, \mathrm{d}z) \qquad \text{mit} \quad \mathrm{d}t \neq 0$$

in der folgenden Weise: Eine wirkliche Verschiebung benötigt immer eine gewisse Zeit. Die virtuelle Verschiebung ist instantan. Die Geschwindigkeit, mit der die virtuelle Verschiebung 'durchgeführt' wird, ist unendlich groß.

Auch wenn sich diese Definition etwas absurd ausnimmt, sollte ihr Sinn bald klar werden. Formal ist gegen die Definition nichts einzuwenden. Man kann sich vieles ausdenken, auch instantane Verschiebungen.

Akzeptiert man diesen Begriff, so kann man die Gleichgewichtsbedingung (5.29) in der Form einer Arbeitsaussage schreiben

$$\delta A = (m\ddot{\boldsymbol{r}} - \boldsymbol{F}) \cdot \delta \boldsymbol{s} = 0 \ . \tag{5.31}$$

In Worten: Die virtuelle Arbeit, die man an dem System im formalen Gleichgewicht bei einer virtuellen Verschiebung verrichtet, ist gleich Null. Diese Aussage ist das Prinzip von d'Alembert, das auch als **Prinzip der virtuellen Arbeit** bezeichnet wird, in der einfachsten Form. Für den Fall eines freien Massenpunktes ist es nichts anderes als eine Reformulierung des zweiten Axioms und zwar in dem Sinn, dass das Prinzip aus dem Axiom folgt

$$\text{Bewegungsgleichungen} \quad \longrightarrow \quad \text{d'Alembert Prinzip} \,.$$

Die Umkehrung ergibt sich mit dem Argument: Die drei virtuellen Verschiebungen (δx, δy, δz) sind beliebig wählbar, also kann die virtuelle Arbeit nur verschwinden, falls

$$m\ddot{\boldsymbol{r}} - \boldsymbol{F} = \boldsymbol{0}$$

ist, d.h. die Bewegungsgleichungen gelten.

5.2.1.2 Formulierung des d'Alembertschen Prinzips. Die Aussage gewinnt mehr Substanz, wenn man eine Situation mit Zwangsbedingungen betrachtet. Wenn sich der Massenpunkt auf einer Kurve oder einer Fläche bewegen soll, sind die virtuellen Verschiebungen δx, δy, δz *nicht* unabhängig voneinander. Sie müssen aufeinander abgestimmt sein.

Die Zwangsbedingung für die Bewegung auf einer Fläche, eine holonome Zwangsbedingung, lautet in differentieller Form

$$\frac{\partial f}{\partial x}\mathrm{d}x + \frac{\partial f}{\partial y}\mathrm{d}y + \frac{\partial f}{\partial z}\mathrm{d}z + \frac{\partial f}{\partial t}\mathrm{d}t = 0 \,.$$

Während nun bei einer wirklichen Verschiebung diese Bedingung gelten muss, gilt für eine virtuelle Verschiebung die Gleichung

$$\frac{\partial f}{\partial x}\delta x + \frac{\partial f}{\partial y}\delta y + \frac{\partial f}{\partial z}\delta z = 0 \,,$$

da $\delta t = 0$ vorausgesetzt wird. Die Arbeitsaussage mit der virtuellen Verschiebung (5.31) gilt sowohl für skleronome als auch für rheonome Situationen. Hier erkennt man den Zweck der Definition der virtuellen Verschiebungen. Die Definition erlaubt eine kompakte Fassung der Erfahrungstatsache, dass Zwangskräfte sowohl im skleronomen Fall als auch im rheonomen Fall senkrecht auf der Fläche stehen. Es ist gemäß Definition

$$\boldsymbol{\nabla} f(x, y, z, t) \cdot \delta\boldsymbol{s} = 0 \,. \tag{5.32}$$

Aufgrund dieser Aussage sind die drei Komponenten der virtuellen Verschiebung voneinander abhängig. Kombination mit der Aussage bezüglich der virtuellen Arbeit (5.31) kann auf zwei verschiedenen Wegen geschehen[1].

---

[1] Im Folgenden werden partielle Ableitungen in der Form $f_{[x]}$ etc. notiert, um eine Verwechslung mit Komponentenangaben wie F_x zu vermeiden.

(1) Stelle eine der Verschiebungen durch die anderen dar, z.B. für

$$\frac{\partial f}{\partial x} = f_{[x]} \neq 0 \Longrightarrow \delta x = -\left(\frac{f_{[y]}}{f_{[x]}}\right)\delta y - \left(\frac{f_{[z]}}{f_{[x]}}\right)\delta z$$

und setze den Ausdruck für δx in die Gleichung (5.31) ein

$$\left[-(m\ddot{x} - F_x)\frac{f_{[y]}}{f_{[x]}} + (m\ddot{y} - F_y)\right]\delta y +$$
$$\left[-(m\ddot{x} - F_x)\frac{f_{[z]}}{f_{[x]}} + (m\ddot{z} - F_z)\right]\delta z = 0 \ .$$

Die beiden verbleibenden virtuellen Verschiebungen sind unabhängig. Die obige Aussage kann also nur erfüllt sein, wenn gilt

$$\left[-(m\ddot{x} - F_x)\frac{f_{[y]}}{f_{[x]}} + (m\ddot{y} - F_y)\right] = 0$$
$$\left[-(m\ddot{x} - F_x)\frac{f_{[z]}}{f_{[x]}} + (m\ddot{z} - F_z)\right] = 0 \ .$$

Dies wären die Bewegungsgleichungen für die y- und z-Komponenten, wenn man die Variable x mit der Nebenbedingung $f(x, y, z, t) = 0$ eliminiert.

(2) Dieser Weg ist zu dem ersten völlig äquivalent und führt direkt zu den Lagrangegleichungen erster Art für die vorliegende Situation. Man multipliziert die Gleichung (5.32) mit $-\lambda$ (dem Lagrangemultiplikator) und addiert sie zu der Gleichung (5.31). Man erhält

$$\left[\left(m\ddot{x} - F_x - \lambda f_{[x]}\right)\delta x + \left(m\ddot{y} - F_y - \lambda f_{[y]}\right)\delta y + \left(m\ddot{z} - F_z - \lambda f_{[z]}\right)\delta z\right] = 0$$

und argumentiert: Wähle die frei verfügbare Größe λ so, dass einer der Ausdrücke in den runden Klammern verschwindet, so z.B.

$$m\ddot{x} - F_x - \lambda f_{[x]} = 0 \ .$$

Es bleibt dann

$$\left[\left(m\ddot{y} - F_y - \lambda f_{[y]}\right)\delta y + \left(m\ddot{z} - F_z - \lambda f_{[z]}\right)\delta z\right] = 0 \ .$$

Da zwei der drei möglichen virtuellen Verschiebungen frei wählbar sind, müssen die entsprechenden Faktoren verschwinden. Das Ergebnis der Argumentation ist das Gleiche, das auf der Basis des direkten geometrischen Argumentes in Kap. 5.1 gewonnen wurde

$$m\ddot{\boldsymbol{r}} = \boldsymbol{F} + \lambda\boldsymbol{\nabla}f \ . \tag{5.33}$$

5.2.1.3 Vergleich von Lagrange I und d'Alembert. Es ist nützlich, die Diskussion des d'Alembertschen Prinzips und der Lagrangegleichungen erster Art (für den Fall einer holonomen Zwangsbedingung) noch einmal gegenüberzustellen.

(i) Zur Gewinnung der Lagrangegleichungen benutzt man die (experimentell nachvollziehbare) Aussage: Die Zwangskraft steht zu jedem Zeitpunkt senkrecht auf der vorgegebenen Fläche. Da die Stärke der Zwangskräfte nicht bekannt ist, führt dies zu dem Ansatz

$$\boldsymbol{Z} = \lambda \boldsymbol{\nabla} f \ .$$

Das zweite Axiom mit einer Gesamtkraft, die sich aus eingeprägter und Zwangskraft zusammensetzt, ergibt dann

$$m\ddot{\boldsymbol{r}} = \boldsymbol{F} + \boldsymbol{Z} \ .$$

(ii) Das System wird mit virtuellen Verschiebungen getestet. Der Ausgangspunkt ist dann das d'Alembertprinzip in der Form

$$\delta A = (m\ddot{\boldsymbol{r}} - \boldsymbol{F}) \cdot \delta \boldsymbol{s} = 0 \ .$$

In Worten: die virtuelle Arbeit von Trägheitswiderstand und eingeprägten Kräften ist gleich groß. Für den Fall eines freien Massenpunktes ist diese Aussage mit dem zweiten Axiom identisch

$$\delta A = 0 \quad \longleftrightarrow \quad m\ddot{\boldsymbol{r}} = \boldsymbol{F} \ .$$

Für den Fall eines Massenpunktes mit einer holonomen Zwangsbedingung kommt die Aussage hinzu: Die virtuellen Verschiebungen sollen auf der vorgegebenen Fläche stattfinden und sind deswegen durch die Bedingung

$$\boldsymbol{\nabla} f \cdot \delta \boldsymbol{s} = 0$$

verknüpft. Kombination der beiden Aussagen liefert dann

$$m\ddot{\boldsymbol{r}} = \boldsymbol{F} + \lambda \boldsymbol{\nabla} f \ .$$

Beide Ansätze führen zu dem gleichen Endergebnis. Sie müssen also völlig äquivalent sein. Der Unterschied besteht darin, wie man die Erfahrung über die (Richtung der) Zwangskräfte einbringt: Im ersten Fall wird ein direkter Ansatz benutzt, im zweiten Fall wird die Erfahrung durch die Definition der virtuellen Verschiebung ausgedrückt, und zwar in der Form

$$\lambda \boldsymbol{\nabla} f \cdot \delta \boldsymbol{s} = \boldsymbol{Z} \cdot \delta \boldsymbol{s} = 0 \ .$$

Die virtuelle Arbeit, die durch die Zwangskräfte geleistet wird, verschwindet (immer). Im Gegensatz dazu verschwindet die wirkliche Arbeit dA nur bei skleronomen Zwangsbedingungen.

Die zweite Betrachtungsweise ist wesentlich flexibler. So lassen sich nichtholonome Systeme, wenn nicht gerade eine einseitige Bindung vorliegt, in gleicher Weise diskutieren und die Erweiterung der Diskussion auf Systeme von Massenpunkten folgt dem gleichen Muster. Die Argumentation mit Hilfe des d'Alembertschen Prinzips ist zwar formal, führt aber direkt zum Ziel.

5.2.1.4 Varianten und Ergänzungen. Es bleiben in diesem Abschnitt noch zwei kleine Aufgaben zu erledigen.

1. Für das d'Alembertsche Prinzip existiert eine alternative Formulierung. Es wurden drei 'Kräfte' ins Spiel gebracht, die durch die Vektorgleichung

$$\boldsymbol{F} - m\ddot{\boldsymbol{r}} = -\boldsymbol{Z}$$

verknüpft sind. Die negative Zwangskraft ist der Anteil der eingeprägten Kraft $\boldsymbol{F}$, der nicht in Bewegung umgesetzt wird. Man bezeichnet diesen Anteil als die **verlorene Kraft**. Die alternative Formulierung des Prinzips lautet dann

$$\boldsymbol{Z} \cdot \delta\boldsymbol{s} = (m\ddot{\boldsymbol{r}} - \boldsymbol{F}) \cdot \delta\boldsymbol{s} = 0 \,, \tag{5.34}$$

in Worten:

> Ein Massenpunkt bewegt sich so, dass die virtuelle Arbeit der verlorenen Kraft zu jedem Zeitpunkt verschwindet.

2. Für die Bewegung entlang einer Kurve verläuft die Herleitung der Lagrangegleichungen aus dem d'Alembertschen Prinzip folgendermaßen: Neben dem Prinzip der virtuellen Arbeit

$$(m\ddot{\boldsymbol{r}} - \boldsymbol{F}) \cdot \delta\boldsymbol{s} = 0$$

sind zwei Einschränkungen zu berücksichtigen

$$\boldsymbol{\nabla} f_1 \cdot \delta\boldsymbol{s} = 0 \qquad \text{und} \qquad \boldsymbol{\nabla} f_2 \cdot \delta\boldsymbol{s} = 0 \,.$$

Nur eine der virtuellen Verschiebungen ist frei wählbar. Multipliziert man jede der einschränkenden Bedingungen mit einem geeigneten Multiplikator und subtrahiert sie von dem Prinzip der virtuellen Arbeit, so erhält man im Detail

$$(m\ddot{x} - F_x - \lambda_1 f_{1x} - \lambda_2 f_{2x})\,\delta x + (m\ddot{y} - F_y - \lambda_1 f_{1y} - \lambda_2 f_{2y})\,\delta y$$
$$+ (m\ddot{z} - F_z - \lambda_1 f_{1z} - \lambda_2 f_{2z})\,\delta z = 0 \,.$$

Drei Größen (zwei Multiplikatoren und eine der Verschiebungen) können frei gewählt werden. Wählt man z.B. die beiden Multiplikatoren so, dass die ersten zwei Klammerausdrücke verschwinden, so führt dies zusammen mit der freien Wahl von δz auf drei Bewegungsgleichungen, die in vektorieller Zusammenfassung als

$$m\ddot{\boldsymbol{r}} - \boldsymbol{F} - \lambda_1 \boldsymbol{\nabla} f_1 - \lambda_2 \boldsymbol{\nabla} f_2 = 0 \tag{5.35}$$

geschrieben werden können. Auch in dieser Situation gewinnt man mit den Konzepten der virtuellen Verschiebung und der virtuellen Arbeit das gleiche Ergebnis wie mit einer geometrischen Betrachtung.

5.2.2 Formulierung und Anwendung für Systeme von Massenpunkten

Das d'Alembertsche Prinzip für Systeme von Massenpunkten stellt eine grundlegende Basis der klassischen Mechanik dar. Es wird hier, in kompakter Schreibweise, formuliert. Aus dem Prinzip kann man sowohl die Lagrangegleichungen erster als auch zweiter Art herleiten. Für die Lösung von Problemen mit den Lagrangegleichungen erster Art werden noch zwei zusätzliche Beispiele betrachtet.

5.2.2.1 Formulierung. Würde man sämtliche Zwangskräfte in dem System kennen, so würde man mit Newton für ein System von Massenpunkten ansetzen

$$m_i \ddot{\boldsymbol{r}}_i = \boldsymbol{F}_i + \boldsymbol{Z}_i \qquad (i = 1, 2, \ldots N) \,.$$

Die eingeprägten Kräfte $\boldsymbol{F}_i$ beinhalten summarisch die inneren und die äußeren Kräfte, die auf den i-ten Massenpunkt in dem System wirken. Für die virtuelle Verschiebung eines jeden Massenpunktes des Systems

$$\delta \boldsymbol{s}_i = (\delta x_i, \, \delta y_i, \, \delta z_i) \qquad (i = 1 \ldots N)$$

kann man die virtuelle Arbeit der verlorenen Kraft für die einzelnen Massen berechnen

$$\delta A_i = (m_i \ddot{\boldsymbol{r}}_i - \boldsymbol{F}_i) \cdot \delta \boldsymbol{s}_i = 0 \,.$$

Da die Arbeit eine skalare Größe ist, addieren sich die einzelnen virtuellen Arbeitsbeiträge zu einer virtuellen Gesamtarbeit

$$\sum_{i=1}^{N} (m_i \ddot{\boldsymbol{r}}_i - \boldsymbol{F}_i) \cdot \delta \boldsymbol{s}_i = 0 \,. \tag{5.36}$$

Es ist bei der folgenden Diskussion nützlich, die Notation mittels Durchnummerierung der Koordinaten und der Massen einheitlicher zu gestalten. Man benutzt die Zuordnungen

$$
\begin{array}{ccccccccc}
x_1 & y_1 & z_1 & x_2 & y_2 & z_2 & & x_N & y_N & z_N \\
\downarrow & \downarrow & \downarrow & \downarrow & \downarrow & \downarrow & \cdots & \downarrow & \downarrow & \downarrow \\
x_1 & x_2 & x_3 & x_4 & x_5 & x_6 & & x_{3N-2} & x_{3N-1} & x_{3N}
\end{array}
$$

$$
\begin{array}{ccccccccc}
m_1 & m_1 & m_1 & m_2 & m_2 & m_2 & & m_N & m_N & m_N \\
\downarrow & \downarrow & \downarrow & \downarrow & \downarrow & \downarrow & \cdots & \downarrow & \downarrow & \downarrow \\
m_1 & m_2 & m_3 & m_4 & m_5 & m_6 & & m_{3N-2} & m_{3N-1} & m_{3N}
\end{array}
$$

und verfährt entsprechend für die Komponenten der Kraft

$$
\begin{array}{ccccccccc}
F_{1x} & F_{1y} & F_{1z} & F_{2x} & F_{2y} & F_{2z} & & F_{Nx} & F_{Ny} & F_{Nz} \\
\downarrow & \downarrow & \downarrow & \downarrow & \downarrow & \downarrow & \cdots & \downarrow & \downarrow & \downarrow \\
F_1 & F_2 & F_3 & F_4 & F_5 & F_6 & & F_{3N-2} & F_{3N-1} & F_{3N}
\end{array} \,.
$$

Das d'Alembertsche Prinzip für ein System von Massenpunkten lautet dann

$$\sum_{i=1}^{3N} \left(m_i \ddot{x}_i - F_i \right) \delta x_i = 0 \; . \tag{5.37}$$

Einzelne Massen des Systems können an Kurven oder Flächen gebunden sein oder Abstände zwischen den Massen können vorgegebene Werte haben. Für zwei Massen hätte man z.B. bei festem Abstand l

$$n = 2 \longrightarrow (x_1 - x_4)^2 + (x_2 - x_5)^2 + (x_3 - x_6)^2 - l^2 = 0 \; .$$

Sind r einschränkende Bedingungen für das System von Massenpunkten vorgegeben, so kann man, bis auf den Fall der einseitigen Bindung, die Zwangsbedingungen in der Form angeben

$$a_{k,1} \left(x_1 \ldots x_{3N}, t \right) \mathrm{d}x_1 + a_{k,2} \left(x_1 \ldots x_{3N}, t \right) \mathrm{d}x_2 +$$
$$\ldots + a_{k,3N} \left(x_1 \ldots x_{3N}, t \right) \mathrm{d}x_{3N} + a_{k,0} \left(x_1 \ldots x_{3N}, t \right) \mathrm{d}t = 0$$
$$(k = 1, 2, \ldots r) \; .$$

Man kann wieder die Fälle unterscheiden:

$a_{k,i}$	$a_{k,0}$	
$\dfrac{\partial f_k(x_1, \ldots x_{3N}, t)}{\partial x_i}$	0	holonom – skleronom
$\dfrac{\partial f_k(x_1, \ldots x_{3N})}{\partial x_i}$	$\dfrac{\partial f_k(x_1, \ldots x_{3N}, t)}{\partial t}$	holonom – rheonom
beliebig	0	nichtholonom – skleronom
beliebig	beliebig	nichtholonom – rheonom

Für die virtuellen Verschiebungen δx_i (alle sind instantan) gelten die entsprechenden, einschränkenden Bedingungen

$$\sum_{i=1}^{3N} a_{k,i} \left(x_1 \ldots x_{3N}, t \right) \delta x_i = 0 \qquad (k = 1, 2, \ldots r) \; . \tag{5.38}$$

Um die Bewegungsgleichungen zu gewinnen, argumentiert man wie zuvor:

Multipliziere jede der Zwangsbedingungen mit einem Lagrangemultiplikator und addiere sie zu der Aussage des d'Alembertschen Prinzips

$$\sum_{i=1}^{3N} \left\{ m_i \ddot{x}_i - F_i - \lambda_1 a_{1,i} - \lambda_2 a_{2,i} \ldots \lambda_r a_{r,i} \right\} \delta x_i = 0 \; .$$

Wähle die r Multiplikatoren so, dass r Klammerausdrücke verschwinden. Die restlichen $3N - r$ Verschiebungen sind frei wählbar, also müssen die restlichen Klammerausdrücke ebenfalls Null ergeben. Man erhält somit die Lagrange Gleichungen erster Art für ein System von N Massenpunkten. Liegen r holonome Bedingungen vor, so lauten sie

$$m_i \ddot{x}_i = F_i + \sum_{k=1}^{r} \lambda_k \frac{\partial f_k}{\partial x_i} \qquad (i = 1, 2, \ldots, 3N)$$

$$f_k \left(x_1 \ldots x_{3N}, \, t \right) = 0 \qquad (k = 1, 2, \ldots, r) \, . \tag{5.39}$$

Sind als Zwangsbedingungen r nichtholonome Differentialformen vorgegeben, so lauten die entsprechenden Gleichungen

$$m_i \ddot{x}_i = F_i + \sum_{k=1}^{r} \lambda_k a_{k,i} \left(x_1 \ldots x_{3N}, \, t \right) \qquad (i = 1, 2, \ldots, 3N) \tag{5.40}$$

$$\sum_{i=1}^{3N} a_{k,i} \left(x_1 \ldots x_{3N}, \, t \right) \frac{\mathrm{d}x_i}{\mathrm{d}t} = -a_{k,0} \left(x_1 \ldots x_{3N}, \, t \right) \qquad (k = 1, 2, \ldots, r) \, .$$

Es können auch Bewegungsprobleme mit einem gemischten Satz von Zwangsbedingungen (holonom *und* nichtholonom) diskutiert werden. Die Aufgabe ist in jedem Fall: Bestimme die $3N$ Funktionen $x_i(t)$ sowie die r Lagrangemultiplikatoren λ_k. Hat man das System von Gleichungen gelöst (dies ist unter Umständen keine einfache Aufgabe), so kann man die Komponenten der Zwangskräfte angeben

$$Z_i = \sum_{k=1}^{r} \lambda_k (x_1 \ldots x_{3N}, \, t) a_{k,i} \left(x_1 \ldots x_{3N}, \, t \right) \qquad (i = 1, \ldots 3N) \, .$$

Die Grundaussage des d'Alembertschen Prinzips, das Prinzip der virtuellen Arbeit

$$\sum_{i=1}^{3N} \left(m_i \ddot{x}_i - F_i \right) \delta x_i = 0$$

führt bei expliziter Einbeziehung der Zwangsbedingungen zu den Lagrangegleichungen erster Art. Es ist jedoch auch möglich, die gleiche Information in anderer Weise zu verarbeiten. Eliminiert man die Zwangsbedingungen durch eine geschickte Wahl der Koordinaten, so gewinnt man die Lagrangegleichungen zweiter Art. In diesem Falle wird die Anzahl der zu diskutierenden Gleichungen erniedrigt. Im Gegensatz zu Lagrange I stehen bei Lagrange II nur $3N - r$ (anstatt $3N + r$) Gleichungen zur Diskussion.

5.2.2.2 Anwendungen. Da die Lagrangegleichungen zweiter Art in der Anwendung handlicher sind, sollen an dieser Stelle nur noch zwei einfache Beispiele zur Lösung von Bewegungsproblemen mit den Lagrangegleichungen erster Art vorgestellt werden.

Atwoods Fallmaschine (Beispiel 5.14) kann folgendermaßen beschrieben werden: Zwei Massen m_1 und m_2 sind durch einen festen Faden über eine Rolle verbunden (Abb. 5.14). Die Masse der Rolle und des Fadens wird vernachlässigt. Unter dem Einfluss der Schwerkraft setzt sich das System in

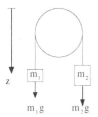

Abb. 5.14. Atwoods Fallmaschine

Bewegung. Die Frage lautet: Wie bewegt es sich?

Es genügt, eine Koordinatenrichtung zu betrachten: die z-Richtung, die in Richtung der Schwerkraft orientiert wird. Die (holonome) Zwangsbedingung, die den nicht dehnbaren Faden beschreibt, lautet

$$z_1 + z_2 = \text{const.}$$

Damit ergeben sich die Lagrangegleichungen

$$m_1 \ddot{z}_1 = m_1 g + \lambda \qquad m_2 \ddot{z}_2 = m_2 g + \lambda \ .$$

Elimination des Multiplikators ergibt

$$m_1 \ddot{z}_1 - m_1 g = m_2 \ddot{z}_2 - m_2 g \ .$$

Da aus der Zwangsbedingung $\ddot{z}_2 = -\ddot{z}_1$ folgt, entspricht dies

$$\ddot{z}_1 = \frac{m_1 - m_2}{m_1 + m_2} g \ .$$

Die Masse m_1 bewegt sich gleichförmig beschleunigt nach unten, wenn $m_1 > m_2$ ist. Die Beschleunigung ist gegenüber g reduziert. Ein Zahlenbeispiel, wie $m_1 = 16$ $m_2 = 14$ mit $\ddot{z}_1 = g/15$, erläutert den Zweck der Fallmaschine: Die beschleunigte Fallbewegung wird verlangsamt und kann somit einfacher beobachtet werden. Die Zwangskraft ist für beide Massen gleich und hat den Wert

$$Z_1 = Z_2 = \lambda = \left\{ \begin{matrix} m_1 \ddot{z}_1 - m_1 g \\ m_2 \ddot{z}_2 - m_2 g \end{matrix} \right\} = -\frac{2 m_1 m_2}{(m_1 + m_2)} g \ .$$

Sie ist für beide Massen nach oben gerichtet. Eine Variante der Fallmaschine wird in ☻ Aufg. 5.3 angesprochen.

Das Beispiel 5.15 erläutert die Anwendung des d'Alembertschen Prinzips für statische Probleme. Ein System mit N stationären Massenpunkten wird durch das **statische** Prinzip der virtuellen Arbeit charakterisiert

$$\sum_{i=1}^{N} \boldsymbol{F}_i \cdot \delta \boldsymbol{s}_i = 0 \ . \tag{5.41}$$

Aus dieser Bedingung kann man, als Beispiel, das Hebelgesetz gewinnen (vergleiche Kap. 3.2.2): Bei der Anwendung auf einen Hebel (ein ebenes System aus zwei Massen m_1 und m_2 mit festem Abstand l_1 und l_2 von dem gemeinsamen Drehpunkt (Abb. 5.15)) sind die Zwangsbedingungen

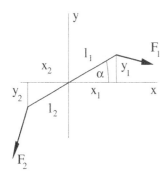

Abb. 5.15. Hebel: Koordinaten

$$x_1^2 + y_1^2 = l_1^2 \qquad \text{und} \qquad x_2^2 + y_2^2 = l_2^2 \ .$$

Außerdem wird jede der Massen um den gleichen Winkel gedreht

$$\frac{x_1}{y_1} = \frac{x_2}{y_2} = \frac{1}{\tan \alpha} \ .$$

In differentiell, virtueller Form (5.38) lauten diese drei Bedingungen

$$x_1 \delta x_1 + y_1 \delta y_1 = 0 \qquad x_2 \delta x_2 + y_2 \delta y_2 = 0$$
$$y_2 \delta x_1 - x_2 \delta y_1 - y_1 \delta x_2 + x_1 \delta y_2 = 0 \ .$$

Die stationären Lagrangegleichungen des Systems (5.39) sind somit

$$\begin{aligned}
F_{1,x} + \lambda_1 x_1 && + \lambda_3 y_2 &= 0 \\
F_{1,y} + \lambda_1 y_1 && - \lambda_3 x_2 &= 0 \\
F_{2,x} && + \lambda_2 x_2 - \lambda_3 y_1 &= 0 \\
F_{2,y} && + \lambda_2 y_2 + \lambda_3 x_1 &= 0 \ .
\end{aligned}$$

Elimination von λ_1 aus den ersten beiden und von λ_2 aus den letzten Gleichungen ergibt

$$F_{1,x} y_1 - F_{1,y} x_1 + \lambda_3 (y_2 y_1 + x_2 x_1) = 0$$
$$F_{2,x} y_2 - F_{2,y} x_2 - \lambda_3 (y_2 y_1 + x_2 x_1) = 0 \ .$$

Daraus folgt die (schon bekannte) Hebelbedingung (3.46)

$$\boldsymbol{r}_1 \times \boldsymbol{F}_1 + \boldsymbol{r}_2 \times \boldsymbol{F}_2 = \boldsymbol{0} \ ,$$

die Summe der Drehmomente der angreifenden Kräfte muss verschwinden.

5.3 Die Lagrangegleichungen zweiter Art (Lagrange II)

Benutzt man die Grundgleichungen der Mechanik in der Form der Lagrangegleichungen erster Art, so sind für ein System von N Massenpunkten mit r
Zwangsbedingungen $3N + r$ Gleichungen zu lösen. Die erhöhte Zahl von Gleichungen ist der Preis, den man für die explizite Einbeziehung der Zwangskräfte bezahlen muss. Das Ziel, das man mit der Formulierung der Lagrangegleichungen zweiter Art anstrebt, ist:

1. In den Gleichungen sollen die Zwangskräfte nicht explizit auftreten.
2. Die Zahl der zu lösenden Gleichungen soll der Zahl der verbleibenden
   Freiheitsgrade entsprechen. Diese ist $3N - r$.

Die einfachste Variante der Lagrangegleichungen zweiter Art beschreibt die
Bewegung eines einzigen Massenpunktes. Es bietet sich an, mit der Betrachtung dieser Gleichungen zu beginnen.

5.3.1 Lagrange II für einen Massenpunkt

Die Methode, mit der man das gesteckte Ziel erreicht, ist die Einführung
von generalisierten Koordinaten. In kleinem Rahmen wurde diese Methode
schon benutzt: So wurden z.B. in Kap. 4 die Bewegungsgleichungen für das
mathematische Pendel und für das Keplerproblem nicht in kartesischen Koordinaten, sondern in Polarkoordinaten diskutiert. Es geht nun um die Frage:
Wie wählt man einen möglichst geschickten Satz von Koordinaten für ein
vorgegebenes Problem (mit oder ohne Zwangsbedingungen)?

5.3.1.1 Generalisierte Koordinaten. Die Aufbereitung sieht folgendermaßen aus: Anstelle der Beschreibung der Bewegung durch kartesische Koordinaten $x(t)$, $y(t)$, $z(t)$ geht man zu einem beliebigen Satz von Koordinaten
$q_1(t)$, $q_2(t)$, $q_3(t)$ über. Die allgemeine Form eines solchen Satzes von Transformationsgleichungen ist

$$
\begin{aligned}
x(t) &= x(q_1(t), q_2(t), q_3(t), t) \\
y(t) &= y(q_1(t), q_2(t), q_3(t), t) \\
z(t) &= z(q_1(t), q_2(t), q_3(t), t)
\end{aligned}
\tag{5.42}
$$

oder in Kurzform

$$
x_i = x_i(q_1, q_2, q_3, t) \quad (i = 1, 2, 3) \, .
$$

In Gleichung (5.42) wurde von Anfang an die Möglichkeit im Auge behalten,
dass die Transformationsgleichungen explizit von der Zeit abhängen können.
Es wird außerdem vorausgesetzt, dass die Umkehrung der Transformationsgleichungen existiert

$$
q_\mu = q_\mu(x_1, x_2, x_3, t) \quad (\mu = 1, \, 2, \, 3) \, .
\tag{5.43}
$$

Zur Illustration mögen die folgenden zwei Beispiele dienen:

In dem Beispiel 5.16 wird die schon benutzte Koordinatentransformation (siehe (2.74), S. 63)

$$x_1 = q_1 \sin q_2 \cos q_3 \qquad x_2 = q_1 \sin q_2 \sin q_3 \qquad x_3 = q_1 \cos q_2$$

angesprochen, wobei die generalisierten Koordinaten q_μ für die Kugelkoordinaten stehen

$$q_1 \to r, \qquad q_2 \to \theta, \qquad q_3 \to \phi .$$

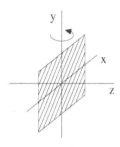

Abb. 5.16. Uniform um die y-Achse rotierende Ebene

Betrachtet man eine Bewegung auf einer Ebene, die gleichförmig mit der Winkelgeschwindigkeit ω um die y-Achse rotiert (Beispiel 5.17, siehe Abb. 5.16), so bieten sich die folgenden Koordinaten an:

$$
\begin{aligned}
q_1 &= z - x \tan \omega t && \text{Gleichung der rotierenden Ebene} \\
q_2 &= \sqrt{(x^2 + z^2)} && \text{Abstand von der } y\text{-Achse} \\
q_3 &= y && y\text{-Koordinate .}
\end{aligned}
\tag{5.44}
$$

Die Umkehrung dieser Transformation sieht zunächst etwas erschreckend aus, man findet z.B. für die x-Koordinate

$$x = \cos \omega t \left(-q_1 \sin \omega t + \sqrt{q_2^2 - q_1^2 \cos^2 \omega t} \right) .$$

Trotzdem ist dieser Satz von generalisierten Koordinaten für die skizzierte Situation sehr brauchbar. Die generalisierte Koordinate q_1 drückt gerade die Zwangsbedingung aus. Es ist also $q_1 = 0$ (und somit auch $\dot{q}_1 = \ddot{q}_1 = 0$). Man kann diese Koordinate bei der weiteren Betrachtung ignorieren (Bezeichnung: **ignorable Koordinate**). Benutzt man die Zwangsbedingung $q_1 = 0$, so ist die Umkehrung der Transformation recht einfach:

$$x = q_2 \cos \omega t \qquad y = q_3 \qquad z = q_2 \sin \omega t .$$

Die drei kartesischen Koordinaten werden (wegen der Zwangsbedingung) durch zwei generalisierte Koordinaten (und die vorgegebene Zeitentwicklung) dargestellt. Die Zahl der generalisierten Koordinaten entspricht der Zahl der Freiheitsgrade.

5.3.1.2 Von d'Alemberts Prinzip zu Bewegungsgleichungen in generalisierten Koordinaten.

Um einen Satz von Bewegungsgleichungen in den generalisierten Koordinaten zu gewinnen, muss man auf das d'Alembertsche Prinzip (Kap. 5.2) zurückgreifen und eine Umschreibung in diese Koordinaten vornehmen. Dazu sind einige Vorbereitungen notwendig, die allesamt auf der Anwendung der Rechenregeln für die partielle Differentiation beruhen.

1. Für die Ableitung der kartesischen Koordinaten nach der Zeit (totale Ableitung) gilt mit den angesetzten Transformationsgleichungen

$$\dot{x}_i = \frac{\mathrm{d}x_i}{\mathrm{d}t} = \sum_{\mu=1}^{3} \frac{\partial x_i}{\partial q_\mu} \, \dot{q}_\mu + \frac{\partial x_i}{\partial t} \, . \tag{5.45}$$

Die Ableitung einer generalisierten Koordinate nach der Zeit bezeichnet man als **generalisierte Geschwindigkeit**, beziehungsweise präziser als **generalisierte Geschwindigkeitskomponente**.

2. Für die kinetische Energie

$$T = \frac{m}{2} \sum_{i=1}^{3} \dot{x}_i^2$$

ergeben sich direkt die Ableitungen

$$\frac{\partial T}{\partial q_\nu} = m \sum_{i=1}^{3} \frac{\partial \dot{x}_i}{\partial q_\nu} \, \dot{x}_i \tag{5.46}$$

$$\frac{\partial T}{\partial \dot{q}_\nu} = m \sum_{i=1}^{3} \frac{\partial \dot{x}_i}{\partial \dot{q}_\nu} \, \dot{x}_i \, . \tag{5.47}$$

3. Aus der differenzierten Transformationsgleichung (5.45) folgt für die partiellen Ableitungen

$$\frac{\partial \dot{x}_i}{\partial \dot{q}_\nu} = \frac{\partial x_i}{\partial q_\nu} \, . \tag{5.48}$$

Einsetzen in (5.47) ergibt dann

$$\frac{\partial T}{\partial \dot{q}_\nu} = m \sum_{i=1}^{3} \frac{\partial x_i}{\partial q_\nu} \, \dot{x}_i \, . \tag{5.49}$$

4. Es ist nun die totale Ableitung dieses Ausdrucks nach der Zeit zu berechnen

$$\frac{\mathrm{d}}{\mathrm{d}t}\left(\frac{\partial T}{\partial \dot{q}_\nu}\right) = m \sum_{i=1}^{3} \left\{ \ddot{x}_i \frac{\partial x_i}{\partial q_\nu} + \dot{x}_i \frac{\mathrm{d}}{\mathrm{d}t}\left(\frac{\partial x_i}{\partial q_\nu}\right) \right\} \, . \tag{5.50}$$

5. In dem letzten Term auf der rechten Seite dieser Gleichung kann man die Reihenfolge der Differentiationen vertauschen, falls die Transformationsgleichungen zweimal stetig differenzierbar sind. Zum Beweis dieser Aussage benötigt man die Schritte

$$\frac{\mathrm{d}}{\mathrm{d}t}\left(\frac{\partial x_i}{\partial q_\nu}\right) = \sum_{\mu=1}^{3} \frac{\partial^2 x_i}{\partial q_\mu \partial q_\nu}\dot{q}_\mu + \frac{\partial^2 x_i}{\partial t \partial q_\nu} \; .$$

Vertauschung der Reihenfolge der partiellen Differentiationen gemäß Voraussetzung ergibt

$$\frac{\mathrm{d}}{\mathrm{d}t}\left(\frac{\partial x_i}{\partial q_\nu}\right) = \frac{\partial}{\partial q_\nu}\left\{\sum_{\mu=1}^{3} \frac{\partial x_i}{\partial q_\mu}\dot{q}_\mu + \frac{\partial x_i}{\partial t}\right\} \; .$$

Der Ausdruck in der Klammer ist aber gerade $\dot{x}_i$ (siehe (5.45)), also folgt

$$= \frac{\partial \dot{x}_i}{\partial q_\nu} \; .$$

6. Damit ergibt sich für den zweiten Term in (5.50) gemäß (5.46)

$$m\sum_{i=1}^{3} \dot{x}_i \frac{\mathrm{d}}{\mathrm{d}t}\left(\frac{\partial x_i}{\partial q_\nu}\right) = m\sum_{i=1}^{3} \dot{x}_i \frac{\partial \dot{x}_i}{\partial q_\nu} = \frac{\partial T}{\partial q_\nu} \tag{5.51}$$

und man kann das Endziel dieser Vorbereitung nach Sortierung des Ergebnisses von (5.50) in der Form notieren

$$m\sum_{i=1}^{3} \ddot{x}_i \frac{\partial x_i}{\partial q_\nu} = \frac{\mathrm{d}}{\mathrm{d}t}\left(\frac{\partial T}{\partial \dot{q}_\nu}\right) - \frac{\partial T}{\partial q_\nu} \; . \tag{5.52}$$

Mit Hilfe dieser Gleichung kann man nun das d'Alembertsche Prinzip in eine geeignete Form bringen. Der Ausgangspunkt ist die kartesische Form (5.37)

$$\sum_{i=1}^{3}(m\ddot{x}_i - F_i)\delta x_i = 0 \; . \tag{5.53}$$

(Noch einmal in Worten: die virtuelle Arbeit der verlorenen Kräfte verschwindet.) Man benötigt eine Relation zwischen den virtuellen Verschiebungen in den kartesischen Koordinaten und den virtuellen Verschiebungen in den generalisierten Koordinaten. Dazu bildet man das totale Differential der Transformationsgleichungen (5.42)

$$\mathrm{d}x_i = \sum_{\mu=1}^{3} \frac{\partial x_i}{\partial q_\mu}\mathrm{d}q_\mu + \frac{\partial x_i}{\partial t}\mathrm{d}t$$

und geht von der wirklichen Verschiebung d zu der virtuellen Verschiebung δ über. Auf diese Weise ergibt sich

$$\delta x_i = \sum_{\mu=1}^{3} \frac{\partial x_i}{\partial q_\mu} \, \delta q_\mu \,, \tag{5.54}$$

da δt gemäß Definition gleich Null ist. Für die Grundgleichung des d'Alembertschen Prinzips erhält man damit

$$\sum_{\mu} \left\{ \sum_{i} \left(m\ddot{x}_i \frac{\partial x_i}{\partial q_\mu} - F_i \frac{\partial x_i}{\partial q_\mu} \right) \right\} \delta q_\mu = 0 \,. \tag{5.55}$$

Man erkennt hier den Zweck der Vorbereitung in den Punkten 1 bis 6. Der erste Term in (5.55) lässt sich mit (5.52) durch die Ableitungen der kinetischen Energie ausdrücken. Der zweite Term entspricht einer Transformation von den kartesischen Kraftkomponenten F_i auf **generalisierte Kraftkomponenten** Q_μ

$$Q_\mu = \sum_{i=1}^{3} F_i \frac{\partial x_i}{\partial q_\mu} \qquad (\mu = 1,\,2,\,3)\,. \tag{5.56}$$

Benutzt man diese Definition zur Abkürzung und setzt den bereitgestellten Ausdruck (5.52) für den ersten Term ein, so erhält man

$$\sum_{\mu=1}^{3} \left\{ \frac{\mathrm{d}}{\mathrm{d}t} \left(\frac{\partial T}{\partial \dot{q}_\mu} \right) - \frac{\partial T}{\partial q_\mu} - Q_\mu \right\} \delta q_\mu = 0 \,. \tag{5.57}$$

Es können drei verschiedene Situationen vorliegen:

1. Der Massenpunkt ist frei beweglich, d.h. es besteht keine Zwangsbedingung. In diesem Fall hat man drei unabhängige virtuelle Verschiebungen δq_μ. Das d'Alembertsche Prinzip kann nur erfüllt sein, wenn jeder der Klammerausdrücke verschwindet. Man erhält drei Bewegungsgleichungen

$$\frac{\mathrm{d}}{\mathrm{d}t} \left(\frac{\partial T}{\partial \dot{q}_\mu} \right) - \frac{\partial T}{\partial q_\mu} - Q_\mu = 0 \qquad (\mu = 1,\,2,\,3)\,. \tag{5.58}$$

2. Es ist eine Zwangsbedingung vorgegeben, von der vorausgesetzt werden soll, dass sie holonom ist ($f(x, y, z, t) = 0$). Man kann dann als eine der generalisierten Koordinaten

$$q_1 = f(x, y, z, t) = 0$$

festlegen. Die entsprechende virtuelle Verschiebung verschwindet somit ($\delta q_1 = 0$), während die anderen Verschiebungen δq_2 und δq_3 beliebig gewählt werden können. Dies liefert dann zwei Bewegungsgleichungen

$$\frac{\mathrm{d}}{\mathrm{d}t} \left(\frac{\partial T}{\partial \dot{q}_\mu} \right) - \frac{\partial T}{\partial q_\mu} - Q_\mu = 0 \qquad (\mu = 2,\,3)\,. \tag{5.59}$$

3. Es sind zwei holonome Zwangsbedingungen vorgegeben. Eine zweckmäßige Wahl der generalisierten Koordinaten ist in diesem Fall

$$q_1 = f_1(x_1, x_2, x_3, t) = 0 , \qquad q_2 = f_2(x_1, x_2, x_3, t) = 0 .$$

Es verbleibt im Endeffekt nur eine Bewegungsgleichung, die nur noch die Koordinate q_3 enthält.

Die vorliegenden Bewegungsgleichungen

$$\boxed{\frac{\mathrm{d}}{\mathrm{d}t}\left(\frac{\partial T}{\partial \dot{q}_\mu}\right) - \frac{\partial T}{\partial q_\mu} - Q_\mu = 0 \qquad (\mu = 1, \ldots)} \qquad (5.60)$$

sind die **Lagrangegleichungen zweiter Art für die Bewegung eines Massenpunktes** ohne beziehungsweise mit holonomen Zwangsbedingungen. Das gesteckte Ziel wurde erreicht: Zwangskräfte treten nicht explizit auf. Die Zahl der Gleichungen entspricht der Zahl der Freiheitsgrade. Man könnte diese Gleichungen, die wesentlichen Grundgleichungen der 'höheren' klassischen Mechanik, als eine mehr praxisorientierte Form des d'Alembertschen Prinzips bezeichnen.

5.3.1.3 Zur Lösung der Bewegungsgleichungen nach Lagrange II.
Die allgemeinere Betrachtung dieser Gleichungen soll durch zwei anschauliche Anwendungsbeispiele vorbereitet werden. Zur Aufstellung der Lagrange Bewegungsgleichungen (5.60) benutzt man einen Satz von Standardschritten:

* Man beginnt mit der Wahl der generalisierten Koordinaten

$$x_i = x_i(q_1, q_2, q_3, t) , \qquad (i = 1, 2, 3)$$

und berechnet deren Zeitableitungen

$$\dot{x}_i = \sum_\mu \frac{\partial x_i}{\partial q_\mu} \dot{q}_\mu + \frac{\partial x_i}{\partial t} = v_i(q_1, \ldots, \dot{q}_1, \ldots, t) .$$

Auf der rechten Seite dieser Gleichungen treten nur die generalisierten Koordinaten q_μ (gegebenenfalls zum Teil ignorabel), die generalisierten Geschwindigkeiten $\dot{q}_\mu$ und (gegebenenfalls) die Zeit auf.

* Die kartesischen Geschwindigkeitskomponenten setzt man in den Ausdruck für die kinetische Energie ein

$$T = \frac{m}{2} \sum_{i=1}^{3} \dot{x}_i^2$$

und erhält somit die kinetische Energie in der Form

$$T = T(q_1, q_2, q_3, \dot{q}_1, \dot{q}_2, \dot{q}_3, t) .$$

- Zur eigentlichen Aufstellung der Bewegungsgleichungen gemäß Lagrange II bildet man die geforderten Ableitungen von T nach den generalisierten Koordinaten und den generalisierten Geschwindigkeiten

$$\frac{\partial T}{\partial q_\mu}, \quad \frac{\mathrm{d}}{\mathrm{d}t}\left(\frac{\partial T}{\partial \dot{q}_\mu}\right)$$

und berechnet die Komponenten der generalisierten Kraft Q_μ nach Gleichung (5.56).

- Die aus diesen Zutaten gewonnenen Gleichungen stellen einen Satz von Differentialgleichungen für die Funktionen $q_\mu(t)$ dar. Nach deren Lösung erhält man über die Transformationsgleichungen (5.42), falls erwünscht, die Zeitentwicklung der kartesischen Koordinaten $x_i(t)$.

5.3.1.4 Erste Lösungsbeispiele. Das erste Beispiel zur Illustration dieses Schemas ist die Aufgabe: Berechne den Bewegungsablauf für einen Massenpunkt m, der sich auf einer Zylinderfläche

$$x^2 + y^2 - R^2 = 0$$

unter dem Einfluss einer harmonischen Zentralkraft

$$\boldsymbol{F} = -k\boldsymbol{r} = -k(x,y,z)$$

bewegt (Beispiel 5.18, siehe Abb. 5.17a).

(a)   (b)

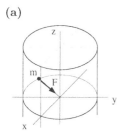   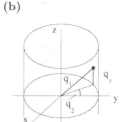

Kraftvektor   generalisierte Koordinaten

Abb. 5.17. Ein Massenpunkt m auf einer Zylinderfläche unter dem Einfluss einer harmonischen Zentralkraft

Der Kraftvektor zeigt zu jedem Zeitpunkt auf den Koordinatenursprung. Der erste Schritt ist die Wahl der generalisierten Koordinaten. Man hat einige Freiheit, doch sollte man nach der Devise verfahren: Je geschickter die Wahl, desto einfacher die Differentialgleichungen, die letztlich zur Diskussion stehen. Die geschickteste Wahl orientiert sich in den meisten Fällen an der Symmetrie des Problems und (falls vorgegeben) den Zwangsbedingungen. In dem vorliegenden Beispiel würde man wählen

$$q_1 = x^2 + y^2 - R^2 = 0 \qquad \text{(die Zwangsbedingung)}$$

und infolge der Zylindersymmetrie (Abb. 5.17b)

$$q_2 = \arctan \frac{y}{x} \qquad \text{(Winkel)}$$
$$q_3 = z \qquad \text{(Koordinate, Höhe über } x\text{-}y \text{ Ebene) .}$$
(5.61)

Wegen der Aussage $q_1 = 0$ lautet die Umkehrung dieser Gleichungen

$$x = R\cos q_2 \qquad y = R\sin q_2 \qquad z = q_3 \, . \tag{5.62}$$

Es sind nun die Zeitableitungen zu berechnen

$$\dot{x} = -R\,\dot{q}_2\sin q_2 \qquad \dot{y} = R\,\dot{q}_2\cos q_2 \qquad \dot{z} = \dot{q}_3 \, . \tag{5.63}$$

Damit erhält man für die kinetische Energie

$$T = \frac{m}{2}(\dot{x}^2 + \dot{y}^2 + \dot{z}^2) = \frac{m}{2}(R^2\dot{q}_2^2 + \dot{q}_3^2) \, .$$

Man berechnet nun die geforderten Ableitungen der kinetischen Energie

$$\frac{\partial T}{\partial q_2} = \frac{\partial T}{\partial q_3} = 0$$

und

$$\frac{\partial T}{\partial \dot{q}_2} = mR^2\dot{q}_2 \qquad \longrightarrow \qquad \frac{\mathrm{d}}{\mathrm{d}t}\left(\frac{\partial T}{\partial \dot{q}_2}\right) = mR^2\ddot{q}_2$$

$$\frac{\partial T}{\partial \dot{q}_3} = m\dot{q}_3 \qquad \longrightarrow \qquad \frac{\mathrm{d}}{\mathrm{d}t}\left(\frac{\partial T}{\partial \dot{q}_3}\right) = m\ddot{q}_3 \, .$$

Zur Berechnung der generalisierten Kraft benötigt man

$$\frac{\partial x}{\partial q_2} = -R\sin q_2 \qquad \frac{\partial y}{\partial q_2} = R\cos q_2 \qquad \frac{\partial z}{\partial q_2} = 0$$

$$\frac{\partial x}{\partial q_3} = 0 \qquad \frac{\partial y}{\partial q_3} = 0 \qquad \frac{\partial z}{\partial q_3} = 1 \, .$$

Die generalisierte Kraftkomponente Q_1 verschwindet, da q_1 in den Transformationsgleichungen (5.61) nicht auftritt. Für die anderen Komponenten erhält man

$$Q_2 = F_x\frac{\partial x}{\partial q_2} + F_y\frac{\partial y}{\partial q_2} + F_z\frac{\partial z}{\partial q_2}$$
$$= -k\{(R\cos q_2)(-R\sin q_2) + (R\sin q_2)(R\cos q_2) + 0\}$$
$$= 0$$

$$Q_3 = F_x\frac{\partial x}{\partial q_3} + F_y\frac{\partial y}{\partial q_3} + F_z\frac{\partial z}{\partial q_3}$$
$$= -kq_3 \, .$$

Die Lagrange Bewegungsgleichungen des gestellten Problems sind also

$$m\ddot{q}_2 = 0$$
$$m\ddot{q}_3 + kq_3 = 0 \; .$$

Sie sind wider Erwarten sehr einfach. Man kann die allgemeine Lösung direkt angeben

$$q_2(t) = C_1 + C_2 t$$
$$q_3(t) = C_3 \cos\omega_0 t + C_4 \sin\omega_0 t \qquad \text{mit} \quad \omega_0 = \sqrt{\frac{k}{m}} \; . \tag{5.64}$$

Die Größe q_2 ist der Polarwinkel, die Größe q_3 ist die z-Koordinate eines Punktes auf dem Zylindermantel. Die Winkelbewegung ist uniform, in der z-Richtung liegt eine harmonische Oszillation vor. Die Überlagerung der beiden

Abb. 5.18. Bewegung auf einer Zylinderfläche: Lösung

Bewegungsformen ergibt eine trigonometrische Kurve (die Oszillation), die auf dem Zylindermantel ausgebreitet (die uniforme Drehung) ist (Abb. 5.18). Man kann den Bewegungsablauf etwas detaillierter studieren, wenn man einen Satz von Anfangsbedingungen vorgibt, so z.B.

$$x(0) = R \qquad y(0) = 0 \qquad z(0) = h$$
$$v_x(0) = 0 \qquad v_y(0) = v_0 \qquad v_z(0) = 0 \; .$$

Die Anfangsposition befindet sich (natürlich) auf dem Zylindermantel, in der Höhe h über der x-Achse. Die Anfangsgeschwindigkeit zeigt in die y-Richtung. Damit folgt aus den Transformationsgleichungen (5.61)

$$q_2(0) = 0 \qquad q_3(0) = h$$

und aus der Geschwindigkeitstransformation (5.63)

$$\dot{q}_2(0) = v_0/R \qquad \dot{q}_3(0) = 0 \; .$$

Benutzt man diese Vorgaben zur Bestimmung der Integrationskonstanten, so findet man die spezielle Lösung

$$q_2(t) = \frac{v_0}{R}t \qquad q_3(t) = h\cos\omega_0 t \; . \tag{5.65}$$

Auf dem Zylindermantel ist eine Kosinuskurve ausgebreitet. Da im Allgemeinen die Umlauffrequenz $\omega = v_0/R$ (Umlaufzeit $T = 2\pi R/v_0$) und die Oszillatorfrequenz $\omega_0 = \sqrt{k/m}$ nicht übereinstimmen, ist die Kosinuskurve auf dem Zylindermantel nicht geschlossen. Spezialfälle, die auftreten können, sind:

$h = 0$: Es liegt nur eine uniforme Kreisbewegung der Masse in der x-y Ebene vor.

$v_0 = 0$: Die Lösung (5.65) beschreibt in diesem Fall eine harmonische Oszillation um den Punkt $(x,\ y,\ z) = (R,\ 0,\ h)$ in z-Richtung.

Das Beispiel 5.19 stellt ein Bewegungsproblem dar, das über die Bewegungsgleichungen gemäß Lagrange I nicht ohne numerischen Aufwand gelöst werden könnte. Man betrachtet die Bewegung einer Masse m unter dem Einfluss der Schwerkraft $\boldsymbol{F} = (0, 0, -mg)$ auf einer Schraubenlinie, die sich uniform in der z-Richtung hebt oder absenkt. Eine nichtbewegte Schraubenlinie

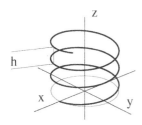

Abb. 5.19. Darstellung der Schraubenlinie

(Abb. 5.19) wird durch die Gleichungen

$$x^2 + y^2 - R^2 = 0 \tag{5.66}$$

$$z = \frac{h}{2\pi}\phi = \frac{h}{2\pi}\arctan\frac{y}{x} \tag{5.67}$$

beschrieben (siehe Kap. 2, S. 36). Die erste Gleichung (5.66) charakterisiert die Zylinderfläche, die zweite (5.67) beschreibt die Schraubenlinie auf dieser Fläche. Für eine volle Drehung in der x-y Ebene ändert sich der Winkel ϕ um den Betrag 2π. Für jeden Umlauf vergrößert sich die z-Koordinate um die Ganghöhe der Schraube (h). Im Falle einer uniform rotierenden Schraube ist die zweite Gleichung durch

$$z = \frac{h}{2\pi}\left(\arctan\left(\frac{y}{x}\right) \pm \omega t\right) \qquad \omega = \frac{2\pi}{T} \tag{5.68}$$

zu ersetzen. Das Pluszeichen entspricht einer Schraubenlinie, die sich hebt, das Minuszeichen einer Schraubenlinie, die sich senkt.

Die Wahl der ignorablen Koordinaten für das vorliegende Problem ist demnach

$$q_1 = x^2 + y^2 - R^2 = 0 \tag{5.69}$$

$$q_2 = z - \frac{h}{2\pi}\left(\arctan\left(\frac{y}{x}\right) \pm \omega t\right) = 0\ . \tag{5.70}$$

Diese Koordinaten treten in den Bewegungsgleichungen nicht auf. Zur Charakterisierung der eigentlichen Bewegung benutzt man

$$q_3 = z\ . \tag{5.71}$$

Um die Umkehrung dieser Transformationsgleichungen zu gewinnen, löst man die Gleichung (5.70) für die Koordinate q_2 nach dem Polarwinkel $\phi(t)$ auf

$$\phi(t) = \arctan \frac{y(t)}{x(t)} = \frac{2\pi}{h} q_3(t) \mp \omega t \tag{5.72}$$

und setzt diesen Ausdruck in die Relation zwischen Zylinderkoordinaten und kartesischen Koordinaten ein ((2.66), S. 62)

$$x(t) = R \cos \phi(t) \qquad y(t) = R \sin \phi(t) \qquad z(t) = q_3(t) . \tag{5.73}$$

Da zwei Zwangsbedingungen vorgegeben sind, tritt nur eine nichtignorable generalisierte Koordinate auf. Eine der holonomen Zwangsbedingungen ist rheonom, somit sind die Transformationsgleichungen explizit zeitabhängig. Zur Angabe der kinetischen Energie als Funktion der generalisierten Koordinaten und Geschwindigkeiten benötigt man die Zeitableitungen

$$\dot{x} = -R\dot{\phi}\sin\phi \qquad \dot{y} = R\dot{\phi}\cos\phi \qquad \dot{z} = \dot{q}_3 .$$

Die kinetische Energie ist wegen

$$\dot{\phi} = \frac{2\pi}{h}\dot{q}_3(t) \mp \omega$$

somit

$$T = \frac{m}{2}\left[R^2\left(\frac{2\pi}{h}\dot{q}_3 \mp \omega\right)^2 + \dot{q}_3{}^2 \right] . \tag{5.74}$$

Die einzige generalisierte Kraftkomponente, die in diesem Fall auftritt, ist

$$Q_3 = F_z \frac{\partial z}{\partial q_3} = -mg , \quad \text{da} \quad F_x = F_y = 0 .$$

Für die Aufstellung der Bewegungsgleichungen benötigt man noch die Ableitungen

$$\frac{\partial T}{\partial q_3} = 0 \qquad \frac{\partial T}{\partial \dot{q}_3} = m\left[\frac{2\pi R^2}{h}\left(\frac{2\pi}{h}\dot{q}_3 \mp \omega\right) + \dot{q}_3 \right] ,$$

sowie

$$\frac{\mathrm{d}}{\mathrm{d}t}\left(\frac{\partial T}{\partial \dot{q}_3}\right) = m\ddot{q}_3\left(\frac{4\pi^2 R^2}{h^2} + 1\right) .$$

Die Bewegungsgleichung lautet demnach

$$m\ddot{q}_3\left(\frac{4\pi^2 R^2}{h^2} + 1\right) + mg = 0 , \tag{5.75}$$

beziehungsweise nach einfacher Sortierung

$$\ddot{q}_3 = -\frac{gh^2}{4\pi^2 R^2 + h^2} = -g_{\text{eff}} .$$

Die Bewegung auf der uniform rotierenden Schraubenlinie unter dem Einfluss der Schwerkraft ist eine gleichförmig beschleunigte Fallbewegung. Die

Beschleunigung ist gegenüber dem freien Fall reduziert. Die Reduktion ist umso größer je größer der Radius der Schraube ist. Die Reduktion verringert sich mit wachsender Ganghöhe, die effektive Beschleunigung kann auch in der Form

$$g_{\text{eff}} = \frac{g}{\left(1 + \dfrac{4\pi^2 R^2}{h^2}\right)}$$

geschrieben werden. Die Winkelgeschwindigkeit ω, die die uniforme Drehung charakterisiert, tritt in der Bewegungsgleichung nicht auf. Die zeitabhängigen Zwangskräfte leisten bei einer uniformen Rotation, wie für das Beispiel einer uniform bewegten schiefen Ebene (vergleiche Kap. 5.1, S. 201 für den Spezialfall $h(t) = v_0\, t$), keine Arbeit.

Die allgemeine Lösung der Bewegungsgleichung (5.75) ist

$$q_3(t) = C_1 + C_2 t - \frac{1}{2} g_{\text{eff}} t^2 \ .$$

Gibt man Anfangsbedingungen für die generalisierte Koordinate vor, wie z.B.

$$q_3(0) = 0 \qquad \dot{q}_3(0) = 0 \ ,$$

so erhält man für die entsprechenden Anfangsbedingungen in den kartesischen Koordinaten

$$x(0) = R \qquad y(0) = 0 \qquad z(0) = 0$$
$$\dot{x}(0) = 0 \quad \dot{y}(0) = \mp R\omega \quad \dot{z}(0) = 0 \ .$$

Der Massenpunkt befindet sich anfänglich auf der Schraubenlinie und bewegt sich mit ihr. Die Anfangsbedingungen entsprechen $C_1 = C_2 = 0$, so dass sich durch Einsetzen von q_3 in die Transformationsgleichungen die explizite Lösung in kartesischer Schreibweise zu

$$x(t) = +R \cos\left[\frac{\pi h g}{4\pi^2 R^2 + h^2} t^2 \pm \omega t\right]$$

$$y(t) = -R \sin\left[\frac{\pi h g}{4\pi^2 R^2 + h^2} t^2 \pm \omega t\right] \tag{5.76}$$

$$z(t) = -\frac{1}{2}\left[\frac{g h^2}{4\pi^2 R^2 + h^2}\right] t^2$$

ergibt. Es kann direkt überprüft werden, dass diese Lösung die Bedingungen $q_1(t) = q_2(t) = 0$ erfüllt.

5.3.1.5 Zwangskräfte und Lagrange II. In den Lagrangegleichungen zweiter Art treten, per Konstruktion, die Zwangskräfte nicht auf. Ist man jedoch neben der Charakterisierung des Bewegungsablaufes an einer Aussage über die Zwangskräfte interessiert, so bietet sich das folgende Vorgehen an:

(a) Löse das gestellte Bewegungsproblem mit Zwangsbedingungen gemäß Lagrange II, gegebenenfalls mit numerischen Methoden.

(b) Stelle die Bewegungsgleichungen gemäß Lagrange I auf, setze die Lösung aus Schritt (a) ein und bestimme die Lagrangemultiplikatoren (und somit die Zwangskräfte).

Für die zwei obigen Beispiele ergeben sich mit diesen beiden Schritten die folgenden Aussagen über die Zwangskräfte:

Die Zwangsbedingung (siehe Bsp. 5.18, S. 221) $x^2 + y^2 - R^2 = 0$ ergibt nach der Vorschrift (5.33) die Bewegungsgleichungen

$$m\ddot{x} = -kx + 2\lambda x \qquad m\ddot{y} = -ky + 2\lambda y \qquad m\ddot{z} = -kz \; . \tag{5.77}$$

Aus der ersten Gleichung folgt z.B.

$$\lambda = \frac{1}{2}\left(\frac{m\ddot{x}}{x} + k\right) \; .$$

Setzt man in diese Gleichung die Lösung (5.65) mit den benutzten Anfangsbedingungen ein

$$x = R\cos\left(\frac{v_0 t}{R}\right) \qquad y = R\sin\left(\frac{v_0 t}{R}\right) \qquad z = h\cos\omega_0 t \; ,$$

so findet man für λ

$$\lambda = \frac{1}{2}\left(k - m\left(\frac{v_0}{R}\right)^2\right) \; .$$

Die zweite Bewegungsgleichung ist automatisch erfüllt. Für die Zwangskraft ergibt sich

$$\boldsymbol{Z} = \left(\left(k - m\frac{v_0^2}{R^2}\right) R\cos\left(\frac{v_0 t}{R}\right), \left(k - m\frac{v_0^2}{R^2}\right) R\sin\left(\frac{v_0 t}{R}\right), 0\right) \; .$$

Die Zwangskraft ändert sich periodisch mit der Winkelkoordinate $q_2(t)$. Sie ist, je nach Verhältnis der Kraftkonstanten und der Umlaufgeschwindigkeit (bezogen auf Masse und Radius) radial nach innen oder außen gerichtet.

In dem zweiten Beispiel (Bsp. 5.19, S. 224) sind die Zwangsbedingungen

$$x^2 + y^2 - R^2 = 0 \quad \text{und} \quad z - \frac{h}{2\pi}\left(\arctan\frac{y}{x} \pm \omega t\right) = 0$$

vorgegeben. Mit dem Ansatz für die Zwangskraft

$$\boldsymbol{Z} = \lambda_1 \boldsymbol{\nabla} f_1 + \lambda_2 \boldsymbol{\nabla} f_2$$

lauten die Bewegungsgleichungen nach Lagrange I bei Benutzung von (5.35)

$$m\ddot{x} = 2\lambda_1 x + \frac{h}{2\pi R^2} y \lambda_2 \qquad m\ddot{y} = 2\lambda_1 y - \frac{h}{2\pi R^2} x \lambda_2$$
$$m\ddot{z} = -mg + \lambda_2 \; . \tag{5.78}$$

Für die spezielle Lösung des Bewegungsproblems in der Form (5.76)

$$x = R\cos\phi \qquad y = R\sin\phi \qquad z = -\frac{1}{2}g_{\text{eff}}t^2$$

mit

$$\phi = -\left(\frac{\pi}{h}g_{\text{eff}}t^2 \pm \omega t\right)$$

liefert die dritte Bewegungsgleichung direkt

$$\lambda_2 = m(g - g_{\text{eff}}) = \frac{4\pi^2 R^2}{4\pi R^2 + h^2}\, m\, g = \frac{4\pi^2 R^2}{h^2} m\, g_{\text{eff}}\,.$$

Aus einer der ersten beiden Bewegungsgleichungen in (5.78) kann man dann λ_1 gewinnen

$$\lambda_1 = -\frac{m}{2}\dot{\phi}^2 = -\frac{m}{2}\left(\frac{2\pi}{h}g_{\text{eff}}t \pm \omega\right)^2\,.$$

5.3.1.6 Konservative Systeme. Nach dieser ersten Anwendung der Lagrangeschen Bewegungsgleichungen zweiter Art für die Lösung von komplizierteren Bewegungsproblemen soll die allgemeine Diskussion fortgesetzt werden. Für den Fall, dass die eingeprägten Kräfte konservativ sind, kann man bei holonomen Zwangsbedingungen eine nützliche Umschreibung vornehmen. In diesem Fall sind die kartesischen Kraftkomponenten als Gradient der potentiellen Energie darstellbar

$$\boldsymbol{F} = -\boldsymbol{\nabla}U(x, y, z)$$

und die Komponenten der generalisierten Kraft können, unter Benutzung der Kettenregel für die partielle Differentiation, in der Form

$$Q_\mu = \sum_i F_i \frac{\partial x_i}{\partial q_\mu} = -\sum_i \frac{\partial U}{\partial x_i}\frac{\partial x_i}{\partial q_\mu} = -\frac{\partial U}{\partial q_\mu} \qquad (\mu = 1, \ldots) \qquad (5.79)$$

geschrieben werden. Diese Gleichung besagt: Im Fall von konservativen Kräften kann man die generalisierten Kraftkomponenten auch berechnen, indem man zuerst die potentielle Energie durch die generalisierten Koordinaten ausdrückt

$$U(x_1,\ x_2,\ x_3) \longrightarrow U(q_1,\ q_2,\ q_3,\ t)$$

und dann die Kraftkomponenten als generalisierten Gradienten berechnet. Für das Beispiel 5.18 (S. 221) mit der Transformation (5.62)

$$x = R\cos q_2 \qquad y = R\sin q_2 \qquad z = q_3$$

ist die potentielle Energie

$$U = \frac{k}{2}(x^2 + y^2 + z^2) = \frac{k}{2}(R^2 + q_3^2)\,.$$

Damit ergibt sich, wie zuvor, für die generalisierten Kraftkomponenten

$$Q_1 = Q_2 = 0 \qquad Q_3 = -kq_3\,.$$

Der Zusammenhang zwischen generalisierten Kraftkomponenten (5.79) und potentieller Energie ist auch anwendbar, wenn die potentielle Energie nach der Transformation auf generalisierte Koordinaten explizit von der Zeit abhängt. Als Variante des Beispiels 5.18 kann man die Bewegung eines Massenpunktes betrachten, der sich unter dem Einfluss einer harmonischen Kraft auf einem 'pulsierenden' Zylinder bewegt (Abb. 5.20).

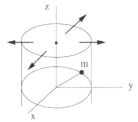

Abb. 5.20. Pulsierender Zylinder

Die Zwangsbedingung lautet dann

$$x^2 + y^2 - R(t)^2 = 0 \,,$$

ein Beispiel für die Vorgabe einer Pulsation wäre

$$R(t) = R_0 + a \sin bt \,.$$

Die potentielle Energie hat die gleiche Form wie zuvor

$$U = \frac{k}{2}(R(t)^2 + q_3^2) \,,$$

so dass man trotz der expliziten Zeitabhängigkeit der potentiellen Energie für die einzige Komponente der generalisierten Kraft wieder

$$\boldsymbol{Q} = (Q_1,\, Q_2,\, Q_3) = (0,\, 0,\, -kq_3)$$

erhält. Die Zeitabhängigkeit der Transformationsgleichungen führt jedoch über die kinetische Energie auf einen modifizierten Satz von Bewegungsgleichungen. Die Zeitableitungen der Transformationsgleichungen sind im Fall des 'pulsierenden' Zylinders anstelle von (5.63)

$$\dot{x} = \dot{R}\cos q_2 - R\dot{q}_2\sin q_2 \qquad \dot{y} = \dot{R}\sin q_2 + R\dot{q}_2\cos q_2 \qquad \dot{z} = \dot{q}_3 \,.$$

Damit ergibt sich

$$T = \frac{m}{2}(\dot{R}^2 + R^2\dot{q}_2{}^2 + \dot{q}_3{}^2) \,,$$

sowie

$$\frac{\partial T}{\partial \dot{q}_2} = mR^2\dot{q}_2 \quad \text{und} \quad \frac{\mathrm{d}}{\mathrm{d}t}\left(\frac{\partial T}{\partial \dot{q}_2}\right) = m(2R\dot{R}\dot{q}_2 + R^2\ddot{q}_2) \,.$$

Die Differentialgleichungen für die Bewegung auf dem 'pulsierenden' Zylinder sind

$$\ddot{q}_2 + 2\frac{\dot{R}}{R}\dot{q}_2 = 0 \qquad \ddot{q}_3 + \frac{k}{m}q_3 = 0 \,.$$

Die Bewegungsgleichungen für die beiden generalisierten Koordinaten sind immer noch entkoppelt, die Winkelbewegung ist jedoch nicht mehr uniform. Infolge der Zeitabhängigkeit der Zwangsbedingung ist eine Art von 'Reibungsterm' aufgetreten. Die Differentialgleichung für q_2 kann man mit Standardmethoden lösen (☺ Aufg. 5.7, siehe auch Math.Kap. 6.3)

$$q_2(t) = C_1 + C_2 \int^t dt_1 \exp\left[-2 \int^{t_1} \frac{\dot{R}(t_2)}{R(t_2)} dt_2\right]$$

$$= C_1 + C_2 \int^t dt_1 \frac{1}{R(t_1)^2} \;.$$

Ändert sich der Zylinderradius nicht mit der Zeit ($\dot{R} = 0$), so erhält man wieder die Lösung für das ursprüngliche Beispiel 5.18

$$q_2(t) = C_1 + \frac{C_2}{R^2} t = C_1 + C_2' t \;.$$

5.3.1.7 Formulierung von Lagrange II mittels einer Lagrangefunktion.
Falls die generalisierten Kraftkomponenten durch eine Potentialfunktion dargestellt werden können, benutzt man eine Standardform der Lagrangegleichungen zweiter Art. Zu diesem Zwecke definiert man die **Lagrangefunktion**

$$L = T(q_1,\; q_2,\; q_3,\; \dot{q}_1, \dot{q}_2, \dot{q}_3,\; t) - U(q_1,\; q_2,\; q_3,\; t) \;. \tag{5.80}$$

Diese Größe hat die Dimension einer Energie, ist aber *nicht* mit der Energie des Systems identisch. Die für die Energie zuständige Größe ist die Hamiltonfunktion (siehe (5.100) und Kap. 5.4). Die Lagrangefunktion ist nichtsdestoweniger eines *der* zentralen Konzepte der theoretischen Physik, das bis zu der Formulierung von Quantenfeldtheorien eine markante Rolle spielt.

Die folgenden Ableitungen der Lagrangefunktion (5.80) sind im Weiteren von Interesse

$$\frac{\partial L}{\partial \dot{q}_\mu} = \frac{\partial T}{\partial \dot{q}_\mu} \qquad\qquad \frac{\partial U}{\partial \dot{q}_\mu} = 0 \;.$$

Die potentielle Energie hängt nur von den generalisierten Koordinaten und der Zeit ab, ergibt also bei Ableitung nach den generalisierten Geschwindigkeiten keinen Beitrag

$$\frac{\partial L}{\partial q_\mu} = \frac{\partial T}{\partial q_\mu} - \frac{\partial U}{\partial q_\mu} = \frac{\partial T}{\partial q_\mu} + Q_\mu \;.$$

Benutzt man diese Ausdrücke, so kann man die ursprüngliche Fassung der Lagrangeschen Bewegungsgleichungen zweiter Art ((5.60), S. 220)

$$\frac{\mathrm{d}}{\mathrm{d}t}\left(\frac{\partial T}{\partial \dot{q}_\mu}\right) - \frac{\partial T}{\partial q_\mu} - Q_\mu = 0 \qquad (\mu = 1,\,\ldots)$$

in der Form

$$\boxed{\frac{\mathrm{d}}{\mathrm{d}t}\left(\frac{\partial L}{\partial \dot{q}_\mu}\right) - \frac{\partial L}{\partial q_\mu} = 0 \qquad (\mu = 1, \ldots)} \tag{5.81}$$

zusammenfassen. Es ist zu beachten, dass die ursprünglichen Bewegungsgleichungen (5.60) für den Fall von holonomen Zwangsbedingungen und beliebigen Kräften gilt. Die zweite Form (5.81) kann nur auf Situationen mit konservativen Kräften und holonomen Zwangsbedingungen angewandt werden.

5.3.1.8 Verallgemeinerte Potentiale. Unter gewissen Bedingungen ist jedoch die Benutzung einer Lagrangefunktion möglich, auch wenn die Kräfte nicht konservativ sind. Man benötigt dann eine verallgemeinerte Potentialfunktion. Ein Beispiel, das zur Illustration dieses Themenkreises dienen kann, ist der Fall, dass neben konservativen Beiträgen zu $\boldsymbol{F}$ auch dissipative Anteile, wie z.B. eine geschwindigkeitsabhängige Kraft mit Komponenten $F_i^{\mathrm{dis}} = -\kappa_i \dot{x}_i$, vorliegen. Berechnet man für diesen dissipativen Anteil die generalisierten Kräfte nach Vorschrift, so ergibt sich

$$Q_\mu^{\mathrm{dis}} = \sum_{i=1}^{3} F_i^{\mathrm{dis}} \frac{\partial x_i}{\partial q_\mu} = -\sum_{i=1}^{3} \kappa_i \dot{x}_i \frac{\partial x_i}{\partial q_\mu} \ .$$

Benutzt man hier die Relation (5.48)

$$\frac{\partial x_i}{\partial q_\mu} = \frac{\partial \dot{x}_i}{\partial \dot{q}_\mu} \ ,$$

die aus der Transformationsgleichung (5.42) folgte, so erhält man

$$Q_\mu^{\mathrm{dis}} = -\sum_{i=1}^{3} \kappa_i \dot{x}_i \frac{\partial \dot{x}_i}{\partial \dot{q}_\mu} \ ,$$

bzw. bei Umschichtung der partiellen Ableitung

$$Q_\mu^{\mathrm{dis}} = -\frac{\partial}{\partial \dot{q}_\mu}\left[\sum_{i=1}^{3} \frac{\kappa_i}{2} \dot{x}_i^2\right] \ .$$

Dieses Ergebnis legt es nahe, eine (**Rayleighsche**) **Dissipationsfunktion**

$$\mathsf{R} = \sum_{i=1}^{3} \frac{\kappa_i}{2} \dot{x}_i^2 = \mathsf{R}(q_1, \ldots, \dot{q}_1, \ldots, t) \tag{5.82}$$

zu definieren, so dass man die Gleichungen nach Lagrange II in der Form

$$\frac{\mathrm{d}}{\mathrm{d}t}\left(\frac{\partial L}{\partial \dot{q}_\mu}\right) - \frac{\partial L}{\partial q_\mu} + \frac{\partial \mathsf{R}}{\partial \dot{q}_\mu} = 0 \tag{5.83}$$

mit einem konservativen und einem dissipativen Anteil schreiben kann.

Allgemein kann man die Aussage machen: Ist es möglich, eine Potentialfunktion

$$U^\star = U^\star(q_1, \ldots, \dot{q}_1, \ldots, t) \tag{5.84}$$

zu definieren, so dass die generalisierten Kräfte in der Form

$$Q_\mu = -\left(\frac{\partial U^\star}{\partial q_\mu} - \frac{\mathrm{d}}{\mathrm{d}t} \left(\frac{\partial U^\star}{\partial \dot{q}_\mu} \right) \right) \tag{5.85}$$

geschrieben werden können, dann kann man die Lagrangegleichungen in der Standardkurzform (5.81) mit der Lagrangefunktion

$$L = T - U^\star \tag{5.86}$$

benutzen. Die Größe $U^\star$ bezeichnet man als **verallgemeinertes Potential**. Dieses Potential kann, wie angedeutet, von den generalisierten Koordinaten, den generalisierten Geschwindigkeiten und der Zeit abhängen.

Liegen nichtholonome Zwangsbedingungen (bzw. holonome und nichtholonome Zwangsbedingungen) vor, so ist es nicht möglich, entsprechende ignorable generalisierte Koordinaten zu wählen, da ein funktionaler Zusammenhang zwischen den kartesischen Koordinaten nicht vorgegeben ist. Die Zwangsbedingungen in virtueller Form (5.38)

$$\sum_{i=1}^{3} a_{k,i}(x_1, x_2, x_3, t) \delta x_i = 0, \quad (k = 1, \ldots)$$

können jedoch auf generalisierte Koordinaten umgeschrieben werden

$$\sum_{\mu=1}^{3} \sum_{i=1}^{3} a_{k,i}(q_1, q_2, q_3, t) \frac{\partial x_i}{\partial q_\mu} \delta q_\mu = \sum_{\mu=1}^{3} A_{k,\mu}(q_1, q_2, q_3, t) \delta q_\mu .$$

Diese Bedingungen sind dann mittels Lagrangemultiplikatoren in das d'Alembertsche Prinzip (5.37) einzubeziehen, so dass sich bei der Herleitung der Bewegungsgleichungen gemäß Lagrange II im Endeffekt eine Mischform ergibt

$$\frac{\mathrm{d}}{\mathrm{d}t} \left(\frac{\partial T}{\partial \dot{q}_\mu} \right) - \frac{\partial T}{\partial q_\mu} - Q_\mu - \sum_k \lambda_k A_{k,\mu} = 0 . \tag{5.87}$$

5.3.2 Lagrange II und Erhaltungssätze für einen Massenpunkt

Erhaltungssätze spielen in der Newtonschen Formulierung der Mechanik eine besondere Rolle. Es ist somit die Frage zu beantworten, in welcher Weise Erhaltungssätze im Rahmen der Lagrangeschen Formulierung zum Ausdruck kommen.

5.3.2.1 Generalisierte Impulse in Theorie und Praxis. In diesem Abschnitt wird vorausgesetzt, dass nur konservative Kräfte auf den Massenpunkt einwirken und dass holonome Zwangsbedingungen vorliegen. Die Bewegungsgleichungen lauten dann (siehe (5.81))

$$\frac{\mathrm{d}}{\mathrm{d}t} \left(\frac{\partial L}{\partial \dot{q}_\mu} \right) - \frac{\partial L}{\partial q_\mu} = 0 \qquad (\mu = 1, \ldots) . \tag{5.88}$$

Hängt die Lagrangefunktion nicht von einer der generalisierten Koordinaten ab, gilt also gemäß der Definition der partiellen Ableitung

$$\frac{\partial L}{\partial q_\nu} = 0 \, ,$$

so folgt

$$\frac{\mathrm{d}}{\mathrm{d}t}\left(\frac{\partial L}{\partial \dot{q}_\nu}\right) = 0 \quad \text{oder} \quad \frac{\partial L}{\partial \dot{q}_\nu} = \text{const.}$$

Die partielle Ableitung der Lagrangefunktion nach der entsprechenden generalisierten Geschwindigkeit ist zeitlich konstant, also eine Erhaltungsgröße. Man bezeichnet diese partielle Ableitung der Lagrangefunktion als **generalisierten Impuls**

$$\boxed{p_\nu = \frac{\partial L}{\partial \dot{q}_\nu} \, .} \tag{5.89}$$

Die Bezeichnung entspricht einer Verallgemeinerung des Impulses in kartesischen Koordinaten. Für die Lagrangefunktion

$$L = \frac{m}{2}(\dot{x}_1^2 + \dot{x}_2^2 + \dot{x}_3^2) - U(x_1, x_2, x_3)$$

ist die Ableitung nach den Geschwindigkeitskomponenten

$$p_i = \frac{\partial L}{\partial \dot{x}_i} = m\dot{x}_i \, .$$

Der generalisierte Impuls und der übliche Impuls sind in diesem Fall identisch. Eine Koordinate q_ν, die in der Lagrangefunktion nicht auftritt, bezeichnet man als **zyklische Koordinate**. Man kann somit den Erhaltungssatz, der sich im Wesentlichen aufgrund einer Definition ergeben hat, folgendermaßen formulieren:

> Ist eine der generalisierten Koordinaten zyklisch, so ist der zugehörige generalisierte Impuls eine Erhaltungsgröße.

In der Form von Gleichungen würde man schreiben

$$\boxed{\frac{\partial L}{\partial q_\nu} = 0 \quad \longrightarrow \quad p_\nu = \frac{\partial L}{\partial \dot{q}_\nu} = \text{const.}} \tag{5.90}$$

Als illustratives Beispiel (Beispiel 5.20) soll ein System ohne Zwangsbedingungen dienen, das mit Hilfe von Kugelkoordinaten beschrieben wird. Die Transformationsgleichungen (siehe (2.74), S. 63) unter Beibehaltung der Schreibweise r, θ, φ sind

$$x = r\cos\varphi\sin\theta \qquad y = r\sin\varphi\sin\theta \qquad z = r\cos\theta \, .$$

Zur Berechnung der kinetischen Energie in diesen Koordinaten und den zugehörigen generalisierten Geschwindigkeiten kann man auf ((2.81), S. 65) zurückgreifen und das Skalarprodukt des Geschwindigkeitsvektors in Kugelkoordinaten mit sich selbst bilden. Man erhält dann die Lagrangefunktion

$$L = T - U = \frac{m}{2}(\dot{r}^2 + r^2\dot{\theta}^2 + r^2\dot{\varphi}^2 \sin^2\theta) - U(r, \theta, \varphi) \tag{5.91}$$

und daraus die generalisierten Impulse

$$p_r = \frac{\partial L}{\partial \dot{r}} = m\dot{r} \quad p_\theta = \frac{\partial L}{\partial \dot{\theta}} = mr^2\dot{\theta} \quad p_\varphi = \frac{\partial L}{\partial \dot{\phi}} = mr^2\dot{\varphi}\sin^2\theta \ . \tag{5.92}$$

Bezüglich der physikalischen Interpretation der generalisierten Impulse kann man feststellen: Entspricht die generalisierte Koordinate einer Länge, so hat der generalisierte Impuls die übliche Dimension $[ML/T]$. Ist die generalisierte Koordinate ein Winkel, so ist der generalisierte Impuls ein Drehimpuls mit der Dimension $[ML^2/T]$. Etwas allgemeiner folgt aus der Definitionsgleichung (5.90) die Dimensionsaussage

$$p_\nu = \frac{\partial L}{\partial \dot{q}_\nu} \quad \longrightarrow \quad [p_\nu \cdot q_\nu] = [E\, T] \ .$$

Die Größe Energie mal Zeit bezeichnet man als Wirkung. Es ist also

$$[p \cdot q] = \left[\frac{ML^2}{T}\right] = \text{Wirkung} \ .$$

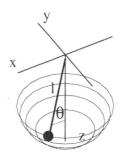

Abb. 5.21. Das sphärische Pendel: Geometrie

Ein direktes Beispiel für die Anwendung der Lagrangefunktion (5.91) ist das sphärische Pendel. Ein Massenpunkt m ist an einer starren (gewichtslosen) Stange aufgehängt, so dass er sich unter dem Einfluss der (einfachen) Schwerkraft auf einer Kugelschale bewegen kann (Abb. 5.21). Bei diesem Problem ist der Abstand von dem Aufhängepunkt eine ignorable Koordinate $r = l$ mit $\dot{r} = 0$. Die potentielle Energie ist bei Wahl des Koordinatendreibeins wie in Abb. 5.21 angedeutet

$$U = mgz = mgl\cos\theta \ .$$

Die Lagrangefunktion des sphärischen Pendels lautet somit

$$L = \frac{ml^2}{2}(\dot{\theta}^2 + \dot{\varphi}^2 \sin^2\theta) - mgl\cos\theta \ . \tag{5.93}$$

Offensichtlich ist der Winkel φ eine zyklische Koordinate und es gilt der Drehimpulserhaltungssatz

$$p_\varphi = ml^2\dot\varphi(t)\sin^2\theta(t) = C .$$

Für eine Anfangsbedingung mit $\dot\varphi(0) = 0$ folgt $\dot\varphi(t) = 0$. Das Pendel schwingt in einer Ebene, die durch $\varphi(t) = \varphi(0)$ charakterisiert wird und entspricht (bei Umbenennung der Variablen) dem mathematischen Pendel, das in Kap. 4.2.1 aus der Sicht der Newtonschen Formulierung der Mechanik diskutiert wurde.

Ist anfänglich $\dot\varphi(0) \neq 0$ und $\theta(0) \neq 0, \pi$, so ist $\dot\varphi(t) \neq 0$. Es sind dann eine erweiterte Bewegungsgleichung in dem Winkel θ und der Flächensatz zu diskutieren. Bildet man die Lagrangegleichung für den Winkel θ nach Vorschrift und ersetzt $\dot\varphi(t)$ mit Hilfe des Flächensatzes, so erhält man

$$ml^2\ddot\theta - \frac{C^2}{ml^2}\frac{\cos\theta}{\sin^3\theta} - mgl\sin\theta = 0 .$$

Dies entspricht der Zeitableitung des Energiesatzes

$$\frac{ml^2}{2}\left(\dot\theta^2 + \frac{C^2}{m^2l^4\sin^2\theta}\right) + mgl\cos\theta = E_0 . \tag{5.94}$$

Dieses erste Integral der Bewegungsgleichung wird unter der Bezeichnung Hamiltonfunktion weiter unten diskutiert. Für den Moment interessiert nur die Aussage, dass die Gleichung (5.94) mit der Substitution

$$q = \cos\theta \qquad \dot q = -\dot\theta\sin\theta$$

weiter bearbeitet werden kann. Die (5.94) entsprechende Differentialgleichung in der Variablen q

$$\left(\frac{dq}{dt}\right)^2 = U_{\text{eff}}(q) = \frac{2}{ml^2}(E_0 - mglq)(1 - q^2) - \frac{C^2}{m^2l^4}$$

kann mittels Variablentrennung behandelt werden. Benutzt man die Abkürzungen

$$a = \frac{2E_0}{ml^2} \qquad b = \frac{2g}{l} \qquad c = \frac{C^2}{m^2l^4} ,$$

so erhält man die Relation

$$t = \pm\int_{q(0)}^{q} dq'\,\frac{1}{\sqrt{U_{\text{eff}}(q')}} = \pm\int_{q(0)}^{q}\frac{dq'}{[(a - bq')(1 - q'^2) - c]^{1/2}} . \tag{5.95}$$

Das effektive Potential ist ein Polynom dritten Grades in der Variablen q. Dies bedingt, dass das Integral auf der rechten Seite von (5.95) ein elliptisches Integral ist. Für eine mehr qualitative Diskussion ist es ausreichend, das Polynom $U_{\text{eff}}(q)$ zu betrachten. Liegt eine physikalisch sinnvolle Situation vor, so muss U_{eff} in dem Intervall $-1 < q < 1$ positive Werte annehmen. Da $b > 0$ ist, ist $U_{\text{eff}}(q)$ für große, negative Werte von q negativ, so dass der

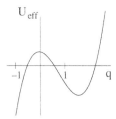

Abb. 5.22. Das sphärische Pendel: Effektives Potential

in Abb. 5.22 angedeutete Kurvenverlauf vorliegen muss. Es gibt in dem physikalisch zulässigen Bereich zwei Nullstellen des Polynoms, die Breitenkreisen mit

$$\theta_1 = \arccos q_1 \qquad \theta_2 = \arccos q_2$$

entsprechen, zwischen denen sich das Pendel bewegen kann. Der Flächensatz kann mit

$$\frac{\mathrm{d}\varphi}{\mathrm{d}q} = \frac{\mathrm{d}\varphi}{\mathrm{d}t}\frac{\mathrm{d}t}{\mathrm{d}q} = \frac{C}{m\,l^2(1-q^2)}\frac{1}{\sqrt{U_{\mathrm{eff}}(q)}}$$

umgeschrieben werden. Integration führt auch hier auf ein elliptisches Integral (dritter Art)

$$\varphi(q) - \varphi(q(0)) = \frac{C}{m\,l^2}\int_{q(0)}^{q}\frac{\mathrm{d}q'}{\sqrt{U_{\mathrm{eff}}(q')}}\frac{1}{(1-q'^2)}\;. \tag{5.96}$$

Während das Pendel zwischen den beiden Breitenkreisen schwingt, ändert sich der Azimutalwinkel. Das Pendel **präzediert**. Die Bewegung des sphärischen Pendels ist periodisch in dem Sinne, dass (analog zu dem Schwingungsmuster des mathematischen Pendels (Kap. 4.2.1)) das Pendel über die Winkelsequenz

$$\theta_1 \xrightarrow{\tau} \theta_2 \xrightarrow{\tau} \theta_1 \xrightarrow{\tau} \theta_2 \xrightarrow{\tau} \theta_1$$

zu dem Ausgangswinkel zurückkehrt und die vier Zeitintervalle τ gleich groß sind. Diese Aussage ergibt sich aus (5.95). Die Schwingungsdauer ist somit durch

$$T = 4\int_{q_1}^{q_2}\frac{\mathrm{d}q'}{\sqrt{U_{\mathrm{eff}}(q')}} \tag{5.97}$$

gegeben. Der Winkel $\Delta\varphi$, um den das Pendel während dieses Zeitintervalls präzediert, kann aus (5.96) berechnet werden.

5.3.2.2 Energie und die Hamiltonfunktion. Da die Lagrangefunktion *nicht* die Gesamtenergie darstellt, bedarf der Energiesatz einer besonderen Diskussion. Die Lagrangefunktion ist für den Fall eines Massenpunktes eine Funktion von bis zu sieben Variablen

$$L = L(q_1, q_2, q_3, \dot{q}_1, \dot{q}_2, \dot{q}_3, t)\;.$$

Die totale Ableitung dieser Funktion nach der Zeit ist

$$\frac{\mathrm{d}L}{\mathrm{d}t} = \sum_{\mu=1}^{3} \left[\frac{\partial L}{\partial q_\mu} \dot{q}_\mu + \frac{\partial L}{\partial \dot{q}_\mu} \ddot{q}_\mu \right] + \frac{\partial L}{\partial t} . \tag{5.98}$$

Der Faktor von $\dot{q}_\mu$ kann mittels der Lagrangegleichung (5.81) ersetzt

$$\frac{\partial L}{\partial q_\mu} \dot{q}_\mu = \left(\frac{\mathrm{d}}{\mathrm{d}t} \left(\frac{\partial L}{\partial \dot{q}_\mu} \right) \right) \dot{q}_\mu$$

und die Terme in der eckigen Klammer der Gleichung (5.98) können anschließend zusammengefasst werden

$$\frac{\mathrm{d}L}{\mathrm{d}t} = \frac{\mathrm{d}}{\mathrm{d}t} \left[\sum_{\mu=1}^{3} \left(\frac{\partial L}{\partial \dot{q}_\mu} \right) \dot{q}_\mu \right] + \frac{\partial L}{\partial t} .$$

Führt man in dieser Gleichung den generalisierten Impuls ein, so erhält man das Resultat

$$\frac{\mathrm{d}}{\mathrm{d}t} \left[\sum_{\mu=1}^{3} p_\mu \dot{q}_\mu - L \right] = -\frac{\partial L}{\partial t} . \tag{5.99}$$

Der Ausdruck in der Klammer ist eine weitere zentrale Größe der klassischen Mechanik. Man bezeichnet

$$H = \sum_{\mu=1}^{3} p_\mu \dot{q}_\mu - L \tag{5.100}$$

als die **Hamiltonfunktion**. Zwei Eigenschaften dieser Funktion kann man direkt notieren:

- Die Hamiltonfunktion hat (wie die Lagrangefunktion) die Dimension einer Energie.
- Die Gleichung (5.99) besagt: Wenn die Lagrangefunktion nicht explizit von der Zeit abhängt, ist die Hamiltonfunktion eine Erhaltungsgröße.

$$\frac{\partial L}{\partial t} = 0 \;\rightarrow\; \frac{\mathrm{d}H}{\mathrm{d}t} = 0 \;\rightarrow\; H(t) = H(0) . \tag{5.101}$$

Etwas weniger offensichtlich ist die Aussage

- Die Hamiltonfunktion ist mit der Gesamtenergie des Systems identisch, falls das System konservativ ist und falls die Transformation zwischen den kartesischen und den generalisierten Koordinaten nicht explizit von der Zeit abhängt

$$\begin{aligned} H \equiv E \quad &\text{falls} \quad \frac{\partial U}{\partial \dot{q}_\mu} = 0 , \quad (\mu = 1, \dots) \\ &\text{und} \quad \frac{\partial x_i}{\partial t} = 0 , \quad (i = 1, 2, 3) . \end{aligned} \tag{5.102}$$

Zum Beweis dieser Aussage stellt man zunächst fest, dass man bei den genannten Voraussetzungen für die kinetische Energie

$$T = \frac{m}{2} \sum_i \dot{x}_i^2$$

mit der Ableitung der Transformationsgleichung (5.45)

$$\dot{x}_i = \sum_\mu \frac{\partial x_i}{\partial q_\mu} \dot{q}_\mu$$

die allgemeine Form

$$T = \frac{m}{2} \sum_i \sum_{\nu,\mu} \frac{\partial x_i}{\partial q_\mu} \frac{\partial x_i}{\partial q_\nu} \dot{q}_\nu \dot{q}_\mu$$

erhält. Die kinetische Energie ist eine **homogene Funktion** zweiten Grades in den generalisierten Geschwindigkeiten. Für homogene Funktionen m-ten Grades, charakterisiert durch

$$f(\lambda x_1, \cdots, \lambda x_n) = \lambda^m f(x_1, \cdots, x_n) \ ,$$

gilt der **Satz von Euler**

$$\sum_{i=1}^n x_i \frac{\partial f}{\partial x_i} = m f \ .$$

Wendet man diesen Satz auf die kinetische Energie an, so folgt

$$\sum_\mu \dot{q}_\mu \frac{\partial T}{\partial \dot{q}_\mu} = 2T \ .$$

Infolge der Voraussetzung $\partial U / \partial \dot{q}_\mu = 0$ ist der generalisierte Impuls (5.89) nur durch die Ableitung der kinetischen Energie bestimmt

$$p_\mu = \frac{\partial L}{\partial \dot{q}_\mu} = \frac{\partial T}{\partial \dot{q}_\mu} \ .$$

Somit ist

$$\sum_\mu \dot{q}_\mu \frac{\partial T}{\partial \dot{q}_\mu} = \sum_\mu p_\mu \dot{q}_\mu = 2T$$

und man findet für die Hamiltonfunktion unter den genannten Voraussetzungen

$$H = \sum_\mu p_\mu \dot{q}_\mu - L = 2T - T + U = T + U = E \ . \tag{5.103}$$

Einige zusätzliche Bemerkungen zu der Hamiltonfunktion sind:

1. Die genannten Voraussetzungen sind hinreichend aber nicht notwendig. Die Hamiltonfunktion kann die Gesamtenergie darstellen, ohne dass die Kräfte konservativ oder die Transformationsgleichungen zeitunabhängig sind.

2. Die Frage, ob die Hamiltonfunktion die Gesamtenergie darstellt oder nicht, ist unabhängig von der Frage, ob die Hamiltonfunktion eine Konstante der Bewegung ist. Die Hamiltonfunktion kann eine Erhaltungsgröße sein, ohne dass sie die Gesamtenergie darstellt.
3. Die Relation (5.100) zwischen der Hamiltonfunktion und der Lagrangefunktion bezeichnet man als eine Legendretransformation[2].

5.3.2.3 Beispiele zu dem Thema Erhaltungssätze. Einige Beispiele sollen diese generellen Aussagen über Erhaltungssätze im Rahmen der Formulierung der Lagrangetheorie illustrieren.

Das erste Beispiel (Beispiel 5.21) ist der eindimensionale harmonische Oszillator. Mit

$$T = \frac{m}{2}\dot{x}^2 \qquad U = \frac{k}{2}x^2 \qquad L = \frac{m}{2}\dot{x}^2 - \frac{k}{2}x^2$$

folgt für den generalisierten Impuls $p_x = m\dot{x}$ und für die Hamiltonfunktion

$$H = (m\dot{x})\dot{x} - \frac{m}{2}\dot{x}^2 + \frac{k}{2}x^2 = E \ .$$

Der generalisierte Impuls ist (natürlich) keine Erhaltungsgröße, H stellt die Energie dar und ist erhalten.

Für die Bewegung einer Masse unter dem Einfluss einer Zentralkraft (Beispiel 5.22, siehe auch Kap. 2.2.1) mit den generalisierten Koordinaten r, θ und φ und der Lagrangefunktion (siehe 5.91)

$$L = \frac{m}{2}(\dot{r}^2 + r^2\dot{\theta}^2 + r^2\dot{\varphi}^2\sin^2\theta) - U(r)$$

wurden die generalisierten Impulse schon in (5.92) berechnet

$$p_r = m\dot{r} \quad p_\theta = mr^2\dot{\theta} \quad p_\varphi = mr^2\dot{\varphi}\sin^2\theta \ .$$

Die Hamiltonfunktion ist also

$$\begin{aligned} H &= m(\dot{r}^2 + r^2\dot{\theta}^2 + r^2\dot{\varphi}^2\sin^2\theta) - L \\ &= \frac{m}{2}(\dot{r}^2 + r^2\dot{\theta}^2 + r^2\dot{\varphi}^2\sin^2\theta) + U(r) = E \ . \end{aligned}$$

Wie zuvor bemerkt, ist φ eine zyklische Koordinate

$$p_\varphi = \text{const.} \quad \longrightarrow \quad p_\varphi(t) = p_\varphi(0) \ .$$

Wenn man das Koordinatensystem so wählt, dass der Massenpunkt zum Zeitpunkt $t = 0$ auf der z-Achse liegt, so folgt mit $\theta(0) = 0$ auch $\sin\theta(0) = 0$ und $p_\varphi(t) = p_\varphi(0) = 0$. Diese Gleichung kann für Zeiten mit $t > 0$ nur erfüllt sein, wenn $\dot{\varphi} = 0$ ist, es sei denn es findet keine Bewegung statt ($r(t) = 0$) oder der Massenpunkt bewegt sich entlang der z-Achse ($\theta(t) = 0$). Ist $\dot{\varphi} = 0$, so findet die Bewegung in einer Ebene statt, die die z-Achse und die Gerade

---

[2] Siehe Kap. 5.4.2 für zusätzliche Bemerkungen zu dem Begriff Legendretransformation.

$y = x(\tan\varphi)$ enthält (Abb. 5.23). Dies entspricht der Aussage des Flächensatzes bezüglich der festen Richtung des Vektors der Flächengeschwindigkeit.

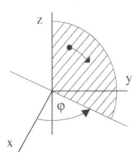

Abb. 5.23. Lagrange II: Zum Flächensatz

Für diese Wahl des Koordinatensystems vereinfacht sich die Lagrangefunktion (5.91) zu

$$L = \frac{m}{2}(\dot{r}^2 + r^2\dot{\theta}^2) - U(r)$$

und man erkennt, dass der Winkel θ ebenfalls eine zyklische Koordinate ist. Der entsprechende generalisierte Impuls (ein Drehimpuls) ist eine Erhaltungsgröße

$$p_\theta \equiv l = mr^2\dot{\theta} = \text{const.}$$

Dies entspricht der Aussage des Flächensatzes über die Erhaltung des Betrages des Flächengeschwindigkeitvektors. Die Lagrangesche Bewegungsgleichung

$$m\ddot{r} - mr\dot{\theta}^2 + \frac{\partial U(r)}{\partial r} = 0$$

geht nach Ersetzung von $\dot{\theta}$ in

$$m\ddot{r} - \frac{l^2}{2mr^2} + \frac{\partial U(r)}{\partial r} = 0$$

über. Dies entspricht zum Beispiel der Bewegungsgleichung, die unter dem Stichwort 'Keplerproblem' in Kap. 4.1 diskutiert wurde.

Die entsprechende Hamiltonfunktion stellt die Gesamtenergie dar und ist Erhaltungsgröße, denn es gilt

$$\frac{\partial U}{\partial t} = 0 \quad \text{und} \quad \frac{\partial L}{\partial t} = 0 \, .$$

Für die schon diskutierte Bewegung eines Massenpunktes auf einer Zylinderfläche (Bsp. 5.18, S. 222) unter dem Einfluss einer harmonischen Rückstellkraft kann man das Folgende bemerken: Ist die Fläche starr, so lautet die Lagrangefunktion mit den Koordinaten φ und z

$$L = \frac{m}{2}(R^2\dot{\varphi}^2 + \dot{z}^2) - \frac{k}{2}(R^2 + z^2) = T - U \ .$$

Die Lagrangefunktion hängt nicht von der Koordinate φ ab, der entsprechende generalisierte Impuls $p_\varphi = mR^2\dot{\varphi}$ ist erhalten. Dies entspricht der uniformen Kreisbewegung auf dem Zylinder. Es liegen auch die hinreichenden Bedingungen vor, dass die Hamiltonfunktion eine Erhaltungsgröße ist und dass sie die Gesamtenergie darstellt

$$H = (mR^2\dot{\varphi})\dot{\varphi} + (m\dot{z})\dot{z} - L = T + U = E \ .$$

Eine andere Situation liegt vor, wenn sich der Zylindermantel global mit der Zeit ändert. In diesem Fall gilt

$$L = \frac{m}{2}(\dot{R}(t)^2 + R(t)^2\dot{\varphi}^2 + \dot{z}^2) - \frac{k}{2}(R(t)^2 + z^2) = T - U \ ,$$

wobei $R(t)$ eine vorgegebene Funktion der Zeit ist. Die Koordinate φ ist auch in diesem Fall zyklisch

$$p_\varphi = mR(t)^2\dot{\varphi}(t) = \text{const.} \ ,$$

doch ist die Kreisbewegung nicht mehr uniform, sondern wird durch die zeitliche Veränderung des Zylindermantels beeinflusst. Die Hamiltonfunktion ist keine Erhaltungsgröße, da die Zwangsbedingung rheonom ist. Die partielle Ableitung der Lagrangefunktion nach der Zeit verschwindet nicht

$$\frac{\partial L}{\partial t} = m\dot{R}\ddot{R} + (m\dot{\varphi}^2 - k)R\dot{R} \neq 0 \ .$$

Berechnung der Hamiltonfunktion nach Vorschrift ergibt

$$H = (mR^2\dot{\varphi})\dot{\varphi} + (m\dot{z})\dot{z} - L = T + U - \frac{m}{2}\dot{R}^2 \ ,$$

eine Größe, die nicht der (zeitlich veränderlichen) Gesamtenergie entspricht.

Für die Bewegung auf der rotierenden Schraube bei Einwirkung der Schwerkraft (Bsp. 5.19) ist der einzige relevante Freiheitsgrad die Höhe z. Zieht man die Möglichkeit in Betracht, dass die Drehung nicht unbedingt uniform ist, so lautet die Lagrangefunktion (vergleiche 5.74) für eine sich hebende Schraubenlinie

$$L = \frac{m}{2}\left[R^2\left(\frac{2\pi}{h}\dot{z} + \omega(t)\right)^2 + \dot{z}^2\right] - mgz = T - U \ .$$

Zur Berechnung der Hamiltonfunktion bildet man den generalisierten Impuls

$$p_z = m\left[\frac{2\pi}{h}R^2\omega + \dot{z}\left(1 + \left(\frac{2\pi}{h}R\right)^2\right)\right]$$

und findet

$$H = p_z\dot{z} - L = \frac{m}{2}\left[\dot{z}^2\left(1 + \left(\frac{2\pi}{h}R\right)^2\right) - R^2\omega(t)^2\right] + mgz \neq T + U \ .$$

Die Hamiltonfunktion entspricht nicht der Gesamtenergie, ist aber im Fall der uniformen Drehung eine Erhaltungsgröße, da dann $\partial L/\partial t = 0$ ist. Ist die Drehung nicht uniform, so verschwindet die partielle Ableitung der Lagrangefunktion nach der Zeit nicht, und die Hamiltonfunktion ist auch keine Konstante der Bewegung.

5.3.3 Lagrange II für ein System von Massenpunkten

Die Diskussion der Lagrangegleichungen zweiter Art für ein System von Massenpunkten unterscheidet sich nicht prinzipiell von den Betrachtungen für einen Massenpunkt. Die Situation, die angesprochen wird, kann man folgendermaßen skizzieren: Die Kräfte, die in dem System mit den Massen $\{m_1, \ldots, m_N\}$ wirken, werden aufgeteilt in äußere Kräfte $\boldsymbol{F}_i$ und in innere Kräfte $\boldsymbol{f}_{ji}$. Liegen zusätzlich geometrische Einschränkungen vor, so treten Zwangskräfte auf, die mit $\boldsymbol{Z}_i$ (Zwangskraft auf die i-te Masse), ohne sie im Moment näher festzulegen, bezeichnet werden. Die Newtonschen Bewegungsgleichungen für dieses System lauten

$$m_i \ddot{\boldsymbol{r}}_i = \boldsymbol{K}_i + \boldsymbol{Z}_i \quad (i = 1, 2, \ldots N)$$

$$\text{mit} \quad \boldsymbol{K}_i = \boldsymbol{F}_i + \sum_{j=1}^{N} \boldsymbol{f}_{ji} \qquad (\boldsymbol{f}_{ii} = \boldsymbol{0}) \, .$$

Zur Formulierung des entsprechenden d'Alembertschen Prinzips benutzt man wieder die Durchnummerierung der Koordinaten, Massen und Kraftkomponenten von 1 bis $3N$. Das Prinzip lautet dann

$$\sum_{i=1}^{3N} (m_i \ddot{x}_i - K_i) \, \delta x_i = 0 \, .$$

Die Zwangskräfte werden durch einen Satz von Zwangsbedingungen erzeugt, wobei angenommen werden soll, dass das System r holonomen (rheonomen oder skleronomen) Zwangsbedingungen unterworfen ist

$$f_1(x_1, \ldots, x_{3N}, t) = 0 \quad \ldots \quad f_r(x_1, \ldots, x_{3N}, t) = 0 \, .$$

Die Schritte, die nun folgen, entsprechen dem Vorgehen für den Fall eines Massenpunktes in Kap. 5.3.1:

(1) In dem ersten Schritt ist eine geeignete Transformation zwischen kartesischen und generalisierten Koordinaten

$$x_i = x_i(q_1, \ldots, q_{3N}, t) \qquad (i = 1, 2, \ldots 3N)$$

mit der Umkehrung

$$q_\mu = q_\mu(x_1, \ldots, x_{3N}, t) \qquad (\mu = 1, 2, \ldots 3N)$$

zu wählen. Als die letzten r generalisierten Koordinaten benutzt man die Zwangsbedingungen

$$q_{3N-r+1} = f_1(x_1, \ldots, x_{3N}, t) = 0$$

$$\vdots$$

$$q_{3N} = f_r(x_1, \ldots, x_{3N}, t) = 0 \, .$$

Diese Koordinaten sind ignorabel, sie können von der weiteren Betrachtung ausgeschlossen werden.

(2) Im zweiten Schritt wird die kinetische Energie

$$T = \frac{1}{2} \sum_{i=1}^{3N} m_i \dot{x}_i^2$$

mit Hilfe der Zeitableitung der Transformationsgleichung

$$\dot{x}_i = \sum_{\mu=1}^{3N-r} \frac{\partial x_i}{\partial q_\mu} \dot{q}_\mu + \frac{\partial x_i}{\partial t}$$

als Funktion der generalisierten Koordinaten, Geschwindigkeiten und gegebenenfalls der Zeit umgeschrieben.

(3) Für die kinetische Energie berechnet man

$$\frac{\partial T}{\partial q_\mu} = \sum_{i=1}^{3N} m_i \dot{x}_i \frac{\partial \dot{x}_i}{\partial q_\mu}$$

und

$$\frac{\mathrm{d}}{\mathrm{d}t} \left(\frac{\partial T}{\partial \dot{q}_\mu} \right) = \sum_{i=1}^{3N} m_i \ddot{x}_i \frac{\partial x_i}{\partial q_\mu} + \frac{\partial T}{\partial q_\mu} \qquad (\mu = 1, 2, \ldots 3N - r) \, .$$

Die Herleitung dieser Relationen verläuft Schritt für Schritt wie die Rechnung für einen Massenpunkt. Der einzige Unterschied ist: Summen über die Indices der generalisierten Koordinaten laufen bis $(3N - r)$ anstatt bis $(3 - r)$.

(4) Die Relationen zwischen den virtuellen Verschiebungen für die beiden Sätze von Koordinaten sind

$$\delta x_i = \sum_{\mu=1}^{3N-r} \frac{\partial x_i}{\partial q_\mu} \delta q_\mu \, .$$

(5) Das transformierte d'Alembertprinzip lautet somit

$$\sum_{i=1}^{3N} \sum_{\mu=1}^{3N-r} \left[m_i \ddot{x}_i \frac{\partial x_i}{\partial q_\mu} - K_i \frac{\partial x_i}{\partial q_\mu} \right] \delta q_\mu = 0 \, .$$

(6) Generalisierte Kräfte werden wie zuvor durch

$$Q_\mu = \sum_{i=1}^{3N} K_i \frac{\partial x_i}{\partial q_\mu}$$

mit

$$K_i = F_i + \sum_{j=1}^{3N} f_{ji}$$

eingeführt.

j \ i	1	2	3	4	5	6	7	...	3N-2	3N-1	3N
1	o	o	o	x	o	o	x		x	o	o
2	o	o	o	o	x	o	o	...	o	x	o
3	o	o	o	o	o	x	o		o	o	x
4	x	o	o	o	o	o	x		x	o	o
5	o	x	o	o	o	o	o	...	o	x	o
6	o	o	x	o	o	o	o		o	o	x
7	x	o	o	x	o	o	o		x	o	o
⋮	⋱			⋱			⋱		⋱		

Die Durchnummerierung der Kraftkomponenten führt zu einem bestimmten Muster für die Struktur der Matrix f_{ji}. Infolge der vektoriellen Bedingung $\boldsymbol{f}_{kk} = \boldsymbol{0}$ mit $(k = 1, \ldots, N)$ und der Tatsache, dass die Komponentenzerlegung der wechselseitigen Kräfte $\boldsymbol{f}_{kl}$ mit $(k, l = 1, \ldots, N)$
berücksichtigt werden muss, ist eine gewisse Anzahl der Beiträge f_{ji} mit
$(j, i = 1, \ldots, 3N)$ gleich Null. Es sind, wie in dem Diagramm der Matrix
f_{ji} angedeutet, nur nichtverschwindende Beiträge möglich, wenn

$$1 \le j = i \pm 3n \le 3N \qquad (n = 1, 2, \ldots, N - 1)$$

ist.

(7) Das d'Alembertprinzip (5) lässt sich mit den Schritten (6) und (3) in der
Form schreiben

$$\sum_{\mu=1}^{3N-r} \left\{ \frac{\mathrm{d}}{\mathrm{d}t} \left(\frac{\partial T}{\partial \dot{q}_\mu} \right) - \frac{\partial T}{\partial q_\mu} - Q_\mu \right\} \delta q_\mu = 0 \, .$$

Da alle $3N - r$ generalisierten Koordinaten unabhängig sind, erhält man
wie zuvor den Satz von Bewegungsgleichungen

$$\boxed{\frac{\mathrm{d}}{\mathrm{d}t} \left(\frac{\partial T}{\partial \dot{q}_\mu} \right) - \frac{\partial T}{\partial q_\mu} - Q_\mu = 0 \qquad (\mu = 1, 2, \ldots 3N - r) \, .} \qquad (5.104)$$

Dieser Satz von Bewegungsgleichungen ist für konservative sowie für nicht-konservative, eingeprägte Kräfte gültig.

Für ein konservatives System (innere und äußere Kräfte) kann man die Gleichungen mittels der Definition einer geeigneten Lagrangefunktion umschreiben. Mit der Durchnummerierung der Koordinaten kann man die gesamte potentielle Energie des Systems in der folgenden Form angeben

$$U + V = U_1(x_1, x_2, x_3) + U_2(x_4, x_5, x_6) + \dots$$
$$U_N(x_{3N-2}, x_{3N-1}, x_{3N}) + V_{12}(x_1 x_2 x_3, x_4 x_5 x_6) +$$
$$V_{13}(x_1 x_2 x_3, x_7 x_8 x_9) + \dots$$
$$+ V_{N-1, N}(x_{3N-5} x_{3N-4} x_{3N-3}, x_{3N-2} x_{3N-1} x_{3N}) \, .$$

Für U, die potentielle Energie der äußeren Kräfte, werden die Koordinaten in Dreierpakete aufgeteilt, für V, die potentielle Energie der inneren Kräfte, treten alle zulässigen Paare von Dreierpaketen der Koordinaten auf. Die kartesischen Kraftkomponenten sind dann

$$K_i = -\frac{\partial U}{\partial x_i} - \frac{\partial V}{\partial x_i}$$

und man findet für die generalisierten Kraftkomponenten

$$Q_\mu = -\sum_{i=1}^{3N} \frac{\partial(U+V)}{\partial x_i} \frac{\partial x_i}{\partial q_\mu} = -\frac{\partial(U+V)}{\partial q_\mu} \qquad (\mu = 1, 2, \dots 3N - r) \, .$$

Diese können ebenfalls berechnet werden, indem man die gesamte potentielle Energie in generalisierte Koordinaten umschreibt

$$U + V = U(q_1, \dots q_{3N-r}, t) + V(q_1, \dots q_{3N-r}, t)$$

und die generalisierten Gradienten dieser Funktionen bestimmt. Definiert man nun eine erweiterte Lagrangefunktion

$$L = T - U - V \tag{5.105}$$

und beachtet die Aussage, dass die gesamte potentielle Energie nicht von den generalisierten Geschwindigkeiten abhängt, so erhält man die 'Standardform' der Lagrangegleichungen zweiter Art für ein System von Massenpunkten mit konservativen Kräften, das r einschränkenden holonomen Zwangsbedingungen unterworfen ist

$$\boxed{\frac{\mathrm{d}}{\mathrm{d}t}\left(\frac{\partial L}{\partial \dot{q}_\mu}\right) - \frac{\partial L}{\partial q_\mu} = 0 \qquad (\mu = 1, 2, \dots 3N - r) \, .} \tag{5.106}$$

Diese Gleichungen stellen einen optimalen Ansatz für die Diskussion von beliebigen (holonomen, konservativen) Bewegungsproblemen dar. Eine Auswahl von derartigen Problemen wird in Kap. 6 besprochen.

Die an sich unveränderte Form der Lagrangegleichungen erlaubt es, die bisherigen Aussagen über mögliche Erhaltungssätze direkt zu übertragen.

1. Ist eine der generalisierten Koordinaten zyklisch, so ist der entsprechende generalisierte Impuls erhalten

$$\frac{\partial L}{\partial q_\mu} = 0 \quad \Rightarrow \quad p_\mu = \frac{\partial L}{\partial \dot{q}_\mu} = \text{const} .$$

2. Die Hamiltonfunktion ist definiert durch

$$H = \sum_{\mu=1}^{3N-r} p_\mu \dot{q}_\mu - L .$$

3. Die totale Zeitableitung der Hamiltonfunktion ist gleich der negativen partiellen Zeitableitung der Lagrangefunktion

$$\frac{\mathrm{d}H}{\mathrm{d}t} = -\frac{\partial L}{\partial t} .$$

Daraus folgt: Hängt L nicht explizit von der Zeit ab, so ist H eine Erhaltungsgröße

$$\frac{\partial L}{\partial t} = 0 \quad \Longrightarrow \quad \frac{\mathrm{d}H}{\mathrm{d}t} = 0 \quad \Longrightarrow \quad H(t) = H(0) .$$

4. Gilt

$$\frac{\partial(U+V)}{\partial \dot{q}_\mu} = 0 \quad \text{sowie} \quad \frac{\partial x_i}{\partial t} = 0 ,$$

so ist die Hamiltonfunktion identisch mit der Gesamtenergie des Systems

$$H = T + U + V = E .$$

Mit der Gewinnung der Lagrangegleichungen zweiter Art für Systeme von Massenpunkten ist das Handwerkszeug für die Diskussion von mechanischen Bewegungsproblemen aufbereitet. Eine alternative Formulierung verdanken wir Hamilton. Obschon Hamiltons Formulierung alternative Zugänge zur Diskussion von Bewegungsproblemen (unter dem Stichwort kanonische Transformationen) eröffnet, liegt die Bedeutung der Hamiltonschen Formulierung weniger in der praktischen Anwendung auf mechanische Probleme, sondern vor allem darin, dass sie die Verknüpfung mechanischer Grundlagen mit weitergehenden Theorien vermittelt. So dient Hamiltons Prinzip zur Fundierung von Grundgleichungen der Feldtheorie (klassisch und quantenmechanisch). Hamiltons Bewegungsgleichungen stellen (in modifizierter Form) einen pragmatischen Einstieg in die statistische Mechanik (und damit in die Thermodynamik) sowie in die Quantenmechanik dar.

5.4 Die Hamiltonsche Formulierung der Mechanik

Die Lagrange Bewegungsgleichungen können auch aus dem Hamiltonschen Prinzip gewonnen werden. In diesem Sinne kann man dieses Prinzip als eine alternative Möglichkeit betrachten, die Mechanik axiomatisch zu fundieren. Im Vergleich mit dem d'Alembertschen Prinzip stellt man fest: Es ist möglich, die höhere Mechanik aus zwei Blickwinkeln zu begründen. Während d'Alemberts Prinzip ein Differentialprinzip ist, ist Hamiltons Prinzip ein Integralprinzip. Das Differentialprinzip ist etwas flexibler. Für Systeme (z.B. für konservative, holonome), für die eine Lagrangefunktion definiert werden kann, sind beide Prinzipien äquivalent. Die Variationsrechnung, auf der das Hamiltonprinzip beruht, ist jedoch durchaus außerhalb des engeren Bereiches der Mechanik einsetzbar. Aus diesem Grund wird, nach einem anfänglichen Blick auf die physikalischen Aspekte, die Variationsrechnung zunächst etwas allgemeiner aufbereitet und durch einige Beispiele illustriert. Es folgt eine ausführlichere Betrachtung des Hamiltonprinzips in der Mechanik. In dem zweiten Teil dieses Kapitels werden die Hamiltonschen Bewegungsgleichungen vorgestellt. Der Ausgangspunkt für deren Diskussion ist die schon diskutierte Hamiltonfunktion, die als eine Funktion der generalisierten Koordinaten und der generalisierten Impulse betrachtet werden muss.

5.4.1 Hamiltons Prinzip

Die Formulierung dieses Prinzips in der Mechanik lautet:

Die Bewegung der Massen in einem (konservativen) System von Massenpunkten zwischen den Zeitpunkten t_1 und t_2 läuft derart ab, dass das Integral

$$I = \int_{t_1}^{t_2} L(q_1(t) \ldots q_n(t), \dot{q}_1(t) \ldots \dot{q}_n(t), t) \, \mathrm{d}t$$

für die 'durchlaufene Bahn' einen Extremwert hat.

(5.107)

Der Begriff 'Bahn' ist dabei folgendermaßen zu verstehen. Die n generalisierten Koordinaten spannen einen n-dimensionalen Raum auf. Ein n-Tupel in diesem Raum $\{q_1(t_0) \ldots q_n(t_0)\}$ beschreibt eine momentane Konfiguration des Systems. Man nennt diesen Raum den **Konfigurationsraum**. Eine Kurve in dem Konfigurationsraum mit der Parameterdarstellung $\{q_1(t) \ldots q_n(t)\}$ $t_1 \leq t \leq t_2$ ist eine durchlaufene Bahn. Die Aussage des Hamiltonprinzips ist somit: Von allen möglichen Kurven, die eine vorgegebene Anfangskonfiguration mit einer vorgegebenen Endkonfiguration verbinden, ist genau eine ausgezeichnet. Das ist die Kurve, für die das obige Integral ein Extremum (Minimum oder Maximum) hat. Diese Kurve beschreibt die wirklich stattfindende, zeitliche Entwicklung des Systems. Um diese ausgezeichnete Kurve aufzufinden, kann man sich vorstellen, dass man geeignete (möglichst benachbarte) Kurven 'durchspielt' bis man die Extremalkurve gefunden hat. Die mathematische Fassung dieses 'Durchspielens' ist der Inhalt der Variationsrechnung, die anhand einer einfachen Situation vorgestellt werden soll.

5.4.1.1 Die Euler-Lagrange Variationsgleichungen. Gegeben ist eine Funktion $f(t, x, \dot{x})$ von drei Variablen t, x, $\dot{x}$. Die Variable t ist die unabhängige Variable, $x(t)$ ist die abhängige Variable und $\dot{x}$ die Ableitung von x nach t. Der funktionale Zusammenhang zwischen x und t ist zunächst nicht bekannt. Die Aufgabe lautet vielmehr: Bestimme $x(t)$ durch die Forderungen

1. Die Kurve $x(t)$ soll durch zwei vorgegebene Punkte (t_1, x_1) und (t_2, x_2) verlaufen.
2. Das Integral

$$I = \int_{t_1}^{t_2} f(t, x, \dot{x})\, \mathrm{d}t$$

   soll einen Extremwert annehmen.

Zur mathematischen Nomenklatur ist noch zu bemerken: Eine Vorschrift, die einer Funktion eine Zahl zuordnet, bezeichnet man als **Funktional**. Im Sinne dieser Definition ist I ein Funktional von x

$$t, x(t) \quad \longrightarrow \quad \text{Vorschrift}: \int f(t, x, \dot{x})\, \mathrm{d}t \quad \longrightarrow \quad I = I[x]\,.$$

Grob gesagt, ist also ein Funktional die 'Funktion' einer Funktion, wobei (in dem Beispiel) jeder Funktion $x(t)$ eine Zahl zugeordnet ist. Die 'Vorschrift' kann durchaus komplizierter sein als das Integral einer Funktion.

Zur Lösung der gestellten Aufgabe kann man die folgende Überlegung anstellen. Unter der Annahme, dass $x(t)$ die gesuchte Relation ist, kann man eine beliebige 'Variation' dieser Kurve betrachten. Diese Variation kann man in der Form ansetzen

$$x_v(t) = x(t) + \epsilon \varphi(t)\,.$$

Die Funktion $\varphi(t)$ ist beliebig wählbar. Um jedoch die Forderung (1) zu erfüllen, verlangt man, dass

$$\varphi(t_1) = \varphi(t_2) = 0$$

ist. ϵ ist eine Konstante (im Endeffekt infinitesimal). Es gilt deswegen

$$\dot{x}_v(t) = \dot{x}(t) + \epsilon\, \dot{\varphi}(t)\,.$$

Berechne nun das Integral mit der Versuchsfunktion

$$\int_{t_1}^{t_2} f(t, x_v, \dot{x}_v)\mathrm{d}t = I([x, \varphi], \epsilon) \equiv I(\epsilon)\,.$$

I ist ein Funktional von x und φ, jedoch eine Funktion von ϵ, die Notation $I(\epsilon)$ berücksichtigt nur diesen Sachverhalt. Betrachtet man $I(\epsilon)$ genauer, so stellt man fest: Ist $x(t)$ die gesuchte Lösung, so muss $I(\epsilon)$ für $\epsilon = 0$ ein Extremum haben. In Formeln entspricht dies

$$\left. \frac{\mathrm{d}I(\epsilon)}{\mathrm{d}\epsilon} \right|_{\epsilon=0} = 0\,.$$

Diese Bedingung kann man wie folgt auswerten. Entwickle den Integranden in eine Taylorreihe um die Stelle $\epsilon = 0$

$$f(t, x_v, \dot{x}_v) = f(t, x, \dot{x}) + \epsilon \left\{ \frac{\partial f}{\partial x_v} \frac{\partial x_v}{\partial \epsilon} + \frac{\partial f}{\partial \dot{x}_v} \frac{\partial \dot{x}_v}{\partial \epsilon} \right\}_{\epsilon = 0}$$

$$+ \frac{\epsilon^2}{2!} \{\ldots\}_{\epsilon = 0} + \ldots$$

und setze diese Entwicklung in das Integral ein

$$I(\epsilon) = \int_{t_1}^{t_2} f(t, x, \dot{x}) \mathrm{d}t + \epsilon \int_{t_1}^{t_2} \left\{ \frac{\partial f}{\partial x} \varphi + \frac{\partial f}{\partial \dot{x}} \dot{\varphi} \right\} \mathrm{d}t$$

$$+ \frac{\epsilon^2}{2!} \int_{t_1}^{t_2} \{\ldots\} \mathrm{d}t + \ldots .$$

Differentiation ergibt dann

$$\frac{\mathrm{d}I(\epsilon)}{\mathrm{d}\epsilon} \bigg|_{\epsilon = 0} = \int_{t_1}^{t_2} \left\{ \frac{\partial f}{\partial x} \varphi + \frac{\partial f}{\partial \dot{x}} \dot{\varphi} \right\} \mathrm{d}t \overset{!}{=} 0 .$$

Durch partielle Integration des zweiten Termes in der Klammer erhält man

$$\int_{t_1}^{t_2} \frac{\partial f}{\partial \dot{x}} \dot{\varphi} \, \mathrm{d}t = \frac{\partial f}{\partial \dot{x}} \varphi \bigg|_{t_1}^{t_2} - \int_{t_1}^{t_2} \left[\frac{\mathrm{d}}{\mathrm{d}t} \left(\frac{\partial f}{\partial \dot{x}} \right) \right] \varphi \, \mathrm{d}t .$$

Der erste Term auf der rechten Seite verschwindet, da $\varphi(t_1) = \varphi(t_2) = 0$ ist. Es verbleibt also

$$\int_{t_1}^{t_2} \mathrm{d}t \left\{ \frac{\partial f}{\partial x} - \frac{\mathrm{d}}{\mathrm{d}t} \left(\frac{\partial f}{\partial \dot{x}} \right) \right\} \varphi(t) = 0 . \tag{5.108}$$

Die Variationsfunktion kann bis auf die Einschränkung, dass sie stetig sein und für t_1 und t_2 den Wert Null annehmen soll, beliebig gewählt werden. Die Integralbedingung kann also nur erfüllt sein, wenn der Klammerausdruck selbst verschwindet

$$\frac{\partial f}{\partial x} - \frac{\mathrm{d}}{\mathrm{d}t} \left(\frac{\partial f}{\partial \dot{x}} \right) = 0 .$$

Man findet also genau den Typ einer Lagrangegleichung, die allgemeine Bezeichnung ist **Euler-Lagrange Variationsgleichung**.

5.4.1.2 Beispiele aus der Variationsrechnung. Eine der vielen Anwendungsmöglichkeiten der Variationsrechnung ist die Lösung von geometrischen Aufgaben. Einige klassische Beispiele für diesen Aufgabentyp sind durchaus beachtenswert.

Gegeben sind zwei Punkte in der x-t Ebene (Beispiel 5.23). Die Aufgabe lautet : Bestimme die Gleichung des Kurvenstücks, das die kürzeste Verbindung der beiden Punkte ergibt (Abb. 5.24). Die Antwort ist an sich bekannt, zur ihrer expliziten Verifizierung muss man auf die oben skizzierte Variationsrechnung zurückgreifen. Der Ansatz sieht folgendermaßen aus: Für eine

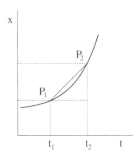

Abb. 5.24. Illustration der Variationsaufgabe 5.23

beliebige Kurve, die durch die Punkte 1 und 2 gehen soll, gilt für die Bogenlänge zwischen den Punkten

$$S[x] = \int_{t_1}^{t_2} \left[dx^2 + dt^2 \right]^{1/2} = \int_{t_1}^{t_2} \left[1 + \dot{x}^2 \right]^{1/2} dt \; .$$

Die vorgelegte Funktion f entspricht also

$$f = \left[1 + \dot{x}^2 \right]^{1/2} \; .$$

Die Aufstellung der Variationsgleichung zur Bestimmung des Extremums des Funktionals $S[x]$ erfordert die Berechnung von

$$\frac{\partial f}{\partial x} = 0 \qquad \text{und} \qquad \frac{\partial f}{\partial \dot{x}} = \frac{\dot{x}}{\left[1 + \dot{x}^2 \right]^{1/2}} \; .$$

Die zu lösende Euler-Lagrange Gleichung ist somit

$$\frac{d}{dt} \left[\frac{\dot{x}}{\left[1 + \dot{x}^2 \right]^{1/2}} \right] = 0 \; .$$

Erste Integration ergibt

$$\dot{x} = C_1 \left[1 + \dot{x}^2 \right]^{1/2} \; .$$

Auflösung nach $\dot{x}$ liefert

$$\dot{x} = \pm \left[\frac{C_1^2}{1 - C_1^2} \right]^{1/2} = C_2 \; ,$$

so dass man nach nochmaliger Integration

$$x(t) = C_3 + C_2 t$$

erhält. Das ist die erwartete Gerade. Die beiden Konstanten werden durch $x(t_1) = x_1$ und $x(t_2) = x_2$ festgelegt.

Gegeben sind zwei Punkte in der x - y Ebene, die durch einen fiktiven Draht verbunden werden (Beispiel 5.24). Die Frage lautet: Welche Form muss man dem Draht geben, so dass ein Massenpunkt unter dem Einfluss der Schwerkraft in kürzester Zeit von dem Punkt 1 zu dem Punkt 2 gelangt (Abb. 5.25)?

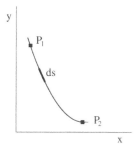

Abb. 5.25. Das Brachystochronenproblem

Diese Aufgabe ist unter dem Namen Brachystochronenproblem (Problem der kürzesten Zeit) bekannt. Es ist eine der ersten Variationsaufgaben, die in der Literatur diskutiert wurde (J. Bernoulli, 1696).

Falls der Massenpunkt die Geschwindigkeit $v(t)$ hat, ist die Fallzeit entlang eines infinitesimalen Kurvenstücks ds

$$dt = \frac{ds}{v(t)} \ .$$

Damit erhält man für die Fallzeit entlang der gesamten Kurve zwischen zwei Punkten

$$T = \int_1^2 \frac{ds}{v(t)} \ .$$

Dieses Integral soll durch die Wahl der Kurve $y(x)$ zu einem Extremum gemacht werden. Man benötigt dazu noch die Zerlegung von ds in kartesische Komponenten

$$ds = \left[dx^2 + dy^2\right]^{1/2} \ ,$$

sowie eine Verknüpfung von Momentangeschwindigkeit und Bahnkurve. Diese Verknüpfung ergibt sich aus dem Energiesatz

$$\frac{m}{2}v^2 + mgy = E_1(= mgy_1)$$

zu

$$v(t) = \left[\frac{2E_1}{m} - 2gy\right]^{1/2} = \left[C_0 - 2gy\right]^{1/2} \ .$$

Der Ausdruck für die gesamte Fallzeit ist dann

$$T = \int_1^2 \frac{\left[dx^2 + dy^2\right]^{1/2}}{\left[C_0 - 2gy\right]^{1/2}} \ .$$

An dieser Stelle ist noch nicht festgelegt worden, welche der Variablen die abhängige bzw. unabhängige sein soll. Die Variationsgleichungen werden einfacher, wenn man y als unabhängige Variable und x als abhängige Variable wählt. Es ist dann

$$T = \int_{y_1}^{y_2} \frac{\left[1 + x'^2\right]^{1/2}}{[C_0 - 2gy]^{1/2}} \, dy \qquad x' = \frac{dx}{dy} \, .$$

Hier kommt nun die Variationsrechnung zum Einsatz. Die vorgegebene Funktion f ist

$$f(y, x, x') = \left[\frac{1 + x'^2}{C_0 - 2gy}\right]^{1/2} \, .$$

Damit erhält man

$$\frac{\partial f}{\partial x} = 0 \qquad \frac{\partial f}{\partial x'} = \frac{x'}{[(1 + x'^2)(C_0 - 2gy)]^{1/2}} \, .$$

Eine erste Integration der entsprechenden Euler-Lagrange Variationsgleichung

$$\frac{d}{dy}\left(\frac{\partial f}{\partial x'}\right) = 0$$

ergibt

$$\frac{x'}{[(1 + x'^2)(C_0 - 2gy)]^{1/2}} = C_1 \, .$$

Zur weiteren Auswertung löst man diese Gleichung nach x' auf und findet

$$x' = \pm \left[\frac{A - y}{B + y}\right]^{1/2} \quad \text{mit} \quad A = \frac{C_0}{2g} \qquad B = \frac{1 - C_1^2 C_0}{2C_1^2 g} \, .$$

Die Lösung dieser linearen Differentialgleichung für die Funktion $x(y)$ erhält man durch direkte Integration

$$x_2 - x_1 = \pm \int_{y_1}^{y_2} \left[\frac{A - y}{B + y}\right]^{1/2} \, dy \, .$$

Um das Integral zu berechnen, empfiehlt sich die Substitution

$$y = A - R(1 - \cos\alpha) \qquad R = \frac{1}{2}(A + B) \tag{5.109}$$

mit

$$dy = -R \sin\alpha \, d\alpha \qquad B + y = R(1 + \cos\alpha) = \frac{R \sin^2\alpha}{1 - \cos\alpha} \, .$$

Das Integral, das bei der Substitution entsteht

$$x = \pm R \int (1 - \cos\alpha) d\alpha \, ,$$

kann man elementar auswerten, so dass sich für die x-Koordinate (vor Einsetzen der Grenzen) das Resultat

$$x = x_0 \pm R(\alpha - \sin\alpha) \,. \tag{5.110}$$

ergibt. Die Ausdrücke $y = y(\alpha)$ und $x = x(\alpha)$ sind die Parameterdarstellung einer **Zykloide**[3] (Abb. 5.26). Die Bahnkurve, für die die Fallzeit ein Extre-

Abb. 5.26. Zykloide

mum (ein Minimum) hat, ist eine Zykloide bzw. ein Teilstück einer Zykloide.

5.4.1.3 Variationsprinzip kurz gefasst. Die zentrale Aussage der Variationsrechnung für den Fall einer Variablen x ist:

> Das Funktional
> $$I[x] = \int_{t_1}^{t_2} f(t, x, \dot{x})\mathrm{d}t$$
> hat einen Extremwert, wenn die Funktion $x(t)$ durch die Variationsgleichung
> $$\frac{\partial f}{\partial x} - \frac{\mathrm{d}}{\mathrm{d}t}\left(\frac{\partial f}{\partial \dot{x}}\right) = 0$$
> bestimmt wird.

$$\tag{5.111}$$

Sie wird in der Praxis oft in einer Kurzform abgeleitet. Ausgangspunkt ist

$$I = \int_{t_1}^{t_2} f(t, x, \dot{x})\mathrm{d}t \,.$$

Die Variation wird in der Form

$$\delta I = \delta\left[\int_{t_1}^{t_2} f(t, x, \dot{x})\mathrm{d}t\right] = \int_{t_1}^{t_2} \delta f(t, x, \dot{x})\mathrm{d}t$$

angegeben. Das Variationssymbol kann unter das Integralzeichen gezogen werden, da die Grenzen von der Variation nicht betroffen sind. Mit den folgenden Rechenregeln lässt sich die Herleitung der Variationsgleichungen abkürzen:

(a) Die Regel $\delta f = \dfrac{\partial f}{\partial x}\delta x + \dfrac{\partial f}{\partial \dot{x}}\delta\dot{x}$ entspricht der Kettenregel

$$\frac{\partial f}{\partial \epsilon} = \frac{\partial f}{\partial x}\frac{\partial x}{\partial \epsilon} + \frac{\partial f}{\partial \dot{x}}\frac{\partial \dot{x}}{\partial \epsilon} \,.$$

---

[3] Die Zykloide ist eine Kurve, die sich ergibt, wenn man ein Rad (Radius R) entlang einer Geraden abrollt und die Bahnkurve eines Punktes auf der Peripherie des Rades verfolgt. Die Parameterdarstellung dieser Kurve wird in ⊚ Aufg. 4.13 aufbereitet.

(b) Variation und Zeitdifferentiation können vertauscht werden

$$\delta\dot{x} = \frac{\mathrm{d}}{\mathrm{d}t}(\delta x) \ ,$$

denn es ist

$$\delta\dot{x} = \frac{\partial}{\partial\epsilon}\left(\frac{\mathrm{d}x}{\mathrm{d}t}\right)\mathrm{d}\epsilon = \left[\frac{\mathrm{d}}{\mathrm{d}t}\left(\frac{\partial x}{\partial\epsilon}\right)\right]\mathrm{d}\epsilon = \frac{\mathrm{d}}{\mathrm{d}t}\left[\left(\frac{\partial x}{\partial\epsilon}\right)\mathrm{d}\epsilon\right] = \frac{\mathrm{d}}{\mathrm{d}t}(\delta x) \ .$$

Mit den beiden Regeln folgt

$$\delta I = \int_{t_1}^{t_2}\left(\frac{\partial f}{\partial x}\delta x + \frac{\partial f}{\partial\dot{x}}\frac{\mathrm{d}}{\mathrm{d}t}(\delta x)\right)\mathrm{d}t = 0 \ .$$

Partielle Integration des zweiten Termes mit $\delta x = 0$ an den Integrationsgrenzen ergibt

$$\delta I = \int_{t_1}^{t_2}\left[\left(\frac{\partial f}{\partial x} - \frac{\mathrm{d}}{\mathrm{d}t}\left(\frac{\partial f}{\partial\dot{x}}\right)\right)\delta x\right]\mathrm{d}t = 0 \ .$$

Die angedeutete symbolische Manipulation kann zu einem vollständigen Variationskalkül ausgebaut werden. Hinter der Kurzform steht jedoch in jedem Fall die vorher benutzte, präzise mathematische Formulierung, auf die im Zweifelsfall zurückgegriffen werden muss.

Das Hamiltonprinzip der Mechanik für den Fall eines Freiheitsgrades ergibt sich direkt aus der Variationsaussage (5.111), wenn man anstelle der Funktion f die Lagrangefunktion L und anstelle der Koordinate x eine generalisierte Koordinate q einsetzt. Damit ist offensichtlich, dass (für den Fall eines Freiheitsgrades) die Lagrangegleichung aus Hamiltons Prinzip folgt.

5.4.1.4 Formulierung des Hamiltonschen Prinzips.
Die Erweiterung der Diskussion auf den Fall von mehreren Freiheitsgraden $q_1 \ldots q_n$ folgt dem gleichen Muster. Man beginnt mit dem Funktional von n Funktionen

$$I[q_1 \ldots q_n] = \int_{t_1}^{t_2} L(t, q_1 \ldots q_n, \dot{q}_1 \ldots \dot{q}_n)\mathrm{d}t \ . \tag{5.112}$$

Zur Variation benutzt man für jede der Funktionen den Ansatz

$$q_{\mu,\mathrm{v}}(t) = q_\mu(t) + \epsilon\varphi_\mu(t) \qquad (\mu = 1, 2, \ldots n)$$

mit

$$\varphi_\mu(t_1) = \varphi_\mu(t_2) = 0 \ .$$

Man entwickelt zunächst L in eine Taylorreihe um die Stelle $\epsilon = 0$

$$L(t, q_{1,\mathrm{v}} \ldots q_{n,\mathrm{v}}, \dot{q}_{1,\mathrm{v}} \ldots \dot{q}_{n,\mathrm{v}}) = L(t, q_1 \ldots q_n, \dot{q}_1 \ldots \dot{q}_n)$$

$$+\epsilon\left\{\left[\frac{\partial L}{\partial q_1}\varphi_1 + \frac{\partial L}{\partial\dot{q}_1}\dot{\varphi}_1\right] + \ldots + \left[\frac{\partial L}{\partial q_n}\varphi_n + \frac{\partial L}{\partial\dot{q}_n}\dot{\varphi}_n\right]\right\} + \ldots$$

und betrachtet die Ableitung

$$\left.\frac{\mathrm{d}I(\epsilon)}{\mathrm{d}\epsilon}\right|_{\epsilon=0} = \int_{t_1}^{t_2} \sum_{\mu=1}^{n} \left\{ \frac{\partial L}{\partial q_\mu} \varphi_\mu + \frac{\partial L}{\partial \dot{q}_\mu} \dot{\varphi}_\mu \right\} \mathrm{d}t = 0 \; .$$

Partielle Integration des zweiten Termes in jedem der Summanden mit $\varphi_\mu(t_1) = \varphi_\mu(t_2) = 0$ ergibt

$$\left.\frac{\mathrm{d}I(\epsilon)}{\mathrm{d}\epsilon}\right|_{\epsilon=0} = \int_{t_1}^{t_2} \left[\sum_{\mu=1}^{n} \left\{ \frac{\partial L}{\partial q_\mu} - \frac{\mathrm{d}}{\mathrm{d}t} \left(\frac{\partial L}{\partial \dot{q}_\mu} \right) \right\} \varphi_\mu \right] \mathrm{d}t = 0 \; . \tag{5.113}$$

Da alle Funktionen φ_μ frei wählbar sind, folgen die Variationsgleichungen

$$\frac{\partial L}{\partial q_\mu} - \frac{\mathrm{d}}{\mathrm{d}t} \left(\frac{\partial L}{\partial \dot{q}_\mu} \right) = 0 \qquad (\mu = 1, 2, \ldots n) \; .$$

Damit ist gezeigt, dass die Lagrangegleichungen (für den Fall, dass eine Lagrangefunktion des Systems definiert werden kann) aus dem Hamiltonschen Prinzip folgen. Die Größe [Lagrangefunktion mal Zeit] hat die Dimension einer Wirkung. Man bezeichnet deswegen das Hamiltonprinzip auch als das **Wirkungsprinzip** oder (da in der Mechanik in den meisten Fällen das Extremum ein Minimum ist) als **Prinzip der kleinsten Wirkung**.

Die Lagrangefunktion, eine Funktion der generalisierten Koordinaten, der generalisierten Geschwindigkeiten und der Zeit, ist der Ausgangspunkt für die Lagrangeform der Bewegungsgleichungen. Bei Hamiltons Bewegungsgleichungen spielt die Hamiltonfunktion die zentrale Rolle. Diese Funktion stellt, unter bestimmten (schon genannten) Bedingungen, die Gesamtenergie eines Systems von Massenpunkten dar. Dies betont die zentrale Rolle dieser Größe in fast allen Bereichen der Physik.

5.4.2 Hamiltons Bewegungsgleichungen

Die Hamiltonfunktion ist mit der Lagrangefunktion

$$L = L(q_1(t) \ldots q_n(t), \dot{q}_1(t) \ldots \dot{q}_n(t), t)$$

durch eine Legendretransformation

$$H = \sum_{\mu} p_\mu \dot{q}_\mu - L$$

verknüpft. Einen Satz von Bewegungsgleichungen, der auf diese Grundgrößen Bezug nimmt, kann man mit dem folgenden Argument gewinnen. Betrachte als erstes das totale Differential der Hamiltonfunktion, das sich aufgrund der Definitionsgleichung zu

$$\mathrm{d}H = \sum_{\mu} p_\mu \mathrm{d}\dot{q}_\mu + \sum_{\mu} \dot{q}_\mu \mathrm{d}p_\mu - \sum_{\mu} \frac{\partial L}{\partial q_\mu} \mathrm{d}q_\mu - \sum_{\mu} \frac{\partial L}{\partial \dot{q}_\mu} \mathrm{d}\dot{q}_\mu - \frac{\partial L}{\partial t} \mathrm{d}t$$

$$= \sum_{\mu} \dot{q}_\mu \mathrm{d}p_\mu - \sum_{\mu} \frac{\partial L}{\partial q_\mu} \mathrm{d}q_\mu - \frac{\partial L}{\partial t} \mathrm{d}t$$

ergibt. Der erste und der vierte Term heben sich heraus, da

$$p_\mu = \frac{\partial L}{\partial \dot{q}_\mu}$$

ist. Benutzt man noch die Lagrangegleichungen in der Form

$$\dot{p}_\mu = \frac{\partial L}{\partial q_\mu}$$

so erhält man

$$\mathrm{d}H = \sum_\mu \dot{q}_\mu \mathrm{d}p_\mu - \sum_\mu \dot{p}_\mu \mathrm{d}q_\mu - \frac{\partial L}{\partial t}\mathrm{d}t . \qquad (5.114)$$

An dieser Form des totalen Differentials erkennt man explizit, dass H eine Funktion der generalisierten Koordinaten, der generalisierten Impulse und (gegebenenfalls) der Zeit ist

$$H = H(q_1(t)\ldots q_n(t), p_1(t)\ldots p_n(t), t) .$$

Die Legendretransformation vermittelt also einen Übergang von einer Funktion der generalisierten Koordinaten und Geschwindigkeiten (L) zu einer Funktion der generalisierten Koordinaten und Impulse (H).

Eine alternative Darstellung des totalen Differentials ergibt sich auf der Basis der Form $H = H(\boldsymbol{q}, \boldsymbol{p}, t)$ zu

$$\mathrm{d}H = \sum_\mu \frac{\partial H}{\partial q_\mu}\mathrm{d}q_\mu + \sum \frac{\partial H}{\partial p_\mu}\mathrm{d}p_\mu + \frac{\partial H}{\partial t}\mathrm{d}t . \qquad (5.115)$$

Da die Differentiale der Grundgrößen unabhängig voneinander sind, gewinnt man durch Vergleich der beiden Aussagen (5.113) und (5.115) den folgenden Satz von Bewegungsgleichungen

$$\boxed{\dot{p}_\mu = -\frac{\partial H}{\partial q_\mu} \qquad \dot{q}_\mu = \frac{\partial H}{\partial p_\mu} \qquad \frac{\partial H}{\partial t} = -\frac{\partial L}{\partial t} \qquad (\mu = 1, 2, \ldots n)} \qquad (5.116)$$

Diesen Satz von Differentialgleichungen bezeichnet man als **Hamiltons Bewegungsgleichungen**. Das altbekannte Beispiel des einfachen linearen harmonischen Oszillators sieht in diesem Gewande folgendermaßen aus. Die Hamiltonfunktion ist

$$H = \frac{p^2}{2m} + \frac{k}{2}x^2 .$$

Die Bewegungsgleichungen nach Hamilton sind dann

$$\dot{p} = -\frac{\partial H}{\partial x} = -kx \qquad \dot{x} = -\frac{\partial H}{\partial p} = \frac{p}{m} \qquad \frac{\partial H}{\partial t} = 0 . \qquad (5.117)$$

Es liegt ein Satz von zwei Bewegungsgleichungen erster Ordnung für die zwei Funktionen $x(t)$ und $p(t)$ vor. Ein praktischer Lösungsweg ist jedoch: Differenziere die zweite Gleichung nach der Zeit

$$\ddot{x} = \frac{1}{m}\dot{p}$$

und ersetze $\dot{p}$ in der ersten. Man erhält

$$\ddot{x} = -\frac{k}{m}x = -\omega^2 x$$

d.h. die Lagrangesche oder Newtonsche Bewegungsgleichung.

Die Aussage, die dieses Beispiel vermittelt, gilt allgemein: Lagranges Bewegungsgleichungen und Hamiltons Bewegungsgleichungen sind völlig äquivalent. Man kann z.B. zeigen, dass Hamiltons Bewegungsgleichungen aus dem Hamilton Prinzip hergeleitet werden können. Der formale Unterschied zwischen den beiden Sätzen von Bewegungsgleichungen ist:

Die Bewegungsgleichungen von Lagrange stellen einen Satz von n Differentialgleichungen zweiter Ordnung für die generalisierten Koordinaten $q_\mu(t)$ dar.

Die Hamiltonschen Bewegungsgleichungen sind ein Satz von $2n$ Differentialgleichungen erster Ordnung für die generalisierten Koordinaten q_μ und die generalisierten Impulse p_μ.

Die Äquivalenz der beiden Sätze von Bewegungsgleichungen entspricht einem Standardtheorem aus der Theorie der Differentialgleichungen, das besagt: Man kann ein System von n Differentialgleichungen zweiter Ordnung für n Funktionen in ein System von $2n$ Differentialgleichungen erster Ordnung für $2n$ Funktionen umschreiben (siehe Math.Kap. 6.1).

Man könnte somit meinen, dass man durch die Einführung der neuen Gleichungen nicht viel gewonnen hat. Sie eröffnen jedoch zusätzliche Möglichkeiten:

1. Da H in den meisten Fällen der Energie entspricht (und die Energie in der Physik eine besondere Rolle spielt), sind diese Gleichungen ein geeigneter Ausgangspunkt für die Erweiterung der Mechanik (so z.B. zur Quantenmechanik).

2. Es existieren eigenständige Lösungsmethoden für die Hamiltonschen Gleichungen, die auf dem Konzept der kanonischen Transformationen basieren.

Vor einer kurzen Betrachtung dieser Methode sind noch zwei neue Begriffe einzuführen, die in der Hamiltonmechanik eine besondere Rolle spielen.

5.4.2.1 Der Phasenraum. Die zeitliche Entwicklung eines Systems wird im Sinne der Hamiltonschen Formulierung durch das $2n$-Tupel von Größen

$$\{q_1(t)\ldots q_n(t), p_1(t)\ldots p_n(t)\}$$

beschrieben. Dies legt es nahe, einen $2n$-dimensionalen Raum einzuführen, der von den (generalisierten) Koordinaten und Impulsen aufgespannt wird. Dies ist der Phasenraum. Jeder Punkt des Phasenraumes charakterisiert einen momentanen Zustand des Systems. Die zeitliche Folge wird durch eine Kurve (eine eindimensionale Mannigfaltigkeit) in diesem ($2n$-dimensionalen)

Raum beschrieben. Man nennt solche Kurven **Phasen(raum)bahnen**. Die Bewegungsgleichungen nach Hamilton und die Anfangsbedingungen bestimmen die Phasenbahnen des Systems eindeutig[4]. So sind zum Beispiel die Phasenbahnen des eindimensionalen harmonischen Oszillators wegen

$$H = \frac{p^2}{2m} + \frac{k}{2}q^2 = E_0$$

Ellipsen. Die vorgegebene Energie bestimmt die 'Größe' der Ellipsen, das Produkt km die Exzentrizität. Für eine vorgegebene Energie liegen alle Bewegungszustände des Systems auf einer der Ellipsen. Die in sich geschlossenen Phasenbahnen beschreiben den oszillatorischen Charakter.

5.4.2.2 Die Poissonklammern. Die Poissonklammern sind ein Hilfsmittel, mit dem man die zeitliche Änderung physikalischer Größen in kompakter Form darstellen kann. Sie werden sich später als ein wichtiges Bindeglied zwischen klassischer Mechanik und Quantenmechanik herausstellen. Für zwei beliebige Größen, die von den generalisierten Koordinaten, den generalisierten Impulsen und der Zeit abhängen

$$u = u(q_1 \ldots q_n \, p_1 \ldots p_n \, t)$$
$$v = v(q_1 \ldots q_n \, p_1 \ldots p_n \, t) \,,$$

definiert man die Poissonklammer durch

$$\{u, v\} = \sum_{\mu=1}^{n} \left(\frac{\partial u}{\partial q_\mu} \frac{\partial v}{\partial p_\mu} - \frac{\partial u}{\partial p_\mu} \frac{\partial v}{\partial q_\mu} \right) \,. \tag{5.118}$$

Man kann eine Reihe von Rechenregeln für den Umgang mit diesen Klammern aufstellen. Die Definition (5.118) liefert direkt die Aussage, dass die Klammern antisymmetrisch gegenüber Vertauschung der Reihenfolge sind

$$\{u, v\} = - \{v, u\} \,.$$

Außerdem erfüllen sie die **Jacobi-Identität**

$$\{u \{v, w\}\} + \{v \{w, u\}\} + \{w \{u, v\}\} = 0 \,. \tag{5.119}$$

Diese Relation kann man (wenn auch in etwas mühseliger Weise) durch Einsetzen der Definition beweisen. Ebenfalls durch direkte Rechnung gewinnt man die Produktregel

$$\{vw, u\} = w \{v, u\} + v \{w, u\} \,. \tag{5.120}$$

Von Interesse sind auch die fundamentalen Poissonklammern

$$\{q_\mu, p_\nu\} = \delta_{\mu\nu} \qquad \{q_\mu, q_\nu\} = \{p_\mu, p_\nu\} = 0 \qquad (\mu, \nu = 1, \ldots n) \,, \tag{5.121}$$

die ein (oben erwähntes) Bindeglied zwischen der klassischen und der Quantenphysik ergeben.

---

[4] Zusätzliche Bemerkungen zu dem Thema Phasenraum findet man in Kap. 5.4.3.

Berechnet man die totale zeitliche Änderung einer Größe $u(\boldsymbol{q}, \boldsymbol{p}, t)$ mit Hilfe der Kettenregel

$$\frac{\mathrm{d}u}{\mathrm{d}t} = \frac{\partial u}{\partial t} + \sum_{\mu} \left(\frac{\partial u}{\partial q_{\mu}} \frac{\mathrm{d}q_{\mu}}{\mathrm{d}t} + \frac{\partial u}{\partial p_{\mu}} \frac{\mathrm{d}p_{\mu}}{\mathrm{d}t} \right)$$

und benutzt die Hamiltonschen Bewegungsgleichungen

$$\dot{q}_{\mu} = \frac{\partial H}{\partial p_{\mu}} \qquad \dot{p}_{\mu} = -\frac{\partial H}{\partial q_{\mu}}$$

zur Elimination der Zeitableitungen der generalisierten Koordinaten und Impulse, so folgt

$$\frac{\mathrm{d}u}{\mathrm{d}t} = \frac{\partial u}{\partial t} + \sum_{\mu} \left(\frac{\partial u}{\partial q_{\mu}} \frac{\mathrm{d}H}{\mathrm{d}p_{\mu}} - \frac{\partial u}{\partial p_{\mu}} \frac{\mathrm{d}H}{\mathrm{d}q_{\mu}} \right) \, ,$$

bzw. in Zusammenfassung

$$\boxed{\frac{\mathrm{d}u}{\mathrm{d}t} = \frac{\partial u}{\partial t} + \{u, H\} \, .} \tag{5.122}$$

Die Bewegungsgleichung (5.122) charakterisiert die Zeitentwicklung einer Funktion u der generalisierten Koordinaten, generalisierten Impulse und der Zeit. Die Funktion ist ein Integral der Bewegung, falls die totale Zeitableitung $\mathrm{d}u/\mathrm{d}t$ identisch verschwindet. Hängt die Funktion u nicht explizit von der Zeit ab ($\partial u/\partial t = 0$), so ist u ein Bewegungsintegral, wenn die Poissonklammer mit der Hamiltonfunktion verschwindet, also wenn $\{u, H\} = 0$ ist. Man kann auch ablesen, dass die partielle Ableitung der Hamiltonfunktion nach der Zeit gleich der totalen Ableitung ist.

Betrachtet man insbesondere $u = q_{\mu}$ oder $u = p_{\mu}$, so ergeben die Bewegungsgleichungen (5.122) eine symmetrische Form der Hamiltongleichungen (5.116)

$$\dot{q}_{\mu} = \{q_{\mu}, H\} \qquad \dot{p}_{\mu} = \{p_{\mu}, H\} \, . \tag{5.123}$$

Weitere in der Praxis nützliche Poissonklammern sind

$$\{u, q_{\mu}\} = \sum_{\nu=1}^{n} \left(\frac{\partial u}{\partial q_{\nu}} \frac{\partial q_{\mu}}{\partial p_{\nu}} - \frac{\partial u}{\partial p_{\nu}} \frac{\partial q_{\mu}}{\partial q_{\nu}} \right) = -\frac{\partial u}{\partial p_{\mu}}$$

und entsprechend

$$\{u, p_{\mu}\} = \frac{\partial u}{\partial q_{\mu}} \, .$$

Aus diesen Relationen kann man ebenfalls die fundamentalen Poissonklammern (5.121) gewinnen.

5.4.2.3 Über kanonische Transformationen. Es gibt für die Hamilton-schen Bewegungsgleichungen eine eigenständige Lösungsmethode, die jedoch nur anhand einer einfachst möglichen Situation mit einem Freiheitsgrad skizziert werden soll. Die zuständigen Gleichungen sind

$$H = H(q, p, t) \qquad \dot{p} = -\frac{\partial H}{\partial q} \qquad \dot{q} = \frac{\partial H}{\partial p} .$$

Die Grundidee ist, eine Transformation der Phasenraumkoordinaten zu finden, so dass möglichst viele der transformierten Koordinaten zyklische Koordinaten sind. Im Fall einer generalisierten Koordinate betrachtet man eine Transformation der Form

$$q = f(Q, P) \qquad p = g(Q, P) . \tag{5.124}$$

Diese Transformation ist nicht die allgemeinst mögliche, da eine zusätzliche Zeitabhängigkeit denkbar wäre, doch genügt diese einfachere Form zur Illustration. Aus der allgemeinen Klasse der Phasenraumtransformationen interessieren zunächst solche Transformationen, die die Form der Bewegungsgleichungen erhalten. Dies bedeutet: Nachdem man die Transformationsgleichung in die vorgegebene Hamiltonfunktion eingesetzt hat

$$\begin{aligned} H(q, p, t) &= H(f(Q, P), g(Q, P), t) \\ &\equiv K(Q, P, t) , \end{aligned}$$

sollen bezüglich der neuen Phasenraumkoordinaten Q und P die Bewegungsgleichungen

$$\dot{P} = -\frac{\partial K}{\partial Q} \qquad \dot{Q} = \frac{\partial K}{\partial P} \tag{5.125}$$

gelten. Transformationen im Phasenraum, die die Forminvarianz der Bewegungsgleichungen garantieren, bezeichnet man als **kanonische Transformationen**. Die Frage, die zunächst ansteht, lautet: Wie erkennt man, ob eine vorgegebene Transformation kanonisch ist? Zur Beantwortung dieser Frage kann man die folgende Überlegung durchführen: Differenziere die Transformationsgleichungen (5.124) mittels der Kettenregel nach der Zeit

$$\dot{q} = \frac{\partial f}{\partial Q}\dot{Q} + \frac{\partial f}{\partial P}\dot{P} \qquad \dot{p} = \frac{\partial g}{\partial Q}\dot{Q} + \frac{\partial g}{\partial P}\dot{P} .$$

Dieses Gleichungssystem kann nach $\dot{Q}$ bzw. $\dot{P}$ aufgelöst und das Ergebnis in der Form notiert werden

$$\frac{\partial g}{\partial P}\dot{q} - \frac{\partial f}{\partial P}\dot{p} = \left(\frac{\partial f}{\partial Q}\frac{\partial g}{\partial P} - \frac{\partial f}{\partial P}\frac{\partial g}{\partial Q} \right)\dot{Q} \tag{5.126}$$

$$\frac{\partial g}{\partial Q}\dot{q} - \frac{\partial f}{\partial Q}\dot{p} = -\left(\frac{\partial f}{\partial Q}\frac{\partial g}{\partial P} - \frac{\partial f}{\partial P}\frac{\partial g}{\partial Q} \right)\dot{P} . \tag{5.127}$$

Betrachte dann

$$\frac{\partial K}{\partial P} = \frac{\partial H}{\partial q}\frac{\partial f}{\partial P} + \frac{\partial H}{\partial p}\frac{\partial g}{\partial P}$$

und setze die Bewegungsgleichungen in den alten Koordinaten ein

$$\frac{\partial K}{\partial P} = \frac{\partial g}{\partial P}\dot{q} - \frac{\partial f}{\partial P}\dot{p}$$

$$= \left(\frac{\partial f}{\partial Q}\frac{\partial g}{\partial P} - \frac{\partial f}{\partial P}\frac{\partial g}{\partial Q}\right)\dot{Q}\,.$$

Die zweite Zeile folgt aus der Gleichung (5.126). Entsprechend berechnet man

$$\frac{\partial K}{\partial Q} = \frac{\partial H}{\partial q}\frac{\partial f}{\partial Q} + \frac{\partial H}{\partial p}\frac{\partial g}{\partial Q} = \frac{\partial g}{\partial Q}\dot{q} - \frac{\partial f}{\partial Q}\dot{p}$$

$$= -\left(\frac{\partial f}{\partial Q}\frac{\partial g}{\partial P} - \frac{\partial f}{\partial P}\frac{\partial g}{\partial Q}\right)\dot{P}\,.$$

Man entnimmt diesen Rechnungen: Die Forminvarianz der Bewegungsgleichungen ist gegeben, falls die Relation

$$\left(\frac{\partial f}{\partial Q}\frac{\partial g}{\partial P} - \frac{\partial f}{\partial P}\frac{\partial g}{\partial Q}\right) = 1 \tag{5.128}$$

erfüllt ist. Der Ausdruck auf der linken Seite erinnert an die Poissonklammer. Man schreibt ihn auch in der Form

$$\{q,\,p\}_{Q,\,P} = \frac{\partial q}{\partial Q}\frac{\partial p}{\partial P} - \frac{\partial q}{\partial P}\frac{\partial p}{\partial Q} \tag{5.129}$$

und bezeichnet diese Variante als eine **Lagrangeklammer**. Man erkennt eine kanonische Transformation also daran, dass die Lagrangeklammer der Transformation den Wert 1 hat.

Die nächste Frage lautet: Wie kann man kanonische Transformationen gewinnbringend einsetzen? Eine Antwort auf diese Frage gibt das folgende Argument. Man nimmt an, dass man eine Transformation finden kann, so dass die transformierte Hamiltonfunktion nicht von der Koordinate Q abhängt

$$K = K(P,\,t)\,.$$

Es folgt dann

$$\dot{P} = -\frac{\partial K}{\partial Q} = 0 \quad \longrightarrow \quad P = \text{const.}$$

$$\dot{Q} = \frac{\partial K}{\partial P} = G(P,\,t) = G(C,\,t) \quad \longrightarrow \quad Q(t) = \int^{t} G(C,\,t')\mathrm{d}t'\,.$$

Die Variable Q ist zyklisch, die Integration der Bewegungsgleichung ist somit recht einfach.

Zur Illustration soll noch einmal der eindimensionale harmonische Oszillator dienen

$$H = \frac{p^2}{2m} + \frac{k}{2}x^2 \ .$$

Die Transformation

$$x = \left[\frac{2P}{m\omega} \right]^{1/2} \sin Q \qquad \omega = \sqrt{\frac{k}{m}}$$

$$p = [2m\omega P]^{1/2} \cos Q$$

ist kanonisch, denn es gilt

$$\frac{\partial x}{\partial Q} \frac{\partial p}{\partial P} - \frac{\partial x}{\partial P} \frac{\partial p}{\partial Q} = \cos^2 Q + \sin^2 Q = 1 \ .$$

Die transformierte Hamiltonfunktion ist

$$K = \frac{1}{2m} (2m\omega P) \cos^2 Q + \frac{k}{2} \left(\frac{2P}{m\omega} \right) \sin^2 Q = \omega P \ .$$

Damit erhält man die Bewegungsgleichungen

$$\dot{P} = 0 \qquad P = \text{const.} = \frac{E_0}{\omega}$$

$$\dot{Q} = \frac{\partial K}{\partial P} = \omega \qquad Q = \omega t + \delta$$

mit der altbekannten Lösung in kartesischen Koordinaten

$$x(t) = \left[\frac{2E_0}{m\omega^2} \right]^{1/2} \sin(\omega t + \delta)$$

$$p(t) = [2mE_0]^{1/2} \cos(\omega t + \delta) \ .$$

Die Integrationskonstanten sind E_0 und δ.

Eine Übertragung dieser Betrachtungen auf den Fall eines n-dimensionalen Phasenraumes kann relativ direkt vorgenommen werden, indem man die Größen q und p als Vektoren in einem n-dimensionalen Raum interpretiert und bei der Anwendung der Kettenregel die entsprechenden Summen ansetzt.

Eine Antwort auf die Frage: 'Ist es möglich, Methoden anzugeben, die es erlauben, kanonische Transformationen mit einer zyklischen Struktur der transformierten Hamiltonfunktion zu bestimmen?' gibt in gewissem Sinn die Hamilton-Jacobi Theorie[5]. Diese Theorie bietet ohne Zweifel eigenständige Einblicke in die Struktur mechanischer Systeme, aus praktischer Sicht aber keine wesentlichen Vorteile gegenüber der Lagrangeformulierung. Aus diesem Grund sollen die formalen Aspekte der theoretischen Mechanik an dieser Stelle abgeschlossen werden.

---

[5] In der Literaturliste werden unter A[5] entsprechende Kapitel aus zwei Lehrbüchern benannt.

5.4.3 Ein Blick in den Phasenraum

Das Studium der Phasenbahnen ist die Grundlage für die Analyse von integrablen bzw. chaotischen Bewegungsformen. Chaotische Bewegungsformen zeichnen sich dadurch aus, dass das 'Langzeitverhalten' der Bewegung praktisch nicht genügend genau vorausberechnet werden kann. Diese Unbestimmtheit ist durch eine äußerst sensitive Abhängigkeit von den Anfangsbedingungen bedingt. Diese Abhängigkeit führt dazu, dass die Lösungen der Bewegungsgleichungen für infinitesimal benachbarte Anfangswerte (auf entsprechend großer Zeitskala) exponentiell auseinanderlaufen können. Eine Konsequenz zeigt sich zum Beispiel in der 'Beobachtung' der Rotationsbewegung von Planetensatelliten (zum Beispiel des Saturn). Einer der Saturnmonde (Hyperion) führt eine chaotische Torkelbewegung aus, für die bei einer Kenntnis der Anfangsorientierung mit einer Genauigkeit von zehn Stellen die Orientierung nach einigen Jahren nicht mit der notwendigen Genauigkeit berechnet werden kann.

5.4.3.1 Grundbegriffe. Eine vollständigere Diskussion der Dynamik nichtlinearer Systeme ist in dem vorgegebenen Rahmen nicht möglich, doch sollen wenigstens die Grundzüge und einige Grundbegriffe anhand der einfachsten Situation, eindimensionale Systeme, erläutert werden. Ist ein eindimensionales System durch eine Hamiltonfunktion

$$H = \frac{p^2}{2m} + U(q) = E_0$$

charakterisiert, so beschreibt die Gleichung

$$p = m\,\dot{q} = \pm \left[2m(E_0 - U(q))\right]^{1/2} \tag{5.130}$$

für jeden Wert der Anfangsenergie E_0 eine Phasenbahn. Die Gesamtheit der Phasenbahnen bezeichnet man als **Phasenraumportrait** des Systems. Das Phasenraumportrait des harmonischen Oszillators, eine Schar von konzentrischen Ellipsen, ist ein Beispiel für ein System, in dem jede der Phasenbahnen auf ein endliches Gebiet des Phasenraumes beschränkt ist. Deutlich strukturierter ist der Phasenraum des mathematischen Pendels (siehe Kap. 4.2.1), das ein Beispiel für einen nichtlinearen Oszillator darstellt. Das Phasenraumportrait dieses Systems ist, in der Form $\dot{q} \equiv \dot{\varphi}$ versus $q \equiv \varphi$ (anstelle von p versus q), in Abb. 5.27a für sieben verschiedene Werte der Gesamtenergie angedeutet. Die Einheiten der Winkelgeschwindigkeit entsprechen s^{-1} bei einem beliebig vorgegebenem Parametersatz.

Die Phasenbahnen des mathematischen Pendels sind entweder (wie bei dem harmonischen Oszillator) auf ein Gebiet $-\pi < q < \pi$ beschränkt oder sie erstrecken sich über den gesamten Bereich der Variablen $-\pi \le q \le \pi$. Im ersten Fall führt die Anfangsenergie zu einer eigentlichen Pendelbewegung, wobei der Koordinatenbereich mehrfach überstrichen wird. Die Bewegung mit Überschlag bei höheren Energien wird realistischer dargestellt, wenn man

(a)   (b)

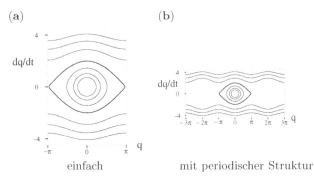

einfach   mit periodischer Struktur

Abb. 5.27. Phasenraumportrait des mathematischen Pendels

das Phasenraumportrait periodisch fortsetzt (Abb. 5.27b) oder auf einem Zylindermantel ausbreitet, so dass die Stellen $q = \pm\pi$ aneinanderschließen.

Anstatt die Phasenbahnen explizit durch Lösung der Differentialgleichung (5.130) zu berechnen, kann man versuchen, eine mehr qualitative Analyse der Bewegungsformen durchzuführen. Liegen, wie im Fall des mathematischen Pendels, 'offene' und 'geschlossene' Phasenbahnen vor, so werden diese durch eine Kurve, die **Separatrix**, getrennt (Abb. 5.27). Die Separatrix verläuft durch (bei dem mathematischen Pendel: in) **Gleichgewichtspunkte**, in denen die Geschwindigkeit den Wert Null und das Potential bestimmte Eigenschaften hat. Im Allgemeinen werden Gleichgewichtspunkte durch die Vorgaben

$$\dot{p} = \frac{\partial U}{\partial q} = 0 \qquad \dot{q} = \frac{p}{m} = 0 \, ,$$

beziehungsweise

$$p_{\mathrm{G}} = 0 \qquad \left.\frac{\mathrm{d}U(q)}{\mathrm{d}q}\right|_{\mathrm{G}} = 0$$

charakterisiert. Die Geschwindigkeit hat den Wert Null und das Potential ist extremal. Entwickelt man beide Seiten der Phasenbahngleichung (5.130) in der Umgebung eines Gleichgewichtspunktes, so erhält man

$$p - p_{\mathrm{G}} + \ldots = \pm(2m)^{1/2}[E_0 - H(q_{\mathrm{G}}, p_{\mathrm{G}})$$
$$- \frac{1}{2}U''(q_{\mathrm{G}}, p_{\mathrm{G}})(q - q_{\mathrm{G}})^2 + \ldots]^{1/2}$$

oder nach konsistenter Sortierung in zweiter Ordnung

$$(p - p_{\mathrm{G}})^2 + mU''(q_{\mathrm{G}}, p_{\mathrm{G}})(q - q_{\mathrm{G}})^2 = 2m(E_0 - H(q_{\mathrm{G}}, p_{\mathrm{G}})) \, . \qquad (5.131)$$

Diese Gleichung stellt Geraden, Ellipsen oder Hyperbeln dar, und zwar:

- Zwei sich schneidende Geraden durch den Gleichgewichtspunkt, falls die Energie in diesem Punkt $H(q_{\mathrm{G}})$ mit der Anfangsenergie E_0 übereinstimmt und $U''(q_{\mathrm{G}}) < 0$ ist. Diese Geraden sind Teile einer Separatrix (Abb. 5.28a).

- Es liegen Hyperbeln vor, wenn die Ableitung $U''(q_G)$ kleiner als Null ist (Abb. 5.28a) und die beiden Energiewerte nicht übereinstimmen. Der Gleichgewichtspunkt wird dann als eine **hyperbolische Singularität** bezeichnet. Die Bewegung in der Nähe des Maximums des Potentials ist offensichtlich instabil.
- Entsprechend bezeichnet man einen Gleichgewichtspunkt mit $U''(q_G) > 0$ als eine **elliptische Singularität** (Abb. 5.28b). Die Bewegung in der Nähe eines solchen Gleichgewichtspunktes ist stabil.

(a)

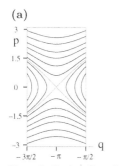

Hyperbolische Singularität
(mathematisches Pendel)

(b)

Elliptische Singularität
(harmonischer Oszillator)

Abb. 5.28. Phasenraumportraits

Für das mathematische Pendel kann man auf der Basis dieser Definitionen die folgenden Aussagen machen: Anhand der Hamiltonfunktion

$$H = \frac{m}{2} l^2 \dot{q}^2 - mgl \cos q = E_0$$

bestimmt man die Gleichgewichtspunkte

$$p_G = ml^2 \dot{q}_G = 0 \qquad \sin q_G = 0 \longrightarrow q_G = k\pi \quad (k = 0, \pm 1, \pm 2, \ldots).$$

Die zweite Ableitung des Potentials ist $U''(q_G) = +mgl \cos q$, es liegen somit für gerade Werte von k elliptische und für ungerade Werte hyperbolische Singularitäten vor. Die Separatrix schließt die Punkte $(q, \dot{q}) = (\pm\pi, 0)$ ein, die entsprechende Energie ist $H(q_G) = E_0 = mgl$. Die Separatrix wird somit (benutze $(1 + \cos q) = 2\cos^2(q/2)$) durch die Gleichung

$$\dot{q} = \pm 2\omega \cos\left(\frac{q}{2}\right) \qquad \omega = \sqrt{\frac{g}{l}} \tag{5.132}$$

beschrieben.

Ist $E_0 < mgl$, so sind die Phasenbahnen geschlossene Kurven, die den in Kap. 4.2.1 diskutierten periodischen Lösungen entsprechen. Bei Werten der

Anfangsenergie, die größer als mgl sind, rotiert das Pendel um den Aufhänge-punkt. Die Bewegung, die durch die Separatrix charakterisiert wird, ent-spricht bei den Anfangsbedingungen $q(0) = 0$, $\dot{q}(0) = 2\omega$ einer Bewegung des Pendels von dem tiefsten zu dem höchsten Punkt, bei der Anfangsbedin-gung $q(0) = \pi$, $\dot{q} = 0$ von dem höchsten zurück zu dem höchsten Punkt. Die Gleichung für die Bewegung auf der Separatrix gewinnt man durch Integra-tion der Differentialgleichung (5.132) mittels Variablentrennung als

$$\pm\omega t = \ln\left(\tan\left(\frac{q'}{4} + \frac{\pi}{4}\right)\right)\Bigg|_{q(0)}^{q} .$$

Benutzt man (hier und im Weiteren) die Anfangsbedingungen

$$q(0) = 0, \ \dot{q}(0) = 2\omega \ ,$$

so erhält man durch Auflösung nach der Koordinate die Gleichung für die Bewegung auf der Separatrix zu

$$q(t) = +4\arctan\left(e^{\omega t}\right) - \pi \ .$$

Hier erkennt man explizit, dass das Pendel eine unendlich große Zeit benötigt, um von der Ruhelage $q = 0$ genau bis zu dem höchsten Punkt $q = \pi$ zu gelangen ($\arctan\infty = \pi/2$). Die Winkelgeschwindigkeit auf der Separatrix ist (differenziere die Gleichung für $q(t)$)

$$\dot{q} = \frac{2\omega}{\cosh\omega t} \ .$$

Sie nähert sich, entsprechend dem Zeitverlauf für die Koordinate, dem Grenz-wert Null. Bahnkurven für eine periodische Bewegung, die fast der Separatrix entsprechen, zeigen eine gewisse Instabilität, die durch die Abhängigkeit der Schwingungsdauer von der Amplitude (siehe (4.42), S. 167) bedingt ist. In dem Phasenraumportrait driften benachbarte Phasenbahnen leicht ausein-ander, nähern sich jedoch wieder. Das mathematische Pendel ist, wie der harmonische Oszillator (ungedämpft oder gedämpft) ein integrables System.

Im Fall des gedämpften Oszillators, einem dissipativen System (siehe Kap 4.2.2), ist es am einfachsten das Phasenraumportrait direkt anhand der Lösungen der Differentialgleichung

$$m\ddot{q} + b\dot{q} + kq = 0$$

zu konstruieren. Für eine schwache Dämpfung ist die Phasenbahn eine Spi-rale (Abb. 5.29a), die sich asymptotisch dem stabilen Gleichgewichtspunkt $(q, p) = (0, 0)$ nähert. Man bezeichnet in diesem Fall das Phasenraumportrait aus sich nicht kreuzenden Spiralen[6] als einen **Fokus**, den Gleichgewichts-punkt als einen **Punktattraktor**. Ein Punktattraktor zieht alle Trajektori-en des umgebenden Phasenraums (des sogenannten **Attraktorbeckens**) an.

---

[6] Kreuzung von Phasenbahnen würde bedeuten, dass keine eindeutige Lösung der Bewegungsgleichung möglich ist.

(a)   (b)

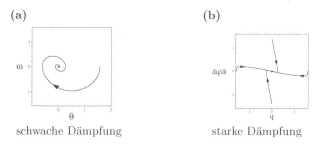

schwache Dämpfung   starke Dämpfung

Abb. 5.29. Phasenraumportrait des gedämpften Oszillators

Für stärkere Dämpfung nähern sich die Phasenbahnen ohne Oszillationen dem Gleichgewichtspunkt (Abb. 5.29b). Das entsprechende Phasenraumportrait wird als **Knoten** bezeichnet.

5.4.3.2 Nichtlineare Systeme und Chaos. Die Situation ist grundverschieden, wenn man nichtlineare Systeme betrachtet, denen noch eine äußere Kraft aufgeprägt wird. Ein Beispiel ist das getriebene, mathematische Pendel mit Dämpfung. Die Bewegungsgleichung

$$\ddot{q} + b\dot{q} + \omega^2 \sin q = d \sin \Omega t \qquad (5.133)$$

enthält neben den Termen des mathematischen Pendels einen Stokeschen Reibungsterm und einen Term, der den periodischen Antrieb darstellt. Diese Differentialgleichung kann nicht analytisch gelöst werden, doch sind umfangreiche numerische Untersuchungen möglich. Zwei Beispiele für die numerische Integration der Differentialgleichung sind in Abb. 5.30 zu sehen. Das Beispiel in Abb. 5.30a, das mit den Parametern $b = 0.5$, $\omega = 1$, $\Omega = 2/3$, $d = 0.5$, erhalten wurde, kann, nach einer Einschwingphase, durch einen periodischen Bewegungsablauf charakterisiert werden. In dem zweiten Beispiel (mit den gleichen Parametern außer dem Wert $d = 1.2$, Abb. 5.30b) ist der Bewegungsablauf offensichtlich nicht periodisch. Man kann also für bestimmte Wertebereiche des Parameters d durchaus unterschiedliche Lösungstypen haben.

Falls man die Integration der Differentialgleichung mit identischen Anfangsbedingungen (und dem gleichen numerischen Verfahren) wiederholt, erhält man aufgrund des deterministischen Charakters des Problems das gleiche Ergebnis. Im Fall des zweiten Lösungstyps ergeben benachbarte Anfangswerte jedoch Lösungen die exponentiell auseinanderlaufen. Eine Andeutung dieses Phänomens zeigen die Phasenbahnen in Abb. 5.31.

Die Phasenbahnen, die hier verglichen werden, benutzen den gleichen Satz von Parametern (des zweiten Beispiels mit $d = 1.2$), unterscheiden sich jedoch in dem Anfangswinkel um einen Faktor von 1.00001. In Abb. 5.32 ist die Differenz der beiden Lösungen in einem halblogarithmischen Maßstab aufgetragen. Man erkennt, dass die beiden Lösungen im Mittel nach einem Exponentialgesetz auseinanderlaufen. Ein solches Verhalten bezeichnet man

(a)   (b)

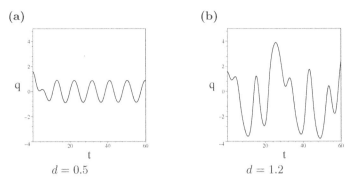

$d = 0.5$ $d = 1.2$

Abb. 5.30. Bewegungsablauf $(q(t))$ für das gedämpfte, getriebene Pendel bei verschiedenen Parametern (d)

als **chaotisch**. Da eine gewisse Unbestimmtheit der Anfangswerte bei der Betrachtung von realen physikalischen Systemen unvermeidbar ist, bedingt dieses chaotische Verhalten die Unmöglichkeit einer genauen Vorhersage der Zeitentwicklung.

(a)   (b)

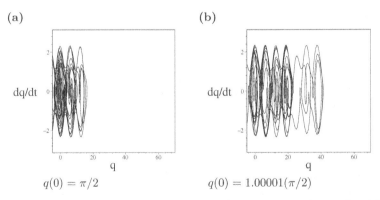

$q(0) = \pi/2$ $q(0) = 1.00001(\pi/2)$

Abb. 5.31. Phasenraumbahnen des gedämpften, getriebenen Pendels $(d = 1.2)$ für zwei infinitesimal verschiedene Anfangsbedingungen

Eine Darstellung des Bewegungsablaufs in einem Phasenraumbild, wie in Abb. 5.31a,b, vermittelt kaum einen Einblick in die Struktur des Problems. Eine übersichtlichere Darstellung gewinnt man durch die Betrachtung von **Poincaréschnitten**, in denen (in Bezug auf die Anfangszeit $t = 0$) nur die Phasenbahnpunkte mit $t_k = 2\pi k/\omega$ eingetragen werden. In einer derartigen, stroboskopischen Darstellung würde bei einer periodischen Bewegung mit der Frequenz der anregenden Kraft der Poincaréschnitt einer Phasenbahn nur einen Punkt enthalten (das Pendel befindet sich nach $\Delta t = 2\pi k/\omega$ stets am gleichen Punkt und hat die gleiche Geschwindigkeit). In Abb. 5.33a ist

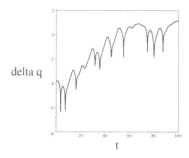

Abb. 5.32. Abweichung der Lösungen von Abb. 5.31 bei infinitesimal verschiedenen Anfangsbedingungen

das Phasenraumportrait einer weiteren, oszillatorischen Lösung der Differentialgleichung (5.133) (für die Parameter $b = 0.5$, $\omega = 1$, $\Omega = 2/3$, $d = 1.1$) dargestellt. Der Poincaréschnitt mit $\Delta t = 2\pi/3\omega$ enthält für dieses Beispiel 6 Punkte, die bei dem Zeitablauf der Bewegung in der gleichen Reihenfolge wiederholt 'beleuchtet' werden (Abb. 5.33b).

(a)   **(b)**

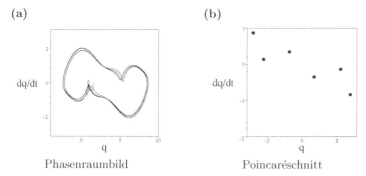

Phasenraumbild   Poincaréschnitt

Abb. 5.33. Phasenraumbild und Poincaréschnitt einer speziellen Lösung des getriebenen Oszillatorproblems (5.133)

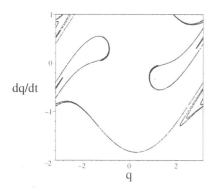

Abb. 5.34. Poincaréschnitt für eine chaotische Lösung

Bei einer chaotischen Bewegung gibt es keine derartige Wiederholung, doch zeigen die Poincaréschnitte erstaunlich regelmäßige Strukturen (Abb. 5.34), deren Analyse eine Aufgabe der Dynamik nichtlinearer Systeme ist.

6 Praktische Anwendungen der Lagrangegleichungen

Von den vielfältigen Anwendungsmöglichkeiten der Lagrangeschen Gleichungen zweiter Art können nur einige ausgewählte Beispiele aufgeführt werden. Neben Systemen von gekoppelten harmonischen Oszillatoren werden zwei Themen ausführlicher dargestellt. Diese sind die Behandlung rotierender Bezugssysteme und die Beschreibung der Bewegung starrer Körper, auch bekannt unter der Bezeichnung Kreiseltheorie.

6.1 Gekoppelte harmonische Oszillatoren

Die einfachste Anordnung für einen *linearen* gekoppelten Oszillator besteht aus zwei Massen, die durch eine Feder verbunden sind und durch zwei weitere Federn an einer geeigneten Vorrichtung befestigt werden (Abb. 6.1). Fügt man weitere Masse-Feder Einheiten hinzu, so entsteht eine lineare Oszillatorkette. Ein solches System ist fähig, sowohl in der Longitudinal- (in Richtung der Kette) als auch in der Transversalrichtung (senkrecht zu der Kette) Schwingungen auszuführen. Im Folgenden werden, beginnend mit dem einfachsten System aus zwei Massen, die Longitudinalschwingungen einer solchen linearen Anordnung näher untersucht. Für nicht zu große Auslenkungen aus der jeweiligen Ruhelage sind die zugehörigen Bewegungsgleichungen (entsprechend dem Hookeschen Gesetz) linear in den Auslenkungen. Diese Eigenschaft erlaubt es, durch eine lineare Koordinatentransformation zu geeigneten generalisierten Koordinaten, den Normalkoordinaten überzugehen. Auf diese Weise ist es möglich, auch komplizierte schwingungsfähige Systeme, die als Grundmodelle der Festkörperphysik dienen können, zu analysieren.

Anschließend werden Transversalschwingungen betrachtet. Man stellt fest, dass die Struktur der Lagrangefunktion die gleiche ist, so dass Methoden und Erkenntnisse aus der Diskussion der Longitudinalschwingungen übertragen werden können. Mittels einer geeigneten Grenzbetrachtung kann man von der Diskussion eines Systems aus N transversal schwingenden Massenpunkten zu der Diskussion der Bewegungsgleichung einer uniformen Saite übergehen. Die partielle Differentialgleichung, die die Schwingungen einer Saite beschreibt, bezeichnet man als Wellengleichung.

6.1.1 Das einfachste gekoppelte Schwingungssystem

Das einfachste gekoppelte Schwingungssystem besteht aus zwei gleichen Massen und drei gleichen Federn. In der Ruhelage sind alle drei Federn entspannt. Es interessieren die Schwingungen dieses Systems in Richtung der Kette, der

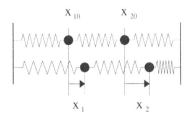

Abb. 6.1. Gekoppelte Oszillatoren: Ruhelage und Auslenkung

x-Richtung (Abb. 6.1). Die Auslenkungen aus den Ruhelagen x_{10}, x_{20} werden mit den kartesischen Koordinaten x_1 und x_2 bezeichnet. Als formale Zwangsbedingung könnte man $y_i = z_i = 0$ mit $i = 1, 2$ angeben. Für die Aufstellung der Lagrangefunktion benötigt man

(1) Die kinetische Energie

$$T = \frac{m}{2}\dot{x}_1^2 + \frac{m}{2}\dot{x}_2^2 \ .$$

(2) Die potentielle Energie: Die beiden Endfedern wirken wie äußere Kräfte. Die äußere potentielle Energie ist also

$$U = \frac{k}{2}(x_1^2 + x_2^2) \ .$$

Die innere Feder bewirkt eine Kopplung der beiden Massen. Sie wirkt wie eine innere Kraft. Verschiebt man die Masse m_1 um x_1 (positiv oder negativ) und die Masse m_2 um x_2 (positiv oder negativ), so wird diese Feder um den Betrag $|x_1 - x_2|$ gestaucht oder gestreckt. Man kann somit dieser Feder die innere potentielle Energie

$$V = \frac{k}{2}(x_1 - x_2)^2$$

zuordnen.

Aus der Lagrangefunktion des Federn-Massen Systems

$$L = T - U - V = \frac{m}{2}(\dot{x}_1^2 + \dot{x}_2^2) - k(x_1^2 - x_1 x_2 + x_2^2) \tag{6.1}$$

gewinnt man die entsprechenden Bewegungsgleichungen

$$\frac{\mathrm{d}}{\mathrm{d}t}\left(\frac{\partial L}{\partial \dot{x}_1}\right) - \frac{\partial L}{\partial x_1} = m\ddot{x}_1 + 2kx_1 - kx_2 = 0$$

$$\frac{\mathrm{d}}{\mathrm{d}t}\left(\frac{\partial L}{\partial \dot{x}_2}\right) - \frac{\partial L}{\partial x_2} = m\ddot{x}_2 - kx_1 + 2kx_2 = 0 \ .$$

Man stellt fest: Die beiden Differentialgleichungen sind gekoppelt. Die direkte Lösung ist nicht so einfach. Als Alternative bietet sich die Möglichkeit an, nach geschickteren Koordinaten q_1 und q_2 zu suchen, für die die Bewegungsgleichungen entkoppelt sind.

6.1.1.1 Eigenmoden. Eine Möglichkeit für die Wahl dieser generalisierten Koordinaten, die sich durch Betrachtung der potentiellen Energie anbietet, ist die Differenz der kartesischen Koordinaten. Es liegt deswegen nahe, als generalisierte Koordinaten die Summe und die Differenz der kartesischen Koordinaten anzusetzen

$$q_1 = x_1 + x_2 \qquad q_2 = x_1 - x_2 \, .$$

Die Umkehrung dieser linearen Transformation ist

$$x_1 = \frac{1}{2}(q_1 + q_2) \qquad x_2 = \frac{1}{2}(q_1 - q_2) \, . \tag{6.2}$$

Damit ergibt sich die Umschreibung der Terme der Lagrangefunktion in generalisierte Koordinaten zu

$$T = \frac{m}{2}(\dot{x}_1^2 + \dot{x}_2^2) = \frac{m}{8}(\dot{q}_1^2 + 2\dot{q}_1\dot{q}_2 + \dot{q}_2^2 + \dot{q}_1^2 - 2\dot{q}_1\dot{q}_2 + \dot{q}_2^2)$$

$$= \frac{m}{4}(\dot{q}_1^2 + \dot{q}_2^2)$$

$$U + V = \frac{k}{8}\left(q_1^2 + 2q_1q_2 + q_2^2 + 4q_2^2 + q_1^2 - 2q_1q_2 + q_2^2\right)$$

$$= \frac{k}{4}\left(q_1^2 + 3q_2^2\right) \, .$$

Aus der Lagrangefunktion

$$L = \frac{m}{4}(\dot{q}_1^2 + \dot{q}_2^2) - \frac{k}{4}\left(q_1^2 + 3q_2^2\right) \tag{6.3}$$

folgen dann die Bewegungsgleichungen

$$\frac{m}{2}\ddot{q}_1 + \frac{k}{2}q_1 = 0 \longrightarrow \ddot{q}_1 + \omega_1^2 q_1 = 0 \qquad \text{mit} \quad \omega_1 = \sqrt{\frac{k}{m}}$$

$$\tag{6.4}$$

$$\frac{m}{2}\ddot{q}_2 + \frac{3k}{2}q_2 = 0 \longrightarrow \ddot{q}_2 + \omega_2^2 q_2 = 0 \qquad \text{mit} \quad \omega_2 = \sqrt{\frac{3k}{m}} \, .$$

Die Differentialgleichungen in den generalisierten Koordinaten sind entkoppelt. Sie beschreiben zwei harmonische Oszillatoren mit verschiedenen Frequenzen. Die allgemeine Lösung lässt sich sofort angeben

$$q_1(t) = A_1 \cos(\omega_1 t + \delta_1) \qquad q_2(t) = A_2 \cos(\omega_2 t + \delta_2) \, . \tag{6.5}$$

Die Koordinaten q_1 und q_2 bezeichnet man als die **Normalkoordinaten** oder **Eigenmoden** des Schwingungssystems. Die entsprechenden Frequenzen ω_1 und ω_2 heißen Normalfrequenzen oder **Eigenfrequenzen**.

Eine anschauliche Vorstellung von den Normalkoordinaten gewinnt man durch die Betrachtung spezieller Anfangsbedingungen.

Die **symmetrische Normalschwingung** entspricht den Anfangsbedingungen

$$x_1(0) = x_2(0) = A \qquad \dot{x}_1(0) = \dot{x}_2(0) = 0 \ .$$

Die beiden Massen sind anfänglich um den gleichen Betrag nach rechts ausgelenkt (Abb. 6.2). Die linke Feder ist gedehnt, die rechte gestaucht. Die mittlere Feder ist entspannt. Für die Normalkoordinaten ergeben sich die

Abb. 6.2. Symmetrische Normalschwingung: Anfangsbedingungen

Anfangsbedingungen

$$q_1(0) = 2A \qquad q_2(0) = 0 \qquad \dot{q}_1(0) = \dot{q}_2(0) = 0 \ ,$$

so dass die spezielle Lösung

$$q_1(t) = 2A \cos \omega_1 t \qquad q_2(t) = 0$$

lautet. Die Bewegung der einzelnen Massen wird durch die kartesischen Koordinaten

$$x_1(t) = \frac{1}{2} q_1(t) = A \cos \omega_1 t \qquad\qquad x_2(t) = \frac{1}{2} q_1(t) = A \cos \omega_1 t$$

beschrieben. Die beiden Massen schwingen synchron mit der Frequenz ω_1 in der gleichen Richtung.

Die **antisymmetrische Normalschwingung** wird durch die Anfangsbedingungen

$$x_1(0) = -x_2(0) = A \qquad \dot{x}_1(0) = \dot{x}_2(0) = 0$$

bestimmt. In diesem Fall sind die beiden Endfedern zunächst gestreckt, die mittlere Feder ist gestaucht (Abb. 6.3). Die entsprechenden Aussagen für den Bewegungsablauf sind

$$q_1(0) = 0 \qquad\qquad q_2(0) = 2A \qquad\qquad \dot{q}_1(0) = \dot{q}_2(0) = 0 \ ,$$

$$q_1(t) = 0 \qquad\qquad q_2(t) = 2A \cos \omega_2 t \ ,$$

$$x_1(t) = A \cos \omega_2 t \qquad\qquad\qquad x_2(t) = -A \cos \omega_2 t \ .$$

Die beiden Massen schwingen mit der Frequenz ω_2 gegeneinander.

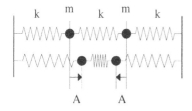

Abb. 6.3. Antisymmetrische Normalschwingung: Anfangsbedingungen

Die antisymmetrische Normalschwingung hat eine größere Frequenz

$$\omega_1 = \sqrt{\frac{k}{m}} < \omega_2 = \sqrt{\frac{3k}{m}} \,.$$

Man kann den Frequenzunterschied direkt mit der anfänglich in dem System gespeicherten Energie in Verbindung bringen. Es gilt für die symmetrische (s) und für die antisymmetrische (a) Normalschwingung

$$E_s(0) = T_s(0) + U_s(0) + V_s(0)$$
$$= 0 + \frac{k}{2}A^2 + \frac{k}{2}A^2 + 0 = kA^2 = \omega_1^2(mA^2)$$

$$E_a(0) = T_a(0) + U_a(0) + V_a(0)$$
$$= 0 + \frac{k}{2}A^2 + \frac{k}{2}A^2 + \frac{k}{2}(2A)^2 = 3kA^2 = \omega_2^2(mA^2) \,.$$

In dem zweiten Fall ist anfänglich eine größere potentielle Energie in den drei Federn gespeichert. Dies äußert sich in der höheren Frequenz.

6.1.1.2 Allgemeine Schwingungsformen. Jede andere Schwingungsform dieses Federn-Massen Systems ist eine Überlagerung dieser beiden Grundschwingungen, zum Beispiel für den Satz von Anfangsbedingungen

$$x_1(0) = A \quad x_2(0) = 0 \qquad \dot{x}_1(0) = \dot{x}_2(0) = 0 \,. \tag{6.6}$$

Die Masse m_1 ist anfänglich um den Betrag A nach rechts ausgelenkt. Die zweite Masse befindet sich in der Ruhelage. Eine der äußeren Federn ist gespannt, die innere Feder ist gestaucht. In Normalkoordinaten lauten die Anfangsbedingungen

$$q_1(0) = q_2(0) = A \qquad \dot{q}_1(0) = \dot{q}_2(0) = 0 \,.$$

Daraus ergibt sich

$$q_1(t) = A \cos \omega_1 t \qquad q_2(t) = A \cos \omega_2 t$$

und somit

$$x_1(t) = \frac{A}{2}\left(\cos \omega_1 t + \cos \omega_2 t\right) \qquad x_2(t) = \frac{A}{2}\left(\cos \omega_1 t - \cos \omega_2 t\right) \,.$$

Das Resultat ist in Abb. 6.4 skizziert. In Abb. 6.4a sieht man die beiden Normalschwingungen: Die langsamere symmetrische Normalschwingung $q_1(t)$

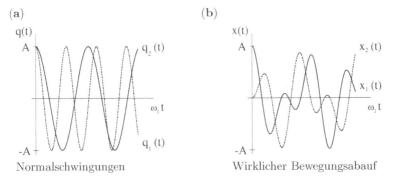

(a)   **(b)**

Normalschwingungen   Wirklicher Bewegungsabauf

Abb. 6.4. Gekoppelter Oszillator (zwei gleiche Massen, drei gleiche Federn) mit den Anfangsbedingungen (6.6)

und die schnellere (mit dem Faktor $\sqrt{3} \approx 1.7$) antisymmetrische $q_2(t)$. Die Superposition dieser beiden Grundschwingungen zu x_1 oder x_2 ergibt keine harmonische Bewegung, sondern einen recht komplexen Schwingungsvorgang (Abb. 6.4b). Man erkennt einen periodischen Wechsel in der Stärke der Schwingungen der beiden Massen. Bei kleinen Auslenkungen von m_1 ist (infolge von Energieerhaltung) die Auslenkung von m_2 groß oder umgekehrt. Die Schwingungsform, die dieses Beispiel aufzeigt, ist von gewissem technischen Interesse. Man bezeichnet den Wechsel in den Schwingungsstärken als Schwebung.

6.1.2 Schwebungen

Schwebungen werden besonders deutlich, wenn die Federn des zwei Massendrei Federn Systems verschieden sind, zum Beispiel wenn die innere Feder eine andere Federkonstante (k_2) hat als die beiden äußeren (k_1). Die Massen

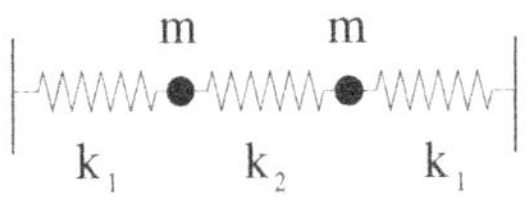

Abb. 6.5. Gekoppelter Oszillator (zwei gleiche Massen, verschiedene Federn)

sollen auch in diesem Beispiel gleich sein. Die Lagrangefunktion für dieses System (Abb. 6.5) lautet

$$L = \frac{m}{2}\left(\dot{x}_1^2 + \dot{x}_2^2\right) - \frac{k_1}{2}\left(x_1^2 + x_2^2\right) - \frac{k_2}{2}\left(x_1 - x_2\right)^2 \ . \tag{6.7}$$

Mit den generalisierten Koordinaten

$$q_1 = x_1 + x_2 \qquad q_2 = x_1 - x_2$$

erhält man auch für dieses Beispiel ein ungekoppeltes System von Bewegungsgleichungen. Die Umschreibung der Lagrangefunktion ergibt

$$L = \frac{m}{4} \left(\dot{q}_1^2 + \dot{q}_2^2 \right) - \frac{k_1}{4} \left(q_1^2 + q_2^2 \right) - \frac{k_2}{2} q_2^2 \, . \tag{6.8}$$

Dies führt auf die Bewegungsgleichungen

$$\ddot{q}_1 + \omega_1^2 q_1 = 0 \qquad \text{mit} \qquad \omega_1 = \sqrt{\frac{k_1}{m}} \tag{6.9}$$

$$\ddot{q}_2 + \omega_2^2 q_2 = 0 \qquad \text{mit} \qquad \omega_2 = \sqrt{\frac{k_1 + 2k_2}{m}} \, .$$

Die Normalschwingungen sind wieder harmonische Oszillationen. Die Frequenz der antisymmetrischen Normalschwingung geht für $k_1 = k_2$ in das Resultat für das einfachste, in Kap. 6.1.1 diskutierte, System über.

Auch für dieses Beispiel soll der Satz von Anfangsbedingungen (6.6) betrachtet werden. Die Bewegung der einzelnen Massen wird dann wie zuvor durch die Gleichungen

$$x_1(t) = \frac{A}{2} \left(\cos \omega_1 t + \cos \omega_2 t \right) \qquad x_2(t) = \frac{A}{2} \left(\cos \omega_1 t - \cos \omega_2 t \right) \tag{6.10}$$

beschrieben. Falls die innere Feder sehr weich ist ($k_2 \ll k_1$), liegt eine schwache Kopplung der beiden Massen vor (eine kleine Federkonstante entspricht bei einer vorgegebenen Kraft einer größeren Auslenkung). In diesem Fall kann man mit Hilfe der binomischen Reihe die Näherung

$$\omega_2 = \sqrt{\frac{k_1}{m} + \frac{2k_2}{m}} = \sqrt{\frac{k_1}{m}} \sqrt{1 + \frac{2k_2}{k_1}} \approx \omega_1 + 2\Delta \, , \quad \Delta = \frac{1}{2} \omega_1 \frac{k_2}{k_1} \tag{6.11}$$

ansetzen. Für die Summe und Differenz der Kosinusfunktionen benutzt man

$$\cos \alpha + \cos \beta = 2 \cos \left(\frac{\alpha + \beta}{2} \right) \cos \left(\frac{\alpha - \beta}{2} \right)$$

$$\cos \alpha - \cos \beta = -2 \sin \left(\frac{\alpha + \beta}{2} \right) \sin \left(\frac{\alpha - \beta}{2} \right) \, ,$$

Relationen, die man direkt aus den Additionstheoremen der trigonometrischen Funktionen gewinnen kann. Mit $\alpha = \omega_1 t$ und $\beta = \omega_2 t$ erhält man

$$\frac{1}{2} (\omega_1 - \omega_2) t \approx -\Delta t \qquad \frac{1}{2} (\omega_1 + \omega_2) t \approx \omega_1 t \, .$$

Der Term in Δ ist klein und kann deswegen in der zweiten Gleichung gegenüber ω_1 vernachlässigt werden. Die zeitliche Veränderung der kartesischen Koordinaten ist somit durch

$$x_1(t) \approx [A \cos \Delta t] \cos \omega_1 t \qquad x_2(t) \approx - [A \sin \Delta t] \sin \omega_1 t \tag{6.12}$$

gegeben. Die entsprechenden Bewegungsabläufe kann man folgendermaßen diskutieren. Der Term $\cos \Delta t$ beschreibt eine langsame Kosinusschwingung, der Term $\cos \omega_1 t$ eine schnelle. Wenn der Frequenzunterschied Δ (wie angenommen) klein genug ist, kann man das Produkt von Amplitude A und der langsamen Komponente als eine zeitlich variable Amplitude auffassen. Diese

(a)

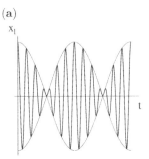

(b)

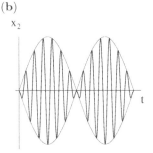

Realschwingung, Koordinate x_1 Realschwingung, Koordinate x_2

Abb. 6.6. Schwebung ($k_2 < k_1$)

ist dann die Enveloppe der schnelleren Kosinusschwingung (Abb. 6.6a). Für die Masse m_2 ergibt sich eine entsprechende Situation mit einer Sinusschwingung und einer sinusförmigen Enveloppe (Abb. 6.6b).

Vergleich der beiden Lösungen ergibt die folgenden Aussagen. Gemäß den Anfangsbedingungen ist zunächst die Masse m_1 ausgelenkt und die Masse m_2 in der Ruhelage. Durch die schwache Kopplung wird die Amplitude der zweiten Masse langsam aufgeschaukelt, die Amplitude der ersten Masse klingt ab. Die Masse m_1 ist zu dem Zeitpunkt beinahe in Ruhe, zu dem die zweite Masse voll ausschwingt. Danach kehrt sich der Energieaustausch zwischen den beiden Massen um und wiederholt sich periodisch. Es findet ein periodischer Energieaustausch (mit der Frequenz Δ) zwischen den beiden Massen statt.

Das Phänomen der Schwebung tritt auch auf, wenn die beiden Außenfedern und Massen verschieden sind, nur ist der Energieaustausch dann nicht vollständig. Beobachtet wurde das Phänomen zuerst (um 1900) in der Elektrotechnik. Man hatte versucht, zwei Wechselstromgeneratoren (elektrische Oszillatoren) parallel zu schalten. Die entsprechend der obigen Betrachtung auftretenden Strom- und Spannungsschwankungen waren in diesem Fall natürlich unerwünscht.

6.1.3 Die lineare Oszillatorkette

Nach diesen speziellen Beispielen soll ein allgemeineres Schwingungsproblem diskutiert werden: die lineare Oszillatorkette aus N Massen. Die lineare Oszillatorkette ist ein klassisches Beispiel für die Anwendung der Lagrangetheorie auf kompliziertere Bewegungsprobleme. Sie hat bei der Fundierung der (klassischen) Festkörpertheorie eine Rolle gespielt. Aus rechentechnischer Sicht handelt es sich um die Diskussion eines (algebraischen) **Eigenwertproblems**.

Eigenwertprobleme treten in der Physik in verschiedenen Formen auf, sowohl bei der Diskussion der Lösung von Differentialgleichungen mit entsprechenden

Randbedingungen als auch bei der Betrachtung von linearen Abbildungen, die durch homogene, lineare Gleichungssysteme beschrieben werden. Algebraische Eigenwertprobleme werden in Math.Kap. 3.2.4 besprochen.

Bei der einfachsten Variante der Kette sind nur die nächsten Nachbarn durch Federn verbunden, wobei eine Kette aus N verschiedenen Massen und $(N+1)$ verschiedenen Federn betrachtet werden soll (Abb. 6.7). Zu berechnen sind die longitudinalen Schwingungsmoden dieser Anordnung. Benutzt man

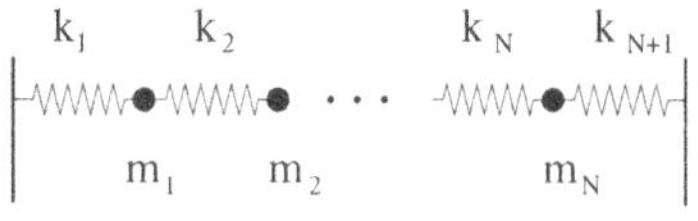

Abb. 6.7. Die Oszillatorkette mit N Massen und verschiedenen Federn: Kopplung nächster Nachbarn

zunächst kartesische Koordinaten (zur Beschreibung der Auslenkung aus der Gleichgewichtslage), so lautet die Lagrangefunktion für dieses System

$$L = \frac{m_1}{2}\dot{x}_1^2 + \ldots + \frac{m_N}{2}\dot{x}_N^2 \tag{6.13}$$
$$- \left\{ \frac{1}{2}k_1 x_1^2 + \frac{1}{2}k_2(x_2 - x_1)^2 + \frac{1}{2}k_3(x_3 - x_2)^2 \right.$$
$$\left. + \ldots + \frac{1}{2}k_N(x_N - x_{N-1})^2 + \frac{1}{2}k_{N+1}x_N^2 \right\} .$$

Der besseren Übersicht wegen stellt man sich vor, dass die Terme für die potentielle Energie ausmultipliziert und sortiert werden. Die Lagrangefunktion hat dann die Form

$$L = \sum_{i=1}^{N} \frac{m_i}{2}\dot{x}_i^2 - \frac{1}{2}\sum_{i=1}^{N}\sum_{l=1}^{N} B_{il}x_i x_l . \tag{6.14}$$

Diese Form ist auch für die Beschreibung von komplizierteren Kopplungen zwischen den Massen (nicht nur für Kopplungen zwischen nächsten Nachbarn) zuständig. Für die lineare Kette mit Kopplung zwischen nächsten Nachbarn entsprechen die Koeffizienten B_{il}, gemäß (6.13), den folgenden Kombinationen der Federkonstanten

$$B_{ii} = k_{i+1} + k_i$$
$$B_{i+1,i} = B_{i,i+1} = -k_{i+1} \tag{6.15}$$
$$B_{il} = 0 \qquad \text{falls} \quad l \neq i \quad \text{oder} \quad l \neq i \pm 1 .$$

Aus der Lagrangefunktion (6.14) gewinnt man in dem allgemeinen Fall die Bewegungsgleichungen

$$m_i\ddot{x}_i + \sum_{l=1}^{N} B_{il}x_l = 0 \qquad (i = 1, 2, \ldots N) . \tag{6.16}$$

6.1.3.1 Bestimmung der Eigenmoden. Diesen Satz von gekoppelten homogenen linearen Differentialgleichungen zweiter Ordnung (mit konstanten Koeffizienten) gilt es zu lösen, bzw. zu diskutieren. Die Diskussion der einfacheren Beispiele legt die Hoffnung nahe, dass man die Angelegenheit durch Einführung von Normalkoordinaten entkoppeln kann. Man macht deswegen den Ansatz

$$x_i(t) = \sum_{\mu=1}^{N} a_{i\mu} q_\mu(t) \,. \tag{6.17}$$

Für die Normalkoordinaten erwartet man die Form

$$q_\mu(t) = A_\mu \cos(\omega_\mu t + \delta_\mu) \,. \tag{6.18}$$

Die Amplituden A_μ und die Phasen δ_μ werden durch die Anfangsbedingungen festgelegt. Es gilt die folgenden Größen zu berechnen

(1) Die Eigenfrequenzen ω_μ.
(2) Die Entwicklungskoeffizienten $a_{i\mu}$. Dass eine lineare Transformation zwischen den q_μ und den x_i angemessen ist, ergibt sich aus der Linearität des Differentialgleichungssystems (6.16) für die Koordinaten x_i.
(3) Außerdem ist die Konsistenz des Ansatzes (6.18) zu überprüfen.

Geht man mit dem Ansatz (6.17) in das Differentialgleichungssystem (6.16) ein und benutzt, entsprechend (6.18)

$$\ddot{q}_\mu(t) = -\omega_\mu^2 q_\mu \,,$$

so erhält man zunächst die Aussagen

$$\sum_{\mu=1}^{N} \left\{ \sum_{l=1}^{N} B_{il} a_{l\mu} - \omega_\mu^2 m_i a_{i\mu} \right\} q_\mu(t) = 0 \qquad (i = 1, 2, \ldots N) \,.$$

Unter der Voraussetzung, dass die Frequenzen verschieden sind[1]

$$\omega_1 < \omega_2 < \ldots < \omega_\mu \,,$$

kann man wie folgt argumentieren: Da die Größen $q_\mu(t)$ linear unabhängige Funktionen sind, kann jede der obigen Gleichungen nur erfüllt sein, wenn die Koeffizienten von $q_\mu(t)$ in jeder der Gleichungen verschwinden[2]. Man findet dann für jedes μ ein Gleichungssystem der Form

$$\sum_{l=1}^{N} B_{il} a_{l\mu} - \omega_\mu^2 m_i a_{i\mu} = 0 \qquad (i = 1, 2, \ldots N) \,, \tag{6.19}$$

oder ausgeschrieben

---

[1] Der Fall, dass einige der Frequenzen gleich sind, lässt sich auch diskutieren. Die Diskussion ist jedoch etwas aufwendiger.
[2] Die Frage der linearen Unabhängigkeit wird in Math.Kap. 3.2.4 diskutiert.

$$(B_{11} - m_1\omega_\mu^2)a_{1\mu} + \qquad B_{12}a_{2\mu} + \ldots \qquad B_{1N}a_{N\mu} = 0$$
$$B_{21}a_{1\mu} + (B_{22} - m_2\omega_\mu^2)a_{2\mu} + \ldots \qquad B_{2N}a_{N\mu} = 0$$

$$\vdots \qquad\qquad \ldots$$

$$B_{N1}a_{1\mu} + \qquad B_{N2}a_{2\mu} + \ldots (B_{NN} - m_N\omega_\mu^2)a_{N\mu} = 0 \, .$$

Dieses homogene lineare Gleichungssystem für die Koeffizienten $a_{1\mu} \ldots a_{N\mu}$ hat, nach einem Satz der linearen Algebra (siehe Math.Kap. 3.2.4), dann und nur dann eine nichttriviale Lösung, wenn die Determinante der Koeffizienten des Systems verschwindet. Diese Forderung bietet die Möglichkeit zur Bestimmung aller Frequenzen (der Eigenfrequenzen des Systems).

Zur Diskussion des Punktes 1 setzt man die Determinante der Koeffizientenmatrix mit nichtindiziertem ω an

$$\det \left| B_{il} - \omega^2 m_i \delta_{il} \right| = 0 \, , \tag{6.20}$$

bzw. im Detail

$$\begin{vmatrix} (B_{11} - m_1\omega^2) & B_{12} & B_{13} & \ldots & B_{1N} \\ B_{21} & (B_{22} - m_2\omega^2) & B_{23} & \ldots & B_{2N} \\ \vdots & & & \ldots & \\ B_{N1} & B_{N2} & B_{N3} & \ldots & (B_{NN} - m_N\omega^2) \end{vmatrix} = 0 \, .$$

Wertet man diese Determinante aus, so erhält man eine Gleichung N-ten Grades in ω^2

$$\alpha_1(\omega^2)^N + \alpha_2(\omega^2)^{N-1} + \ldots \alpha_N(\omega^2) + \alpha_{N+1} = 0 \, . \tag{6.21}$$

Diese Gleichung (sie wird charakteristische Gleichung oder **Säkulargleichung** genannt) hat im Allgemeinen N Wurzeln: die Quadrate der Eigenfrequenzen (oder charakteristischen Frequenzen) ω_μ^2. Durch Lösung der Gleichung N-ten Grades werden also N Größen ω_μ^2 bestimmt, für die die Transformation zwischen den q_μ und den x_i nichttrivial ist. Damit die Lösungen der Säkulargleichung physikalisch interpretierbar sind, muss für alle μ

$$\omega_\mu^2 \geq 0$$

gelten. Nur dann ist ω_μ reell (und positiv), wie man es von einer anständigen Frequenz erwartet. Die Erfüllung dieser Erwartung folgt aus einem zweiten Satz der linearen Algebra: Die Wurzeln der Säkulargleichung sind positiv und reell, falls die Koeffizientenmatrix (in Übereinstimmung mit dem dritten Axiom) reell und symmetrisch ist.

Hat man auf diese Weise die Eigenfrequenzen (bzw. deren Quadrate) bestimmt, so kann man den Punkt 2, die Berechnung der Entwicklungskoeffizienten, in Angriff nehmen. Da das Gleichungssystem homogen ist, sind nur Koeffizientenverhältnisse bestimmt, so z.B.

$$\frac{a_{1\mu}}{a_{N\mu}}, \frac{a_{2\mu}}{a_{N\mu}}, \ldots, \frac{a_{N-1\mu}}{a_{N\mu}} \qquad \text{für} \quad a_{N\mu} \neq 0 \, .$$

Diese Unbestimmtheit hat keine physikalischen Konsequenzen. Man umgeht sie durch eine zusätzliche Forderung. Es gilt zunächst

$$\sum_i m_i a_{i\mu}^2 > 0 \ .$$

Man kann diese Summe von positiven Größen skalieren, indem man fordert

$$\sum_i m_i a_{i\mu}^2 = 1 \qquad (\mu = 1, 2, \ldots N) \ . \tag{6.22}$$

Damit sind die $a_{i\mu}$ eindeutig festgelegt.

Man kann eine weitere Eigenschaft der Koeffizienten beweisen, die zu einer direkten geometrischen Interpretation der Lösung führt. Dazu betrachtet man die Gleichungen (6.19) für eine Frequenz ω_μ

$$\omega_\mu^2 m_i a_{i\mu} = \sum_l B_{il} a_{l\mu} \qquad (i, \mu = 1, 2, \ldots N) \ , \tag{6.23}$$

sowie die Gleichungen für eine andere Frequenz $\omega_\nu \quad (\nu \neq \mu)$

$$\omega_\nu^2 m_i a_{i\nu} = \sum_l B_{il} a_{l\nu} \qquad (i, \nu = 1, 2, \ldots N) \ . \tag{6.24}$$

Die i-te Gleichung aus dem Satz von Gleichungen (6.23) wird mit $a_{i\nu}$ multipliziert und es wird über i summiert.

$$\omega_\mu^2 \sum_i m_i a_{i\mu} a_{i\nu} = \sum_{il} B_{il} a_{l\mu} a_{i\nu} \ .$$

Desgleichen wird die i-te Gleichung des zweiten Satzes (6.24) mit $a_{i\mu}$ multipliziert und die Summe über i gebildet. Subtrahiert man die beiden Ausdrücke voneinander, so erhält man

$$(\omega_\mu^2 - \omega_\nu^2) \sum_i m_i a_{i\mu} a_{i\nu} = \sum_{il} (B_{il} a_{i\nu} a_{l\mu} - B_{il} a_{i\mu} a_{l\nu}) \ .$$

Die rechte Seite verschwindet infolge der Symmetrie der Koeffizienten B_{il}

$$\sum_{il} (B_{il} a_{i\nu} a_{l\mu} - B_{il} a_{i\mu} a_{l\nu}) = \sum_{il} a_{i\nu} a_{l\mu} (B_{il} - B_{li}) = 0 \ .$$

Da vorausgesetzt wurde, dass $\omega_\mu \neq \omega_\nu$ ist, folgt

$$\sum_i m_i a_{i\mu} a_{i\nu} = 0 \qquad \text{für} \qquad (\mu \neq \nu, \quad \mu, \nu = 1, 2, \ldots N) \ . \tag{6.25}$$

Die Festlegung der Skalierung (6.22) und diese Eigenschaft der Lösungen erlauben dann die folgende Interpretation. Man kann die Koeffizienten

$$(\sqrt{m_1} a_{1\mu}, \sqrt{m_2} a_{2\mu}, \ldots, \sqrt{m_N} a_{N\mu}) = \boldsymbol{a}_\mu$$

als die Komponenten eines Vektors in einem N-dimensionalen Vektorraum (siehe Math.Kap. 3.1.3) auffassen. Man bezeichnet den Vektor $\boldsymbol{a}_\mu$ als den Eigenvektor zu dem Eigenwert (Eigenfrequenz) ω_μ. Die obigen Aussagen lassen sich dann in der Form zusammenfassen

$$a_\mu \cdot a_\nu = \delta_{\mu\nu} . \tag{6.26}$$

Ein derartiges Skalarprodukt von Eigenvektoren stellt eine **Orthonormalitätsrelation** dar. Die geometrische Interpretation ist: Die N Eigenvektoren haben die Länge 1 und stehen senkrecht aufeinander.

Es bleibt die Überprüfung der Konsistenz des Ansatzes. Dazu betrachtet man die Umschreibung der Lagrangefunktion in die Normalkoordinaten. Aus den Transformationsgleichungen (6.17) folgt

$$\dot{x}_i(t) = \sum_n a_{i\mu} \dot{q}_\mu(t) ,$$

da die Entwicklungskoeffizienten $a_{i\mu}$ zeitunabhängig sind. Man erhält somit für die kinetische Energie

$$T = \sum_i \frac{m_i}{2} \dot{x}_i^2 = \frac{1}{2} \sum_{i,\mu,\nu} (m_i a_{i\mu} a_{i\nu}) \dot{q}_\mu \dot{q}_\nu ,$$

bzw. bei Benutzung der Orthogonalitätsrelation ($\sum_i$)

$$T = \frac{1}{2} \sum_{\mu,\nu} \delta_{\mu,\nu} \dot{q}_\mu \dot{q}_\nu = \frac{1}{2} \sum_\mu \dot{q}_\mu^2 .$$

Entsprechend findet man für die potentielle Energie in (6.14)

$$U + V = \frac{1}{2} \sum_{il} B_{il} x_i x_l = \frac{1}{2} \sum_{il\mu\nu} (B_{il} a_{i\mu} a_{l\nu}) q_\mu q_\nu .$$

Benutzt man hier die Bewegungsgleichungen (6.19)

$$\sum_{il} (B_{il} a_{l\nu}) a_{i\mu} = \omega_\nu^2 \sum_i m_i a_{i\nu} a_{i\mu} = \omega_\nu^2 \delta_{\mu\nu} ,$$

so erhält man

$$U + V = \frac{1}{2} \sum_\mu \omega_\mu^2 q_\mu^2 .$$

Die Lagrangefunktion in den Normalkoordinaten lautet also

$$L = \frac{1}{2} \sum_\mu \left(\dot{q}_\mu^2 - \omega_\mu^2 q_\mu^2 \right) . \tag{6.27}$$

Es ist offensichtlich, dass daraus die Bewegungsgleichungen

$$\ddot{q}_\mu + \omega_\mu^2 q_\mu = 0 \qquad (\mu = 1, 2, \ldots N) \tag{6.28}$$

folgen, der angegebene Ansatz also konsistent ist.

6.1.3.2 Zusammenfassung des Lösungsprozesses. Der Lösungsprozess des Problems der linearen Oszillatorkette lässt sich folgendermaßen zusammenfassen: Ausgangspunkt ist die Lagrangefunktion (6.14)

$$L = \sum_{i=1}^{N} \frac{m_i}{2} \dot{x}_i^2 - \frac{1}{2} \sum_{il=1}^{N} B_{il} x_i x_l \ .$$

Es sind dann die folgenden Lösungsschritte durchzuführen:
Schritt 1: Man stelle die charakteristische Gleichung (Säkulargleichung) (6.20), (6.21) auf

$$\det \left| B_{il} - \omega^2 m_i \delta_{il} \right| = 0$$

und bestimme die Eigenfrequenzen $\omega_1 \ldots \omega_N$. Damit kennt man die Normalschwingungen (6.18) des Systems

$$q_\mu(t) = A_\mu \cos(\omega_\mu t + \delta_\mu) \ .$$

Schritt 2: Für jede der Eigenfrequenzen löse man das lineare Gleichungssystem (6.19)

$$\sum_{l=1}^{N} \left(B_{il} - \omega_\mu^2 m_i \delta_{il} \right) a_{l\mu} = 0 \qquad (i = 1, 2, \ldots N \quad \text{für jedes } \mu)$$

unter Einbeziehung der Normierungsbedingung (6.22)

$$\sum_{i=1}^{N} m_i a_{i\mu}^2 = 1 \ .$$

Die eindeutige Lösung ergibt die Eigenvektoren und somit die Transformation (6.17) zwischen den kartesischen und den Normalkoordinaten

$$x_i(t) = \sum_{\mu=1}^{N} a_{i\mu} q_\mu(t) \ .$$

Schritt 3: Aus der Vorgabe von Anfangsbedingungen

$$\{x_1(0), \dot{x}_1(0), \ldots x_N(0), \dot{x}_N(0)\}$$

bestimme man die Integrationskonstanten $\{A_1, \delta_1, \ldots A_N, \delta_N\}$.
   Diese Schritte sollen durch einige Beispiele erläutert werden.

6.1.3.3 Beispiele zur linearen Oszillatorkette. Das erste Beispiel (Beispiel 6.1) ist die kurze Kette, jedoch mit zwei verschiedenen Massen und drei verschiedenen Federn. Ausgehend von der Lagrangefunktion

$$L = \frac{1}{2} \left(m_1 \dot{x}_1^2 + m_2 \dot{x}_2^2 \right) - \frac{1}{2} \left(k_1 x_1^2 + k_2 (x_1 - x_2)^2 + k_3 x_2^2 \right) \tag{6.29}$$

findet man für die Quadrate der Eigenfrequenzen (siehe ☺ Aufg. 6.1)

$$(\omega^2)_{1,2} = \frac{1}{2} \left(\frac{k_1 + k_2}{m_1} + \frac{k_2 + k_3}{m_2} \right) \tag{6.30}$$

$$\pm \frac{1}{2} \left[\left(\frac{k_1 + k_2}{m_1} - \frac{k_2 + k_3}{m_2} \right)^2 + \frac{4k_2^2}{m_1 m_2} \right]^{1/2} > 0 \ .$$

Die Eigenfrequenzen selbst entsprechen den positiven Wurzeln aus diesen (positiven) Ausdrücken. Die Resultate der schon diskutierten, einfacheren Fälle sind in diesem Ergebnis enthalten.

Die Bestimmung der Eigenvektoren ist mit einiger Schreibarbeit verbunden. Für den Spezialfall von gleichen Massen und Federn sind die Gleichungssysteme einfach

$$\begin{aligned} +ka_{11} - ka_{21} &= 0 \\ -ka_{11} + ka_{21} &= 0 \ , \end{aligned} \qquad \text{für} \quad \omega_1 = \sqrt{\frac{k}{m}}$$

$$\begin{aligned} -ka_{12} - ka_{22} &= 0 \\ -ka_{12} - ka_{22} &= 0 \end{aligned} \qquad \text{für} \quad \omega_2 = \sqrt{\frac{3k}{m}} \ .$$

Diese Lösung entspricht (bis auf den durch die Normierung bedingten Vorfaktor) dem Ansatz (6.2) des einfachsten Falls

$$x_1 = a_{11}q_1 + a_{12}q_2 = \frac{1}{\sqrt{2m}}(q_1 + q_2) \tag{6.31}$$

$$x_2 = a_{21}q_1 + a_{22}q_2 = \frac{1}{\sqrt{2m}}(q_1 - q_2) \ .$$

Das Beispiel 6.2 ist eine Kette mit drei gleichen Massen und vier gleichen Federn. Die Lagrangefunktion ist

$$L = \frac{m}{2} \left(\dot{x}_1^2 + \dot{x}_2^2 + \dot{x}_3^2 \right) \tag{6.32}$$

$$- \frac{1}{2} \left(2kx_1^2 - kx_1x_2 - kx_2x_1 + 2kx_2^2 - kx_2x_3 - kx_3x_2 + 2kx_3^2 \right) \ .$$

Damit gewinnt man die Säkulargleichung

$$\begin{vmatrix} 2k - m\omega^2 & -k & 0 \\ -k & 2k - m\omega^2 & -k \\ 0 & -k & 2k - m\omega^2 \end{vmatrix} = 0 \ .$$

Auswertung der Determinante führt auf

$$(2k - m\omega^2)\left[(2k - m\omega^2)^2 - 2k^2 \right] = 0 \ .$$

Die Wurzeln dieser kubischen Gleichung in ω^2 sind

$$\omega_1 = \sqrt{(2 - \sqrt{2})\frac{k}{m}} \qquad \omega_2 = \sqrt{2\frac{k}{m}} \qquad \omega_3 = \sqrt{(2 + \sqrt{2})\frac{k}{m}} \ . \tag{6.33}$$

In den nächsten Schritten sind die Eigenvektoren zu bestimmen und vorgegebene Anfangsbedingungen umzusetzen (siehe ◉ D.tail 6.1). Zur Bestimmung der Transformationskoeffizienten müssen drei lineare Gleichungssysteme gelöst werden. Die Struktur ist in jedem Fall

$$(2k - \omega_\mu^2 m)a_{1\mu} - \qquad\qquad ka_{2\mu} \qquad\qquad\qquad = 0$$

$$-ka_{1\mu} + (2k - \omega_\mu^2 m)a_{2\mu} - \qquad\qquad ka_{3\mu} = 0$$

$$-ka_{2\mu} + (2k - \omega_\mu^2 m)a_{3\mu} = 0 \ .$$

Lösung dieser Gleichungssysteme für die Eigenwerte (6.33) ergibt die normierten Eigenvektoren

$$\boldsymbol{a}_1(t) = \left(\frac{1}{2} \ , \ \frac{1}{\sqrt{2}} \ , \ \frac{1}{2}\right) \frac{1}{\sqrt{m}}$$

$$\boldsymbol{a}_2(t) = \left(\frac{1}{\sqrt{2}} \ , \ 0 \ , \ -\frac{1}{\sqrt{2}}\right) \frac{1}{\sqrt{m}}$$

$$\boldsymbol{a}_3(t) = \left(\frac{1}{2} \ , \ -\frac{1}{\sqrt{2}} \ , \ \frac{1}{2}\right) \frac{1}{\sqrt{m}} \ .$$

Für den speziellen Satz von Anfangsbedingungen

$$x_1(0) = x_0 \qquad x_2(0) = x_3(0) = 0 \qquad \dot{x}_1(0) = \dot{x}_2(0) = \dot{x}_3(0) = 0$$

(die erste Masse ist anfänglich nach rechts aus der Ruhelage ausgelenkt, die anderen befinden sich in der Ruhelage) erhält man durch Lösung eines Systems von sechs Gleichungen für die Amplituden der Normalschwingungen in (6.18)

$$A_3 = A_1 \qquad A_2 = \sqrt{2}A_1 \qquad A_1 = \frac{x_0\sqrt{m}}{2}$$

und für die Phasen $\delta_1 = \delta_2 = \delta_3 = 0$. Die spezielle Lösung für dieses Beispiel lautet also

$$x_1(t) = \frac{x_0}{2}\left(\frac{1}{2}\cos\omega_1 t + \cos\omega_2 t + \frac{1}{2}\cos\omega_3 t\right)$$

$$x_2(t) = \frac{x_0}{2\sqrt{2}}\left(\cos\omega_1 t - \cos\omega_3 t\right) \qquad\qquad\qquad (6.34)$$

$$x_3(t) = \frac{x_0}{2}\left(\frac{1}{2}\cos\omega_1 t - \cos\omega_2 t + \frac{1}{2}\cos\omega_3 t\right) \ .$$

Die resultierenden, relativ komplexen Schwingungsformen sind in Abb. 6.8 dargestellt.

Die lineare Oszillatorkette mit einer großen Anzahl von longitudinal schwingenden Massen (Beispiel 6.3) kann als ein Modell für ein eindimensionales Kristallgitter dienen. Ausgangspunkt für die Diskussion solcher Modelle ist eine Kette mit N gleichen Massen und $(N + 1)$ gleichen Federn zwischen

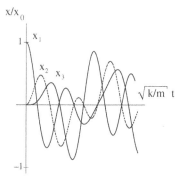

Abb. 6.8. Gekoppelter Oszillator (drei gleiche Massen, vier gleiche Federn)

nächsten Nachbarn. Infolge der einfachen Struktur der Matrix B_{il} (Diagonale und eine symmetrische Nebendiagonale) kann man die Eigenfrequenzen und die Transformation zwischen kartesischen und Normalkoordinaten für diese Kette analytisch bestimmen.

Zur Festlegung von Randbedingungen wird die Lagrangefunktion (6.13) mit $m_i = m$ und $k_i = k$ durch Hinzunahme der festen Endpunkte

$$x_0(t) = 0 \quad \text{und} \quad x_{N+1}(t) = 0 \tag{6.35}$$

ergänzt. Die Bewegungsgleichungen, die man aus der Lagrangefunktion

$$L = \frac{1}{2} \sum_{i=1}^{N+1} \{m\dot{x}_i + k(x_i - x_{i-1})^2\}$$

gewinnt, lauten

$$m\ddot{x}_l - k(x_{l-1} - 2x_l + x_{l+1}) = 0 \qquad (l = 1, \dots, N) . \tag{6.36}$$

Mit dem Ansatz (6.17) und einer Darstellung der Normalschwingungen (6.18) durch linear unabhängige Sinus- und Kosinusfunktionen (anstelle von einer trigonometrischen Funktion mit Amplitude und Phase)

$$x_l(t) = \sum_{\mu=1}^{N} (a_{l\mu} \cos \omega_\mu t + b_{l\mu} \sin \omega_\mu t) \tag{6.37}$$

erhält man nach Einsetzen in die Bewegungsgleichung für jedes $l = 1, \dots, N$ die Aussage

$$\sum_{\mu=1}^{N} \{ (-ka_{l-1,\mu} + (2k - m\omega_\mu^2)a_{l\mu} - ka_{l+1,\mu}) \cos \omega_\mu t$$
$$+ (-kb_{l-1,\mu} + (2k - m\omega_\mu^2)b_{l\mu} - kb_{l+1,\mu}) \sin \omega_\mu t\} = 0 . \tag{6.38}$$

Die 'Randbedingung' (6.35) erfordert $a_{l\mu} = b_{l\mu} = 0$ für $l = 0$ und $(N + 1)$, sowie alle $\mu = 1, \dots, N$.

Die Gleichungen (6.38) können nur erfüllt sein, falls die einzelnen Faktoren der Sinus- und der Kosinusfunktion verschwinden[3]. Die resultierenden linearen Gleichungssysteme für die Koeffizienten $a_{l\mu}$ und $b_{l\mu}$ sind identisch. Es genügt eines dieser Gleichungssysteme zu betrachten. Eine nichttriviale Lösung des Systems für die $a_{l\mu}$ (man unterdrücke den Index μ)

$$-ka_{l-1} + (2k - m\omega^2)a_l - ka_{l+1} = 0 \qquad (6.39)$$

ist nur gegeben, wenn die $N \times N$ Determinante der Koeffizienten verschwindet

$$\begin{vmatrix} 2k - m\omega^2 & -k & 0 & 0 & \cdots & \cdots & 0 \\ -k & 2k - m\omega^2 & -k & 0 & \cdots & \cdots & 0 \\ \vdots & & \vdots & \vdots & \vdots & \vdots & \vdots \\ \cdot & \cdots & \cdots & \cdots & \cdot & \cdot & -k \\ 0 & \cdots & \cdots & \cdots & 0 & -k & 2k - m\omega^2 \end{vmatrix} = 0 \,.$$

Die Auswertung der charakteristischen Gleichung N-ten Grades auf direktem Wege ist für große Werte von N recht mühselig. Einen geschickteren Zugang zur Lösung des Gleichungssystems (6.39) bietet der Ansatz

$$a_l = ae^{i(l\alpha - \beta)} \,. \qquad (6.40)$$

Die Benutzung der komplexen Exponentialfunktion verkürzt das Argument. Nur der Realteil ist letztlich von Interesse.

Geht man mit diesem Ansatz in die Gleichungen des Systems (6.39) ein, so erhält man nach Kürzung der gemeinsamen Faktoren

$$-e^{-i\alpha} + (2 - \frac{m}{k}\omega^2) - e^{i\alpha} = 0 \,.$$

Die Auflösung nach ω^2 ergibt

$$\begin{aligned} \omega^2 &= \frac{k}{m}\left(2 - e^{-i\alpha} - e^{i\alpha}\right) \\ &= 2\frac{k}{m}\left(1 - \cos\alpha\right) = 4\frac{k}{m}\sin^2\frac{\alpha}{2} \,. \end{aligned} \qquad (6.41)$$

In dem letzten Schritt wurde ein Spezialfall des Additionstheorems benutzt.

---

[3] Ein formaler Nachweis dieser Aussage basiert auf der Benutzung des Integrals

$$\int_{-\infty}^{\infty} dt\, e^{i(\omega_1 - \omega_2)t} = 2\pi\, \delta(\omega_1 - \omega_2)$$

und dessen Zerlegung in Real- und Imaginärteil. Die hier auftretende **Deltafunktion**, eine sogenannte Distribution oder verallgemeinerte Funktion, wird jedoch erst im Rahmen von Band 2 eingeführt werden. Eine weniger formale Begründung benutzt die Tatsache, dass trigonometrische Funktionen linear unabhängig sind, so dass die Relation (6.38) für alle Werte der Variablen t nur erfüllt sein kann, wenn die Koeffizienten der Funktionsreihe verschwinden.

Die Relation (6.41) gilt für jede der N Wurzeln der charakteristischen Gleichung. Führt man somit an dieser Stelle wieder den Index μ ein, so kann man schreiben

$$a_{l\mu} = a_\mu e^{i(l\alpha_\mu - \beta_\mu)} \qquad (l = 0, 1, \ldots, (N+1); \ \mu = 1, \ldots, N)$$

und

$$\omega_\mu = 2\sqrt{\frac{k}{m}} \sin\frac{\alpha_\mu}{2} \qquad (\mu = 1, \ldots, N) . \tag{6.42}$$

Die Parameter α_μ und β_μ können über die Randbedingungen, die

$$a_{0\mu} = a_{N+1,\mu} = 0 \tag{6.43}$$

erfordern, bestimmt werden. Setzt man (ohne Einschränkung der Allgemeinheit) a_μ als reell voraus und benutzt die Tatsache, dass für eine Entwicklung der kartesischen Koordinaten nach den trigonometrischen Funktionen die Entwicklungkoeffizienten reell sein müssen, so lautet die erste der Bedingungen (6.43) aufgrund von (6.40)

$$0 = a_{0\mu} = a_\mu \cos\beta_\mu .$$

Diese Gleichungen erfordern $\beta_\mu = \pi/2$ (modulo einer ungeraden Zahl mal π). Die zweite der Bedingungen (6.43) entspricht dann

$$0 = a_{N+1,\mu} = a_\mu \cos\left[(N+1)\alpha_\mu - \frac{\pi}{2}\right] = a_\mu \sin\left[(N+1)\alpha_\mu\right] ,$$

mit den Lösungen

$$\alpha_\mu = \frac{\mu\pi}{N+1} .$$

Mit diesen Resultaten findet man die allgemeine Frequenzformel

$$\omega_\mu = 2\sqrt{\frac{k}{m}} \sin\left[\frac{\mu\pi}{2(N+1)}\right] \tag{6.44}$$

und, auf der Basis einer vergleichbaren Rechnung für den Sinusanteil, die Darstellung der kartesischen durch die generalisierten Koordinaten

$$x_l(t) = \sum_{\mu=1}^{N} \sin\left(\frac{l\mu\pi}{N+1}\right) (a_\mu \cos\omega_\mu t + b_\mu \sin\omega_\mu t) . \tag{6.45}$$

Die verbleibenden Entwicklungskoeffizienten a_μ, b_μ werden durch die Anfangsbedingungen

$$\{x_l(0), \dot{x}_l(0)\} \qquad (l = 1, \ldots, N)$$

festgelegt (⊚ D.tail 6.2).

Die periodische Struktur der Frequenzformel (6.44) bedingt, dass nur eine endliche Zahl von Eigenwerten auftritt. Das Additionstheorem für die Sinusfunktion ergibt

$$\sin\left(\frac{(N+1+r)\pi}{2(N+1)}\right) = \sin\left(\frac{(N+1-r)\pi}{2(N+1)}\right) .$$

Daraus folgt

$$\omega_{N+1+r} = \omega_{N+1-r} , \tag{6.46}$$

das Frequenzspektrum wiederholt sich, wenn auch in umgekehrter Reihenfolge, wenn man Werte mit $\mu > (N+1)$ betrachtet. Es gibt genau $(N+1)$ Eigenfrequenzen, falls man die Moden mit $\mu = 0$ und $\mu = (N+1)$ als eine gleichwertige **Nullmode** einbezieht (siehe (6.45)).

Die hier gewonnenen Formeln reproduzieren die Ergebnisse, die vorher für die spezielleren Beispiele gewonnen wurden. So ergibt zum Beispiel die Frequenzformel (6.44) mit $N = 2$

$$\omega_1 = 2\sqrt{\frac{k}{m}}\sin\frac{\pi}{6} = \sqrt{\frac{k}{m}} \qquad \omega_2 = 2\sqrt{\frac{k}{m}}\sin\frac{\pi}{3} = \sqrt{\frac{3k}{m}} .$$

Neben den longitudinalen Schwingungen der linearen Oszillatorkette sind transversale Schwingungen der Kette von Interesse. Mit Hilfe der Betrachtung dieser Schwingungsformen kann man eine Differentialgleichung für eine transversal schwingende Saite gewinnen. Diese Wellengleichung, eine partielle Differentialgleichung zweiter Ordnung in der Zeit und der Ortskoordinate, beschreibt die Ausbreitung von transversalen Wellenformen entlang der Saite.

6.1.4 Die Differentialgleichung einer schwingenden Saite

Die Modellierung der Saite beginnt mit der Aussage: Man stelle sich ein System von N identischen Massenpunkten vor, die linear (in x-Richtung) in gleichen Abständen auf einem elastischen Faden aufgereiht sind (Abb. 6.9). In der Gleichgewichtssituation sei der Abstand der 'Teilchen' gleich d. Die

Abb. 6.9. Modellierung der schwingenden, uniformen Saite

Gesamtlänge des gespannten Fadens ist dann $L = (N+1)\,d$. Anstelle der longitudinalen Schwingungen sollen transversale Schwingungen (in der y-Richtung) bei kleinen Auslenkungen betrachtet werden (Abb. 6.10a).

Die Rückstellkraft auf das k-te Teilchen, die durch die Fadenspannung der nächsten Nachbarn hervorgebracht wird, kann folgendermaßen bestimmt werden. Man zerlegt die Kräfte durch die nächsten Nachbarn in x- und y-Komponenten (siehe Abb. 6.10b)

$$\boldsymbol{F}_{k-1,k} = -\tau\sin\theta_{k-1}\boldsymbol{e}_y - \tau\cos\theta_{k-1}\boldsymbol{e}_x$$
$$\boldsymbol{F}_{k+1,k} = -\tau\sin\theta_{k+1}\boldsymbol{e}_y + \tau\cos\theta_{k+1}\boldsymbol{e}_x .$$

τ ist die Fadenspannung, die bei kleinen Auslenkungen für beide Nachbarn als gleich angenommen werden kann. Für kleine Auslenkungen gilt auch

$$\sin\theta_{k-1} \approx \tan\theta_{k-1} = \frac{y_k - y_{k-1}}{d}$$

$$\sin\theta_{k+1} \approx \tan\theta_{k+1} = \frac{y_k - y_{k+1}}{d}$$

$$\cos\theta_{k-1} \approx \cos\theta_{k+1} \approx 1 \ .$$

Die x-Komponenten der Kräfte der Nachbarn heben sich auf. Die Rückstellkraft auf die k-te Masse ist somit

$$\boldsymbol{F}_k = \boldsymbol{F}_{k-1,k} + \boldsymbol{F}_{k+1,k} = -\frac{\tau}{d}\left\{(y_k - y_{k-1}) + (y_k - y_{k+1})\right\}\boldsymbol{e}_y \ . \qquad (6.47)$$

(a)   (b)

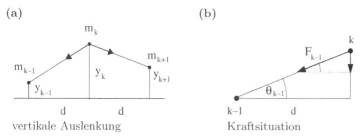

vertikale Auslenkung   Kraftsituation

Abb. 6.10. Schwingende Saite

Die Randpunkte können einbezogen werden, indem man dort unbewegte Teilchen anbringt

$$y_0(t) = y_{N+1}(t) = 0 \ , \quad \dot{y}_0(t) = \dot{y}_{N+1}(t) = 0 \ .$$

Die potentielle Energie der transversal schwingenden Kette ist

$$U = \frac{1}{2}\frac{\tau}{d}\sum_{i=0}^{N}(y_{i+1} - y_i)^2 \ ,$$

denn

$$\boldsymbol{F}_k = -\frac{\partial U}{\partial y_k}\boldsymbol{e}_y$$

entspricht der Kraft (6.47). Die Lagrangefunktion für die transversal schwingende Teilchenkette kann in der Form

$$L = \frac{m}{2}\sum_{i=0}^{N+1}\dot{y}_i^2 - \frac{1}{2}\frac{\tau}{d}\sum_{i=0}^{N}(y_{i+1} - y_i)^2 \qquad (6.48)$$

geschrieben werden. Diese Lagrangefunktion unterscheidet sich formal nicht von der Lagrangefunktion für longitudinale Schwingungen bei Kopplung zwischen nächsten Nachbarn. Man könnte, wie zuvor, Normalschwingungen etc. berechnen.

Um von diesem Modell zu einer realen Saite überzugehen, ist die folgende Grenzbetrachtung notwendig

$N \longrightarrow \infty$, $d \longrightarrow 0$, so dass $(N+1)d = L = \text{const.}$

$m \longrightarrow 0$, $d \longrightarrow 0$, so dass $m/d = \rho = \text{const.}$

Man lässt N gegen ∞ und d gegen Null gehen, und zwar so, dass das Produkt $(N+1)d$ konstant bleibt. Gleichzeitig lässt man die Masse gegen Null gehen, so dass das Verhältnis m/d konstant bleibt. Dieses Verhältnis ist die lineare Massendichte ρ einer uniformen (kontinuierlichen) Saite[4].

Aus der Lagrangefunktion (6.48) folgen (nach Division durch d) die Bewegungsgleichungen

$$\frac{m}{d}\ddot{y}_i = \frac{F_i}{d} = \tau \left[\frac{y_{i+1} - 2y_i + y_{i-1}}{d^2} \right] \qquad (i = 1, \dots N) . \qquad (6.49)$$

Man misst die Position der i-ten Masse vom Anfang der Kette an und schreibt im Sinne der Grenzbetrachtung

$$y_i(t) \longrightarrow y(x,t) .$$

Die Zeitableitung in (6.49) ist durch eine partielle Ableitung zu ersetzen, da y nun eine Funktion von zwei Variablen ist. Die Bewegungsgleichung für jedes Linienelement der Saite lautet dann

$$\frac{m}{d} \frac{\partial^2 y(x,t)}{\partial t^2} = \tau \left[\frac{y(x+d,t) - 2y(x,t) + y(x-d,t)}{d^2} \right] .$$

Auf der rechten Seite der Gleichung ergibt sich im Grenzfall

$$\lim_{d \to 0} \left[\frac{y(x+d,t) - 2y(x,t) + y(x-d,t)}{d^2} \right] = \frac{\partial^2 y(x,t)}{\partial x^2} ,$$

da die eckige Klammer genau der Darstellung der zweiten partiellen Ableitung nach x durch einen Differenzenquotienten entspricht. Ersetzt man noch in dem Grenzfall m/d durch ρ, so lautet die Differentialgleichung für die Änderung der Auslenkung y als Funktion von Zeit t und Position x entlang der Saite

$$\frac{\partial^2 y(x,t)}{\partial t^2} - \frac{\tau}{\rho} \frac{\partial^2 y(x,t)}{\partial x^2} = 0 . \qquad (6.50)$$

Dies ist die gesuchte Wellengleichung für ein kontinuierliches, eindimensionales System. Es ist eine **partielle Differentialgleichung** zweiter Ordnung.

Die eigentlich anstehende Diskussion von partiellen Differentialgleichungen, einschließlich der Wellengleichung und deren Lösung, wird erst in dem Band 2 aufgegriffen.

---

[4] Die Modellierung einer nichtuniformen Saite durch Vorgabe einer Funktion $\rho(x)$ ist ebenfalls möglich.

Die Standardform der Wellengleichung beinhaltet die Größe

$$v = \sqrt{\frac{\tau}{\rho}} \tag{6.51}$$

mit der Dimension

$$[v] = \left[\frac{ML}{T^2} \cdot \frac{L}{M}\right]^{1/2} = \left[\frac{L}{T}\right] \,,$$

einer Geschwindigkeit. Diese Geschwindigkeit entspricht (wie in Band 2 diskutiert wird) der **Phasengeschwindigkeit** der Welle. Die Standardform der Wellengleichung ist also

$$\boxed{\frac{\partial^2 y(x,t)}{\partial x^2} - \frac{1}{v^2} \frac{\partial^2 y(x,t)}{\partial t^2} = 0 \,.}$$

Zur Festlegung der Lösung sind im Fall einer eingespannten Saite der Länge L Randbedingungen vorzugeben, so zum Beispiel

$$y(0,t) = 0 \,, \quad y(L,t) = 0 \,. \tag{6.52}$$

Zusätzlich benötigt man zur Festlegung einer speziellen Lösung noch Anfangsbedingungen wie

$$y(x,0) = f(x) \qquad \left.\frac{\partial y(x,t)}{\partial t}\right|_{t=0} = g(x) \,. \tag{6.53}$$

(a)   **(b)**

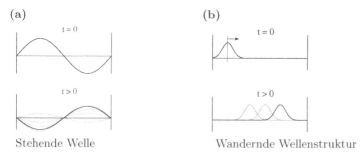

Stehende Welle   Wandernde Wellenstruktur

Abb. 6.11. Illustration zur schwingenden Saite

Die Saite hat zu dem Zeitpunkt $t = 0$ eine bestimmte Form und jeder 'Punkt' hat eine bestimmte Geschwindigkeit in transversaler Richtung. Je nach Vorgabe der Anfangs- und Randwerte kann man verschiedene Situationen (Abb. 6.11) beschreiben. Die Vorgabe der Randbedingungen (6.52) führt auf stehende Wellen mit Frequenzen bzw. Wellenlängen, die genau auf die Länge der Saite abgestimmt sind (Abb. 6.11a). Für beliebige, anfängliche Wellenformen (6.53) findet man Wellenstrukturen, die die Saite entlang wandern (Abb. 6.11b).

Das nächste Thema zu den Anwendungen der Lagrangegleichungen ist die Betrachtung rotierender Koordinatensysteme, ein Paradebeispiel für die Illustration von Nichtinertialsystemen. Es wird zunächst die Frage nach der Natur und Struktur der dabei auftretenden Scheinkräfte untersucht. Als spezielle Anwendung wird die Auswirkung dieser Scheinkräfte auf der rotierenden Erde etwas eingehender diskutiert.

6.2 Rotierende Koordinatensysteme

Die Erde stellt ein rotierendes Koordinatensystem dar. Es erhebt sich die Frage, in welcher Weise die Beschreibung von Bewegungsabläufen aus der Sicht der rotierenden Erde durch die beschleunigte Bewegung des Bezugssystems beeinflusst wird. Die allgemeine Problemstellung lässt sich folgendermaßen präzisieren (Abb. 6.12). Ein Beobachter in einem Inertialsystem S (mit den Koordinaten (x_1, x_2, x_3)) betrachtet einen physikalischen Vorgang (hier Bewegungsablauf) aus der Sicht seines Koordinatensystems. Ein

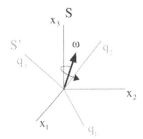

Abb. 6.12. Inertialsystem S und rotierendes Koordinatensystem S'

zweiter Beobachter verfolgt den gleichen Vorgang, jedoch aus der Sicht eines Koordinatensystems S' (Koordinaten (q_1, q_2, q_3)), das gegenüber dem Inertialsystem um eine vorgegebene Achse rotiert. Die Rotationsachse verläuft durch den gemeinsamen Ursprung der beiden Koordinatensysteme. Die Frage lautet: Wie kann man die Beschreibung eines Bewegungsablaufes aus der Sicht von S in die Beschreibung aus der Sicht von S' umrechnen? Insbesondere sollte man fragen: Wie transformieren sich die Bewegungsgleichungen des Beobachters in dem Inertialsystem S in Bewegungsgleichungen für den Beobachter in S'?

Eine erste Antwort ist: Für den Beobachter in S' treten Scheinkräfte auf. Man kann sich diesen Sachverhalt anhand einer einfachen Situation, einer uniformen Drehung des Systems S' um eine gemeinsame 3-Achse, klarmachen.

6.2.1 Einfache Betrachtung von Scheinkräften

Der Beobachter in S beobachtet einen Massenpunkt, der aus seiner Sicht in der x_1 - x_2 Ebene ruht (Abb. 6.13a). Dies ist zwar kein sonderlich interessantes Experiment, es genügt jedoch für die gewünschte Illustration. Der Beobachter in S folgert gemäß dem ersten Newtonschen Axiom: Auf den Massenpunkt wirken keine Kräfte.

Aus der Sicht von S' bewegt sich der Massenpunkt auf einer Kreisbahn (Abb. 6.13b). Ein Beobachter in diesem System wird also gemäß dem ersten Axiom folgern: Der Massenpunkt ist weder in Ruhe, noch bewegt er sich gleichförmig, also wirkt auf ihn eine Kraft. Da Inertialsysteme nach Newton

(a)   (b)

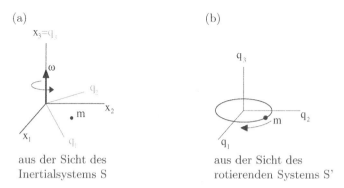

aus der Sicht des   aus der Sicht des
Inertialsystems S   rotierenden Systems S'

Abb. 6.13. Zu dem Thema Scheinkräfte

(und nach Einstein) die für die Beurteilung von Kräften zuständigen Bezugssysteme sind, ist diese Kraftwirkung einzig und allein auf die nichtinertiale Bewegung des Systems S' zurückzuführen.

Für eine quantitative Fassung der auftretenden Scheinkräfte benutzt man zweckmäßigerweise die Lagrangeformulierung, wobei die kartesischen Koordinaten x_i auf das Inertialsystem und die generalisierten Koordinaten q_μ auf das rotierende System Bezug nehmen. Für den einfachen Fall der Rotation um eine gemeinsame 3-Achse gilt

$$\begin{aligned} x_1(t) &= q_1(t)\cos\alpha(t) - q_2(t)\sin\alpha(t) \\ x_2(t) &= q_1(t)\sin\alpha(t) + q_2(t)\cos\alpha(t) \\ x_3(t) &= q_3(t) \,. \end{aligned} \qquad (6.54)$$

Dies entspricht einer Drehung von S' gegenüber S gegen den Uhrzeigersinn, denn es ist

$$\begin{aligned} &\text{für} \quad \alpha = 0 \quad : q_1 = x_1 \quad q_2 = x_2\,, \\ &\text{für} \quad \alpha = \pi/2 : q_1 = -x_2 \quad q_2 = x_1\,. \end{aligned}$$

Die weitere Rechnung folgt dem Standardmuster. Die Lagrangefunktion des Massenpunktes aus der Sicht von S ist

$$L = \frac{m}{2} \sum_i \dot{x}_i^2 - U(x_1, x_2, x_3) \, .$$

Zur Umschreibung der Lagrangefunktion in die generalisierten Koordinaten (die Koordinaten des rotierenden Systems) benötigt man

$$\dot{x}_1 = \dot{q}_1 \cos\alpha(t) - \dot{q}_2 \sin\alpha(t) - q_1\omega(t)\sin\alpha(t) - q_2\omega(t)\cos\alpha(t)$$

$$\dot{x}_2 = \dot{q}_1 \sin\alpha(t) + \dot{q}_2 \cos\alpha(t) + q_1\omega(t)\cos\alpha(t) - q_2\omega(t)\sin\alpha(t)$$

$$\dot{x}_3 = \dot{q}_3 \, .$$

Dabei ist $\omega(t) = \dot{\alpha}(t)$ die Winkelgeschwindigkeit der Drehung. Die Lagrangefunktion als Funktion der generalisierten Koordinaten und Geschwindigkeiten ergibt sich nach direkter Rechnung zu

$$L = \frac{m}{2} \left\{ \dot{q}_1^2 + \dot{q}_2^2 + \dot{q}_3^2 + 2\omega(q_1\dot{q}_2 - q_2\dot{q}_1) \right. \tag{6.55}$$
$$\left. + \omega^2 \left(q_1^2 + q_2^2 \right) \right\} - U(q_1, q_2, q_3, \alpha) \, .$$

Die ersten drei Terme stellen die kinetische Energie des Massenpunktes aus der Sicht des rotierenden Koordinatensystems dar

$$T_{\mathrm{R}} = \frac{m}{2} \left(\dot{q}_1^2 + \dot{q}_2^2 + \dot{q}_3^2 \right) \, . \tag{6.56}$$

Die restlichen Terme in der geschweiften Klammer und das Potential U kann man zu einem verallgemeinerten Potential zusammenfassen

$$U^* = -\frac{m}{2} \left\{ 2\omega(q_1\dot{q}_2 - q_2\dot{q}_1) + \omega^2(q_1^2 + q_2^2) \right\} + U(q_1 q_2 q_3, \alpha) \, , \tag{6.57}$$

so dass die zusätzlichen Terme im Endeffekt als Kraftwirkung (Scheinkraft) aufgefasst werden können. Für die Aufstellung der Bewegungsgleichungen

$$\frac{\mathrm{d}}{\mathrm{d}t} \left(\frac{\partial L}{\partial \dot{q}_\mu} \right) - \frac{\partial L}{\partial q_\mu} = 0 \qquad (\mu = 1, 2, 3)$$

benötigt man die Ableitungen

$$\frac{\partial L}{\partial \dot{q}_1} = m\dot{q}_1 - m\omega q_2 \qquad \frac{\partial L}{\partial q_1} = m\omega\dot{q}_2 + m\omega^2 q_1 - \frac{\partial U}{\partial q_1}$$

$$\frac{\partial L}{\partial \dot{q}_2} = m\dot{q}_2 + m\omega q_1 \qquad \frac{\partial L}{\partial q_2} = -m\omega\dot{q}_1 + m\omega^2 q_2 - \frac{\partial U}{\partial q_2}$$

(sowie Relationen mit q_3). Damit erhält man die Bewegungsgleichungen

$$m\ddot{q}_1 - m\dot{\omega}q_2 - 2m\omega\dot{q}_2 - m\omega^2 q_1 + \frac{\partial U}{\partial q_1} = 0$$

$$m\ddot{q}_2 + m\dot{\omega}q_1 + 2m\omega\dot{q}_1 - m\omega^2 q_2 + \frac{\partial U}{\partial q_2} = 0 \tag{6.58}$$

$$m\ddot{q}_3 \qquad\qquad\qquad\qquad + \frac{\partial U}{\partial q_3} = 0 \, .$$

Man erkennt drei Typen von Kräften: Die Terme $m\ddot{q}_i$ stellen die Trägheitskräfte aus der Sicht des Beobachter in S' dar. Die eingeprägten Kräfte entsprechen den partiellen Ableitungen der Potentialfunktion $-\partial U/\partial q_i$. Die restlichen Terme kann man als **Scheinkräfte** interpretieren, die sich aufgrund der Bewegung des Koordinatensystems gegenüber einem Inertialsystem ergeben. Die Scheinkräfte, die in dem nächsten Abschnitt näher betrachtet werden, korrigieren sozusagen die Bewegungsgleichungen für einen Beobachter in dem Nichtinertialsystem.

6.2.2 Allgemeine Diskussion von Scheinkräften

Für die allgemeine Situation (eine beliebige Drehachse durch den gemeinsamen Koordinatenursprung) ist eine vektorielle Fassung der Transformationsgleichungen und der Bewegungsgleichungen vorzuziehen. Man benutzt dazu die Komponentenzerlegung des Positionsvektors in Bezug auf das Koordinatendreibein des Inertialsystems (Abb. 6.14)

$$S: \quad \boldsymbol{r}(t) = x_1(t)\boldsymbol{e}_1 + x_2(t)\boldsymbol{e}_2 + x_3(t)\boldsymbol{e}_3 \ . \tag{6.59}$$

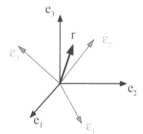

Abb. 6.14. Basis der beiden Koordinatensysteme

Die Basisvektoren des Inertialsystems sind (per Definition) zeitunabhängig.

Die Komponentenzerlegung des Positionsvektors in Bezug auf das rotierende Koordinatensystem ist

$$S': \quad \boldsymbol{r}(t) = q_1(t)\boldsymbol{\varepsilon_1}(t) + q_2(t)\boldsymbol{\varepsilon_2}(t) + q_3(t)\boldsymbol{\varepsilon_3}(t) \ . \tag{6.60}$$

Die Einheitsvektoren des rotierenden Koordinatensystems ändern sich mit der Zeit. In dem Beispiel einer Drehung um die gemeinsame 3-Achse ist

$$\varepsilon_3(t) = \boldsymbol{e_3} \ .$$

Bezüglich der Geschwindigkeit eines Massenpunktes gelten die folgenden Aussagen. Aus der Sicht des Inertialsystems S ist die Geschwindigkeit wie üblich

$$\boldsymbol{v}(t) = \dot{\boldsymbol{r}}(t) = \dot{x}_1(t)\boldsymbol{e}_1 + \dot{x}_2(t)\boldsymbol{e}_2 + \dot{x}_3\boldsymbol{e}_3 \ .$$

Eine entsprechende Definition ist für die Geschwindigkeit aus der Sicht von S' anzusetzen

$$\boldsymbol{v}_{\mathrm{R}}(t) = \dot{q}_1(t)\boldsymbol{\varepsilon}_1(t) + \dot{q}_2(t)\boldsymbol{\varepsilon}_2(t) + \dot{q}_3(t)\boldsymbol{\varepsilon}_3(t) \; . \tag{6.61}$$

Der rotierende Beobachter registriert die zeitliche Änderung der Koordinaten aus seiner Sicht. Er ist sich der Tatsache, dass sich sein Koordinatensystem dreht, nicht bewusst.

Berechnet man auf der anderen Seite die zeitliche Ableitung der Komponentenzerlegung des Positionsvektors (6.60), so findet man

$$\dot{\boldsymbol{r}}(t) = \dot{q}_1(t)\boldsymbol{\varepsilon_1}(t) + \dot{q}_2(t)\boldsymbol{\varepsilon}_2(t) + \dot{q}_3(t)\boldsymbol{\varepsilon}_3(t)$$
$$+ q_1(t)\dot{\boldsymbol{\varepsilon}}_1(t) + q_2(t)\dot{\boldsymbol{\varepsilon}}_2(t) + q_3(t)\dot{\boldsymbol{\varepsilon}}_3(t)$$

oder

$$\boldsymbol{v}(t) = \boldsymbol{v}_{\mathrm{R}}(t) + \Delta\boldsymbol{v}(t) \; . \tag{6.62}$$

Die Deutung dieser Gleichung ist: Die Geschwindigkeiten, die von den jeweiligen Beobachtern gemessen werden ($\boldsymbol{v}$ bzw. $\boldsymbol{v}_{\mathrm{R}}$), sind nicht gleich. Sie unterscheiden sich durch einen Zusatzterm. Dieser Term entsteht dadurch, dass sich das Koordinatensystem des rotierenden Beobachters während der Geschwindigkeitsmessung (in dem Zeitintervall von t bis $t + \mathrm{d}t$) bewegt.

Liegt eine Drehung um eine gemeinsame 3-Achse vor, so lauten die Transformationsgleichungen zwischen den Basisvektoren der beiden Koordinatensysteme (vergleiche (2.52) und (2.53))

$$\begin{aligned}
\varepsilon_1(t) &= \boldsymbol{e}_1 \cos\alpha(t) + \boldsymbol{e}_2 \sin\alpha(t) \\
\varepsilon_2(t) &= -\boldsymbol{e}_1 \sin\alpha(t) + \boldsymbol{e}_2 \cos\alpha(t) \\
\varepsilon_3(t) &= \boldsymbol{e}_3 \; ,
\end{aligned} \tag{6.63}$$

die Zeitableitung dieser Gleichungen ist

$$\begin{aligned}
\dot{\boldsymbol{\varepsilon}}_1 &= \omega(-\boldsymbol{e}_1 \sin\alpha + \boldsymbol{e}_2 \cos\alpha) = \omega\boldsymbol{\varepsilon}_2 \\
\dot{\boldsymbol{\varepsilon}}_2 &= -\omega(\boldsymbol{e}_1 \cos\alpha + \boldsymbol{e}_2 \sin\alpha) = -\omega\boldsymbol{\varepsilon}_1 \\
\dot{\boldsymbol{\varepsilon}}_3 &= \boldsymbol{0} \; .
\end{aligned}$$

Der Zusatzterm hat in diesem Fall die Form

$$\Delta\boldsymbol{v} = -\omega q_2 \boldsymbol{\varepsilon}_1 + \omega q_1 \boldsymbol{\varepsilon}_2 \; .$$

Führt man für dieses einfache Beispiel noch den Vektor für die Winkelgeschwindigkeit ein

$$\boldsymbol{\omega} = \omega\boldsymbol{e}_3 = \omega\boldsymbol{\varepsilon}_3$$

(die Drehrichtung und der zugehörige Vektor der Winkelgeschwindigkeit werden gemäß der Schraubenregel zugeordnet), so kann man den Zusatzterm in der vektoriellen Form zusammenfassen

$$\Delta\boldsymbol{v} = \boldsymbol{\omega} \times \boldsymbol{r} = \begin{vmatrix} \boldsymbol{\varepsilon}_1 & \boldsymbol{\varepsilon}_2 & \boldsymbol{\varepsilon}_3 \\ 0 & 0 & \omega \\ q_1 & q_2 & q_3 \end{vmatrix} = -q_2\omega\boldsymbol{\varepsilon}_1 + q_1\omega\boldsymbol{\varepsilon}_2 \; .$$

Die vektorielle Zusammenfassung der Transformationsgleichungen zwischen den kartesischen und den generalisierten Geschwindigkeitskomponenten lautet somit

$$v(t) = v_R(t) + \omega(t) \times r(t) .\tag{6.64}$$

Diese Vektorgleichung geht auf, wenn man die linke Seite bezüglich S, die rechte Seite bezüglich S' in Komponenten zerlegt und die Transformation zwischen den Einheitsvektoren benutzt. Diese vektorielle Beziehung ist, wie unten gezeigt wird, auch im Fall beliebiger Drehungen gültig.

Zunächst sollen jedoch noch einmal die Bewegungsgleichungen für den Fall einer Drehung um die gemeinsame 3-Achse betrachtet werden. Die Beschleunigungsvektoren aus der Sicht der beiden Koordinatensysteme sind

$$S: \quad a(t) = \ddot{x}_1(t)e_1 + \ddot{x}_2(t)e_2 + \ddot{x}_3(t)e_3$$

$$S': \quad a_R(t) = \ddot{q}_1(t)\varepsilon_1(t) + \ddot{q}_2(t)\varepsilon_2(t) + \ddot{q}_3(t)\varepsilon_3(t) .$$

Die transformierten Bewegungsgleichungen (6.58) aus der Sicht des rotierenden Koordinatensystems kann man in der vektoriellen Form

$$ma_R(t) = -m(\dot{\omega} \times r) - 2m(\omega \times v_R) - m(\omega \times (\omega \times r)) + Q \tag{6.65}$$

zusammenfassen. Die generalisierte Kraft Q entspricht den Ableitungen des Potentials U in (6.57) nach den Koordinaten q_μ

$$Q = \left\{ -\frac{\partial U}{\partial q_1}, -\frac{\partial U}{\partial q_2}, -\frac{\partial U}{\partial q_3} \right\} .$$

Den Nachweis, dass die Zusammenfassung der einzelnen Terme in (6.65) korrekt ist, ergeben die folgenden Zeilen:

$$\dot{\omega} \times r = \begin{vmatrix} \varepsilon_1 & \varepsilon_2 & \varepsilon_3 \\ 0 & 0 & \dot{\omega} \\ q_1 & q_2 & q_3 \end{vmatrix} \quad = (-\dot{\omega}q_2)\varepsilon_1 + (\dot{\omega}q_1)\varepsilon_2$$

$$\omega \times v_R = \begin{vmatrix} \varepsilon_1 & \varepsilon_2 & \varepsilon_3 \\ 0 & 0 & \omega \\ \dot{q}_1 & \dot{q}_2 & \dot{q}_3 \end{vmatrix} \quad = (-\omega\dot{q}_2)\varepsilon_1 + (\omega\dot{q}_1)\varepsilon_2 \tag{6.66}$$

$$\omega \times (\omega \times r) = \begin{vmatrix} \varepsilon_1 & \varepsilon_2 & \varepsilon_3 \\ 0 & 0 & \omega \\ -\omega q_2 & \omega q_1 & 0 \end{vmatrix} = (-\omega^2 q_1)\varepsilon_1 + (-\omega^2 q_2)\varepsilon_2 .$$

Auch die Gleichung (6.65) ist, wie unten gezeigt wird, für allgemeine Drehungen gültig.

Drei der Terme in (6.65) entsprechen Scheinkräften. Der erste Term, der nur auftritt, wenn die Drehung winkelbeschleunigt ist, trägt keinen Namen

$$F_{\dot{\omega}} = -m(\dot{\omega} \times r) .\tag{6.67}$$

Der Term, der von der Geschwindigkeit der Masse aus der Sicht des rotierenden Koordinatensystem abhängt, heißt **Corioliskraft**

$$\boldsymbol{F}_{\mathrm{C}} = -2m(\boldsymbol{\omega} \times \boldsymbol{v}_{\mathrm{R}}) \,. \tag{6.68}$$

Der Term mit dem doppelten Vektorprodukt ist die **Zentrifugalkraft**

$$\boldsymbol{F}_{\mathrm{Z}} = -m(\boldsymbol{\omega} \times (\boldsymbol{\omega} \times \boldsymbol{r})) \,. \tag{6.69}$$

Die Ergebnisse in vektorieller Form, die für den Spezialfall gewonnen wurden, sind allgemein gültig. Wollte man den Nachweis über die Lagrangesche Formulierung führen, so müsste man eine Darstellung einer allgemeinen Drehung benutzen. Dies ist möglich, die entsprechende Rechnung ist jedoch einigermaßen langwierig. Bei der Diskussion der Drehbewegung eines starren Körpers (siehe Kap. 6.3) lässt sich dies nicht vermeiden. In dem jetzigen Kontext ist es möglich, mit Hilfe der vektoriellen Formulierung eine etwas kürzere Diskussion durchzuführen. Man betrachtet einen beliebigen Vektor $\boldsymbol{A}$, der in Bezug auf die beiden Koordinatensysteme (inertial und rotierend) zerlegt wird

$$\begin{aligned}
\boldsymbol{A}(t) &= a_1(t)\boldsymbol{e}_1 + a_2(t)\boldsymbol{e}_2 + a_3(t)\boldsymbol{e}_3 \\
&= A_1(t)\boldsymbol{\varepsilon}_1(t) + A_2(t)\boldsymbol{\varepsilon}_2(t) + A_3(t)\boldsymbol{\varepsilon}_3(t) \,.
\end{aligned}$$

Wie schon diskutiert, gilt für die Zeitableitung

$$\begin{aligned}
\dot{\boldsymbol{A}}(t) &= \dot{a}_1(t)\boldsymbol{e}_1 + \dot{a}_2(t)\boldsymbol{e}_2 + \dot{a}_3(t)\boldsymbol{e}_3 \\
&= \dot{A}_1(t)\boldsymbol{\varepsilon}_1(t) + \dot{A}_2(t)\boldsymbol{\varepsilon}_2(t) + \dot{A}_3(t)\boldsymbol{\varepsilon}_3(t) \\
&\quad + A_1(t)\dot{\boldsymbol{\varepsilon}}_1(t) + A_2(t)\dot{\boldsymbol{\varepsilon}}_2(t) + A_3(t)\dot{\boldsymbol{\varepsilon}}_3(t) \,.
\end{aligned}$$

Es ist notwendig, einen allgemeinen Ausdruck für die Vektoren $\dot{\boldsymbol{\varepsilon}}_i$ anzugeben. Man orientiert sich zu diesem Zweck an dem Vektor der Winkelgeschwindigkeit $\boldsymbol{\omega}$: Dessen Richtung markiert die Drehachse, der Betrag die Größe der Winkelgeschwindigkeit. Aus der Sicht der Drehachse bewegen sich die Einheitsvektoren $\boldsymbol{\varepsilon}_i$ auf Kegeln (Abb. 6.15) mit den Öffnungswinkeln $2\Theta_i$ um

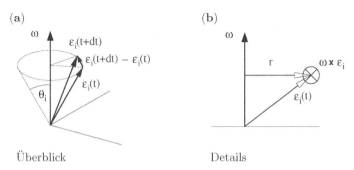

(a)   (b)

Überblick   Details

Abb. 6.15. Zur Zeitableitung der Vektoren $\boldsymbol{\varepsilon}_i$

diese Achse. Die folgende elementare Überlegung führt auf die gewünschte Aussage über die Zeitableitung der Vektoren $\dot{\boldsymbol{\varepsilon}}_i$:

Der Endpunkt des Vektors $\boldsymbol{\varepsilon}_i(t)$ beschreibt einen Kreis um die $\boldsymbol{\omega}$-Achse (Abb. 6.15a). Die Bahngeschwindigkeit (siehe (2.56), S. 56) dieses Punktes ist $|\dot{\boldsymbol{\varepsilon}}_i(t)| = r\omega(t)$. Der Radiusvektor $\boldsymbol{r}$, der senkrecht auf der $\boldsymbol{\omega}$-Achse steht, hat die Länge $r = \sin\theta_i$, da $\boldsymbol{\varepsilon}_i(t)$ ein Einheitsvektor ist (Abb. 6.15b). Die Richtung des Vektors $\boldsymbol{\omega} \times \boldsymbol{\varepsilon}_i$ ist gemäß der Schraubenregel mit der Richtung des Vektors $\dot{\boldsymbol{\varepsilon}}_i(t)$ identisch (Abb. 6.15b). Da der Betrag des Vektorproduktes ($\sin\theta_i\,\omega(t)$) ebenfalls mit dem Betrag des Vektors $\dot{\boldsymbol{\varepsilon}}_i(t)$ identisch ist, erkennt man direkt, dass die Relation

$$\dot{\boldsymbol{\varepsilon}}_i = \boldsymbol{\omega} \times \boldsymbol{\varepsilon}_i$$

allgemein gültig ist. Damit folgt aber auch die allgemeine Relation zwischen den Zeitableitungen eines Vektors $\boldsymbol{A}(t)$ aus der Sicht der beiden Bezugssysteme

$$\frac{\mathrm{d}}{\mathrm{d}t}\boldsymbol{A}\bigg|_{\mathrm{I}} = \frac{\mathrm{d}}{\mathrm{d}t}\boldsymbol{A}\bigg|_{\mathrm{R}} + \boldsymbol{\omega} \times \boldsymbol{A} \,. \tag{6.70}$$

Diese Relation gilt für jeden Vektor und wird deswegen oft in der Merkregel

$$\frac{\mathrm{d}}{\mathrm{d}t}\bigg|_{\mathrm{I}} = \frac{\mathrm{d}}{\mathrm{d}t}\bigg|_{\mathrm{R}} + \boldsymbol{\omega}\times \tag{6.71}$$

zusammengefasst (mit der Verabredung, dass die Formel auf jeden Vektor angewandt werden kann).

Insbesondere folgt daraus

(1) Die Geschwindigkeitstransformation (6.64) ist allgemeingültig.

(2) Die Winkelbeschleunigung ist für beide Koordinatensysteme gleich

$$\dot{\boldsymbol{\omega}}|_{\mathrm{I}} = \dot{\boldsymbol{\omega}}|_{\mathrm{R}} = \dot{\boldsymbol{\omega}} \,. \tag{6.72}$$

(3) Differentiation der Geschwindigkeitstransformation liefert die Umschreibung der Bewegungsgleichungen von dem Inertialsystem in das rotierende System

$$\frac{\mathrm{d}}{\mathrm{d}t}\left(\boldsymbol{v}_{\mathrm{I}}\right)_{\mathrm{I}} = \frac{\mathrm{d}}{\mathrm{d}t}\left(\boldsymbol{v}_{\mathrm{R}} + (\boldsymbol{\omega} \times \boldsymbol{r})\right)_{\mathrm{R}} + \boldsymbol{\omega} \times \left(\boldsymbol{v}_{\mathrm{R}} + (\boldsymbol{\omega} \times \boldsymbol{r})\right)$$

$$\boldsymbol{a} = \boldsymbol{a}_{\mathrm{R}} + \dot{\boldsymbol{\omega}} \times \boldsymbol{r} + \boldsymbol{\omega} \times \boldsymbol{v}_{\mathrm{R}} + \boldsymbol{\omega} \times \boldsymbol{v}_{\mathrm{R}} + \boldsymbol{\omega} \times (\boldsymbol{\omega} \times \boldsymbol{r}) \,, \tag{6.73}$$

die schon anhand des einfachen Beispiels gewonnen wurde. Auch diese Aussage ist somit allgemeingültig.

Zwei direkte Beispiele sollen die Wirkung der Scheinkräfte noch einmal verdeutlichen.

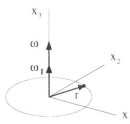

Abb. 6.16. Illustration des Beispiels 6.4

6.2.2.1 Beispiele zu dem Thema Scheinkräfte. In dem Beispiel 6.4 ist die Relativbewegung der Koordinatensysteme eine uniforme Drehung ($\dot{\omega} = 0$) um die gemeinsame 3-Achse

$$\boldsymbol{\omega} = \omega \boldsymbol{e}_3 = \omega \boldsymbol{\varepsilon}_3 \ .$$

Aus der Sicht des Inertialsystems soll der Massenpunkt uniform auf einer beliebigen Kreisbahn in der x_1-x_2 Ebene umlaufen (Abb. 6.16). Diese Drehbewegung wird durch die vektorielle Winkelgeschwindigkeit $\boldsymbol{\omega}_I = \omega_I \boldsymbol{e}_3$, beschrieben, wobei

$$\boldsymbol{v} = \boldsymbol{\omega}_I \times \boldsymbol{r}$$

die übliche Relation zwischen Bahngeschwindigkeit und Winkelgeschwindigkeit ist (in diesem Beispiel mit $\boldsymbol{\omega}_I \perp \boldsymbol{r}$).

Die Kreisbewegung wird durch eine Zentralkraft $\boldsymbol{F}$ bedingt, für die die Stabilitätsbedingung

$$\boldsymbol{F} = m\, \boldsymbol{\omega}_I \times (\boldsymbol{\omega}_I \times \boldsymbol{r}) \ ,$$

(die Masse multipliziert mit der Zentralbeschleunigung ist gleich der angreifende Kraft) gelten muss.

Aus der Sicht des rotierenden Koordinatensystems kann man die folgenden Aussagen notieren

- Die Geschwindigkeit des Massenpunktes ist

$$\boldsymbol{v}_\mathrm{R} = \boldsymbol{v} - \boldsymbol{\omega} \times \boldsymbol{r} = (\boldsymbol{\omega}_I - \boldsymbol{\omega}) \times \boldsymbol{r} \ .$$

Die Bahngeschwindigkeit aus der Sicht des rotierenden Beobachters ergibt sich aus der Differenz der beiden Drehgeschwindigkeitsvektoren. Rotieren zum Beispiel Massenpunkt und Koordinatensystem gleich schnell und in gleicher Richtung $\boldsymbol{\omega} = \boldsymbol{\omega}_I$, so ist der Massenpunkt aus der Sicht des rotierenden Koordinatensystems in Ruhe. Ruht der Massenpunkt in dem Inertialsystem $\boldsymbol{\omega}_I = \boldsymbol{0}$, so gilt $\boldsymbol{v}_\mathrm{R} = -\boldsymbol{\omega} \times \boldsymbol{r}$. Der Massenpunkt bewegt sich aus der Sicht von S', als ob er die Winkelgeschwindigkeit $-\boldsymbol{\omega}$ hätte.
- Die Kräfte auf den Massenpunkt aus der Sicht des rotierenden Koordinatensystems sind

$$\begin{aligned}
\boldsymbol{F}_\mathrm{R} &= \boldsymbol{F} + \boldsymbol{F}_\mathrm{C} + \boldsymbol{F}_\mathrm{Z} \\
&= m\, \boldsymbol{\omega}_I \times (\boldsymbol{\omega}_I \times \boldsymbol{r}) - 2\,m\, \boldsymbol{\omega} \times ((\boldsymbol{\omega}_I - \boldsymbol{\omega}) \times \boldsymbol{r}) - m\, \boldsymbol{\omega} \times (\boldsymbol{\omega} \times \boldsymbol{r}) \ .
\end{aligned}$$

Sind (wie in dem Beispiel vorgesehen) die beiden Winkelgeschwindigkeits-vektoren zueinander proportional $\boldsymbol{\omega}_I = a\,\boldsymbol{\omega}$ (gleiche oder entgegengesetzte Richtung), so kann man diese Aussage in der Form zusammenfassen

$$\boldsymbol{F}_R = m(\boldsymbol{\omega}_I - \boldsymbol{\omega}) \times [(\boldsymbol{\omega}_I - \boldsymbol{\omega}) \times \boldsymbol{r}]\,.$$

Der rotierende Beobachter registriert eine Kreisbewegung, die durch die Differenz der Winkelgeschwindigkeiten bestimmt wird. Die Zentrifugalkraft und die Corioliskraft setzen sich zu einer scheinbaren Zentralkraft zusam-men.

In dem nächsten Beispiel (Beispiel 6.5, siehe Abb. 6.17) liegt die gleiche Relativbewegung der Koordinatensysteme vor, der Massenpunkt soll sich je-doch in dem Inertialsystem mit konstanter Geschwindigkeit entlang der x_1-Achse bewegen. Die Frage lautet: Wie bewegt sich der Massenpunkt aus der

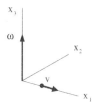

Abb. 6.17. Illustration des Beispiels 6.5: Anfangssituation

Sicht des rotierenden Beobachters? Die Frage wird dieses Mal durch Lösung der Bewegungsgleichungen in dem rotierenden Koordinatensystem beantwor-tet. Die Bewegungsgleichungen (6.65) für die Koordinaten q_1 und q_2 lauten

$$\ddot{q}_1 = 2\omega\dot{q}_2 + \omega^2 q_1 \tag{6.74}$$
$$\ddot{q}_2 = -2\omega\dot{q}_1 + \omega^2 q_2\,. \tag{6.75}$$

Die Koordinate q_3 ist für dieses Beispiel nicht von Bedeutung. Da in dem Iner-tialsystem keine eingeprägten Kräfte wirken, treten nur die Corioliskraft und die Zentrifugalkraft auf. Die Anfangsbedingungen für die Bewegung aus der Sicht des rotierenden Koordinatensystems sind $q_1(0) = q_2(0) = 0$, die Masse beginnt im Koordinatenursprung, und $\dot{q}_1(0) = v$, $\dot{q}_2(0) = 0$, die Masse be-wegt sich zunächst in der q_1-Richtung, die für $t = 0$ mit der x_1-Richtung zusammenfällt.

Die beiden Differentialgleichungen sind gekoppelt. Zur Entkopplung dif-ferenziert man die erste Gleichung zweimal und die zweite Gleichung einmal nach der Zeit

$$\dddot{q}_1 = 2\omega\,\dddot{q}_2 + \omega^2\ddot{q}_1 \tag{6.76}$$
$$\dddot{q}_2 = -2\omega\ddot{q}_1 + \omega^2\dot{q}_2\,. \tag{6.77}$$

Um in der zweiten Gleichung $\dot{q}_2$ zu eliminieren, benutzt man (6.74) in der Form

$$\dot{q}_2 = \frac{1}{2\omega}\ddot{q}_1 - \frac{\omega}{2}q_1$$

und erhält

$$\dddot{q}_2 = -2\omega\ddot{q}_1 + \frac{\omega}{2}\ddot{q}_1 - \frac{\omega^3}{2}q_1 = -\frac{3}{2}\omega\ddot{q}_1 - \frac{\omega^3}{2}q_1 \ .$$

Einsetzen in (6.76) ergibt

$$\ddddot{q}_1 + 2\omega^2\ddot{q}_1 + \omega^4 q_1 = 0 \ . \tag{6.78}$$

Dies ist eine homogene lineare Differentialgleichung vierter Ordnung mit konstanten Koeffizienten. Zur Lösung macht man den Ansatz $q_1 = \exp(\lambda t)$ und findet die charakteristische Gleichung

$$\lambda^4 + 2\omega^2\lambda^2 + \omega^4 = 0 \ .$$

Diese hat die Doppelwurzeln

$$\lambda_1 = \lambda_2 = i\omega \qquad \lambda_3 = \lambda_4 = -i\omega \ .$$

Die allgemeine Lösung lautet also

$$q_1(t) = (C_1 + C_2 t)\,e^{i\omega t} + (C_3 + C_4 t)\,e^{-i\omega t} \ . \tag{6.79}$$

Die Lösung einer Differentialgleichung vierter Ordnung enthält, wie erwartet, vier Integrationskonstanten. Die Anfangsbedingungen $q_1(0) = 0$ und $\dot{q}_1(0) = v$ führen in der vorliegenden Situation auf zwei weitere Aussagen, da sowohl $\ddot{q}_1$ als auch $\dddot{q}_1$ gemäß (6.74) und (6.75) durch Ableitungen niedrigerer Ordnung bestimmt sind:

$$\begin{aligned}\ddot{q}_1 &= 2\omega\dot{q}_2 + \omega^2 q_1 & &\longrightarrow & \ddot{q}_1(0) &= 0 \\ \dddot{q}_1 &= 2\omega\ddot{q}_2 + \omega^2\dot{q}_1 = -3\omega^2\dot{q}_1 + 2\omega^2 q_2 & &\longrightarrow & \dddot{q}_1(0) &= -3\omega^2 v \ .\end{aligned}$$

Die Implementierung der Anfangsbedingungen ist etwas umständlich. Man muss die allgemeine Lösung dreimal differenzieren, $t = 0$ setzen und das dabei auftretende lineare Gleichungssystem für $C_1 \dots C_4$ lösen. Das Endergebnis (reell!) dieser elementaren Rechnung (siehe ⊛ D.tail 6.3) ist

$$q_1(t) = vt\cos\omega t \ .$$

Die Berechnung von $q_2(t)$ beinhaltet nur eine geeignete Kombination der Grundgleichungen (6.74) und (6.75)

$$\left.\begin{aligned}q_2(t) &= \frac{1}{\omega^2}\ddot{q}_2(t) + \frac{2}{\omega}\dot{q}_1(t) \\ \ddot{q}_2(t) &= \frac{1}{2\omega}\dddot{q}_1 - \frac{\omega}{2}\dot{q}_1(t)\end{aligned}\right\} \ \rightarrow \ q_2 = \frac{1}{2\omega^3}\dddot{q}_1 + \frac{3}{2}\frac{1}{\omega}\dot{q}_1 = -vt\sin\omega t \ .$$

Die Bahnkurve, die durch diese beiden Gleichungen beschrieben wird, ist eine Spirale. Die Spirale wird, wie in Abb. 6.18 angedeutet, durchlaufen. Die Entfernung von dem Ursprung wächst linear mit der Zeit.

Man kann das Ergebnis jedoch auch auf sehr einfache Weise gewinnen. In dem Inertialsystem gilt (entsprechend den Anfangsbedingungen)

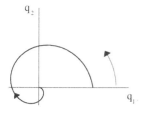

Abb. 6.18. Illustration des Beispiels 6.5: Bahnkurve aus der Sicht des rotierenden Systems

$$\boldsymbol{r}(t) = vt\boldsymbol{e}_1 \; .$$

Die Transformationsgleichung des Vektors $\boldsymbol{e}_1$ ist für die vorgegebene Situation

$$\boldsymbol{e}_1 = \boldsymbol{\varepsilon}_1(t)\cos\omega t - \boldsymbol{\varepsilon}_2(t)\sin\omega t \; ,$$

so dass man direkt das Ergebnis

$$\boldsymbol{r}(t) = (vt\cos\omega t)\boldsymbol{\varepsilon}_1 + (-vt\sin\omega t)\boldsymbol{\varepsilon}_2 \tag{6.80}$$

aus der Sicht von S' erhält.

Die Folgerung, die man aus dieser Betrachtung ziehen kann, lautet: Man sollte sich in jedem Fall überlegen, ob man die Bewegungsgleichungen im rotierenden Koordinatensystem löst oder ob man die Lösung der Bewegungsgleichungen in dem Inertialsystem in das rotierende System transformiert. In dem vorliegenden Beispiel ist die zweite Option wesentlich einfacher.

6.2.3 Scheinkräfte auf der rotierenden Erde

Die Diskussion der Scheinkräfte in einem Koordinatensystem, das mit der Erde verknüpft ist, wäre recht kompliziert, wenn man es ganz genau machen möchte. Die Erde führt eine komplizierte Drehbewegung aus, die sich aus drei Einzeldrehungen zusammensetzt:

(1) Rotation der Erde um die Nord-Süd Achse ($\boldsymbol{\omega}$).
(2) Rotation der Erde um die Sonne ($\boldsymbol{\omega}_{\mathrm{ES}}$). Dabei ist zu beachten, dass die Erdachse gegen die Bahnebene der Erde geneigt ist (Deklination) und die Rotation der Erde um die Sonne winkelbeschleunigt ist.
(3) Rotation des gesamten Planetensystems um das Zentrum des Spiralnebels Milchstraße ($\boldsymbol{\omega}_{\mathrm{S}}$).

Man kann jedoch den Einfluss der Drehungen (2) und (3) in guter Näherung gegenüber Effekten der Drehung (1) vernachlässigen. Die Winkelgeschwindigkeit der Drehung (1) ist

$$\omega = \frac{2\pi}{\mathrm{Tag}} = \frac{2\pi}{24 \cdot 3600}\,\mathrm{s}^{-1} = 7.272 \cdot 10^{-5}\,\mathrm{s}^{-1} \qquad \dot{\omega} \approx 0 \; .$$

Diese Zahl sieht nicht sonderlich eindrucksvoll aus. Betrachtet man jedoch die Geschwindigkeit eines Objektes am Äquator, so findet man die ganz beachtliche Geschwindigkeit von

$$v_{\ddot{A}q} = R_E\,\omega = (6.38 \cdot 10^3\,\text{km})\,\omega \approx 1670\,\frac{\text{km}}{\text{h}}\ .$$

Die Erddrehung ist von Westen nach Osten (die Sonne geht im Osten auf), der Vektor $\boldsymbol{\omega}$ zeigt demnach nach Norden.

Betrachtet man eine Masse m, die auf der Erdoberfläche ruht, so wirken auf diese Masse aus der Sicht eines Koordinatensystems, das mit der Erde verbunden ist, die folgenden Kräfte (Abb. 6.19, $\dot{\boldsymbol{\omega}} = \boldsymbol{0}$ wird in guter Näherung vorausgesetzt).

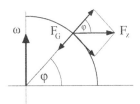

Abb. 6.19. Kräfte auf eine ruhende Masse auf der Erdoberfläche

(1) Die Gravitation $\boldsymbol{F}_G = -m\boldsymbol{g}$ mit der Richtung gegen den Erdmittelpunkt.
(2) Die Zentrifugalkraft $\boldsymbol{F}_Z = -m\boldsymbol{\omega} \times (\boldsymbol{\omega} \times \boldsymbol{r})$ $|\boldsymbol{r}| = R_E$.

Der Vektor $\boldsymbol{F}_Z$ ist parallel zu der Äquatorialebene und nach außen gerichtet. Der Betrag dieses Vektors hängt von der geographischen Breite φ ab

$$F_Z = m R_E \omega^2 \cos\varphi\ .$$

Diese Abhängigkeit ergibt sich aus

$$|\boldsymbol{\omega} \times \boldsymbol{r}| = R_E\omega \sin(90° - \varphi) = R_E\omega \cos\varphi$$

und der Aussage, dass der Winkel zwischen den Vektoren $\boldsymbol{\omega} \times \boldsymbol{r}$ und $\boldsymbol{\omega}$ gleich $90°$ ist. Mit den angegebenen Werten für R_E und ω findet man für die Zentrifugalbeschleunigung

$$a_Z = 3.4 \cos\varphi\,\frac{\text{cm}}{\text{s}^2}\ .$$

Im Vergleich zu der Gravitation mit

$$a_G = 980\,\frac{\text{cm}}{\text{s}^2}$$

ist die Zentrifugalwirkung schwach (sie beträgt höchstens 0.35 % der Gravitation), doch sind ihre Auswirkungen durchaus beobachtbar. Bei der Zerlegung von $\boldsymbol{F}_Z$ in Komponenten in Richtung der Schwerkraft und einer dazu senkrechten Komponente (Abb. 6.19) findet man für die Gesamtbeschleunigung in der Vertikalen

$$\boldsymbol{g}_{\text{eff}} = \boldsymbol{g} + \boldsymbol{a}_{ZV} = -(g - \omega^2 R_E \cos^2\varphi)\boldsymbol{e}_r\ .$$

Die Erdbeschleunigung wird in Abhängigkeit von der geographischen Breite geringfügig abgeschwächt. Die Abschwächung verschwindet an den Polen ($\varphi = \pm\pi/2$). Der Betrag der Horizontalkomponente ist

$$a_{\mathrm{ZH}} = \omega^2 R_{\mathrm{E}} \cos\varphi \sin\varphi \ .$$

Die Richtung ist nach Süden auf der nördlichen Halbkugel und nach Norden auf der südlichen Halbkugel. Die Abhängigkeit von der Breite (nördliche Halbkugel) ist in Abb. 6.20 illustriert. Unter dem Einfluss dieser Kraftkom-

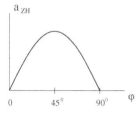

Abb. 6.20. Horizontalkomponente der Zentrifugalbeschleunigung auf der nördlichen Halbkugel

ponente sollten sich Objekte in Richtung des Äquators bewegen. Dies findet jedoch nicht statt. Ein Grund (neben Reibung) ist: Die Erde ist keine Kugel, sondern ein Geoid. Die Erde hat plastische Eigenschaften und hat sich im Laufe ihrer Existenz schon den Zentrifugalkräften angepasst. Die Massenverteilung der Erde ist näherungsweise so, dass der Vektor

$$\boldsymbol{g} - \boldsymbol{\omega} \times (\boldsymbol{\omega} \times \boldsymbol{r})$$

immer senkrecht auf der Tangentialebene an die Erdoberfläche steht.

6.2.3.1 Der freie Fall auf der rotierenden Erde. Die Beschreibung des freien Falls aus der Sicht der rotierenden Erde muss die Scheinkäfte einbeziehen. Ein Objekt, das aus der Höhe h auf die Erde fällt, erfährt aufgrund der Corioliskraft eine Abweichung von der Vertikalen. Diese Abweichung soll berechnet werden. Man benutzt dazu (wie in dem eigentlichen Experiment) ein lokales Koordinatensystem (Abb. 6.21). Das Koordinatensystem sitzt auf

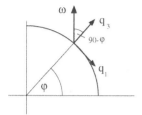

Abb. 6.21. Lokales Koordinatendreibein, angedeutet

der Oberfläche des Geoids und zwar so, dass die q_1-Richtung die Nord-Süd

Tangente, die q_2-Richtung die West-Ost Tangente und die q_3-Richtung die Vertikale darstellt.

Die Bewegungsgleichungen für den freien Fall auf der rotierenden Erde ($\dot{\boldsymbol{\omega}} = \mathbf{0}$) sind

$$m\boldsymbol{a}_{\mathrm{R}} = m\boldsymbol{g}_{\mathrm{eff}} - 2m(\boldsymbol{\omega} \times \boldsymbol{v}_{\mathrm{R}}) \ . \tag{6.81}$$

Zentrifugaleffekte sind in $\boldsymbol{g}_{\mathrm{eff}}$ einbezogen. Für die Zerlegung der Vektoren in Komponenten in Bezug auf das lokale Koordinatensystem ist die Annahme einer Kugelgeometrie akzeptabel. Man findet in Abhängigkeit von der geographischen Breite φ

$$\boldsymbol{\omega} = -\omega \cos\varphi\boldsymbol{\varepsilon}_1 + \omega \sin\varphi\boldsymbol{\varepsilon}_3 \tag{6.82}$$

und erhält für den relevanten Faktor der Corioliskraft

$$\boldsymbol{\omega} \times \boldsymbol{v}_{\mathrm{R}} = \begin{vmatrix} \boldsymbol{\varepsilon}_1 & \boldsymbol{\varepsilon}_2 & \boldsymbol{\varepsilon}_3 \\ -\omega\cos\varphi & 0 & \omega\sin\varphi \\ \dot{q}_1 & \dot{q}_2 & \dot{q}_3 \end{vmatrix}$$

$$= (-\omega\dot{q}_2\sin\varphi)\boldsymbol{\varepsilon}_1$$
$$+ (\omega\dot{q}_1\sin\varphi + \omega\dot{q}_3\cos\varphi)\boldsymbol{\varepsilon}_2 + (-\omega\dot{q}_2\cos\varphi)\boldsymbol{\varepsilon}_3 \ .$$

Die Komponentendarstellung der Bewegungsgleichungen ist also

$$\begin{aligned} \ddot{q}_1 &= & 2\omega\dot{q}_2\sin\varphi & \\ \ddot{q}_2 &= -2\omega\dot{q}_1\sin\varphi & & -2\omega\dot{q}_3\cos\varphi \\ \ddot{q}_3 &= & 2\omega\dot{q}_2\cos\varphi & -g_{\mathrm{eff}} \ . \end{aligned} \tag{6.83}$$

Die offensichtliche Symmetrie dieses Gleichungssystems ist kein Zufall, sondern eine Konsequenz des Energiesatzes. Multipliziert man die i-te Gleichung mit $\dot{q}_i$ und addiert diese Ausdrücke, so ergibt sich

$$\sum_{i=1}^{3} \dot{q}_i\ddot{q}_i + g_{\mathrm{eff}}\dot{q}_3 = 0 \ .$$

Dies kann man auch in der Form schreiben

$$\frac{\mathrm{d}}{\mathrm{d}t}\left(\sum_i \frac{1}{2}\dot{q}_i^2 + g_{\mathrm{eff}}q_3\right) = \frac{1}{m}\left[\frac{\mathrm{d}}{\mathrm{d}t}(T + U_{\mathrm{eff}})\right] = 0 \ . \tag{6.84}$$

Die Corioliskraft leistet keine Arbeit, da sie zu jedem Zeitpunkt senkrecht auf der momentanen Bewegungsrichtung steht.

Eine genäherte Lösung der Differentialgleichungen (6.83) für den freien Fall auf der rotierenden Erde kann man mit dem folgenden Argument gewinnen: Es ist wegen des kleinen Wertes von ω zu erwarten, dass die Abweichungen von der Vertikalen gering sind. Man kann also $\dot{q}_1$ und $\dot{q}_2$ in den Bewegungsgleichungen im Vergleich zu $\dot{q}_3$ vernachlässigen. Die genäherten Bewegungsgleichungen sind somit

$$\ddot{q}_1 = 0$$
$$\ddot{q}_2 = -2\omega\dot{q}_3\cos\varphi \tag{6.85}$$
$$\ddot{q}_3 = -g_{\text{eff}} \, .$$

Zur Interpretation des 'Standardfallexperimentes' benutzt man die Anfangsbedingungen

$$q_1(0) = q_2(0) = 0 \qquad q_3(0) = h$$
$$\dot{q}_i(0) = 0 \qquad\qquad (i = 1, 2, 3) \, .$$

Das Objekt befindet sich anfänglich in der Höhe h über der Erdoberfläche (in Ruhelage in Bezug auf die rotierende Erde). Die Lösungen der ersten und der dritten Gleichung in (6.85) sind dann

$$q_1(t) = 0 \qquad q_3(t) = h - \frac{1}{2}g_{\text{eff}}t^2 \, . \tag{6.86}$$

Setzt man die Lösung für q_3 in die zweite Differentialgleichung ein, so erhält man mit den vorgegebenen Anfangsbedingungen

$$q_2 = \frac{1}{3}\omega t^3 g_{\text{eff}}\cos\varphi \, . \tag{6.87}$$

Man findet eine Abweichung von der Vertikalen in östlicher Richtung auf der nördlichen wie auf der südlichen Halbkugel ($-\pi/2 \le \varphi \le \pi/2$). Setzt man z.B. die Werte $h = 100\,\text{m}$ und $g_{\text{eff}} = 9.8\,\text{m/s}^2$ ein, so erhält man aus der Lösung für q_3

$$q_3(T) = 0 = 100 - 4.9\,T^2$$

die Fallzeit zu $T = 4.52\,\text{s}$ und für die Ostabweichung bei einer geographischen Breite φ von $45°$

$$q_2(T) \approx 1.6\,\text{cm} \, .$$

Die Abweichung ist zwar klein, aber messbar. Man kann durch Messung der Ostabweichung einen experimentellen Nachweis der Erdrotation erbringen.

Die Schritte für die exakte Lösung der Differentialgleichungen (6.83) sind in ⓒ D.tail 6.4 (Teil 1) zusammengestellt. Mit den Anfangsbedingungen für den freien Fall aus der Ruhelage findet man die Lösung

$$q_1(t) = \frac{ABg}{8\omega^4}\left\{(\omega t)^2 + \frac{1}{2}(\cos 2\omega t - 1)\right\}$$

$$q_2(t) = \frac{Bg}{4\omega^3}\left\{(\omega t) - \frac{1}{2}\sin 2\omega t\right\} \tag{6.88}$$

$$q_3(t) = h - \frac{1}{2}gt^2 + \frac{B^2 g}{8\omega^4}\left\{(\omega t)^2 + \frac{1}{2}(\cos 2\omega t - 1)\right\} \, .$$

Die Größen A und B stehen für

$$A = 2\omega \sin\varphi \qquad B = 2\omega \cos\varphi \, . \tag{6.89}$$

Zu dieser Lösung bieten sich die folgenden Bemerkungen an:

1. Mit der Reihenentwicklung für $\sin\omega t$ und $\cos\omega t$ erhält man in niedrigster Ordnung die zunächst gewonnene Näherung. Bei Einbeziehung weiterer Terme der Entwicklung kann man etwas genauere Näherungsformeln gewinnen.
2. Zusätzlich zu der Ostabweichung gibt es auf der nördlichen Halbkugel $(0 < \varphi < \pi/2)$ eine Südabweichung. Für die Werte $h = 100\,\mathrm{m}$ und $\varphi = 45°$ ist diese $1.8\,10^{-4}\,\mathrm{cm}$, also praktisch nicht messbar.

Das Auftreten der Ostabweichung kann man in qualitativer Weise auch folgendermaßen einsehen: Aus der Sicht eines Inertialsystems hat der Auftreffpunkt die Bahngeschwindigkeit $v_{\mathrm{auf}} = R_{\mathrm{E}}\omega\cos\varphi$. Die Masse in der Höhe h hatte jedoch die Bahngeschwindigkeit $v_{\mathrm{m}} = (R_{\mathrm{E}} + h)\omega\cos\varphi$. Das fallende Objekt hat also gegenüber dem Auftreffpunkt eine etwas größere Anfangsgeschwindigkeit in Ostrichtung und wird somit nach Absolvierung der Fallbewegung östlich von diesem auftreffen.

6.2.3.2 Der freie Wurf auf der rotierenden Erde und verwandte Effekte. Ein zweiter Satz von Anfangsbedingungen

$$q_1(0) = q_2(0) = q_3(0) = 0$$

$$\dot{q}_1(0) = v_1 \quad \dot{q}_2(0) = 0 \quad \dot{q}_3(0) = v_3 > 0$$

beschreibt eine Projektilbewegung auf der rotierenden Ebene mit anfänglicher Bewegung in der Nord-Süd $(v_1 > 0)$ oder Süd-Nord $(v_1 < 0)$ Richtung. Die spezielle Lösung ist in diesem Fall (siehe ☺ Aufg. 6.4)

$$q_1(t) = v_1 t + \frac{ABg}{8\omega^4}\left\{(\omega t)^2 + \frac{1}{2}(\cos 2\omega t - 1)\right\}$$

$$+ \frac{A}{4\omega^3}(Av_1 + Bv_3)\left\{\frac{1}{2}\sin 2\omega t - (\omega t)\right\}$$

$$q_2(t) = \frac{Bg}{4\omega^3}\left\{(\omega t) - \frac{1}{2}\sin 2\omega t\right\} \tag{6.90}$$

$$+ \frac{1}{4\omega^2}(Av_1 + Bv_3)\left\{\cos 2\omega t - 1\right\}$$

$$q_3(t) = v_3 t - \frac{1}{2}gt^2 + \frac{B^2 g}{8\omega^4}\left\{(\omega t)^2 + \frac{1}{2}(\cos 2\omega t - 1)\right\}$$

$$+ \frac{B}{4\omega^3}(Av_1 + Bv_3)\left\{\frac{1}{2}\sin 2\omega t - (\omega t)\right\} \, .$$

Auch hier gibt es eine Ost- oder West-Abweichung. Bei einer Anfangsgeschwindigkeit von $v_1 = 500$ m/s und $v_3 = 100$ m/s in nördlicher Richtung, mit einer Wurfweite von ca. 10 km beträgt diese Abweichung von der Zielrichtung bis zu 15 m. Es ist also nicht verwunderlich, dass die Zielberechnungen für die ersten Geschütze mit einer größeren Reichweite, die ohne die Einbeziehung der Erdrotation durchgeführt wurden, nicht den gewünschten Erfolg hatten.

Effekte der Corioliswirkung sind außerdem bei den folgenden Phänomenen zu beobachten:

(1) Die Bildung von Zyklonen.
(2) Der Verlauf des Golfstromes.
(3) Der Verlauf von Flüssen.
(4) Die Wirbelbildung beim Entleeren einer Badewanne.
(5) Das Foucaultsche Pendel.

In den ersten beiden Beispielen orientiert sich der Drehsinn an der Wirkung der Scheinkräfte. Zyklone auf der nördlichen Halbkugel drehen sich, ebenso wie der Golfstrom, im Mittel im Uhrzeigersinn. Die Wirkung der Ostabweichung wird (cum grano salis) an der Abweichung der nach Norden fließenden sibirischen Flüsse in östlicher Richtung sichtbar, da in der nordsibirischen Ebene nur geringe geographische Hindernisse der Wirkung der Corioliskraft entgegenstehen. Die unterschiedliche Richtung der Wirbel beim Entleeren einer Badewanne auf der nördlichen und der südlichen Halbkugel ist oft diskutiert, doch, infolge 'technischer Schwierigkeiten' nie eindeutig beobachtet worden. Das Foucaultpendel ist ein mathematisches Pendel (ein Pendel mit einer konstanten Schwingungsebene), dessen Bewegung aus der Sicht der rotierenden Erde betrachtet wird. Es kann somit zum Nachweis der Auswirkungen der Corioliskraft bzw. der Erdrotation dienen.

6.2.3.3 Das Foucaultpendel. Die zuständigen Bewegungsgleichungen (und Anordnung des lokalen Koordinatensystems) entsprechen den Gleichungen (6.83) des freien Falls auf der rotierenden Erde. Um die Zwangsbedingung der festen Fadenlänge

$$\frac{m}{2}\left(q_1^2 + q_2^2 + q_3^2 - l^2\right) = 0$$

einzubeziehen, bietet sich eine Formulierung nach Lagrange I an

$$\begin{aligned}
\ddot{q}_1 &= & 2\omega\dot{q}_2 \sin\varphi & & +\lambda q_1 \\
\ddot{q}_2 &= -2\omega\dot{q}_1 \sin\varphi & & -2\omega\dot{q}_3 \cos\varphi & +\lambda q_2 \\
\ddot{q}_3 &= & 2\omega\dot{q}_2 \cos\varphi & & -g_{\text{eff}} +\lambda q_3\,.
\end{aligned} \qquad (6.91)$$

Für kleine Auslenkungen des Pendels aus der Ruhelage gelten bei genügend großer Fadenlänge die Aussagen

$$\frac{q_1}{l}\,,\frac{q_2}{l} \ll 1\,.$$

Die Zwangsbedingung

$$q_3 = \pm l \left[1 - \left(\frac{q_1}{l} \right)^2 - \left(\frac{q_2}{l} \right)^2 \right]^{1/2}$$

ergibt nach Entwicklung mit der binomischen Reihe

$$q_3 = \pm l \left(1 - \frac{1}{2} \left[\left(\frac{q_1}{l} \right)^2 - \left(\frac{q_2}{l} \right)^2 \right] + \dots \right) .$$

Man kann somit (unter Beachtung der Orientierung von q_3) in nullter Ordnung $q_3 = -l$ setzen, die Größen (q_1/l) und (q_2/l) gelten als Größen erster Ordnung. Die dominanten Beiträge in der dritten der Bewegungsgleichungen (6.91) sind die Schwerkraft (setze $g_{eff} \equiv g$) und die Zwangskraft, die Ableitung $\ddot{q}_3$ ist von zweiter und der Coriolisterm von erster Ordnung. Es ist also in nullter Ordnung $\lambda = -(g/l)$ und in konsistenter erster Ordnung verbleiben die Bewegungsgleichungen

$$\ddot{q}_1 = \quad 2\omega \dot{q}_2 \sin\varphi - \frac{g}{l} q_1$$
$$\ddot{q}_2 = -\, 2\omega \dot{q}_1 \sin\varphi - \frac{g}{l} q_2 , \tag{6.92}$$

da der Term in $\dot{q}_3$ als Beitrag höherer Ordnung vernachlässigt werden kann.

Zur weiteren Diskussion des Gleichungssystems (6.92) ist eine komplexe Zusammenfassung mit $u = q_1 + \mathrm{i}\, q_2$ und die Abkürzung $R = \omega \sin\varphi$ nützlich. Die resultierende lineare Differentialgleichung mit konstanten Koeffizienten

$$\ddot{u} + 2\,\mathrm{i}\, R\, \dot{u} + \frac{g}{l} u = 0 \tag{6.93}$$

kann mit dem Standardexponentialansatz gelöst werden. Die allgemeine Lösung ist

$$u(t) = C_1 \mathrm{e}^{\mathrm{i}\, \alpha_1 t} + C_2 \mathrm{e}^{\mathrm{i}\, \alpha_2 t} \tag{6.94}$$

mit den Wurzeln

$$\alpha_{1,2} = -R \pm \sqrt{R^2 + (g/l)}$$

der charakteristischen Gleichung.

Das ursprüngliche Foucaultexperiment wurde 1851 durchgeführt. Das Pendel wurde nach Süden ausgelenkt ($q_1(t=0) = C$, $q_2(t=0) = 0$) und ohne Anstoß ($\dot{q}_1(0) = \dot{q}_2(0) = 0$) in Bewegung gesetzt. Mit diesen Anfangsbedingungen findet man über

$$C_1 + C_2 = C \qquad \alpha_1 C_1 + \alpha_2 C_2 = 0$$

für die Integrationskonstanten

$$C_1 = -\frac{C\alpha_2}{(\alpha_1 - \alpha_2)} = \frac{C}{2} \left(1 + \frac{R}{\sqrt{R^2 + (g/l)}} \right)$$
$$C_2 = \quad \frac{C\alpha_1}{(\alpha_1 - \alpha_2)} = \frac{C}{2} \left(1 - \frac{R}{\sqrt{R^2 + (g/l)}} \right) .$$

Das Pendel führt bei diesen Anfangsbedingungen aus der Sicht der rotierenden Erde eine Rosettenbewegung (Abb. 6.22) aus. Um diese Aussage zu belegen, berechnet man zunächst die Zeitableitung der Funktion $u(t)$

$$\dot{u} = i\,\alpha_1 C_1 \left(e^{i\,\alpha_1 t} - e^{i\,\alpha_2 t}\right)$$

$$= -\frac{C\,g}{l\,\sqrt{R^2 + (g/l)}}e^{-i\,R\,t}\,\sin\left(\left[R^2 + \left(\frac{g}{l}\right)\right]^{1/2} t\right). \qquad (6.95)$$

Diese Ableitung hat den Wert Null, falls das Argument der Sinusfunktion ein Vielfaches von π ist, also wenn

$$\left[R^2 + (g/l)\right]^{1/2} t = k\pi \qquad (k = 0, \pm 1, \pm 2, \ldots)$$

ist. Mit der Ableitung der komplexen Funktion u sind auch die Zeitableitungen der Koordinaten q_1 und q_2 gleich Null. Dies bedingt das Auftreten von Spitzen in der Bahnkurve für

$$\tau_k = \frac{k\pi}{\sqrt{R^2 + (g/l)}} \qquad (k = 0, \pm 1, \pm 2, \ldots)\,.$$

Diese Zeiten entsprechen bei Abwesenheit der Corioliskraft ($R = 0$) genau den Umkehrzeiten des gewöhnlichen mathematischen Pendels in der harmonischen Näherung (4.35).

In dem Zeitintervall von 0 bis τ_1 bewegt sich das Pendel (aus der Sicht der rotierenden Erde) nicht genau nach Norden, sondern erreicht einen Punkt, der durch

$$u(\tau_1) = C_1 e^{-i(R\,\tau_1 - \pi)} + C_2 e^{-i(R\,\tau_1 + \pi)} = -C e^{-i R\,\tau_1}\,, \qquad (6.96)$$

beziehungsweise durch

$$q_1(\tau_1) = -C\cos(R\,\tau_1) \qquad q_2(\tau_1) = C\sin(R\,\tau_1)$$

gekennzeichnet ist (Abb. 6.22a). Der erste Umkehrpunkt des Pendels liegt im

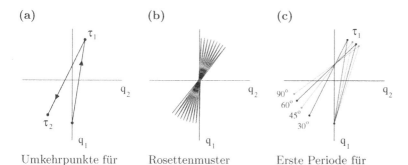

(a)   **(b)**   **(c)**

Umkehrpunkte für   Rosettenmuster   Erste Periode für
eine Periode $\varphi = 30°,\ 45°,\ 60°,\ 90°$

Abb. 6.22. Das Foucaultpendel

Nordosten. Dieser Punkt ist um den Winkel $\Delta\phi_1$ (abhängig von der geographischen Breite φ) mit

$$\Delta\phi_1 = \omega\tau_1 \sin\varphi$$

gegen die Nord-Süd Richtung gedreht. Allgemein werden die Umkehrpunkte durch die Koordinaten

$$q_1(\tau_k) = (-1)^k C \cos(R\,\tau_k) \qquad q_2(\tau_k) = (-1)^{k+1} C \sin(R\,\tau_k)$$

beschrieben. So liegt der zweite Umkehrpunkt (mit $k = 2$) im Südwesten. Diese Rotation der Schwingungsebene, die sich nach dem angedeuteten Muster fortsetzt (Abb. 6.22b), ist einzig auf die Wirkung der Corioliskraft zurückzuführen (sie verschwindet für $R = 0$). Ihre experimentelle Verifikation[5] ist somit ein Nachweis der Erdrotation. Die Variation der Rotation der Schwingungsebene des Pendels mit der geographischen Breite ist in Abb. 6.22c zu erkennen, die die erste Schwingungsperiode für φ-Werte von 30°, 45°, 60°, 90° (von links nach rechts) zeigt.

Das letzte Thema unter dem Stichwort 'Anwendungen der Lagrangegleichungen' ist die Bewegung starrer Körper. In der Hauptsache geht es um die Drehung starrer Körper in der Kreiseltheorie. Von den zahlreichen, interessanten Aspekten dieser Theorie werden jedoch nur die einfachsten angesprochen.

6.3 Die Bewegung starrer Körper

Die Beschreibung der Bewegung von ausgedehnten Objekten ist aufwendiger als die Beschreibung der Bewegung eines einzelnen Massenpunktes. Eine Vereinfachung ergibt sich, wenn man voraussetzt, dass der Körper starr ist. Als einen starren Körper bezeichnet man ein System von Massenpunkten, deren Abstände sich nicht mit der Zeit verändern.

Ein starrer Körper besitzt (außer für eine Hantel aus zwei Massenpunkten) 6 Freiheitsgrade, die der Translation eines Bezugspunktes in dem Körper (oft zweckmäßigerweise der Schwerpunkt) und einer Drehung des Gesamtkörpers entsprechen. Die mathematische Fassung der Drehbewegung erfordert einigen Aufwand. Man kann (wie in Kap. 6.3.2 gezeigt) diese Bewegung durch die Komponenten der Drehgeschwindigkeit (ω_μ, $\mu = 1, 2, 3$) in einem körperfesten Koordinatensystem charakterisieren. Die kinetische Energie der Rotation hat dann die Form

$$T_{\text{rot}} = \frac{1}{2} \sum_{\mu,\nu=1}^{3} I_{\mu\nu}\,\omega_\mu\,\omega_\nu\,,$$

---

[5] Im Deutschen Museum in München nachzuempfinden. ⊕ D.tail 6.4 (Teil 2) enthält ein Applet zur Illustration der Zeitentwicklung des Foucaultpendels

wobei die 3×3 Matrix $\hat{\mathsf{I}} = [I_{\mu\nu}]$ das Trägheitsverhalten des Körpers bei Drehungen bestimmt. Details zu dem Thema 'Trägheitsmatrix' werden in Kap. 6.3.2 vorgestellt.

Die Tatsache, dass das Trägheitsverhalten durch eine Matrix (und nicht wie bei der Translation durch eine Zahl, einen Skalar) bestimmt wird, bedingt unter anderem eine Matrixbeziehung zwischen Drehimpuls und Drehgeschwindigkeit (Kap. 6.3.3). Daraus ergibt sich auch für einfache Situationen (wie den kräftefreien symmetrischen Kreisel) ein komplexeres Bewegungsmuster.

Da zu den Drehgeschwindigkeitskomponenten ω_μ keine generalisierten Koordinaten gefunden werden können, müssen diese mit der expliziten Beschreibung der Drehbewegung (meist mittels der sogenannten Eulerwinkel als generalisierten Koordinaten) in Verbindung gebracht werden. Die aus diesen Überlegungen resultierenden Bewegungsgleichungen (Kap. 6.3.4) sind nicht einfach zu handhaben. Trotzdem werden nach der Aufstellung dieser 'Kreiselgleichungen' eine kleine Auswahl von Anwendungsbeispielen diskutiert werden (Kap. 6.3.5).

6.3.1 Vorbereitung

Der erste Punkt, der zu klären ist, ist die Charakterisierung eines starren Körpers. Es ist offensichtlich, dass es in der Natur keine absolut starren Körper gibt. Alle Objekte sind bei genügend starker Einwirkung deformierbar. Doch ist das Konzept in vielen Situationen eine ausgezeichnete Näherung.

Man kann sich durch einfaches Abzählen davon überzeugen, dass die Zahl der Freiheitsgrade eines starren Körpers immer 6 ist, solange die Zahl der Massenpunkte größer oder gleich 3 ist (Abb. 6.23). Ist die Anzahl der Mas-

$N = 2$ $\quad\quad$ $N = 3$ $\quad\quad$ $N = 4$ $\quad\quad$ $N = 5$

Abb. 6.23. Einfache starre Körper

senpunkte N gleich 2, so entsteht ein starrer Körper, wenn die beiden Massenpunkte durch eine feste Stange verbunden werden. Die Zahl der Freiheitsgrade $N_F = 6$ wird durch eine Zwangsbedingung auf 5 eingeschränkt. Für einen starren Körper mit drei beziehungsweise vier Massenpunkten benötigt man drei (Dreieck) beziehungsweise sechs (Tetraeder) Stangen. Die Zahl der Freiheitsgrade $N_F = 3 \times N$ wird in beiden Fällen auf 6 reduziert. Von diesem Punkte an wird die Situation folgendermaßen überschaubar: Für jede weitere Masse benötigt man drei neue Bedingungen, um die Position der zusätzlichen

Masse in Bezug auf den Restkörper festzulegen. Hätte man zum Beispiel nur zwei zusätzliche Bedingungen, so könnte der zusätzliche Massenpunkt gegen den Restkörper eine schwingende Bewegung ausführen, wäre also nicht starr. Die drei neuen Freiheitsgrade werden sofort durch die drei Bedingungen eingefroren, und es ist immer

$$N_F = 6 \qquad \text{für alle} \quad N \geq 3 \,.$$

Im Endeffekt interessiert insbesondere ein Übergang von einer diskreten zu einer kontinuierlichen Massenverteilung (vergleiche Kap. 3.2.4.1, S. 128).

Um Bewegungsgleichungen für einen starren Körper zu gewinnen, kann man den Lagrangeformalismus benutzen. Dazu muss man die folgenden Schritte ins Auge fassen:

(1) Betrachte die Lagrangefunktion für ein System von N Massenpunkten mit $(3N - 6)$ Zwangsbedingungen. Wähle sechs nichttriviale, generalisierte Koordinaten.

(2) Stelle die Lagrangefunktion als Funktion der generalisierten Koordinaten dar und berechne die Bewegungsgleichungen nach Standardvorschrift.

(3) Gegebenenfalls folgt noch der Schritt: Vollziehe den Übergang von einer diskreten zu einer kontinuierlichen Massenverteilung.

Setzt man die Lagrangefunktion für einen starren Körper aus N Massenpunkten in der Form an

$$L = \frac{1}{2} \sum_i m_i v_i^2 - \sum_i U(\boldsymbol{r}_i) - \frac{1}{2} \sum_{i \neq k} V(|\boldsymbol{r}_i - \boldsymbol{r}_k|) \,, \qquad (6.97)$$

so ist Folgendes zu bemerken: Hängt die innere potentielle Energie (wie angedeutet) nur von den Abständen der Massenpaare ab, so gilt wegen der Konstanz der Abstände

$$V = \frac{1}{2} \sum_{i,k} V_{i,k} = \text{const.}$$

Die innere potentielle Energie ist demnach nicht von Interesse und man kann sich auf die Betrachtung von $L = T - U$ beschränken.

Die Wahl der $(3N - 6)$ ignorablen generalisierten Koordinaten ist trivial

$$q_7 = (x_1 - x_2)^2 + (y_1 - y_2)^2 + (z_1 - z_2)^2 - l_{12}^2 = 0$$

$$\vdots \qquad \vdots \qquad \qquad \vdots$$

$$q_{3N} = (x_N - x_{N-1})^2 + \ldots + (z_N - z_{N-1})^2 - l_{N-1,N}^2 = 0 \,,$$

wobei die Größen l_{ik} die festen Abstände zwischen den Massenpaaren darstellen. Eine mögliche Wahl der verbleibenden, sechs nichttrivialen generalisierten Koordinaten kommt in dem Theorem von Chasles zum Ausdruck:

> Die allgemeine Bewegung eines starren Körpers setzt sich aus einer Translation und einer Drehung des Gesamtsystems zusammen.

Zur Illustration dieses Theorems (Abb. 6.24) genügt es, in einem starren Körper drei Punkte zu betrachten. Diese drei Punkte kann man von einer gegebenen Anfangssituation in eine gegebenen Endsituation überführen, indem man die drei Punkte um eine geeignete Achse dreht und dann parallelverschiebt. Die Reihenfolge dieser Schritte ist offensichtlich vertauschbar.

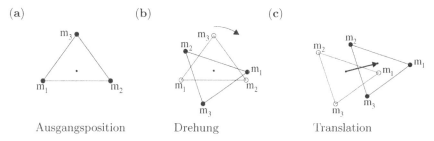

Abb. 6.24. Illustration des Theorems von Chasles

6.3.2 Die kinetische Energie eines starren Körpers

Für die Beschreibung der Translation benötigt man einen geeigneten Bezugspunkt in dem Körper. Es bietet sich der Schwerpunkt an

$$\boldsymbol{R} = \frac{1}{M} \sum_{i=1}^{N} m_i \boldsymbol{r}_i \qquad M = \sum_i m_i \ .$$

Die drei Schwerpunktkoordinaten können als die ersten drei, relevanten generalisierten Koordinaten dienen. Die Beschreibung der Drehung ist etwas komplizierter. Die generalisierten Koordinaten zur Beschreibung der Drehbewegung werden erst in Kap. 6.3.4 festgelegt. Man charakterisiert die Bewegung eines starren Körpers zunächst durch die Wahl von zwei geeigneten Koordinatensystemen.

6.3.2.1 Das körperfeste Koordinatensystem. Koordinatensystem 1 ist ein Inertialsystem, das **raumfeste Koordinatensystem**. Es entspricht dem Standpunkt eines außenstehenden Beobachters. Koordinatensystem 2 ist ein **körperfestes Koordinatensystem**. Dieses ist fest mit dem starren Körper verbunden. Als Ursprung dieses Koordinatensystems kann man den Schwerpunkt wählen. Diese Wahl ist nicht notwendig, vereinfacht jedoch (wie gezeigt wird) die Diskussion. Dieses Koordinatensystem ist, infolge der möglichen Drehbewegung des Körpers, kein Inertialsystem.

Für die Position jeder Masse gilt

$$\boldsymbol{r}_i(t) = \boldsymbol{R}_{\mathrm{S}}(t) + \boldsymbol{r}_{i\mathrm{S}}(t) \ . \tag{6.98}$$

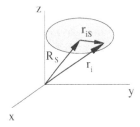

Abb. 6.25. Position eines Massenelementes aus der Sicht des körperfesten Schwerpunktsystems

Die Position des i-ten Massenpunktes aus der Sicht des raumfesten Systems $\boldsymbol{r}_i$ ist gleich der Position des Schwerpunktes $\boldsymbol{R}_S$ und der Position in Bezug auf den Schwerpunkt $\boldsymbol{r}_{iS}$ (Abb. 6.25). Für die zeitliche Änderung der Koordinaten (die Geschwindigkeit) gilt im Einklang mit dem Theorem von Chasles

$$\boldsymbol{v}_i(t) = \boldsymbol{V}_S(t) + \boldsymbol{\omega}(t) \times \boldsymbol{r}_{iS}(t) \qquad \boldsymbol{V}_S = \dot{\boldsymbol{R}}_S \; . \tag{6.99}$$

Die Geschwindigkeit jeder Masse aus der Sicht des raumfesten Systems ist gleich der Geschwindigkeit des Schwerpunktes plus einer Drehbewegung. Zur Begründung dieser Relation benutzt man das folgende eigenständige Argument: Man setzt sich zunächst in den Schwerpunkt und bringt dort ein Inertialsystem (I) an. Die Geschwindigkeit der i-ten Masse aus der Sicht von I ist (vergleiche (6.64), S. 299)

$$\boldsymbol{v}_i^{(\mathrm{I})} = \boldsymbol{v}_i^{(\mathrm{K})} + \boldsymbol{\omega} \times \boldsymbol{r}_{iS} \; .$$

$\boldsymbol{v}_i^{(\mathrm{K})}$ ist die Geschwindigkeit der Masse aus der Sicht des körperfesten Systems. Da sich der Körper jedoch mit dem System dreht, ist per Definition $\boldsymbol{v}_i^{(\mathrm{K})} = \boldsymbol{0}$. Betrachtet man nun eine zusätzliche Translation des Schwerpunktes, so folgt

$$\boldsymbol{v}_i(t) = \boldsymbol{V}_S(t) + \boldsymbol{v}_i^{(\mathrm{I})}(t) = \boldsymbol{V}_S(t) + \boldsymbol{\omega}(t) \times \boldsymbol{r}_{iS} \; .$$

Man beachte, dass der Vektor $\boldsymbol{r}_{iS}$ in dem rotierenden System nicht von der Zeit abhängt. Die momentane Drehachse (beschrieben durch den Vektor $\boldsymbol{\omega}(t)$) kann ihre Richtung (und ihren Betrag) mit der Zeit ändern.

6.3.2.2 Die kinetische Energie der Drehbewegung im schwerpunktbezogenen, körperfesten Koordinatensystem. Nach der Wahl der Bezugssysteme kann man die kinetische Energie des starren Körpers durch die Schwerpunktgeschwindigkeit und die Drehgeschwindigkeit darstellen. Der Ausgangspunkt ist

$$T = \frac{1}{2} \sum_i m_i \boldsymbol{v}_i^2$$

$$= \frac{1}{2} \sum_i m_i \left\{ \boldsymbol{V}_S^2 + 2\boldsymbol{V}_S \cdot (\boldsymbol{\omega} \times \boldsymbol{r}_{iS}) + (\boldsymbol{\omega} \times \boldsymbol{r}_{iS}) \cdot (\boldsymbol{\omega} \times \boldsymbol{r}_{iS}) \right\} \; . \tag{6.100}$$

Der erste Term beschreibt die kinetische Energie der Translation

$$T_{\text{trans}} = \frac{M}{2} \boldsymbol{V}_{\text{S}}^2 \; . \tag{6.101}$$

Der zweite Term verschwindet für das schwerpunktbezogene körperfeste System, denn es gilt gemäß der Definition des Schwerpunktes als Ursprung dieses Systems

$$\sum_i m_i \boldsymbol{r}_{i\text{S}} = \boldsymbol{0} \; .$$

Der dritte Term, der im Endeffekt als kinetische Energie der Rotation interpretiert werden kann, erfordert eine etwas längere Diskussion. Zur ersten Umschreibung benutzt man eine Standardformel aus der Vektorrechnung (siehe Math.Kap. 3.1.2)

$$(\boldsymbol{a} \times \boldsymbol{b}) \cdot (\boldsymbol{a} \times \boldsymbol{b}) = a^2 b^2 - (\boldsymbol{a} \cdot \boldsymbol{b})^2 \; .$$

Aufgrund dieser Relation ergibt sich

$$T_{\text{rot}} = \frac{1}{2} \sum_i m_i \left\{ \boldsymbol{r}_{i\text{S}}^2 \boldsymbol{\omega}^2 - (\boldsymbol{r}_{i\text{S}} \cdot \boldsymbol{\omega})^2 \right\} \; .$$

Zur detaillierten Auswertung zerlegt man dann die beiden Vektoren $\boldsymbol{\omega}$ und $\boldsymbol{r}_{i\text{S}}$ in Bezug auf das *körperfeste* Bezugssystem. Komponenten der Vektoren in dem körperfesten System werden vorläufig durch einen Strich (') gekennzeichnet

$$T_{\text{rot}} = \frac{1}{2} \sum_i m_i \left[(x_i'^2 + y_i'^2 + z_i'^2)(\omega_x'^2 + \omega_y'^2 + \omega_z'^2) \right.$$

$$\left. -(x_i' \omega_x' + y_i' \omega_y' + z_i' \omega_z')^2 \right] \; .$$

Sammelt man die Faktoren der Produkte der Drehgeschwindigkeitskomponenten, so erhält man im Detail

$$T_{\text{rot}} = \frac{1}{2} \left\{ \left[\sum_i m_i (y_i' + z_i')^2 \right] \omega_x'^2 + \left[-\sum_i m_i x_i' y_i' \right] \omega_x' \omega_y' \right.$$

$$+ \left[-\sum_i m_i x_i' z_i' \right] \omega_x' \omega_z' + \left[-\sum_i m_i x_i' y_i' \right] \omega_x' \omega_y'$$

$$+ \left[\sum_i m_i (x_i' + z_i')^2 \right] \omega_y'^2 + \left[-\sum_i m_i y_i' z_i' \right] \omega_y' \omega_z'$$

$$+ \left[-\sum_i m_i x_i' z_i' \right] \omega_x' \omega_z' + \left[-\sum_i m_i y_i' z_i' \right] \omega_y' \omega_z'$$

$$\left. + \left[\sum_i m_i (x_i'^2 + y_i'^2) \right] \omega_z'^2 \right\} \; .$$

Die Faktoren vor den Produkten der Drehgeschwindigkeitskomponenten sind zeitunabhängig. Sie hängen nur von der Geometrie und der Massenverteilung des starren Körpers ab.

Um die obige Gleichung in eine kompaktere Form zu bringen, nummeriert man die körperfesten Koordinaten durch $(x_i' \rightarrow x_{1i},\ y_i' \rightarrow x_{2i},\ \ldots\ \omega_x' \rightarrow \omega_1$, etc.) und fasst die Faktoren als Elemente einer 3×3 Matrix auf

$$I_{\mu\nu} = \sum_{i=1}^{N} m_i \left[\delta_{\mu\nu} \sum_{\lambda=1}^{3} x_{\lambda i}^2 - x_{\mu i} x_{\nu i} \right] \qquad (\mu,\ \nu = 1,\ 2,\ 3)\ . \qquad (6.102)$$

Dies entspricht im Detail

$$I_{11} = \sum_{i=1}^{N} m_i (x_{2i}^2 + x_{3i}^2) \qquad I_{12} = - \sum_{i=1}^{N} m_i (x_{1i}\, x_{2i}) \qquad \text{etc.}$$

Die Matrix

$$\hat{\mathsf{I}}^{(S)} \equiv \hat{\mathsf{I}} = \begin{pmatrix} I_{11} & I_{12} & I_{13} \\ I_{21} & I_{22} & I_{23} \\ I_{31} & I_{32} & I_{33} \end{pmatrix}_{\mathrm{KF}} \qquad (6.103)$$

bezeichnet man als die **Trägheitsmatrix** oder den **Trägheitstensor**[6]. Die diagonalen Elemente der Matrix sind die **Trägheitsmomente** in Bezug auf die drei Achsen des körperfesten Koordinatensystems. Die außerdiagonalen Elemente bezeichnet man als **Deviationsmomente**. Man findet $I_{\mu\nu} = I_{\nu\mu}$, die Matrix ist symmetrisch. Es gibt also sechs unabhängige Größen, die das Trägheitsverhalten des starren Körpers bei Drehbewegungen beschreiben.

Die gesamte kinetische Energie des starren Körpers ist somit

$$T = T_{\mathrm{trans}} + T_{\mathrm{rot}} = \frac{M}{2} V_{\mathrm{S}}^2 + \frac{1}{2} \sum_{\mu\nu} I_{\mu\nu}\, \omega_\mu\, \omega_\nu\ . \qquad (6.104)$$

Der zweite Term ist auf das körperfeste schwerpunktorientierte Koordinatensystem bezogen, das nunmehr durch griechische Indices gekennzeichnet ist. Um diesen Term in noch kompakterer Form zu schreiben, benutzt man die Matrix (6.103) und den Vektor

$$\boldsymbol{\omega} = \begin{pmatrix} \omega_1 \\ \omega_2 \\ \omega_3 \end{pmatrix}_{\mathrm{KF}}\ .$$

Es ist dann

---

[6] Die Bezeichnung Tensor spricht, wie auf S. 330 kurz erläutert wird, die Transformationseigenschaften gegenüber linearen Transformationen an. Falls nicht anders durch Superskripte vermerkt, sind die Elemente auf das körperfeste Schwerpunktsystem bezogen.

$$T_{\text{rot}} = \frac{1}{2}\boldsymbol{\omega}^T\hat{\mathsf{I}}\boldsymbol{\omega}$$

$$= \frac{1}{2}(\omega_1, \omega_2, \omega_3)_{\text{KF}} \begin{pmatrix} I_{11} \dots I_{13} \\ \vdots \ddots \vdots \\ I_{31} \dots I_{33} \end{pmatrix}_{\text{KF}} \begin{pmatrix} \omega_1 \\ \omega_2 \\ \omega_3 \end{pmatrix}_{\text{KF}} . \qquad (6.105)$$

6.3.2.3 Körperfeste Koordinatensysteme mit beliebigem Bezugspunkt.

Hätte man anstelle des Schwerpunktes einen anderen Bezugspunkt O gewählt (Abb. 6.26a), der fest mit dem starren Körper verbunden ist, so gilt immer noch eine Relation der Form (6.99)

$$\boldsymbol{v}_i = \boldsymbol{V}_O + (\boldsymbol{\omega} \times \boldsymbol{r}_{iO}) . \qquad (6.106)$$

Zum Beweis beginnt man mit

$$\boldsymbol{v}_i = \boldsymbol{V}_S + (\boldsymbol{\omega} \times \boldsymbol{r}_{iS}) .$$

Die Position des Schwerpunktes und des neuen Bezugspunktes ist durch

$$\boldsymbol{R}_S(t) = \boldsymbol{a}(t) + \boldsymbol{R}_O(t) \qquad (6.107)$$

verknüpft (Abb. 6.26b). Der Vektor $\boldsymbol{a}$ ändert seine Richtung mit der Zeit,

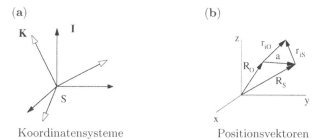

(a)   (b)

Koordinatensysteme   Positionsvektoren

Abb. 6.26. Beliebiger Bezugspunkt im körperfesten System

sein Betrag ist jedoch zeitunabhängig ($|\boldsymbol{a}(t)|$ = const.), da Anfangs- und Endpunkt dieses Vektors fest mit dem starren Körper verbunden sind. Es gilt außerdem

$$\boldsymbol{r}_{iO} = \boldsymbol{a} + \boldsymbol{r}_{iS} . \qquad (6.108)$$

Die Geschwindigkeit des Punktes O aus der Sicht des raumfesten Koordinatensystems wird durch

$$\boldsymbol{V}_O = \boldsymbol{V}_S - (\boldsymbol{\omega} \times \boldsymbol{a})$$

beschrieben. Der Punkt O bewegt sich translativ mit dem Schwerpunkt und dreht sich mit der Winkelgeschwindigkeit $\boldsymbol{\omega}$ (wie jeder körperfeste Punkt) um diesen. Mit den bereitgestellten Aussagen erhält man

$$
\begin{aligned}
\boldsymbol{v}_i &= \boldsymbol{V}_S + (\boldsymbol{\omega} \times \boldsymbol{r}_{iS}) \\
&= \boldsymbol{V}_O + (\boldsymbol{\omega} \times \boldsymbol{a}) + \omega \times (\boldsymbol{r}_{iO} - \boldsymbol{a}) \\
&= \boldsymbol{V}_O + (\boldsymbol{\omega} \times \boldsymbol{r}_{iO}) \ .
\end{aligned}
$$

Das schwerpunktbezogene körperfeste Koordinatensystem und ein auf einen beliebigen Punkt bezogenes körperfestes Koordinatensystem sind gleichberechtigt. Die Geschwindigkeit eines Punktes des starren Körpers ergibt sich aus der Geschwindigkeit des Ursprungs des körperfesten Koordinatensystems plus einer Drehung um eine (momentane) Achse durch den Bezugspunkt. In der Gleichung (6.99) als auch in der Gleichung (6.106) tritt der gleiche Vektor $\boldsymbol{\omega}$ auf. Dies bedeutet, dass die Drehachsen durch die zwei verschiedenen Bezugspunkte in dem starren Körper zu jedem Zeitpunkt parallel orientiert sind.

Zu der Diskussion der kinetischen Energie ist jedoch zu bemerken: Die Summe $\sum_i m_i r_{iO}$ verschwindet nicht. Aus diesem Grund ist die Zerlegung der kinetischen Energie eines starren Körpers, dargestellt in einen körperfesten Koordinatensystem mit beliebigem Bezugspunkt, im Allgemeinen nicht in einen Translations- und einen Rotationsanteil zerlegbar.

6.3.3 Die Struktur der Trägheitsmatrix

Vor der Festlegung der generalisierten Koordinaten zur Beschreibung der Drehbewegung und der Diskussion der Bewegungsgleichungen ist ein näherer Blick auf die Trägheitsmatrix notwendig.

Hat man eine kontinuierliche Massenverteilung so gilt für die Gesamtmasse des starren Körpers

$$
M = \sum_i m_i \rightarrow \iiint_V \rho(\boldsymbol{r}) \mathrm{d}V
$$

und für die Elemente der Trägheitsmatrix in dem körperfesten System

$$
I_{\mu\nu} = \iiint_V \rho(\boldsymbol{r}) \left\{ \delta_{\mu\nu} \sum_{\lambda=1}^{3} x_\lambda^2 - x_\mu x_\nu \right\} \mathrm{d}V \ . \tag{6.109}
$$

Die Berechnung der Elemente der Trägheitsmatrix einer kontinuierlichen Massenverteilung beinhaltet somit die Auswertung von Dreifachintegralen (siehe Math.Kap. 4.3.3).

6.3.3.1 Beispiele für die Berechnung der Elemente der Trägheitsmatrix.
Ein einfaches Beispiel (Beispiel 6.6) ist die Trägheitsmatrix einer Kugel (Radius R) mit einer homogenen Massenverteilung (Abb. 6.27a)

$$
\rho(\boldsymbol{r}) = \begin{cases} \rho & \text{für } r \leq R \\ 0 & \text{für } r > R \ . \end{cases}
$$

Der Schwerpunkt ist offensichtlich der Mittelpunkt der Kugel. Wegen der Symmetrie spielt die Orientierung der Achsen keine Rolle. Zur Auswertung der Dreifachintegrale benutzt man zweckmäßigerweise Zylinderkoordinaten (siehe jedoch auch ☺ Aufg. 6.6), da in dem Integranden der Abstand von der jeweiligen Koordinatenachse auftritt und nicht der Abstand von dem Schwerpunkt (Abb. 6.27b). So ist z.B.

(a)   (b)

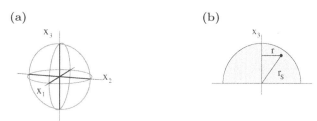

Körperfeste Koordinatenachsen   Wahl der Integrationsvariablen

Abb. 6.27. Berechnung der Trägheitsmatrix einer Kugel (homogene Massenverteilung)

$$I_{33} = \iiint \rho(\boldsymbol{r}) \left(x_1^2 + x_2^2 \right) \mathrm{d}x_1 \mathrm{d}x_2 \mathrm{d}x_3$$

in Zylinderkoordinaten

$$x_1 = r \cos\varphi \qquad x_2 = r \sin\varphi \qquad x_3 = z$$

für die vorgegebene homogene Massenverteilung

$$I_{33} = \rho \int_{-R}^{R} \mathrm{d}z \int_{0}^{\sqrt{(R^2 - z^2)}} r^3 \mathrm{d}r \int_{0}^{2\pi} \mathrm{d}\varphi .$$

Die Auswertung dieses Integrals ist eine Standardangelegenheit. Das Resultat ist

$$I_{33} = \frac{8}{15} \rho \pi R^5 = \frac{2}{5} M R^2 ,$$

wenn man den Ausdruck für die Masse der Kugel

$$M = \frac{4}{3} \pi \rho R^3$$

benutzt. Die Berechnung der Deviationsmomente verläuft analog, so z.B. für

$$I_{23} = - \iiint \rho(\boldsymbol{r}) x_2 x_3 \mathrm{d}x_1 \mathrm{d}x_2 \mathrm{d}x_3$$

$$= -\rho \int_{-R}^{R} z \mathrm{d}z \int_{0}^{\sqrt{(R^2 - z^2)}} r^2 \mathrm{d}r \int_{0}^{2\pi} \sin\varphi \mathrm{d}\varphi$$

$$= 0 \qquad \left(\text{wegen } \int_{0}^{2\pi} \sin\varphi \mathrm{d}\varphi = 0 \right) .$$

Infolge der Symmetrie gilt dann für die gesamte Trägheitsmatrix

$$\hat{I}_{\text{hom. Kugel}} = \begin{pmatrix} \frac{2}{5}MR^2 & 0 & 0 \\ 0 & \frac{2}{5}MR^2 & 0 \\ 0 & 0 & \frac{2}{5}MR^2 \end{pmatrix} . \tag{6.110}$$

Alle Deviationsmomente verschwinden. Die Trägheitsmomente bzgl. der drei körperfesten Achsen sind, wie infolge der Symmetrie des Körpers zu erwarten, alle gleich.

Die Berechnung der Trägheitsmomente ist einfacher, wenn man das folgende Argument benutzt. Da infolge der Symmetrie alle Trägheitsmomente gleich sind, kann man

$$I_{11} + I_{22} + I_{33} = 3I = 2\rho \iiint r^2 \mathrm{d}V = 8\pi\rho\frac{R^5}{5} = \frac{6}{5}MR^2$$

schreiben und das obige Ergebnis ablesen.

Ein weiteres einfaches Beispiel (Beispiel 6.7) ist ein homogener Würfel mit der Kantenlänge a. Hier spielt die Orientierung der Achsen eine Rolle. Falls die Achsen senkrecht durch die Mitte der Seitenflächen verlaufen (Abb. 6.28a), findet man für die Trägheitmatrix (als Spezialfall des Quaders in dem folgenden Beispiel)

$$\hat{I}_{\text{hom. Würfel}} = \begin{pmatrix} \frac{1}{6}Ma^2 & 0 & 0 \\ 0 & \frac{1}{6}Ma^2 & 0 \\ 0 & 0 & \frac{1}{6}Ma^2 \end{pmatrix} . \tag{6.111}$$

Eine explizite Rechnung für eine beliebige Orientierung der Achsen durch den Schwerpunkt ist recht mühselig. Sie ist jedoch gemäß den Ausführungen in dem folgenden Abschnitt nicht notwendig.

Die Berechnung der Trägheitsmatrix für einen homogenen Quader (Beispiel 6.8) mit den Seitenlängen a, b, c in den 1, 2, 3-Richtungen ist ebenfalls einfach, falls die Achsen durch den Schwerpunkt senkrecht durch die Seitenflächen verlaufen (Abb. 6.28b). Man findet (☉ Aufg. 6.6)

$$\hat{I}_{\text{hom. Quader}} = \begin{pmatrix} \frac{1}{12}M(b^2 + c^2) & 0 & 0 \\ 0 & \frac{1}{12}M(a^2 + c^2) & 0 \\ 0 & 0 & \frac{1}{12}M(a^2 + b^2) \end{pmatrix} . \tag{6.112}$$

Akzeptiert man die Aussagen zu dem Beispiel des Würfels und des Quaders, so stellt man fest: Ob die Trägheitsmatrix eine Diagonalmatrix ist oder

(a)   (b)

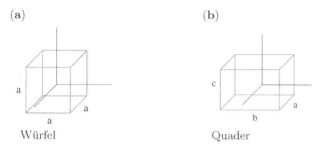

Würfel   Quader

Abb. 6.28. Zur Berechnung der Trägheitsmatrix (homogene Massenverteilung)

nicht, scheint von der Orientierung der Achsen des körperfesten Koordinatensystems abzuhängen. Sind die Achsen Symmetrieachsen, so ist die Trägheitsmatrix diagonal, im anderweitigen Fall treten Deviationsmomente auf. Einen
Satz von körperfesten Achsen, für den die Trägheitsmatrix diagonal ist, bezeichnet man als **Hauptträgheitsachsen**. Die entsprechenden Trägheitsmomente (Bezeichnung I_μ) nennt man **Hauptträgheitsmomente**. Für ein
Hauptachsensystem vereinfacht sich der Ausdruck für die kinetische Energie
der Rotation

$$T_{\text{rot}} = \frac{1}{2} \sum_\mu I_\mu \, \omega_\mu^2 \; . \tag{6.113}$$

6.3.3.2 Das Hauptachsentheorem. Es stellt sich die Frage, ob es möglich
ist, für jeden (beliebig geformten) starren Körper ein körperfestes Koordinatensystem zu finden, so dass nur Hauptachsenträgheitsmomente auftreten.
Die Antwort gibt das Hauptachsentheorem:

> Für jeden starren Körper gibt es (mindestens)
> einen Satz von Hauptachsen.

Der Beweis dieses Theorems soll in einigem Detail vorgestellt werden. Der
Übergang von einem beliebigen körperfesten System (1, 2, 3) zu einem potentiellen Hauptachsensystem ($\tilde{1}, \tilde{2}, \tilde{3}$) entspricht einer Drehung um eine Achse
durch den gemeinsamen Koordinatenursprung (Abb. 6.29). Die Komponen-
tenzerlegung eines Positionsvektors bezüglich der beiden Koordinatensysteme
wird durch eine Transformationsmatrix verknüpft

$$\begin{pmatrix} \tilde{x}_1 \\ \tilde{x}_2 \\ \tilde{x}_3 \end{pmatrix} = \begin{pmatrix} D_{11} & D_{12} & D_{13} \\ D_{21} & D_{22} & D_{23} \\ D_{31} & D_{32} & D_{33} \end{pmatrix} \begin{pmatrix} x_1 \\ x_2 \\ x_3 \end{pmatrix} \; ,$$

symbolisch

$$\tilde{r} = \hat{\mathsf{D}} \, r \; .$$

Die einzige Aussage, die man über die Drehmatrix $\hat{\mathsf{D}}$ benötigt, ist: Drehungen stellen orthogonale Transformationen dar. Diese werden durch (siehe
Math.Kap. 3.2.3)

$$\sum_i D_{ki} D_{il} = \delta_{kl} \iff \hat{\mathsf{D}}^T \hat{\mathsf{D}} = \hat{\mathsf{D}} \hat{\mathsf{D}}^T = \hat{\mathsf{E}} \quad \text{oder} \quad \hat{\mathsf{D}}^T = \hat{\mathsf{D}}^{-1}$$

charakterisiert. Die gleiche Transformation gilt für die Komponenten jedes anderen Vektors, so zum Beispiel für die Winkelgeschwindigkeit[7] (zu jedem Zeitpunkt)

$$\tilde{\boldsymbol{\omega}}(t) = \hat{\mathsf{D}}\,\boldsymbol{\omega}(t)\,. \tag{6.114}$$

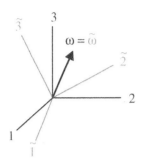

Abb. 6.29. Zu dem Hauptachsentheorem

Es folgt dann durch Einfügen der Einheitsmatrix und geeignete Auffächerung

$$T_{\text{rot}} = \frac{1}{2}\boldsymbol{\omega}^T \hat{\mathsf{I}}\boldsymbol{\omega} = \frac{1}{2}\boldsymbol{\omega}^T \hat{\mathsf{E}}\hat{\mathsf{I}}\hat{\mathsf{E}}\,\boldsymbol{\omega}$$
$$= \frac{1}{2}\boldsymbol{\omega}^T \hat{\mathsf{D}}^T \left[\hat{\mathsf{D}}\hat{\mathsf{I}}\hat{\mathsf{D}}^T\right] \hat{\mathsf{D}}\,\boldsymbol{\omega} = \frac{1}{2}\tilde{\boldsymbol{\omega}}^T \left[\hat{\mathsf{D}}\hat{\mathsf{I}}\hat{\mathsf{D}}^T\right] \tilde{\boldsymbol{\omega}}\,.$$

Die Matrix $\hat{\mathsf{D}}\hat{\mathsf{I}}\hat{\mathsf{D}}^T$ entspricht der Trägheitsmatrix in dem potentiellen Hauptachsensystem

$$T_{\text{rot}} = \frac{1}{2}\tilde{\boldsymbol{\omega}}^T \tilde{\mathsf{I}}\tilde{\boldsymbol{\omega}}\,. \tag{6.115}$$

Die kinetische Energie als eine skalare Größe hat in jedem Bezugssystem die gleiche Form.

Die Relation

$$\hat{\mathsf{D}}\hat{\mathsf{I}}\hat{\mathsf{D}}^T = \tilde{\mathsf{I}}\,, \tag{6.116}$$

oder nach Multiplikation mit $\hat{\mathsf{D}}^T$ von links oder mit $\hat{\mathsf{D}}$ von rechts

$$\hat{\mathsf{I}}\hat{\mathsf{D}}^T = \hat{\mathsf{D}}^T \tilde{\mathsf{I}} \quad \text{bzw.} \quad \hat{\mathsf{D}}\hat{\mathsf{I}} = \tilde{\mathsf{I}}\hat{\mathsf{D}}\,,$$

lautet, falls das zweite System ein Hauptachsensystem ist, im Detail

$$\begin{pmatrix} I_{11} & I_{12} & I_{13} \\ I_{21} & I_{22} & I_{23} \\ I_{31} & I_{32} & I_{33} \end{pmatrix} \begin{pmatrix} D_{11} & D_{21} & D_{31} \\ D_{12} & D_{22} & D_{32} \\ D_{13} & D_{23} & D_{33} \end{pmatrix} = \begin{pmatrix} D_{11} & D_{21} & D_{31} \\ D_{12} & D_{22} & D_{32} \\ D_{13} & D_{23} & D_{33} \end{pmatrix} \begin{pmatrix} I_1 & 0 & 0 \\ 0 & I_2 & 0 \\ 0 & 0 & I_3 \end{pmatrix}\,.$$

---

[7] Auch die Gleichung (6.114) bezieht sich auf die Komponentenzerlegung des identischen Vektors $\boldsymbol{\omega}$ in Bezug auf die beiden Koordinatensysteme.

Diese Matrixgleichung entspricht 9 (linearen) Gleichungen. Die erste Spalte der Produktmatrix auf der rechten und linken Seite ergibt z.B.

$$I_{11}D_{11} + I_{12}D_{12} + I_{13}D_{13} = I_1 D_{11}$$
$$I_{21}D_{11} + I_{22}D_{12} + I_{23}D_{13} = I_1 D_{12}$$
$$I_{31}D_{11} + I_{32}D_{12} + I_{33}D_{13} = I_1 D_{13} \ .$$

Analoge Gleichungen mit $D_{2\mu}$ und I_2 sowie mit $D_{3\mu}$ und I_3 entsprechen der zweiten und der dritten Spalte der Produktmatrix. Man kann diese Gleichungen zusammenfassen, indem man den Index der Hauptträgheitsmomente und den ersten Index der Drehmatrix unterdrückt

$$
\begin{aligned}
(I_{11} - I)D_1 + && I_{12}D_2 + && I_{13}D_3 &= 0 \\
I_{21}D_1 + && (I_{22} - I)D_2 + && I_{23}D_3 &= 0 \\
I_{31}D_1 + && I_{32}D_2 + && (I_{33} - I)D_3 &= 0 \ .
\end{aligned}
\tag{6.117}
$$

Dieses Gleichungssystem entspricht einem Eigenwertproblem. Gegeben ist die Matrix $[I_{\mu\nu}]$. Gesucht sind die Eigenwerte I_κ und die zugehörigen Eigenvektoren $(D_{\kappa 1}, D_{\kappa 2}, D_{\kappa 3})$. Das Hauptachsentheorem ist bewiesen, wenn man zeigen kann, dass eine physikalisch sinnvolle Lösung dieses Eigenwertproblems existiert.

Die weitere Diskussion folgt dem Muster, das anhand des gekoppelten Oszillatorproblems (vergleiche (6.19)) vorgestellt wurde. Die Bedingung für die Existenz einer nichttrivialen Lösung ist

$$\det(\hat{I} - I\,\hat{E}) = 0 \ . \tag{6.118}$$

Die entsprechende Säkulargleichung ist eine kubische Gleichung

$$I^3 + aI^2 + bI + c = 0$$

mit drei Wurzeln. Diese sind reell, wenn die Matrix symmetrisch ist. Die Bedingung $I_{\mu\nu} = I_{\nu\mu}$ ist aufgrund der Definition der Deviationsmomente erfüllt. Die Wurzeln sind außerdem positiv $(I_\mu > 0)$ falls gilt

$$I_{11} + I_{22} > I_{33} \quad \text{(und alle zyklischen Vertauschungen)} \ , \tag{6.119}$$

das heißt, wenn die Summe zweier Diagonalelemente der Matrix $\hat{I}$ größer als das dritte Matrixelement ist. Diese Bedingung ist ebenfalls erfüllt, denn es gilt z.B.

$$
\begin{aligned}
I_{11} + I_{22} &= \iiint \rho(\boldsymbol{r}) \left\{ x_2^2 + x_3^2 + x_1^2 + x_3^2 \right\} \mathrm{d}V \\
&= I_{33} + 2 \iiint \rho(\boldsymbol{r})\, x_3^2 \mathrm{d}V > I_{33} \ .
\end{aligned}
$$

Die drei reellen, positiven Wurzeln sind die Hauptträgheitsmomente des starren Körpers, der zunächst durch die Trägheitsmatrix $\hat{I}$ charakterisiert wurde. Damit ist das Hauptachsentheorem bewiesen. Es gibt immer einen Satz von körperfesten Achsen, für die die Trägheitsmatrix diagonal ist. Ist der Körper symmetrisch, so sind die Hauptachsen die Symmetrieachsen des Körpers.

Möchte man nicht nur die Hauptträgheitsmomente bestimmen, sondern auch die relative Orientierung der beiden körperfesten Koordinatensysteme, so muss man in einem zweiten Schritt die Drehmatrix berechnen. Diese kann man aus den Eigenvektoren zusammensetzen. Die Lösung des linearen Gleichungssystems (6.117) mit den Eigenwerten I_μ ergibt den Eigenvektor $(D_{\mu 1}, D_{\mu 2}, D_{\mu 3})$, im Detail also

$$I_1 \longrightarrow (D_{11}, D_{12}, D_{13})$$
$$I_2 \longrightarrow (D_{21}, D_{22}, D_{23})$$
$$I_3 \longrightarrow (D_{31}, D_{32}, D_{33}) \,.$$

Die Drehmatrix beschreibt, wie man das ursprüngliche Koordinatensystem drehen muss, um in das Hauptachsensystem zu kommen.

6.3.3.3 Illustration des Hauptachsentheorems. Ein explizites Beispiel (Beispiel 6.9) könnte folgendermaßen lauten: Gegeben ist die Trägheitsmatrix (in geeigneten Einheiten)

$$\hat{\mathrm{I}} = \begin{pmatrix} 9 & -2\sqrt{2} & -2\sqrt{2} \\ -2\sqrt{2} & \dfrac{19}{2} & -\dfrac{1}{2} \\ -2\sqrt{2} & -\dfrac{1}{2} & \dfrac{19}{2} \end{pmatrix} \,.$$

Zu bestimmen sind die Hauptträgheitsmomente und die Orientierung des Hauptachsensystems bezüglich des ursprünglichen Koordinatensystems (siehe ⊙ D.tail 6.5). Auswertung der Determinante (6.118) ergibt die Säkulargleichung

$$I^3 - 28I^2 + 245I - 650 = 0 \,,$$

mit der Lösung

$$I_1 = 5 \qquad I_2 = 10 \qquad I_3 = 13 \,.$$

Die Nummerierung der Wurzeln ist willkürlich. Eine Umnummerierung entspricht einer Umbenennung der Achsen.

Zur Berechnung der Drehmatrix müssen drei lineare Gleichungssysteme gelöst werden. Das Endergebnis für die Drehmatrix ist

$$\hat{\mathrm{D}} = \begin{pmatrix} D_{11} & D_{12} & D_{13} \\ D_{21} & D_{22} & D_{23} \\ D_{31} & D_{32} & D_{33} \end{pmatrix} = \begin{pmatrix} \dfrac{1}{\sqrt{2}} & \dfrac{1}{2} & \dfrac{1}{2} \\ 0 & \dfrac{1}{\sqrt{2}} & -\dfrac{1}{\sqrt{2}} \\ -\dfrac{1}{\sqrt{2}} & \dfrac{1}{2} & \dfrac{1}{2} \end{pmatrix} \,.$$

Die Matrix $\hat{\mathsf{D}}$ beschreibt die Überführung des ursprünglichen Systems in das Hauptachsensystem, die inverse Drehmatrix $\hat{\mathsf{D}}^{-1} = \hat{\mathsf{D}}^T$ beschreibt die Drehung, die das Hauptachsensystem in das ursprüngliche zurückführt.

Mit etwas Geduld kann man sich vergewissern, dass die Matrix $\hat{\mathsf{D}}$ in der Form

$$
\hat{\mathsf{D}} = \hat{\mathsf{D}}_2 \hat{\mathsf{D}}_1 = \begin{pmatrix} \dfrac{1}{\sqrt{2}} & 0 & \dfrac{1}{\sqrt{2}} \\ 0 & 1 & 0 \\ -\dfrac{1}{\sqrt{2}} & 0 & \dfrac{1}{\sqrt{2}} \end{pmatrix} \begin{pmatrix} 1 & 0 & 0 \\ 0 & \dfrac{1}{\sqrt{2}} & -\dfrac{1}{\sqrt{2}} \\ 0 & \dfrac{1}{\sqrt{2}} & \dfrac{1}{\sqrt{2}} \end{pmatrix}
$$

faktorisiert. Das bedeutet: Man dreht zunächst ($\hat{\mathsf{D}}_1$) um einen Winkel von $-45°$ um die 1-Achse (Abb. 6.30a) und dann um den Winkel von $45°$ um die 2-Achse des zwischenzeitlichen Koordinatensystems (Abb. 6.30b).

(a)   (b)

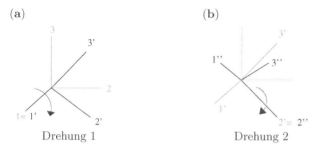

Drehung 1   Drehung 2

Abb. 6.30. Illustration des Hauptachsentheorems

Zum Abschluss des Themas 'Trägheitsmatrix' stehen noch drei kürzere und eine längere Bemerkungen an.

6.3.3.4 Zusätzliches. Die kürzeren Bemerkungen sind:

1. Die Angabe von drei Zahlenwerten für die Hauptträgheitsmomente bestimmt die Gestalt des Körpers in keiner Weise. So sind z.B. die Hauptträgheitsmomente eines homogenen Quaders (6.112)

$$
I_1 = \frac{M}{12}(b^2 + c^2) \qquad I_2 = \frac{M}{12}(a^2 + c^2) \qquad I_3 = \frac{M}{12}(a^2 + b^2)\,.
$$

Die Hauptträgheitsmomente eines homogenen Ellipsoides mit den Achsenlängen a, b, c in den 1-, 2-, 3-Richtungen sind (siehe ◉ Aufg. 6.6)

$$
I_1 = \frac{M}{5}(b^2 + c^2) \qquad I_2 = \frac{M}{5}(a^2 + c^2) \qquad I_3 = \frac{M}{5}(a^2 + b^2)\,. \tag{6.120}
$$

Bei gleicher Masse haben Ellipsoid und Quader die gleichen Hauptträgheitsmomente falls gilt

$$a_Q = \sqrt{\frac{12}{5}} a_E \qquad \text{etc.}$$

Da jeder starre Körper genau drei Hauptträgheitsmomente hat und sich jeder Satz von drei positiven Zahlen durch die Ellipsoidformel (6.120) darstellen lässt, kann jeder starre Körper durch ein Trägheitsellipsoid (unter Umständen mit 2 oder 3 gleichen Achsen) charakterisiert werden.

2. Alle Formeln für Hauptträgheitsmomente haben die Form [(geometrischer Faktor) mal Masse mal (charakteristischer Abstand von der Drehachse zum Quadrat)]. Die Gestalt wird in gewissem Rahmen durch den Faktor charakterisiert, so z.B. 2/5 für eine Kugel, 1/6 für einen Würfel, etc.

3. Die Unterscheidung von Skalaren, Vektoren und Tensoren orientiert sich an deren Verhalten gegenüber linearen Transformationen. Einen Satz von drei Größen (x_1, x_2, x_3), der sich gemäß

$$x_i' = \sum_k a_{ik} x_k \quad \longrightarrow \quad \boldsymbol{x}' = \hat{A} \, \boldsymbol{x} \quad \text{mit} \quad \hat{A} = [a_{ik}]$$

transformiert, bezeichnet man als einen Vektor. Einen Satz von 9 Größen $\{y_{ik}\}$, der sich gemäß

$$y_{ik}' = \sum_{lm} a_{il} \, a_{km} \, y_{lm} \tag{6.121}$$

transformiert, bezeichnet man als **Tensor zweiter Stufe**. Die entsprechende Matrixgleichung lautet

$$\hat{y}' = \hat{A} \, \hat{y} \, \hat{A}^T \, . \tag{6.122}$$

Genau dieses Transformationsverhalten ist für die Trägheitsmatrix (6.116) zuständig. Aus diesem Grund kann man die Trägheitsmatrix als einen Tensor bezeichnen[8].

6.3.3.5 Der Satz von Steiner. Für die Diskussion der Bewegung eines starren Körpers ist das schwerpunktbezogene körperfeste Koordinatensystem fast immer eine gute Wahl, es sei denn ein Punkt des starren Körpers, der nicht der Schwerpunkt ist, ist in Ruhe. In diesem Fall ist ein körperfestes Koordinatensystem, dessen Ursprung dieser Punkt ist, vorzuziehen. Diese Aussage kann man folgendermaßen begründen. Für jeden körperfesten Bezugspunkt gilt, wie gezeigt, die Geschwindigkeitstransformation (6.106)

$$\boldsymbol{v}_i = \boldsymbol{V}_O + (\boldsymbol{\omega} \times \boldsymbol{r}_{iO}) \, .$$

Mit der ebenfalls schon benutzten Relation (6.108)

$$\boldsymbol{r}_{iO} = \boldsymbol{r}_{iS} + \boldsymbol{a}$$

---

[8] Man beachte: Ein Tensor zweiter Stufe über dem $\mathcal{R}_3$ ist immer eine 3×3 Matrix. Eine 3×3 Matrix ist nicht unbedingt ein Tensor.

findet man für die kinetische Energie

$$T = \frac{1}{2} \left[M V_O^2 + 2 \sum_i m_i V_O \cdot (\boldsymbol{\omega} \times \boldsymbol{r}_{iO}) \right.$$

$$\left. + \sum_i m_i (\boldsymbol{\omega} \times \boldsymbol{r}_{iO}) \cdot (\boldsymbol{\omega} \times \boldsymbol{r}_{iO}) \right] .$$

Der zweite Term verschwindet im Allgemeinen nicht. Ist der Punkt O jedoch in Ruhe ($V_O = 0$), so vereinfacht sich der Ausdruck für die kinetische Energie zu

$$T = T_{\text{rot}} = \frac{1}{2} \sum_i m_i (\boldsymbol{\omega} \times \boldsymbol{r}_{iO})^2 . \tag{6.123}$$

Die Komponentenzerlegung bezüglich des Systems O ergibt wie im Falle des Schwerpunktsystems

$$T_{\text{rot}} = \frac{1}{2} \sum_{\mu, \nu} I_{\mu\nu}^{(O)} \, \omega_\mu^{(O)} \omega_\nu^{(O)} . \tag{6.124}$$

Der Trägheitstensor und die Komponenten der Winkelgeschwindigkeit sind auf ein Koordinatensystem mit dem Ursprung in dem Punkt O bezogen. Wählt man die Achsen des Systems in O parallel zu den Achsen des Schwerpunktsystems, so gilt

$$\omega_\mu^{(O)} = \omega_\mu^{(S)} = \omega_\mu .$$

Den Ausdruck für die Elemente des Trägheitstensors im System O

$$I_{\mu\nu}^{(O)} = \sum_i m_i \left[\delta_{\mu\nu} \sum_{\lambda=1}^3 x_{\lambda i}^{(O)2} - x_{\mu i}^{(O)} x_{\nu i}^{(O)} \right]$$

kann man mit der Relation

$$x_{\mu i}^{(O)} = x_{\mu i}^{(S)} + a_\mu$$

in der folgenden Weise umschreiben

$$I_{\mu\nu}^{(O)} = \sum_i m_i \left[\delta_{\mu\nu} \sum_\lambda x_{\lambda i}^{(S)2} - x_{\mu i}^{(S)} x_{\nu i}^{(S)} \right]$$

$$+ \sum_i m_i \left[\delta_{\mu\nu} \sum_\lambda (2 x_{\lambda i}^{(S)} a_\lambda + a_\lambda^2) - (a_\mu x_{\nu i}^{(S)} + a_\nu x_{\mu i}^{(S)} + a_\mu a_\nu) \right] .$$

Alle Terme linear in $x_{\mu i}^{(S)}$ verschwinden, da die Summe

$$\sum_i m_i x_{\mu i}^{(S)} = 0$$

den Koordinaten des Schwerpunktes in dem Schwerpunktsystem entspricht. Es bleibt somit

$$I_{\mu\nu}^{(O)} = I_{\mu\nu}^{(S)} + M \left[\delta_{\mu\nu} \sum_\lambda a_\lambda^2 - a_\mu a_\nu \right] . \tag{6.125}$$

Dieser Satz von Gleichungen ist als **Steiners Parallelachsentheorem** bekannt. Er erlaubt die Berechnung der Trägheitsmatrix in einem beliebigen körperfesten Koordinatensystem, wenn die Trägheitsmatrix in dem achsenparallelen Schwerpunktsystem gegeben ist (und umgekehrt). Ein Beispiel für die Anwendung dieses Theorems ist die Aufgabe (Beispiel 6.10):

Berechne den Trägheitstensor eines homogenen Würfels mit der Kantenlänge b für den Fall, dass der Ursprung des Koordinatensystems in einem Eckpunkt liegt und die Achsen parallel zu den Kanten verlaufen. Für das achsenparallele Schwerpunktsystem gilt (6.111)

$$I_{\mu\nu} = \delta_{\mu\nu} \frac{M}{6} b^2 .$$

Der Vektor a von dem Schwerpunkt zu dem Ursprung von O ist z.B.

$$a = \left(-\frac{1}{2}b, \, -\frac{1}{2}b, \, -\frac{1}{2}b \right) .$$

Damit erhält man

$$I_{11}^{(O)} = \frac{1}{6} M b^2 + M \left(\frac{3}{4} b^2 - \frac{1}{4} b^2 \right) = \frac{2}{3} M b^2$$

und wegen der Symmetrie

$$I_{11}^{(O)} = I_{22}^{(O)} = I_{33}^{(O)} .$$

Für die Deviationsmomente in dem System durch O berechnet man

$$I_{12}^{(O)} = 0 + M(-\frac{1}{4} b^2) = -\frac{1}{4} M b^2$$
$$= I_{13}^{(O)} = I_{23}^{(O)} .$$

Das parallelverschobene Koordinatensystem ist nicht unbedingt eine Hauptachsensystem, selbst wenn das Schwerpunktsystem ein Hauptachsensystem ist. Falls gewünscht, kann man (durch Lösung des entsprechenden Eigenwertproblems) das Hauptachsensystem in dem Punkt O bestimmen.

6.3.4 Der Drehimpuls des starren Körpers

Die Drehgeschwindigkeit stellt eine kinematische Grundgröße für die Beschreibung der Bewegung starrer Körper dar, eine verwandte Größe ist der Drehimpuls. Der Zusammenhang zwischen diesen beiden Größen ist für einen starren Körper keineswegs trivial. Der Drehimpuls (eines Systems von Massenpunkten) hängt (siehe Kap. 3.2.2) von dem Bezugspunkt ab. Ein geeigneter Bezugspunkt ist der Schwerpunkt, der Ursprung des üblichen körperfesten Koordinatensystems. In diesem Koordinatensystem gilt dann für den Gesamtdrehimpuls des starren Körpers

$$l_S = \sum m_i (r_{iS} \times v_{iS}) \,.$$

Die Geschwindigkeit der i-ten Masse aus der Sicht des Schwerpunktes bei einer Drehbewegung ist

$$v_{iS} = (\boldsymbol{\omega} \times r_{iS}) \,.$$

Damit ergibt sich zunächst

$$l_S = \sum_i m_i (r_{iS} \times (\boldsymbol{\omega} \times r_{iS})) \,.$$

Zur Auflösung des doppelten Vektorproduktes benutzt man die Formel (Math.Kap. 3.1.2)

$$a \times (b \times a) = a^2 b - (a \cdot b)a$$

und erhält

$$l_S = \sum_i m_i \left[r_{iS}^2 \boldsymbol{\omega} - (r_{iS} \cdot \boldsymbol{\omega}) r_{iS} \right] \,.$$

Die Komponentenzerlegung dieses Ausdrucks (in Bezug auf das körperfeste System, in Standardnotation) ist

$$l_\mu = \sum_i m_i \left[\omega_\mu \sum_\lambda x_{\lambda i}^2 - \left(\sum_\nu x_{\nu i} \omega_\nu \right) x_{\mu i} \right] \,,$$

beziehungsweise etwas anders sortiert

$$l_\mu = \sum_\nu \omega_\nu \left[\sum_i m_i \left\{ \delta_{\mu\nu} \sum_\lambda x_{\lambda i}^2 - x_{\nu i} x_{\mu i} \right\} \right] \,.$$

In dem körperfesten System gilt also die Relation zwischen den Komponenten des Drehimpulses und der Drehgeschwindigkeit

$$l_\mu = \sum_{\nu=1}^3 I_{\mu\nu}^{(S)} \omega_\nu \equiv \sum_{\nu=1}^3 I_{\mu\nu} \omega_\nu \qquad (\mu = 1, 2, 3) \,. \tag{6.126}$$

Diese drei Gleichungen kann man in Matrixform zusammenfassen

$$l_S = \hat{I} \boldsymbol{\omega} \tag{6.127}$$

und daraus direkt die folgenden Aussagen entnehmen:

1. Ist das schwerpunktbezogene Koordinatensystem kein Hauptachsensystem, so zeigen die Vektoren l_S und $\boldsymbol{\omega}$ unter keinen Umständen in die gleiche Richtung. Selbst für den Fall der Drehung um eine der körperfesten Koordinatenachsen, zum Beispiel für $\boldsymbol{\omega} = (\omega, 0, 0)$ folgt

$$l_S = \begin{pmatrix} I_{11} & I_{12} & I_{13} \\ I_{21} & I_{22} & I_{23} \\ I_{31} & I_{32} & I_{33} \end{pmatrix} \begin{pmatrix} \omega \\ 0 \\ 0 \end{pmatrix} = \begin{pmatrix} I_{11}\omega \\ I_{21}\omega \\ I_{31}\omega \end{pmatrix} \neq a \boldsymbol{\omega} \,.$$

2. In einem Hauptachsensystem ist der Zusammenhang zwischen Drehimpuls und Drehgeschwindigkeit einfacher

$$l_{\mathrm{S}} = \begin{pmatrix} I_1 & 0 & 0 \\ 0 & I_2 & 0 \\ 0 & 0 & I_3 \end{pmatrix} \begin{pmatrix} \omega_1 \\ \omega_2 \\ \omega_3 \end{pmatrix} = \begin{pmatrix} I_1\omega_1 \\ I_2\omega_2 \\ I_3\omega_3 \end{pmatrix} .$$

Aber auch in diesem Fall sind die beiden Vektoren im Allgemeinen nicht kolinear. Nur für einen Kugelkreisel (das heißt einen Körper mit drei gleichen Hauptträgheitsmomenten $I_1 = I_2 = I_3 = I$) oder bei der Drehung um eine körperfeste Hauptachse z.B. die körperfeste 1-Achse mit $\boldsymbol{\omega} = (\omega, 0, 0)$ gilt

$$l_{\mathrm{S}} = I\,\boldsymbol{\omega} \quad \text{bzw.} \quad l_{\mathrm{S}} = I_1\boldsymbol{\omega} .$$

Die allgemeine Relation zwischen Drehimpuls und Drehgeschwindigkeit bedingt, dass die Drehbewegung eines starren Körpers eine einigermaßen komplizierte Angelegenheit ist.

Mit Hilfe des Drehimpulses kann man einige nützliche alternative Formen für die kinetische Energie der Rotation notieren. Ersetzt man in dem bisherigen Ausdruck

$$T_{\mathrm{rot}} = \frac{1}{2} \sum_{\mu,\,\nu} I_{\mu\nu}\,\omega_\mu\,\omega_\nu$$

eine der Summen, z.B. $\sum_\nu \ldots$, durch den Drehimpuls (6.126), so findet man

$$T_{\mathrm{rot}} = \frac{1}{2} \sum_\mu \omega_\mu\, l_\mu = \frac{1}{2}\boldsymbol{\omega}\cdot l_{\mathrm{S}} . \tag{6.128}$$

Im Fall eines Hauptachsensystems hat man die Möglichkeiten

$$T_{\mathrm{rot}} = \frac{1}{2} \sum_\mu I_\mu\,\omega_\mu^2 = \frac{1}{2} \sum_\mu l_\mu\,\omega_\mu = \frac{1}{2} \sum_\mu \frac{l_\mu^2}{I_\mu} . \tag{6.129}$$

Die letzte Variante wird besonders einfach für einen Kugelkreisel $I_\mu = I$

$$T_{\mathrm{rot}} = \frac{1}{2I}\,l_{\mathrm{S}}^2 . \tag{6.130}$$

Damit sind sowohl die Wahl der für die Beschreibung der Bewegung eines starren Körpers notwendigen Koordinatensysteme als auch die Einführung der kinematischen Größen (Drehgeschwindigkeit, Trägheitstensor, Drehimpuls) abgeschlossen. Um die Aufstellung der expliziten Bewegungsgleichungen und deren Lösung in Angriff zu nehmen, müssen noch die generalisierten Koordinaten für die Drehbewegung angegeben werden.

6.3.5 Die Eulerwinkel

Der Ausgangspunkt für die Diskussion der Bewegungsgleichungen des starren Körpers ist die Lagrangefunktion

$$L = T - U = \sum \frac{m_i}{2} v_i^2 - \sum U(\boldsymbol{r}_i) .$$

Die bisherige Diskussion konzentrierte sich auf die Umschreibung der kinetischen Energie

$$\begin{aligned} T &= T_{\text{trans}} + T_{\text{rot}} \\ &= \frac{M}{2} (\dot{X}^2 + \dot{Y}^2 + \dot{Z}^2) + \frac{1}{2} \sum_{\mu,\,\nu} I_{\mu\nu}\, \omega_\mu\, \omega_\nu . \end{aligned} \qquad (6.131)$$

Drei der sechs zu wählenden generalisierten Koordinaten sind die Schwerpunktkoordinaten X, Y, Z für die Translationsfreiheitsgrade. Es sind noch drei generalisierte Koordinaten für die explizite Beschreibung der Rotation anzugeben. Die übliche Wahl ist ein Satz von drei Winkeln, die **Eulerwinkel** $\alpha(t)$, $\beta(t)$, $\gamma(t)$, die die zeitlich veränderliche Orientierung des körperfesten Koordinatensystems gegenüber dem raumfesten System beschreiben. Die entsprechenden generalisierten Geschwindigkeiten sind $\dot\alpha$, $\dot\beta$, $\dot\gamma$. Es ist dann notwendig, die drei Komponenten ω_μ der Winkelgeschwindigkeit in dem körperfesten System durch die generalisierten Geschwindigkeiten (und die entsprechenden generalisierten Koordinaten) der Drehbewegung darzustellen. Man erhält somit

$$L = T\left(\dot{X},\, \dot{Y},\, \dot{Z},\, \alpha,\, \beta,\, \gamma,\, \dot\alpha,\, \dot\beta,\, \dot\gamma\right) - U\left(X, Y, Z,\, \alpha,\, \beta,\, \gamma\right) .$$

Aus dieser Lagrangefunktion ergeben sich die Bewegungsgleichungen nach der Standardvorschrift.

Die Definition der Eulerwinkel ist etwas umständlich, doch nicht sonderlich schwierig. Man betrachtet die beiden Koordinatensysteme

raumfest : (x, y, z),   körperfest : (x_1, x_2, x_3)

und stellt sich vor, dass diese ursprünglich in Deckung sind[9]. Eine beliebige Orientierung des körperfesten Koordinatensystems gegenüber dem raumfesten beschreibt man durch drei Drehungen um Achsen durch den gemeinsamen Koordinatenursprung, die hintereinander ausgeführt werden.

Drehung 1: Man drehe das körperfeste Koordinatensystem gegen den Uhrzeigersinn um den Winkel α um die z-Achse (Abb. 6.31). Für diese Drehung gilt dann

$$\begin{pmatrix} x_1' \\ x_2' \\ x_3' \end{pmatrix} = \begin{pmatrix} \cos\alpha & \sin\alpha & 0 \\ -\sin\alpha & \cos\alpha & 0 \\ 0 & 0 & 1 \end{pmatrix} \begin{pmatrix} x \\ y \\ z \end{pmatrix}_{\text{RF}} . \qquad (6.132)$$

Die Komponenten eines Vektors (z. B. des Positionsvektors) in dem raumfesten Koordinatensystem und dem einmal gedrehten Koordinatensystem (einfach gestrichen) werden durch eine einfache Drehmatrix verknüpft. Der Bereich des Winkels α ist $0 \le \alpha \le 2\pi$.

---

[9] Eine Translation des körperfesten Systems gegenüber dem raumfesten spielt bei der folgenden Argumentation keine Rolle.

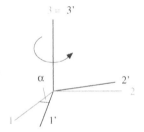

Abb. 6.31. Der Eulerwinkel α

Drehung 2: Drehe um die x_1'-Achse (die man als **Knotenlinie** bezeichnet) ebenfalls gegen den Uhrzeigersinn um den Winkel β (Abb. 6.32). Zwischen den beiden Koordinatensystemen (einfach und doppelt gestrichen) gilt die Transformationsgleichung

$$\begin{pmatrix} x_1'' \\ x_2'' \\ x_3'' \end{pmatrix} = \begin{pmatrix} 1 & 0 & 0 \\ 0 & \cos\beta & \sin\beta \\ 0 & -\sin\beta & \cos\beta \end{pmatrix} \begin{pmatrix} x_1' \\ x_2' \\ x_3' \end{pmatrix} . \tag{6.133}$$

Der Bereich des Winkels β ist (siehe Kugelkoordinaten) $0 \leq \beta \leq \pi$.

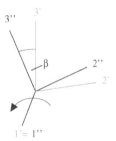

Abb. 6.32. Der Eulerwinkel β

Drehung 3: Die dritte Drehung ist eine Drehung um die x_3''-Achse gegen den Uhrzeigersinn um den Winkel γ (Abb. 6.33). Es gilt für diese Drehung

$$\begin{pmatrix} x_1 \\ x_2 \\ x_3 \end{pmatrix}_{\mathrm{KF}} = \begin{pmatrix} \cos\gamma & \sin\gamma & 0 \\ -\sin\gamma & \cos\gamma & 0 \\ 0 & 0 & 1 \end{pmatrix} \begin{pmatrix} x_1'' \\ x_2'' \\ x_3'' \end{pmatrix} . \tag{6.134}$$

Der Bereich des Winkels γ ist $0 \leq \gamma \leq 2\pi$.

Die Gesamtdrehung, die sich aus den drei Einzeldrehungen ergibt, gewinnt man durch Multiplikation der drei Transformationsmatrizen

$$r_{\mathrm{KF}} = \hat{\mathsf{D}}_\gamma \, \hat{\mathsf{D}}_\beta \, \hat{\mathsf{D}}_\alpha \, r_{\mathrm{RF}} = \hat{\mathsf{D}} \, r_{\mathrm{RF}} \, .$$

Dabei ist zu beachten, dass die Reihenfolge der Operationen *nicht* vertauscht werden darf. Die Auswertung des Matrixproduktes ergibt die Endformel für die Drehmatrix $\hat{\mathsf{D}}$

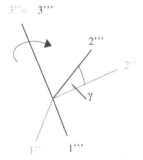

Abb. 6.33. Der Eulerwinkel γ

$$\hat{\mathsf{D}} = \begin{pmatrix} -\sin\alpha\cos\beta\sin\gamma+\cos\alpha\cos\gamma, & \cos\alpha\cos\beta\sin\gamma+\sin\alpha\cos\gamma, & \sin\beta\sin\gamma \\ -\sin\alpha\cos\beta\cos\gamma-\cos\alpha\sin\gamma, & \cos\alpha\cos\beta\cos\gamma-\sin\alpha\sin\gamma, & \sin\beta\cos\gamma \\ \sin\alpha\sin\beta, & -\cos\alpha\sin\beta, & \cos\beta \end{pmatrix} \quad (6.135)$$

Die Drehmatrix beschreibt den Zusammenhang zwischen den Komponenten eines Vektors in dem raumfesten und dem körperfesten Koordinatensystem. Die inverse Transformation wird durch die transponierte Matrix vermittelt

$$\boldsymbol{r}_{\mathrm{RF}} = \hat{\mathsf{D}}^{\mathrm{T}}\,\boldsymbol{r}_{\mathrm{KF}}\,. \tag{6.136}$$

Die drei Eulerwinkel stellen die generalisierten Koordinaten zur Beschreibung der Drehbewegung dar[10].

Im nächsten Schritt sind die drei Komponenten der Winkelgeschwindigkeit durch die Zeitableitungen der Eulerwinkel auszudrücken. Diese Relationen gewinnt man, indem man die Zeitableitung jeder Einzeldrehungen durch einen Vektor darstellt und diesen dann in Bezug auf das körperfeste Koordinatensystem in Komponenten zerlegt.

1. $\dot{\boldsymbol{\alpha}}$ ist ein Vektor in der z-Richtung des raumfesten Koordinatensystems. Die Komponenten dieses Vektors im körperfesten Koordinatensystem gewinnt man durch Transformation mit der Drehmatrix $\hat{\mathsf{D}}$ in (6.135). Es gilt deswegen

$$\begin{pmatrix} \dot{\alpha}_1 \\ \dot{\alpha}_2 \\ \dot{\alpha}_3 \end{pmatrix}_{\mathrm{KF}} = \hat{\mathsf{D}} \begin{pmatrix} 0 \\ 0 \\ \dot{\alpha} \end{pmatrix}_{\mathrm{RF}} = \begin{pmatrix} \dot{\alpha}\sin\beta\sin\gamma \\ \dot{\alpha}\sin\beta\cos\gamma \\ \dot{\alpha}\cos\beta \end{pmatrix}_{\mathrm{KF}}. \tag{6.137}$$

2. $\dot{\boldsymbol{\beta}}$ ist ein Vektor in Richtung der Knotenlinie. Seine Komponentenzerlegung im körperfesten Koordinatensystem erhält man durch Drehung mittels $\hat{\mathsf{D}}_\gamma$ aus Gleichung (6.134) um den Winkel γ

$$\begin{pmatrix} \dot{\beta}_1 \\ \dot{\beta}_2 \\ \dot{\beta}_3 \end{pmatrix}_{\mathrm{KF}} = \hat{\mathsf{D}}_\gamma \begin{pmatrix} \dot{\beta} \\ 0 \\ 0 \end{pmatrix} = \begin{pmatrix} \dot{\beta}\cos\gamma \\ -\dot{\beta}\sin\gamma \\ 0 \end{pmatrix}_{\mathrm{KF}}. \tag{6.138}$$

---

[10] In der Literatur findet man Varianten in der Definition. Sie unterscheiden sich im Drehsinn und in der Wahl der Knotenlinie, für die auch die x_2'-Achse gewählt wird. Bei der Übernahme von Bewegungs- und anderen Gleichungen aus der Literatur ist daher Vorsicht geboten.

3. $\dot{\gamma}$ ist ein Vektor entlang der x_3-Achse des körperfesten Koordinatensystems mit der Zerlegung

$$\dot{\gamma} = \begin{pmatrix} 0 \\ 0 \\ \dot{\gamma} \end{pmatrix}_{KF} . \tag{6.139}$$

Addition der Komponenten der Einzeldrehgeschwindigkeiten im körperfesten Koordinatensystem ergibt die Komponenten der Winkelgeschwindigkeit ω_μ

$$\omega_\mu = \dot{\alpha}_\mu + \dot{\beta}_\mu + \dot{\gamma}_\mu \qquad (\mu = 1, 2, 3) .$$

Der Zusammenhang zwischen den Drehgeschwindigkeitskomponenten in dem körperfesten Koordinatensystem und den generalisierten Geschwindigkeiten $\dot{\alpha}$, $\dot{\beta}$, $\dot{\gamma}$ ist somit durch

$$\begin{aligned} \omega_1 &= \dot{\alpha}\sin\beta\sin\gamma &+\dot{\beta}\cos\gamma \\ \omega_2 &= \dot{\alpha}\sin\beta\cos\gamma &-\dot{\beta}\sin\gamma \\ \omega_3 &= \dot{\alpha}\cos\beta &+\dot{\gamma} \end{aligned} \tag{6.140}$$

gegeben. Diese Relationen sind in den Ausdruck für die kinetische Energie der Rotation einzusetzen. Man benutzt dazu zweckmäßigerweise eine Hauptachsenform

$$T_{\text{rot}} = \frac{1}{2}\sum_\mu I_\mu\,\omega_\mu^2 = T_{\text{rot}}(\beta,\,\gamma,\,\dot{\alpha},\,\dot{\beta},\,\dot{\gamma}) . \tag{6.141}$$

6.3.6 Die Bewegungsgleichungen für die Rotation

Die Aufstellung der Bewegungsgleichungen folgt der Standardvorschrift. Ausgangspunkt ist die Lagrangefunktion

$$\begin{aligned} L &= \frac{M}{2}\left(\dot{X}^2 + \dot{Y}^2 + \dot{Z}^2\right) + T_{\text{rot}}(\beta,\,\gamma,\,\dot{\alpha},\,\dot{\beta},\,\dot{\gamma}) \\ &\quad -U(X, Y, Z, \alpha, \beta, \gamma) . \end{aligned} \tag{6.142}$$

Die Bewegungsgleichungen für die Schwerpunktkoordinaten sind einfach

$$M\ddot{X} = -\frac{\partial U}{\partial X} \qquad M\ddot{Y} = -\frac{\partial U}{\partial Y} \qquad M\ddot{Z} = -\frac{\partial U}{\partial Z} . \tag{6.143}$$

Auf der rechten Seite stehen die generalisierten Kraftkomponenten, die die Schwerpunktbewegung kontrollieren.

Die Schritte zu der Aufstellung der Bewegungsgleichungen, die die Drehbewegung charakterisieren, sollen nicht vollständig ausgeführt werden[11]. Die einfachste Rechnung liegt für die generalisierte Koordinate γ vor. Auszuwerten ist

---

[11] Eine ausführlichere Beschreibung der Rechenschritte für die Herleitung aller Bewegungsgleichungen in den Eulerwinkeln findet man in ☺ D.tail 6.6.

$$\frac{\mathrm{d}}{\mathrm{d}t}\left(\frac{\partial T_{\mathrm{rot}}}{\partial \dot{\gamma}}\right) - \frac{\partial T_{\mathrm{rot}}}{\partial \gamma} = -\frac{\partial U}{\partial \gamma}\,. \tag{6.144}$$

Auf der rechten Seite dieser Gleichung steht die entsprechende generalisierte Kraft. Da die Koordinate ein Winkel ist, entspricht die generalisierte Kraft einem Drehmoment. Zur Auswertung der linken Seite (LS) benutzt man die Kettenregel

$$LS = \frac{\mathrm{d}}{\mathrm{d}t}\left(\sum_{\mu}\frac{\partial T_{\mathrm{rot}}}{\partial \omega_\mu}\frac{\partial \omega_\mu}{\partial \dot{\gamma}}\right) - \sum_{\mu}\frac{\partial T_{\mathrm{rot}}}{\partial \omega_\mu}\frac{\partial \omega_\mu}{\partial \gamma}\,.$$

Man benötigt die Ableitungen

$$\frac{\partial T_{\mathrm{rot}}}{\partial \omega_\mu} = I_\mu \omega_\mu$$

$$\frac{\partial \omega_1}{\partial \dot{\gamma}} = \frac{\partial \omega_2}{\partial \dot{\gamma}} = 0 \qquad \frac{\partial \omega_3}{\partial \dot{\gamma}} = 1$$

$$\frac{\partial \omega_1}{\partial \gamma} = \dot{\alpha}\sin\beta\cos\gamma - \dot{\beta}\sin\gamma = \omega_2$$

$$\frac{\partial \omega_2}{\partial \gamma} = -\dot{\alpha}\sin\beta\sin\gamma - \dot{\beta}\cos\gamma = -\omega_1$$

$$\frac{\partial \omega_3}{\partial \gamma} = 0$$

und erhält damit direkt für die linke Seite

$$LS = \frac{\mathrm{d}}{\mathrm{d}t}\left(I_3\omega_3\right) - \left(I_1\omega_1\omega_2 - I_2\omega_2\omega_1\right)$$

und somit für die Bewegungsgleichung

$$I_3\dot{\omega}_3 - (I_1 - I_2)\omega_1\omega_2 = -\frac{\partial U}{\partial \gamma}\,. \tag{6.145}$$

Zu diesem Resultat ist Folgendes bemerken: Benutzt man die Darstellung durch die Eulerwinkel anstelle der Zusammenfassung mit den Drehgeschwindigkeiten ω_μ, so lautet der Ausdruck für die Bewegungsgleichung

$$I_3(\ddot{\alpha}\cos\beta - \dot{\alpha}\dot{\beta}\sin\beta + \ddot{\gamma}) - (I_1 - I_2) \tag{6.146}$$

$$\left\{[\dot{\alpha}^2\sin^2\beta - \dot{\beta}^2]\sin\gamma\cos\gamma + \dot{\alpha}\dot{\beta}\sin\beta(\cos^2\gamma - \sin^2\gamma)\right\} = -\frac{\partial U}{\partial \gamma}\,.$$

Man stellt fest, dass die Bewegungsgleichungen in den Eulerwinkeln (in komplizierter Form) verkoppelt sind. Für die Detaildiskussion muss man sich jedoch mit diesen Gleichungen auseinandersetzen. Für viele Zwecke ist auf der anderen Seite die Form in den Drehgeschwindigkeitskomponenten im körperfesten System ausreichend.

Die entsprechenden Lagrangeschen Gleichungen für die Koordinaten α und β sind noch etwas aufwendiger. Eine längere Rechnung liefert das Ergebnis

$$
\begin{aligned}
\frac{\mathrm{d}}{\mathrm{d}t}\left(\frac{\partial T}{\partial \dot\alpha}\right) - \frac{\partial T}{\partial \alpha} = -\frac{\partial U}{\partial \alpha} \\
= \quad \ddot\alpha \ \ \left[\left(I_1 \sin^2\gamma + I_2 \cos^2\gamma\right)\sin^2\beta + I_3 \cos^2\beta\right] \\
+ 2\dot\alpha\dot\beta \ \left[I_1 \sin^2\gamma + I_2 \cos^2\gamma - I_3\right]\sin\beta\cos\beta \\
+ 2\dot\alpha\dot\gamma \ \left[I_1 - I_2\right]\sin^2\beta\sin\gamma\cos\gamma \\
+ \ddot\beta \ \ \left[I_1 - \dot I_2\right]\sin\beta\sin\gamma\cos\gamma \\
+ \dot\beta^2 \ \left[I_1 - I_2\right]\cos\beta\sin\gamma\cos\gamma \\
+ \dot\beta\dot\gamma \ \left[(I_1 - I_2)(\cos^2\gamma - \sin^2\gamma) - I_3\right]\sin\beta \\
+ \ddot\gamma \ \ I_3 \cos\beta
\end{aligned}
\tag{6.147}
$$

und

$$
\begin{aligned}
\frac{\mathrm{d}}{\mathrm{d}t}\left(\frac{\partial T}{\partial \dot\beta}\right) - \frac{\partial T}{\partial \beta} = -\frac{\partial U}{\partial \beta} \\
= \quad \ddot\alpha \ \ \left[I_1 - I_2\right]\sin\beta\sin\gamma\cos\gamma \\
+ \dot\alpha^2 \ \left[I_3 - I_1 \sin^2\gamma - I_2 \cos^2\gamma\right]\sin\beta\cos\beta \\
+ \dot\alpha\dot\gamma \ \left[I_3 + (I_1 - I_2)(\cos^2\gamma - \sin^2\gamma)\right]\sin\beta \\
+ \ddot\beta \ \ \left[I_1 \cos^2\gamma + I_2 \sin^2\gamma\right] \\
- 2\dot\beta\dot\gamma \ \left[I_1 - I_2\right]\sin\gamma\cos\gamma \ .
\end{aligned}
\tag{6.148}
$$

Terme der Form $I_\mu \dot\omega_\mu$, wie man vielleicht anhand des Ausdrucks (6.131) für die kinetische Energie der Rotation erwarten könnte, treten in diesen Gleichungen nicht direkt auf. Der Grund ist die etwas aufwendigere Relation (6.140) zwischen den Drehgeschwindigkeitskomponenten ω_μ und den Zeitableitungen der Eulerwinkel. Zu den Größen ω_μ selbst existieren keine generalisierten Koordinaten.

Die Differentialgleichungen für die Drehgeschwindigkeitskomponenten ω_1 und ω_2, die (6.145) entsprechen, ergeben sich aus den Gleichungen (6.146), (6.147) und (6.148) für die einzelnen Eulerwinkel durch die Bildung von geeigneten Linearkombinationen zu

$$
I_1 \dot\omega_1 - (I_2 - I_3) \ \omega_2 \omega_3 = \frac{1}{\sin\beta}
\tag{6.149}
$$

$$
\left[-\sin\gamma\frac{\partial U}{\partial \alpha} - \sin\beta\cos\gamma\frac{\partial U}{\partial \beta} + \cos\beta\sin\gamma\frac{\partial U}{\partial \gamma}\right]
$$

$$I_2 \dot{\omega}_2 - (I_3 - I_1) \; \omega_1 \omega_3 = \frac{1}{\sin \beta} \qquad (6.150)$$

$$\left[- \cos \gamma \frac{\partial U}{\partial \alpha} + \sin \beta \sin \gamma \frac{\partial U}{\partial \beta} + \cos \beta \cos \gamma \frac{\partial U}{\partial \gamma} \right] .$$

Die Terme auf der rechten Seite entsprechen den Komponenten des Drehmomentes entlang den körperfesten 1- und 2-Achsen. Deren Form deutet an, in welcher Weise die Bewegungsgleichungen in den generalisierten Koordinaten α, β und γ zu kombinieren sind (siehe ☺ D.tail 6.7).

Die Gleichungen für die Drehbewegung eines starren Körpers (in 'Kurzform') sind

$$I_1 \dot{\omega}_1 - (I_2 - I_3) \omega_2 \omega_3 = M_1$$
$$I_2 \dot{\omega}_2 - (I_3 - I_1) \omega_3 \omega_1 = M_2 \qquad (6.151)$$
$$I_3 \dot{\omega}_3 - (I_1 - I_2) \omega_1 \omega_2 = M_3 \, .$$

Infolge der zyklischen Struktur kann man diese Gleichungen auch in der kompakten (aber relativ unübersichtlichen) Form zusammenfassen

$$\sum_\lambda \epsilon_{\mu\nu\lambda} \, (I_\lambda \dot{\omega}_\lambda - M_\lambda) - (I_\mu - I_\nu) \omega_\mu \omega_\nu = 0$$

$$\text{mit} \quad (\mu, \nu) = (1,2), (2,3), (3,1) \, . \qquad (6.152)$$

Die Größe $\epsilon_{\mu\nu\lambda}$ ist das Levi-Civita Symbol (siehe Math.Kap. 3.1.2). Diesen Satz von Differentialgleichungen bezeichnet man als die **Eulerschen Gleichungen**. In dem kräftefreien Fall ($U = 0$) ist die Schwerpunktbewegung trivial, da uniform, in den Eulergleichungen treten die Drehmomentkomponenten nicht auf.

Die Lösung der Eulerschen Gleichungen (mit oder ohne die Einwirkung von Drehmomenten), beziehungsweise der expliziten Bewegungsgleichungen in den Eulerschen Winkeln, beschreibt im Allgemeinen komplizierte Bewegungsabläufe. Der nächste Abschnitt illustriert diese Aussage.

6.3.7 Drehbewegung starrer Körper

Mittels der Eulerschen Gleichungen (6.151) (in Kurz- oder Langform) kann man die Bewegung des physikalischen Pendels und diverser Kreisel berechnen.

6.3.7.1 Das physikalische Pendel. Das physikalische Pendel ist dadurch charakterisiert, dass ein starrer Körper um eine Achse durch einen beliebigen körperfesten Punkt drehbar ist. Setzt man voraus, dass die Drehachse einer Hauptachse entspricht (z.B. der 1-Achse), so reduzieren sich die Eulergleichungen mit $\omega_2 = \omega_3 = 0$ auf

$$I_1^{(O)} \dot{\omega}_1 = M_1 \, .$$

Das Trägheitsmoment $I_1^{(O)}$ ist mit dem Parallelachsentheorem (6.125) zu berechnen. Das Drehmoment (aufgrund der Erdanziehung) hängt von dem

Sinus des Auslenkwinkels ab, so dass die Diskussion des mathematischen Pendels (Kap. 4.2.1) direkt übertragen werden kann, wobei $[g/l]^{1/2}$ durch $[Mgs/I_1^{(O)}]^{1/2}$ zu ersetzen ist (M ist die Masse des starren Körpers, s der kürzeste Abstand Schwerpunkt-Drehachse).

6.3.7.2 Berechnung der Drehbewegung des kräftefreien, symmetrischen Kreisels.

Das einfachste Beispiel eines Kreisels, das betrachtet werden kann, ist der kräftefreie Kugelkreisel mit $I_1 = I_2 = I_3$. Die Drehachse und Drehgeschwindigkeit ändern sich mit der Zeit nicht. Dies ergibt sich aus den einfachen Bewegungsgleichungen

$$\dot{\omega}_\mu = 0 \qquad (\mu = 1,\, 2,\, 3)$$

mit der Lösung $\omega_\mu(t) = \omega_\mu(t = 0)$.

Die Angelegenheit wird schon nichttrivial für den kräftefreien symmetrischen Kreisel, zum Beispiel mit $I_1 = I_2 = I$, $I_3 \neq I$. In diesem Falle bezeichnet man die 3-Achse, die eine Symmetrieachse ist, als **Figurenachse**. Als Stellvertreter eines symmetrischen Kreisels kann man sich ein Rotationsellipsoid vorstellen, wobei die Fallunterscheidungen zu treffen sind:

(a) $I > I_3$ Die Massenverteilung ist um die 3-Achse konzentriert. Der Kreisel hat, bezüglich der 3-Achse, eine Zigarrenform (Abb. 6.34a). Einen solchen Kreisel nennt man **prolat**.

(b) $I < I_3$ Hier ist die Form abgeflacht, pfannkuchenähnlich (Abb. 6.34b). Einen solchen Kreisel nennt man **oblat**.

(a)   (b)

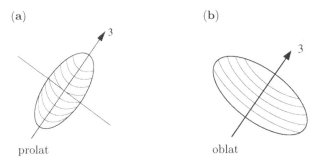

prolat   oblat

Abb. 6.34. Symmetrischer Kreisel

Für einen symmetrischen Kreisel mit $I_1 = I_2 = I$ lautet die Bewegungsgleichung für die 3-Komponente der Winkelgeschwindigkeit

$$I_3\,\dot{\omega}_3 = 0 \quad \longrightarrow \quad \omega_3(t) = \omega_3(0)\ .$$

Die Komponente der Drehgeschwindigkeit bezüglich der 3-Achse des körperfesten Koordinatensystems ist zeitlich konstant. Die Bewegungsgleichungen für die anderen Komponenten können dann in direkter Weise sortiert werden. Aus

$$I\,\dot\omega_1 - (I - I_3)\,\omega_2\,\omega_3 = 0$$
$$I\,\dot\omega_2 - (I_3 - I)\,\omega_3\,\omega_1 = 0$$

folgt mit der Definition

$$\Omega = \left(\frac{I_3 - I}{I}\right)\omega_3 = \text{const.} \tag{6.153}$$

ein relativ einfaches System von gekoppelten Differentialgleichungen

$$\dot\omega_1 + \Omega\,\omega_2 = 0 \qquad \dot\omega_2 - \Omega\,\omega_1 = 0\,.$$

Zur Lösung differenziert man z.B. die erste Gleichung nach der Zeit und setzt die zweite Gleichung in die differenzierte Gleichung ein

$$\ddot\omega_1 + \Omega\,\dot\omega_2 = \ddot\omega_1 + \Omega^2\,\omega_1 = 0\,.$$

Dies ist die Differentialgleichung des harmonischen Oszillators mit der allgemeinen Lösung

$$\omega_1(t) = C_1\cos\Omega t + C_2\sin\Omega t\,. \tag{6.154}$$

Die Funktion $\omega_2(t)$ erhält man aus

$$\omega_2 = -\frac{1}{\Omega}\dot\omega_1 = C_1\sin\Omega t - C_2\cos\Omega t\,. \tag{6.155}$$

Als Anfangsbedingung für die weitere Diskussion soll

$$\omega_1(0) = A \qquad \omega_2(0) = 0$$

angenommen werden. Es liegt anfänglich eine Drehung um die 1-Achse und, da Ω als ungleich Null vorausgesetzt wird, um die 3-Achse vor. Die Lösung

$$\omega_1(t) = A\cos\Omega t \qquad \omega_2(t) = A\sin\Omega t \tag{6.156}$$

beschreibt die zeitliche Änderung des Drehgeschwindigkeitsvektors aus der Sicht des körperfesten Koordinatensystems (Abb. 6.35a). Die Projektion des Drehgeschwindigkeitsvektors auf die 3-Achse ist konstant. Die Projektion von $\boldsymbol{\omega}$ in die 1-2 Ebene rotiert uniform auf einem Kreis mit der Frequenz Ω. Der Vektor $\boldsymbol{\omega}$ rotiert also mit der gleichen Frequenz auf einem Kegel um die Figurenachse. Man bezeichnet diese Bewegung des $\boldsymbol{\omega}$-Vektors als **reguläre Präzession**. Ω ist die Präzessionsfrequenz. Ist Ω positiv, so ist der Umlaufsinn positiv (gegen die Uhrzeigerrichtung).

Die entsprechenden Komponenten des Drehimpulsvektors in dem körperfesten System sind gemäß (6.126)

$$\boldsymbol{l}_{\mathrm{S}} = \begin{pmatrix} I_1\omega_1 \\ I_2\omega_2 \\ I_3\omega_3 \end{pmatrix} = \begin{pmatrix} IA\cos\Omega t \\ IA\sin\Omega t \\ I_3\omega_3 \end{pmatrix}\,. \tag{6.157}$$

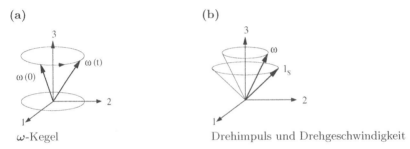

(a)

ω-Kegel

(b)

Drehimpuls und Drehgeschwindigkeit

Abb. 6.35. Reguläre Präzession eines prolaten, symmetrischen Kreisels aus der Sicht des körperfesten Systems

Der Drehimpulsvektor rotiert also aus der Sicht des körperfesten Systems mit der gleichen Frequenz um die Figurenachse, jedoch auf einem Kegel mit einem anderen Öffnungswinkel (Abb. 6.35b). Die Vektoren $\boldsymbol{\omega}$, $\boldsymbol{l}_S$ liegen zu jedem Zeitpunkt in einer Ebene durch die Figurenachse. Für einen prolaten Kreisel ($I > I_3$) gilt für die Amplitudenverhältnisse

$$\frac{I_3\omega_3}{IA} < \frac{\omega_3}{A} .$$

Der Öffnungswinkel des l-Kegels ist größer als der des $\boldsymbol{\omega}$-Kegels (Abb 6.36a). Für einen oblaten Kreisel liegt der l-Kegel innerhalb des $\boldsymbol{\omega}$-Kegels (Abb 6.36b). Die kinetische Rotationsenergie des Kreisels ist

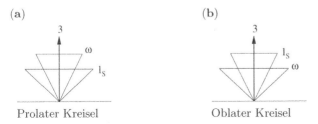

(a)

Prolater Kreisel

(b)

Oblater Kreisel

Abb. 6.36. Reguläre Präzession aus der Sicht des körperfesten Systems

$$T_{\text{rot}} = \frac{1}{2}l\omega = \frac{1}{2}(IA^2 + I_3\omega_3^2) = \text{const.}$$

Da keine Kräfte auf den starren Körper wirken, gilt Energieerhaltung.

6.3.7.3 Veranschaulichung der Rotation des kräftefreien, symmetrischen Kreisels. Die Betrachtung der Vektoren $\boldsymbol{\omega}$ und l aus der Sicht des körperfesten Koordinatensystems vermitteln noch keinen Eindruck von der Bewegung des Objektes. Zu diesem Zweck muss der Bewegungsablauf aus der Sicht des raumfesten Inertialsystems diskutiert werden. Da eine mögliche, uniforme Translation nicht interessiert, kann man als gemeinsamen Ursprung der beiden Koordinatensysteme den Schwerpunkt wählen. Für jeden Vektor, so auch für den Drehimpuls, gilt die Relation (siehe Kap. 6.2, rotierende Koordinatensysteme) zwischen den Ableitungen im raumfesten und im rotierenden Koordinatensytem

$$\dot{l}_{\mathrm{RF}} = \dot{l}_{\mathrm{KF}} + (\boldsymbol{\omega} \times \boldsymbol{l}_{\mathrm{KF}}) .$$

Setzt man auf der rechten Seite die erforderlichen Größen ($l_{\mathrm{KF}} \equiv l_{\mathrm{S}}$) ein (siehe ⊚ D.tail 6.8), so findet man (wie zu erwarten)

$$\dot{l}_{\mathrm{RF}} = \boldsymbol{0} . \tag{6.158}$$

Der Drehimpuls ist (aus der Sicht des Inertialsystems) für den kräftefreien Fall eine Erhaltungsgröße. Der Drehimpulsvektor steht aus der Sicht des Inertialsystems fest im Raum, so dass, aus dieser Sicht, Figurenachse und der Drehgeschwindigkeitsvektor um die feste Drehimpulsachse präzedieren (Abb. 6.37).

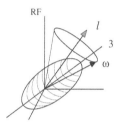

Abb. 6.37. Reguläre Präzession: Aus der Sicht des raumfesten Systems

Die eigentliche Bewegung kann man mit der sogenannten **Poinsotschen Darstellung** nachempfinden. Für einen prolaten Kreisel ergibt sich das folgende Bild (Abb. 6.38): Der Kegel des ω-Vektors ($\boldsymbol{\omega}$ ist die momentane Dreh-

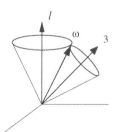

Abb. 6.38. Reguläre Präzession: Poinsotsche Darstellung für den prolaten Fall

achse) um den fest im Raum stehenden Drehimpulsvektor heißt der **Spurkegel**. Auf dem Spurkegel rollt ein weiterer Kegel ab, dessen Achse die Figurenachse ist. Dieser Kegel heißt **Polkegel**. Das Abrollen des Polkegels auf dem Spurkegel verläuft so, das die Berührungslinie der beiden Kegel dem ω-Vektor entspricht. Die drei Vektoren (Drehimpuls, Drehgeschwindigkeit und

Figurenachse) liegen zu jedem Zeitpunkt in einer Ebene. Die resultierende Bewegung der Figurenachse und die Rollbewegung des Polkegels vermitteln einen Eindruck von der Drehbewegung eines kräftefreien starren Körpers mit den Trägheitscharakteristika eines (symmetrischen) Rotationsellipsoides. Für

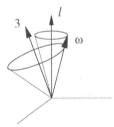

Abb. 6.39. Reguläre Präzession: Poinsotsche Darstellung für den oblaten Fall

den oblaten Kreisel rollt, bei einer entsprechenden Konstruktion, der Polkegel auf der Innenseite des Spurkegels ab (Abb. 6.39).

Die Theorie des kräftefreien, symmetrischen Kreisels findet bei der Diskussion der Erdrotation Anwendung. Die Erde ist in guter Näherung ein oblater, kräftefreier Kreisel mit den Achsen $a = b = 6377$ km (Äquator) und $c = 6356$ km (Pol). Wie oben ausgeführt, ist der Durchstoßpunkt der

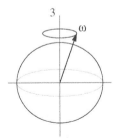

Abb. 6.40. Reguläre Präzession der Erdachse

Figurenachse (geometrischer Nordpol) von dem Durchstoßpunkt der Drehachse $\boldsymbol{\omega}$ verschieden. Der kinematische Nordpol beschreibt einen Kreis um den geometrischen Nordpol (Abb. 6.40). Die Präzessionsfrequenz ist

$$|\Omega| = \left| \frac{I_3 - I}{I} \omega_3 \right| \ .$$

Berechnet man die Trägheitsmomente der Erde (unter der Annahme einer homogenen Massenverteilung) und setzt $\omega_3 = 2\pi/\text{Tag}$, so erhält man für die Periode der Präzessionsbewegung

$$T = \frac{2\pi}{\Omega} \approx 305\,\text{Tage} \approx 10\,\text{Monate} \ .$$

Die entsprechenden 'experimentellen' Daten sehen folgendermaßen aus:

(i) Die Präzession ist etwas unregelmäßig. Die Schwankungen sind mit meteorologischen und geologischen Ereignissen korreliert.

(ii) Die gemittelte Periode ist nicht 10 sondern ungefähr 14 Monate (Chandlerperiode). Für die Erklärung dieser Diskrepanz gibt es eine detaillierte Theorie, die berücksichtigt, dass die Erde nicht vollkommen starr ist, sondern quasiflüssig[12].

(iii) Der Radius des Durchstoßkreises des $\boldsymbol{\omega}$-Kegels ist im Mittel ca. 4 m.

6.3.7.4 Die Zeitentwicklung der Eulerwinkel für den kräftefreien, symmetrischen Kreisel. Man kann die Diskussion der Kreiselbewegungen quantitativer fassen, wenn man die explizite Beschreibung durch die Eulerwinkel benutzt. Dies soll für das einfachere Beispiel des symmetrischen Kreisels ($I_1 = I_2 = I \neq I_3$) noch angedeutet werden. Der Ausdruck für die kinetische Energie der Rotation (6.141) vereinfacht sich zu

$$T_{\text{rot}} = \frac{1}{2}\left[I(\dot{\beta}^2 + \dot{\alpha}^2 \sin^2 \beta) + I_3(\dot{\gamma} + \dot{\alpha}\cos\beta)^2\right] . \qquad (6.159)$$

Eine entsprechende Vereinfachung erfahren die Eulergleichungen (6.146), (6.147) und (6.148), doch es ist möglich, die Lösung von Bewegungsproblemen des symmetrischen Kreisels direkter anzugehen.

Die Lagrangefunktion des *freien Kreisels* $L_{\text{frei}} \equiv T$ enthält die Winkel α und γ nicht. Die entsprechenden generalisierten Impulse

$$p_\alpha = \frac{\partial T}{\partial \dot{\alpha}} = I\dot{\alpha}\sin^2\beta + I_3(\dot{\gamma} + \dot{\alpha}\cos\beta)\cos\beta = C_1 \qquad (6.160)$$

und

$$p_\gamma = \frac{\partial T}{\partial \dot{\gamma}} = I_3(\dot{\gamma} + \dot{\alpha}\cos\beta) = C_2 \qquad (6.161)$$

sind somit Erhaltungsgrößen, wobei die Konstanten C_1 und C_2 durch die Anfangsbedingungen festgelegt werden. Aus (6.140) und (6.161) folgt auch die Aussage

$$I_3\omega_3 = C_2 , \qquad (6.162)$$

die Projektion des Drehgeschwindigkeitsvektors auf die Figurenachse ändert sich nicht mit der Zeit. Kombination der Gleichungen (6.160) und (6.161) ergibt

$$\dot{\gamma} + \dot{\alpha}\cos\beta = C_2/I_3 \qquad I\dot{\alpha}\sin^2\beta = C_1 - C_2\cos\beta . \qquad (6.163)$$

Benutzt man diese Konstanten der Bewegung, um aus der Lagrangefunktion die Ableitungen $\dot{\alpha}$ und $\dot{\gamma}$ zu eliminieren, so erhält man einen Ausdruck, der nur noch von dem Winkel β und dessen Ableitung abhängt

$$L_{\text{frei}} = \frac{1}{2}\left[I\dot{\beta}^2 + \frac{(C_1 - C_2\cos\beta)^2}{I\sin^2\beta} + \frac{C_2^2}{I_3}\right] . \qquad (6.164)$$

---

[12] Interessenten finden einen Hinweis auf eine weiterführende Veröffentlichung unter A[6] der Literaturliste.

Das gleiche Ergebnis könnte gewonnen werden, indem man in der Bewegungsgleichung für den Winkel β die Abhängigkeit von den anderen Winkeln eliminiert und die resultierende Gleichung integriert.

Offensichtlich ist (wie bei der Behandlung des freien symmetrischen Kreisels mittels der kartesischen Winkelgeschwindigkeiten im körperfesten System) ω_3 eine Erhaltungsgröße. Der Term C_2^2/I_3 kann in die (erhaltene) Energie $L_{\text{frei}} = E_0 = E(t = 0)$ einbezogen werden

$$E = E_0 - \frac{C_2^2}{2I_3} \;. \tag{6.165}$$

Der Energieausdruck (6.164) entspricht der Differentialgleichung

$$\dot{\beta} = \pm \left[\frac{2E}{I} - \frac{(C_1 - C_2 \cos\beta)^2}{I^2 \sin^2\beta} \right]^{1/2} \tag{6.166}$$

für die Funktion $\beta(t)$. Zur Vereinfachung bieten sich die Definitionen

$$a = 2E/I \qquad a_1 = C_1/I \qquad a_2 = C_2/I \tag{6.167}$$

an. Die Variablensubstitution $q = \cos\beta$ mit $\dot{q} = -\dot{\beta}\sin\beta$ (vergleiche die Behandlung des sphärischen Pendels) führt mittels Variablentrennung auf das Integral (die Lösung)

$$t = \int_{q(0)}^{q} \frac{\mathrm{d}q'}{\sqrt{a(1 - q'^2) - (a_1 - a_2 q')^2}} \;. \tag{6.168}$$

Der Radikand in diesem Integral ist eine quadratische Funktion, das Integral kann elementar ausgewertet werden[13]. Setzt man das Resultat für $\beta(t)$ in die Gleichungen (6.160) und (6.161) ein, so kann man durch direkte Integration (gegebenenfalls numerisch) die Funktionen $\alpha(t)$ und $\gamma(t)$ bestimmen. Damit ist die Zeitabhängigkeit der Drehmatrix (6.135), d.h. die nötige Information für die Transformation zwischen dem raumfesten und dem körperfesten Koordinatensystemen ermittelt. Beschreibt man die Richtung der Figurenachse aus der Sicht des körperfesten Systems durch einen Vektor $\boldsymbol{r}_{\text{KF}} = (0, 0, 1)$, so erhält man mit der Transformation (6.136) die Komponenten der Figurenachse in dem raumfesten System

$$(x, y, z)_{\text{Fig, RF}} = (\sin\alpha(t)\sin\beta(t), \, -\cos\alpha(t)\sin\beta(t), \, \cos\beta(t)) \;. \tag{6.169}$$

Diese Gleichung besagt, dass $\beta(t)$ der zeitlich variable Winkel zwischen der Vertikalen (z-Achse des raumfesten Systems) und der Figurenachse ist und dass die Projektion der Figurenachse in die x-y Ebene für positiv wachsende Werte des Winkels $\alpha(t)$ gegen den Uhrzeigersinn in dieser Ebene rotiert. Die zusätzliche Drehung des Kreisels um die Figurenachse (die Drehung um den Winkel γ) kommt in (6.169) natürlich nicht zum Tragen.

---

[13] Zusätzliche Information über die explizite Berechnung der Bewegung eines freien, symmetrischen Kreisels ist in ⓒ D.tail 6.9 zusammengestellt.

Alternativ, kann man einen Hinweis auf die Form der regulären Präzession aus der Zerlegung der Lagrangefunktion (6.164) in einen kinetischen Anteil des Winkels β und ein effektives Potential gewinnen. Das effektive Potential

$$U_{\text{eff}} = \frac{(C_1 - C_2 \cos \beta)^2}{2I \sin^2 \beta} \tag{6.170}$$

hat in dem relevanten Intervall $0 \leq \beta \leq \pi$ den in Abb. 6.41 angedeuteten Verlauf. Die Abbildung verdeutlicht, dass bei einer vorgegebenen Energie E ein eingeschränkter Bereich $\beta_1 \leq \beta \leq \beta_2$ für die Variation des Winkels β vorliegt.

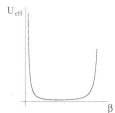

U_{eff}

β **Abb. 6.41.** Effektives Potential des freien Kreisels

6.3.7.5 Der schwere symmetrische Kreisel. Als einen schweren (symmetrischen) Kreisel bezeichnet man einen Kreisel, für den ein Stützpunkt auf der Figurenachse vorhanden ist, der nicht mit dem auf dieser Achse liegenden Schwerpunkt zusammenfällt (Abb. 6.42). In dieser Situation übt die (konstante) Schwerkraft ein Drehmoment auf den Kreisel aus. Wählt man als gemeinsamen Koordinatenursprung des raum- und des körperfesten Koordinatensystems den zeitlich festen Stützpunkt, so gilt mit (6.123), dass die gesamte kinetische Energie des Kreisels nur aus einem Rotationsanteil besteht, der auf den Stützpunkt bezogen ist. An dem Kreisel greift ein Drehmoment

$$\boldsymbol{M} = M_{\text{K}}(\boldsymbol{s} \times \boldsymbol{g})$$

an, wobei M_{K} die Masse des Kreisels und $\boldsymbol{s}$ der Vektor von dem Stützpunkt zu dem Schwerpunkt ist. Der Drehmomentvektor steht (siehe Abb. 6.42) senkrecht auf der Vertikalen und der Figurenachse. Er zeigt somit in Richtung der Knotenlinie (D.tail 6.10) und bewirkt eine Rotation der Drehimpulsachse. Die quantitative Beschreibung der Bewegung des schweren Kreisels unterscheidet sich formal zunächst nur wenig von dem Fall des freien Kreisels. Die Lagrangefunktion muss um die potentielle Energie

$$U_{\text{grav}}(\beta) = M_{\text{K}} g s \cos \beta \tag{6.171}$$

ergänzt werden. Die Koordinaten α und γ sind auch in diesem Fall zyklisch. Ebenso ist die Gesamtenergie eine Erhaltungsgröße. Anhand dieser Aussagen

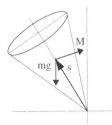

Abb. 6.42. Schwerer Kreisel

kann man die Schritte zwischen den Gleichungen (6.160) und (6.168) mit der Lagrangefunktion[14]

$$L_{\text{schwer}} = \frac{1}{2}\left[I(\dot{\beta}^2 + \dot{\alpha}^2 \sin^2\beta) + I_3(\dot{\gamma} + \dot{\alpha}\cos\beta)^2\right] - M_{\text{K}}gs\cos\beta \quad (6.172)$$

wiederholen. Die Substitution $q = \cos\beta$ mit den Definitionen (6.167) ergibt dann die integrierte Bewegungsgleichung für den Winkel β

$$t = \int_{q(0)}^{q} \frac{\mathrm{d}q'}{\sqrt{(a - bq')(1 - q'^2) - (a_1 - a_2 q')^2}} \,, \quad (6.173)$$

wobei der zusätzliche Parameter b durch $b = 2M_{\text{K}}gs/I$ definiert ist. An dieser Stelle unterscheidet sich der schwere Kreisel deutlich von dem freien. Anstelle eines Radikanden mit einer quadratischen Funktion von q tritt hier ein Polynom dritten Grades auf. Dies bedingt, dass das Integral in (6.173) einem **elliptischen Integral der ersten Art** entspricht[15]. Die weitere Diskussion entlang der angedeuteten Linie erfordert somit einigen Aufwand.

Auch für den schweren Kreisel kann man aber über die Betrachtung des Polynoms in (6.173) und über die Diskussion eines effektiven Potentials analog (6.170) einige Einblicke gewinnen. Das effektive Potential, das der Lagrangefunktion (6.172) entnommen werden kann

$$U_{\text{eff, schwer}}(\beta) = \frac{(C_1 - C_2 \cos\beta)^2}{2I\sin^2\beta} + M_{\text{K}}gs\cos\beta \,, \quad (6.174)$$

ist in Abb. 6.43 dargestellt. Wie bei dem freien Kreisel ist für eine vorgegebene Energie der Winkel β auf ein Intervall $\beta_1 \leq \beta \leq \beta_2$ beschränkt. Es existiert ein Minimalpunkt des Potentials bei β_0 (der infolge des zusätzlichen Terms in $\cos\beta$ bei dem schweren Kreisel etwas deutlicher ausgeprägt ist), in dem dieser Neigungswinkel der Figurenachse in Bezug auf die Vertikale zeitlich konstant bleibt. Dieser Winkel ist durch

$$\frac{\mathrm{d}U}{\mathrm{d}\beta}\bigg|_{\beta_0} = 0$$

---

[14] Die Trägheitsmomente sind hier auf das Koordinatensystem mit dem Stützpunkt als Ursprung bezogen.

[15] Für einen Vergleich mit dem elliptischen Integral in Kap. 4.2.1 siehe Math.Kap. 4.3.4.

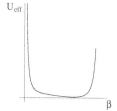

β **Abb. 6.43.** Effektives Potential des schweren Kreisels

bestimmt. Direkte Auswertung (◉ D.tail 6.11) ergibt die Bedingung

$$(C_1 - C_2 \cos \beta_0) = \frac{C_2 \sin^2 \beta_0}{2 \cos \beta_0} \left[1 \pm \sqrt{1 - \frac{4 M_K g s I \cos \beta_0}{C_2{}^2}} \right] . \qquad (6.175)$$

Falls $\beta_0 \leq \pi/2$ ist, kann der Radikand nur positiv sein, wenn die Bedingung

$$C_2^2 \geq 4 M_K g s I \cos \beta_0 ,$$

beziehungsweise mit (6.162)

$$\omega_3 \geq \frac{2}{I_3} \sqrt{M_K g s I \cos \beta_0}$$

erfüllt ist. Für einen konstanten Winkel mit $\beta_0 \leq \pi/2$ ergibt sich, wenn zusätzlich ω_3 die obige Ungleichung erfüllt, eine quasireguläre Präzession des schweren Kreisels, die durch den Winkel α beschrieben wird. Die Figuren-achse dreht sich um die Vertikale mit der konstanten Winkelgeschwindigkeit (benutze (6.163))

$$\dot{\alpha} = \frac{C_1 - C_2 \cos \beta_0}{I \sin^2 \beta_0} . \qquad (6.176)$$

Der Bedingung (6.175) entnimmt man zwei verschiedene Wurzeln β_0, so dass diese Präzession in einer langsameren und einer schnelleren Variante auftreten kann.

Der Fall, dass $\beta_0 \geq \pi/2$ ist, entspricht einer Situation, in der sich der Auflagepunkt (Aufhängepunkt) oberhalb des Schwerpunktes befindet. Eine derartige Situation erfordert eine gyroskopische Aufhängung. Da für diesen Winkelbereich $\cos \beta_0$ negativ ist, ergibt die Bedingung (6.175) keine Ein-schränkung für die Winkelgeschwindigkeit ω_3. Die Bedingung liefert jedoch zwei Werte für $(C_1 - C_2 \cos \beta_0)$, die ein unterschiedliches Vorzeichen tragen. Aus der Relation (6.176) folgt dann, dass der Kreisel sich für die schnellere Komponente im gleichen Sinn und für die langsamere Komponente im entge-gengesetzten Sinn zu dem Fall $\beta_0 < \pi/2$ dreht. Ist man nicht im Minimum des effektiven Potentials, so kann das Vorzeichen von $\dot{\alpha}$ gemäß (6.176) wechseln, während der Winkel β zwischen den beiden Grenzwerten variiert. Details hängen von den Werten der Integrationskonstanten C_1 und C_2 ab. Tritt kein Vorzeichenwechsel auf, so präzediert der Kreisel monoton. Die Projektion der Figurenachse auf eine Einheitskugel beschreibt eine Art von Oszillation in dem Band zwischen den Winkeln β_1 und β_2 (Abb. 6.44a). Man bezeichnet eine derartige Bewegung als **Nutation**. Bei einem Vorzeichenwechsel von $\dot\alpha$ tritt anstelle der Oszillation eine schleifenförmige Bewegung (Abb. 6.44b) auf, da die Präzession für den unteren und den oberen Wert von β ein verschiedenes Vorzeichen hat. Ein besonderer Fall kann eintreten, wenn

$$(C_1 - C_2 \cos\beta)|_{\beta_i} = 0 \qquad (i = 1 \text{ oder } 2)$$

ist. Aus dieser Bedingung folgt

$$\dot\alpha|_{\beta_i} = 0 \qquad \dot\beta|_{\beta_i} = 0 \qquad (i = 1 \text{ oder } 2) \,.$$

Es ergibt sich eine Projektion der Bewegung auf die Einheitskugel mit Spitzen und Bögen (Abb. 6.44c).

(a)   (b)   (c)

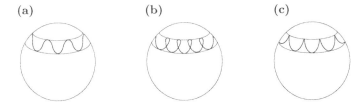

Abb. 6.44. Bewegungsformen des schweren Kreisels: Projektion der Figurenachse auf eine Einheitskugel für verschiedene Verhältnisse der Integrationskonstanten C_1/C_2

Eine entsprechende Diskussion kann anhand des Radikanden in dem Integral (6.173) geführt werden. Der qualitative Verlauf der Funktion

$$f(q) = (a - bq)(1 - q^2) - (a_1 - a_2 q)^2$$

ähnelt dem Verlauf der entsprechenden Funktion in (5.95) bei der Diskussion des sphärischen Pendels. Die Funktion $f(q)$ hat im Allgemeinen drei Nullstellen. Der physikalisch interessante Bereich ist $-1 \le q \le 1$. In diesem Bereich müssen zwei der Nullstellen vorkommen, die einen Bereich von positiven f-Werten begrenzen. Diese Nullstellen entsprechen den beiden Grenzwinkeln β_1 und β_2.

Die Diskussion des asymmetrischen Kreisels (kräftefrei oder nicht) ist noch etwas aufwendiger. Auch bei der Diskussion des kräftefreien asymmetrischen Kreisels treten elliptische Integrale auf. Auf der Basis der Bewegungsgleichungen (6.151) kann man die diversen Kegelkonstruktionen übertragen, doch sind die Führungskurven keine Kreise wie im Fall des symmetrischen, kräftefreien Kreisels, sondern transzendente Kurven, die sich im Allgemeinen nicht schließen[16].

---

[16] Das Standardwerk (Literaturliste A[7]) wurde schon vor mehr als hundert Jahren veröffentlicht.

7 Literaturverzeichnis

In dem folgenden Verzeichnis findet man die in dem Text zitierten Literaturstellen, eine wahrscheinlich nicht vollständige Liste der im Handel und in den Bibliotheken verfügbaren Lehrbücher der Theoretischen Mechanik, sowie eine noch weniger vollständige Angabe der relevanten mathematischen Lehrbücher und Formelwerke. Eine ausführlichere Dokumentation der mathematischen Literatur ist in den 'Mathematischen Ergänzungen' auf der zugehörigen ⊕ enthalten.

Die Lehrbücher sind alphabetisch aufgeführt, die Reihenfolge nimmt also keinen Bezug auf das Niveau oder die Schwierigkeit der Darstellung. Werke, die (soweit den Internet-Seiten der Verlage entnehmbar) nicht mehr im Handel erhältlich sind, sind durch (*) markiert.

Zitierte Literaturstellen

[1] K. Bethge, U.E. Schröder: 'Elementarteilchen und ihre Wechselwirkung' (Wissenschaftliche Buchgesellschaft, Darmstadt, 1991)
(*) H.J. Lipkin: 'Lie Groups for Pedestrians' (North Holland Publ. Co, Amsterdam, 1965)

[2] (*) P. Moon, D. Eberle: 'Field Theory Handbook' (Springer Verlag, Heidelberg, 1961)

[3] Siehe unter dem Eintrag 'Integraltafeln'

[4] A. Guthmann: 'Einführung in die Himmelsmechanik und die Ephemeridenrechnung' (Spektrum Akademischer Verlag, Heidelberg, 2000)

[5] Kap. 8 und 9 aus (*) H. Goldstein: 'Klassische Mechanik' (Aula Verlag, Wiesbaden, 1991)
Kap 2.35 bis 2.37 aus F. Scheck: 'Theoretische Physik: Mechanik' (Springer Verlag, Heidelberg, 2002)

[6] D.J. Inglis: 'Shifting of the Earth's Axis of Rotation' (in Reviews of Modern Physics, Band 29, 1957) S. 9

[7] (*) F. Klein, A. Sommerfeld: 'Über die Theorie des Kreisels' Band 1-4 (Teubner Verlag, Leipzig, 1897-1910)

Einführende Texte

- R. Feynman, R.B. Leighton, M Sands: 'Feynman Vorlesungen über Physik' Band 1 (Verlag Oldenbourg, München, 2001)
- C. Kittel, W.D. Knight, M.A. Ruderman: 'Berkeley Physikkurs' Band 1 (Springer Verlag, Berlin, 1994)

Theoretische Mechanik

- S. Brandt, H.D. Dahmen: 'Mechanik' (Springer Verlag, Heidelberg, 1996)
- A. Budo: 'Theoretische Mechanik' (Wiley-VHC, Weinheim, 1990)
- A.P. French: 'Newtonsche Mechanik' (Verlag de Gruyter, Berlin, 1996)
- (*) H. Goldstein: 'Klassische Mechanik' (Aula Verlag, Wiesbaden, 1991)
  H. Goldstein, C.P. Poole, J.L. Safko: 'Classical Mechanics' (Addison Wesley, Baltimore, 2001)
- W. Greiner: 'Theoretische Physik: Mechanik' Band I und II (Verlag H. Deutsch, Frankfurt, 1992 und 1989)
- M. Heil, F. Kitzka: 'Grundkurs Theoretische Mechanik' (Teubner Verlag, Stuttgart, 1984)
- R. Jelitto: 'Theoretische Physik: Mechanik' Band I und II (Aula Verlag, Wiesbaden, 1991 und 1995)
- J. M. Knudsen, P.G. Hjorth: 'Elements of Newtonian Mechanics' (Springer Verlag, Heidelberg, 2002)
- F. Kuypers: 'Klassische Mechanik' (Wiley-VHC, Weinheim, 1997)
- L. Landau, E. Lifschitz: 'Lehrbuch der Theoretischen Physik: Mechanik' (Verlag H. Deutsch, Frankfurt, 1997)
- J.B. Marion, S.T. Thornton: 'Classical Dynamics of Particles and Rigid Bodies' (Saunders, Philadelphia, 1988)
- W. Nolting: 'Grundkurs Theoretische Physik' : Band 1: 'Klassische Mechanik' Band 2: 'Analytische Mechanik' (Springer Verlag, Heidelberg, 2002)
- F. Scheck: 'Theoretische Physik: Mechanik' (Springer Verlag, Heidelberg, 2002)
- A. Sommerfeld: 'Vorlesungen über Theoretische Physik: Mechanik' (Verlag H. Deutsch, Frankfurt, 1994)
- K.R. Symon 'Mechanics' (Addison-Wesley, Baltimore, 1971)

Mathematik

- H. Anton: 'Lineare Algebra' (Verlag Spektrum der Wissenschaften, Heidelberg, 1995)
- R. Courant, F. John: 'Introduction to Calculus and Analysis' Band I und II/1, II/2 (Springer Verlag, Heidelberg, 1989)
- G. Fischer: 'Lineare Algebra' (Vieweg Verlag, Braunschweig, 2002)

- O. Forster: 'Analysis' Band 1 und 2 (Vieweg Verlag, Braunschweig, 2001 und 1984)
- S. Großmann: 'Mathematischer Einführungskurs für die Physik' (Teubner Verlag, Stuttgart, 2000)
- K. Jänisch: 'Lineare Algebra' (Springer Verlag, Heidelberg, 2002)
- K. Königsberger: 'Analysis' Band 1 und 2 (Springer Verlag, Heidelberg, 2001 und 2002)
- W. Walter: 'Analysis' Band 1 und 2 (Springer Verlag, Heidelberg, 2001 und 2002)
- R. Wüst: 'Mathematik für Physiker und Mathematiker' Band 1 und 2 (Wiley-VHC, Berlin, 2002)

Tabellen und Formelsammlungen

Allgemeine Formelsammlungen

- H.-J. Bartsch: 'Kleine Formelsammlung Mathematik' (Hanser Verlag, Leipzig, 1995)
- I. Bronstein, I. Semendjajew, G. Musiol, H. Mühlig: 'Taschenbuch der Mathematik' (Verlag H. Deutsch, Frankfurt, 2000)
- H. Stöcker: 'Mathematische Formeln und Moderne Verfahren' (Verlag H. Deutsch, Frankfurt, 1995)
- E. Hering, R. Martin, M. Stohrer: 'Physikalisch-Technisches Taschenbuch' (VDI Verlag, Düsseldorf, 1994)

Spezielle Funktionen

- M. Abramovitz, I. Stegun: 'Handbook of Mathematical Functions' (Dover Publications, New York, 1974)
- (*) W. Magnus, F. Oberhettinger: 'Formeln und Sätze für die speziellen Funktionen der mathematischen Physik' (Springer Verlag, Heidelberg, 1948)

Integraltafeln

- I. Gradstein, I. Ryshik: 'Summen-, Produkt- und Integraltafeln' Band I und II (Verlag H.Deutsch, Frankfurt, 1981)
- W. Gröbner, N. Hofreiter: 'Integraltafel' Band I und II (Springer Verlag, Wien, 1975 und 1973)
- sowie die entsprechenden Abschnitte der Formelsammlungen

Anhang

Einige, hoffentlich nützliche Angaben sind in dem Anhang zusammengestellt. Die Liste der Lebensdaten der in dem Text erwähnten Wissenschaftler soll die Einordnung der verschiedenen Themenkreise, die mit diesen Namen verknüpft sind, in ein zeitliches Raster ermöglichen. Das griechische Alphabet spielt in der Notation der Physik eine wichtige Rolle und ist aus diesem Grund, ebenso wie eine kurze Liste der verwendeten Symbole, angefügt. Die für die Mechanik relevanten physikalischen Größen sind, zusammen mit Umrechnungsfaktoren und den Bezeichnungen im CGS- und MKS-System, in drei Tabellen zusammengestellt. Es folgen eine Auswahl von astronomischen Daten (Planetenbewegung) und eine rudimentäre Formelsammlung.

A Lebensdaten

d'Alembert, Jean-Baptiste frz. Philosoph
* 16.11.1717 Paris (Frankreich)
† 29.10.1783 Paris (Frankreich)

Archimedes
gr. Mathematiker
* 287 v. Chr. Syrakus (Griechenland)
† 212 v. Chr. Syrakus (Griechenland)

Atwood, George
engl. Mathematiker und Physiker
* 1745 London (England)
† 11.07.1807 London (England)

Bernoulli, Jacob
schw. Mathematiker
* 27.12.1654 Basel (Schweiz)
† 16.08.1705 Basel (Schweiz)

Bernoulli, Johann
schw. Mathematiker
* 06.08.1667 Basel (Schweiz)
† 01.01.1748 Basel (Schweiz)

Cavendish, Henry
engl. Chemiker
* 10.10.1731 Nizza (Frankreich)
† 24.02.1810 London (England)

Chandler, Seth Carlo
am. Astronom
* 17.9.1846 Boston (USA)
† 13.12.1913 Wellesley Hills (USA)

Chasles, Michel
frz. Mathematiker
* 15.11.1793 Epernon (Frankreich)
† 18.12.1880 Paris (Frankreich)

Chadwick, Sir James
engl. Physiker
Nobelpreis 1935
* 20.10.1891 Manchester (England)
† 23.07.1974 Pinehurst (England)

de Coriolis, Gaspard Gustave   frz. Physiker
* 21.05.1792 Paris (Frankreich)
† 19.09.1843 Paris (Frankreich)

Cockroft, Sir John Douglas   engl. Physiker
Nobelpreis 1951
* 27.05.1887 Todmorden (England)
† 18.09.1967 Cambridge (England)

de Coulomb, Charles Augustin   frz. Physiker
* 14.06.1736 Angoulême (Frankreich)
† 23.08.1806 Paris (Frankreich)

Descartes, René,   frz. Philososoph und Mathematiker,
(Renatus Cartesius)   * 31.03.1596 La Haye (Frankreich)
† 11.02.1650 Stockholm (Schweden)

Einstein, Albert   dt. Physiker
Nobelpreis 1921
* 14.03.1897 Ulm (Deutschland)
† 18.04.1955 Princeton (USA)

Euler, Leonhard   schw. Mathematiker
* 15.04.1707 Basel (Schweiz)
† 18.09.1783 St Petersburg (Russland)

Feynman, Richard Phillips   am. Physiker
Nobelpreis 1965
* 11.05.1918 Far Rockway (USA)
† 15.02.1988 Los Angeles (USA)

Foucault, Léon Jean Bertrand   frz. Physiker
* 18.09.1819 Paris (Frankreich)
† 11.02.1868 Paris (Frankreich)

Fourier, Jean Baptiste Joseph   frz. Mathematiker
* 21.03.1768 Auxerre (Frankreich)
† 16.05.1830 Paris (Frankreich)

Galilei, Galileo   it. Physiker
* 15.02.1564 Pisa (Italien)
† 08.01.1642 Arcetri (Italien)

Geiger, Hans Wilhelm   dt. Physiker
* 30.09.1882 Neustadt (Deutschland)
† 24.09.1945 Potsdam (Deutschland)

Halley, Edmond
engl. Astronom
∗ 08.11.1656 Haggerston (England)
† 14.01.1742 Greenwich (England)

Hamilton, Sir William Rowan
ir. Mathematiker,
∗ 04.08.1805 Dublin (Irland)
† 02.09.1865 Dunsink (Irland)

Heisenberg, Werner Karl
dt. Physiker
Nobelpreis 1932
∗ 05.12.1901 Würzburg (Deutschland)
† 01.01.1976 München (Deutschland)

Hooke, Robert
engl. Physiker
∗ 18.07.1635 Freshwater (England)
† 03.03.1703 London (England)

Hubble, Edwin Powell
am. Astronom
∗ 20.11.1889 Marshfield (USA)
† 28.09.1953 San Marino (USA)

Huygens, Christiaan
niederl. Physiker und Astronom
∗ 14.04.1629 Den Haag (Holland)
† 08.07.1695 Den Haag (Holland)

Jacobi, Karl Gustav Jacob
dt. Mathematiker
∗ 10.12.1804 Potsdam (Deutschland)
† 18.02.1851 Berlin (Deutschland)

Joule, James Prescott
engl. Physiker
∗ 24.12.1818 Salford (England)
† 11.10.1889 Sale (England)

Joyce, James Augustine
ir. Autor
∗ 02.02.1882 Rathgar (Irland)
† 13.01.1941 Zürich (Schweiz)

Kepler, Johannes
dt. Astronom
∗ 27.12.1571 Weil der Stadt (Deutschland)
† 15.11.1630 Regensburg (Deutschland)

de Lagrange, Joseph-Louis
it.-frz. Mathematiker und Physiker
∗ 25.01.1736 Turin (Italien)
† 10.04.1813 Paris (Frankreich)

Legendre, Adrien Marie	frz. Mathematiker * 18.09.1752 Paris (Frankreich) † 10.01.1833 Paris (Frankreich)
Lissajous, Jules Antoine	frz. Physiker, * 04.03.1822 Versailles (Frankreich) † 24.06.1880 Plomblières-les-Dijon (Frankreich)
Marsden, Sir Ernest	engl. Physiker * 19.02.1889 Lancashire (England) † 14.12.1970 Wellington (Neuseeland)
Michelson, Albert Abraham	am. Physiker Nobelpreis 1907 * 19.12.1852 Strelno (Posen) † 09.05.1931 Pasadena (Californien)
Morley, Edward E.	am. Chemiker * 29.01.1838 Newark (USA) † 24.02.1923 West Hartford (USA)
Newton, Sir Isaac	engl. Physiker und Mathematiker * 04.01.1643 Woolsthorpe (England) † 31.03.1727 Kensington (England)
Poincaré, Jules Henri	frz. Mathematiker und Philosoph * 29.04.1854 Nancy (Frankreich) † 17.07.1912 Paris (Frankreich)
Poisson, Siméon Denis	frz. Mathematiker und Physiker * 21.06.1781 Pithiviers (Frankreich) † 25.04.1840 Sceaux (Frankreich)
Poinsot, Louis	frz. Mathematiker * 03.01.1777 Paris (Frankreich) † 05.12.1859 Paris (Frankreich)
Lord Rayleigh, John William	engl. Physiker Nobelpreis 1904 * 12.11.1842 Langford Grove (England) † 30.06.1919 Terling Place (England)
Riemann, Georg Friedrich	dt. Mathematiker * 17.09.1826 Breselenz (Deutschland) † 20.07.1866 Selasca (Italien)

Rutherford, Ernest   engl. Physiker
Nobelpreis 1908
* 30.08.1871 Brightwater (Neuseeland)
† 10.10.1937 Cambridge (England)

Steiner, Jakob   schw. Mathematiker
* 18.03.1796 Utzenstorf (Schweiz)
† 01.04.1863 Bern (Schweiz)

Stokes, Sir George Gabriel engl. Mathematiker und Physiker
* 13.08.1819 Skreen (Irland)
† 01.02.1903 Cambridge (England)

Taylor, Brook   engl. Mathematiker
* 18.08.1685 Edmonton (England)
† 29.12.1731 London (England)

Walton, Ernest Thomas ir. Physiker
Nobelpreis 1951
* 06.10.1903 Dungarvan (Irland)
† 25.06.1995 Belfast (Irland)

B Das griechische Alphabet

α	A	Alpha
β	B	Beta
γ	Γ	Gamma
δ	Δ	Delta
ϵ , ε	E	Epsilon
ζ	Z	Zeta
η	H	Eta
θ , ϑ	Θ	Theta
ι	I	Iota
κ	K	Kappa
λ	Λ	Lambda
μ	M	Mü
ν	N	Nü
ξ	Ξ	Xi
o	O	Omikron
π	Π	Pi
ρ ϱ	R	Rho
σ , ς	Σ	Sigma
τ	T	Tau
ϕ φ	Φ	Phi
χ	X	Chi
ψ	Ψ	Psi
ω	Ω	Omega
υ	Υ	Upsilon

C Nomenklatur

Symbole

$\equiv$	äquivalent
$\approx$	ungefähr gleich
$\propto$	proportional
$\boldsymbol{v}$	Vektor v
$\hat{A}$	Matrix A
mod	Modulo
$\boldsymbol{x} \cdot \boldsymbol{y}$	Skalarprodukt der Vektoren $\boldsymbol{x}$ und $\boldsymbol{y}$
$\boldsymbol{x} \times \boldsymbol{y}$	Vektor (Kreuz-)produkt von $\boldsymbol{x}$ und $\boldsymbol{y}$
$\operatorname{grad}\phi = \boldsymbol{\nabla}\phi$	Gradient von ϕ
$\operatorname{div}\boldsymbol{f} = \boldsymbol{\nabla}\cdot\boldsymbol{f}$	Divergenz von $\boldsymbol{f}$
$\operatorname{rot}\boldsymbol{f} = \boldsymbol{\nabla}\times\boldsymbol{f}$	Rotation von $\boldsymbol{f}$
[ ]	Einheit/Dimension
O	Ordnung einer Entwicklung

D Physikalische Größen

Tabelle D.1. Physikalische Systeme

Bezeichnung	Erklärung	Einheiten
CGS-System	Zentimeter-Gramm-Sekunden-System	cm, g, s
MKS-System	Meter-Kilogramm-Sekunden-System	m, kg, s

Tabelle D.2. Vorsilben für Zehnerpotenzen

Bezeichnung	Abkürzung	Zehnerpotenz
Tera	T	10^{12}
Giga	G	10^{9}
Mega	M	10^{6}
Kilo	k	10^{3}
Dezi	d	10^{-1}
Zenti	c	10^{-2}
Milli	m	10^{-3}
Mikro	μ	10^{-6}
Nano	n	10^{-9}
Piko	p	10^{-12}
Femto	f	10^{-15}
Atto	a	10^{-18}

Tabelle D.3. Physikalische Einheiten im CGS- und MKS-System

Physikalische Größe	Abkürzung	Einheiten im	
		CGS-System	MKS-System
Länge	L	cm	m
Masse	M	g	kg
Zeit	T	s	s
Geschwindigkeit	L/T	cm/s	m/s
Beschleunigung	L/T^2	cm/s^2	m/s^2
Kraft	ML/T^2	g cm/s^2 = dyn	kg m /s^2 = N
Impuls, Kraftstoß	ML/T	g cm/s = dyn s	kg m /s = N s
Energie, Arbeit	ML^2/T^2	g cm^2/s^2 = dyn cm = erg	kg m^2/s^2= N m = J
Leistung	ML^2/T^3	g cm^2/ s^3 = dyn cm/s	kg m^2/s^3 = J/s=W
Volumen	L^3	cm^3	m^3
Dichte	M/L^3	g/cm^3	kg/m^3
Winkel	–	rad	rad
Winkelgeschwindigkeit	$1/T$	rad/s	rad/s
Winkelbeschleunigung	$1/T^2$	rad/s^2	rad/s^2
Drehmoment	ML^2/T^2	g cm^2/s^2	kg m^2/s^2
Drehimpuls	ML^2/T	g cm^2/s	kg m^2/s
Trägheitsmoment	ML^2	g cm^2	kg m^2
Druck	$M/(LT^2)$	g/(cm s^2)= dyn/cm^2	kg/(m s^2)= N/m^2

Tabelle D.4. Einige Umrechnungsfaktoren I

physik. Größe	Einheit	Abk. der Einheit	Wert in anderer Einheit
Länge	1 Kilometer	km	1000 m
	1 Meter	m	100 cm
	1 cm	cm	10^{-2} m
	1 Millimeter	mm	10^{-3} m
	1 Mikrometer	μm	10^{-6} m
	1 Nanometer	nm	10^{-9} m
	1 Ångström	Å	10^{-10} m
Fläche	1 Quadratkilometer	km^2	10^6 m^2
	1 Quadratmeter	m^2	10^4 cm^2
	1 Ar	a	10^2 m^2
Volumen	1 Liter	l	1000 cm^3
	1 Kubikmeter	m^3	1000 l
Masse	1 Kilogramm	kg	1000 g
	1 Tonne	t	1000 kg
Geschwindigkeit	1 Stundenkilometer	km/h	0.2778 m/s
Dichte	1 Gramm pro Kubikzentimeter	g/cm^3	10^3 kg/m^3
Kraft	1 dyn	dyn	1 g cm/s^2
	1 Kilopond	kp	9.807 N =
	1 Newton	N	10^5 dyn= 0.1202 kp

Tabelle D.5. Einige Umrechnungsfaktoren II

physik. Größe	Einheit	Abk. der Einheit	Wert in anderer Einheit
Energie	1 Joule	J	$1 Nm = 10^7$ erg $= 0.2389$ cal
	1 Kilokalorie	kcal	1000 cal $=$ 4.187 J
	1 Kilowattstunde	kWh	$3.6 \cdot 10^6$ J $=$ 860 kcal
	1 Elektronenvolt	eV	$1.602 \; 10^{-19}$ J
Leistung	1 Watt	W	1 J/s$=$ 10^7 erg/s $=$ 0.2389 cal/s
	1 Pferdestärke	PS	75 kp m/s $=$ 735.5 W
	1 Kilowatt	kW	1.360 PS
Druck			$1 N/m^2 =$ $10 \; dyn/cm^2$
	1 Bar	bar	$10^5 \; N/m^2$
	1 phys. Atmosphäre	atm	1.013 bar
	1 Torr		1/760 atm
	1 techn. Atmosphäre	at	$1 kp/cm^2 =$ 0.9807 bar
	1 Hektopascal	...	
Winkel	1 Radiant	rad	57.296°
	1°	0.017453 rad	

E Einige Konstante und astronomische Daten

Tabelle E.1. Konstante

Bezeichnung	Abkürzung	Wert
universelle Gravitationskonstante	γ	$6.673 \cdot 10^{-8}\ \mathrm{cm}^3/(\mathrm{g}\ \mathrm{s}^2)$
mittlere Gravitationsbeschleunigung an der Erdoberfläche	g	$9.81\ \mathrm{m/s}^2$
Lichtgeschwindigkeit	c	$2.997925 \cdot 10^8\ \mathrm{m/s}$

Tabelle E.2. Astronomische Daten I

Masse *	kg
Sonne	$1.99 \cdot 10^{30}$
Erde	$5.98 \cdot 10^{24}$
Erdmond	$7.35 \cdot 10^{22}$
Jupiter	$1.90 \cdot 10^{27}$
Saturn	$5.69 \cdot 10^{26}$
Venus	$4.87 \cdot 10^{24}$
Mars	$6.42 \cdot 10^{23}$
Radius (am Äquator) *	km
Sonne	$6.95 \cdot 10^{5}$
Erde	$6.38 \cdot 10^{3}$
Erdmond	$1.74 \cdot 10^{3}$
Jupiter	$7.14 \cdot 10^{4}$
Saturn	$6.00 \cdot 10^{4}$
Venus	$6.05 \cdot 10^{3}$
Mars	$3.40 \cdot 10^{3}$
große Halbachse der Bahn *	km
Erde	$1.50 \cdot 10^{8}$
Erdmond	$3.84 \cdot 10^{5}$
Jupiter	$7.78 \cdot 10^{8}$
Saturn	$1.43 \cdot 10^{9}$
Venus	$1.08 \cdot 10^{8}$
Mars	$2.28 \cdot 10^{8}$
Periode der Eigendrehung (mittlere)	s
Erde	$8.62 \cdot 10^{4}$
Erdmond	$2.36 \cdot 10^{6}$
Jupiter	$3.57 \cdot 10^{4}$
Saturn	$3.83 \cdot 10^{4}$
Venus	$2.10 \cdot 10^{7}$
Mars	$8.86 \cdot 10^{4}$

Tabelle E.3. Astronomische Daten II

Gravitationsbeschleunigung (mittlere)	m/s^2
Erde	9.81
Erdmond	1.62
Jupiter	24.86
Saturn	10.54
Venus	8.87
Mars	3.72
Umlaufdauer (mittlere) *	s
Erde	$3.16 \cdot 10^7$
Erdmond	$2.36 \cdot 10^6$
Jupiter	$3.74 \cdot 10^8$
Saturn	$9.28 \cdot 10^8$
Venus	$1.94 \cdot 10^7$
Mars	$5.94 \cdot 10^7$

* Daten adaptiert aus R. Wielen (ed.): 'Planeten und ihre Monde' (Spektrum Akademischer Verlag, Heidelberg, 1997)

F Formelsammlung

F.1 Ebene Polarkoordinaten

Definition

$$x = r \cos \varphi \qquad y = r \sin \varphi$$

Länge des Vektors $\boldsymbol{r}$

$$r(t) = [x^2(t) + y^2(t)]^{1/2}$$

Winkel zwischen $\boldsymbol{r}$ und x-Achse

$$\varphi(t) = \arctan \frac{y(t)}{x(t)}$$

$$\boldsymbol{r}(t) = r(t)e_{\mathrm{r}}(t)$$

$$\boldsymbol{v}(t) = \dot{r}\, \boldsymbol{e}_{\mathrm{r}} + r\dot{\varphi}\, \boldsymbol{e}_{\varphi} = v_{\mathrm{r}}\, \boldsymbol{e}_{\mathrm{r}} + v_{\varphi}\, \boldsymbol{e}_{\varphi}$$

v_{r}: Radialgeschwindigkeit
v_{φ}: Azimutalgeschwindigkeit

$$\boldsymbol{a}(t) = (\ddot{r} - r\dot{\varphi}^2)\boldsymbol{e}_{\mathrm{r}} + (2\dot{r}\dot{\varphi} + r\ddot{\varphi})\boldsymbol{e}_{\varphi} = a_{\mathrm{r}}\boldsymbol{e}_{\mathrm{r}} + a_{\varphi}\boldsymbol{e}_{\varphi}$$

a_{r}: Radialbeschleunigung
a_{φ}: Azimutalbeschleunigung

$$\boldsymbol{e}_{\mathrm{r}}(t) = \cos \varphi(t)\boldsymbol{e}_{\mathrm{x}} + \sin \varphi(t)\boldsymbol{e}_{\mathrm{y}}$$
$$\boldsymbol{e}_{\varphi}(t) = -\sin \varphi(t)\boldsymbol{e}_{\mathrm{x}} + \cos \varphi(t)\boldsymbol{e}_{\mathrm{y}}$$

$$\boldsymbol{e}_{\mathrm{x}} = \cos \varphi(t)\boldsymbol{e}_{\mathrm{r}}(t) - \sin \varphi(t)\boldsymbol{e}_{\varphi}(t)$$
$$\boldsymbol{e}_{\mathrm{y}} = \sin \varphi(t)\boldsymbol{e}_{\mathrm{r}}(t) + \cos \varphi(t)\boldsymbol{e}_{\varphi}(t)$$

$$\mathrm{d}x\,\mathrm{d}y = r\,\mathrm{d}r\,\mathrm{d}\varphi$$

F.2 Zylinderkoordinaten

$$x = \rho \cos \varphi \qquad y = \rho \sin \varphi \qquad z = z$$

$$\rho = \sqrt{x^2 + y^2} \qquad \varphi = \arctan \frac{y}{x} \qquad z = z$$

$$\boldsymbol{r}(t) = \rho \boldsymbol{e}_\rho(t) + z \boldsymbol{e}_z$$
$$\boldsymbol{v}(t) = \dot{\rho} \boldsymbol{e}_\rho(t) + \rho \dot{\varphi} \boldsymbol{e}_\varphi(t) + \dot{z} \boldsymbol{e}_z$$
$$\boldsymbol{a}(t) = (\ddot{\rho} - \rho \dot{\varphi}^2) \boldsymbol{e}_\rho(t) + (\rho \ddot{\varphi} + 2 \dot{\rho} \dot{\varphi}) \boldsymbol{e}_\varphi(t) + \ddot{z} \boldsymbol{e}_z$$

$$r(t) = \sqrt{\rho^2 + z^2}$$
$$v(t) = \sqrt{\dot{\rho}^2 + \rho^2 \dot{\varphi}^2 + \dot{z}^2}$$
$$a(t) = \sqrt{(\ddot{\rho} - \rho \dot{\varphi}^2)^2 + (\rho \ddot{\varphi} + 2 \dot{\rho} \dot{\varphi})^2 + \ddot{z}^2}$$

$$\boldsymbol{e}_\rho(t) = \quad \cos \varphi(t) \boldsymbol{e}_x + \sin \varphi(t) \boldsymbol{e}_y$$
$$\boldsymbol{e}_\varphi(t) = - \sin \varphi(t) \boldsymbol{e}_x + \cos \varphi(t) \boldsymbol{e}_y$$
$$\boldsymbol{e}_z(t) = \boldsymbol{e}_z$$

$$\boldsymbol{e}_x = \cos \varphi(t) \boldsymbol{e}_\rho(t) - \sin \varphi(t) \boldsymbol{e}_\varphi(t)$$
$$\boldsymbol{e}_y = \sin \varphi(t) \boldsymbol{e}_\rho(t) + \cos \varphi(t) \boldsymbol{e}_\varphi(t)$$
$$\boldsymbol{e}_z = \boldsymbol{e}_z(t)$$

$$\mathrm{d}x\,\mathrm{d}y\,\mathrm{d}z = r\,\mathrm{d}\rho\,\mathrm{d}\varphi\,\mathrm{d}z$$

F.3 Kugelkoordinaten

$$x = r \cos \varphi \sin \theta$$
$$y = r \sin \varphi \sin \theta$$
$$z = r \cos \theta$$

$$r = \sqrt{x^2 + y^2 + z^2} \qquad \varphi = \arctan \frac{y}{x} \qquad \theta = \arctan \frac{\sqrt{x^2 + y^2}}{z}$$

$$\boldsymbol{v}(t) = (\dot{r}) \boldsymbol{e}_r + (r \dot{\theta}) \boldsymbol{e}_\theta + (r \dot{\varphi} \sin \theta) \boldsymbol{e}_\varphi$$

$$a(t) = e_r \left(\ddot{r} - r\dot{\theta}^2 - r\dot{\varphi}^2 \sin^2\theta \right)$$

$$+ e_\theta \left(r\ddot{\theta} + 2\dot{r}\dot{\theta} - r\dot{\varphi}^2 \sin\theta\cos\theta \right)$$

$$+ e_\varphi \left(r\ddot{\varphi}\sin\theta + 2\dot{r}\dot{\varphi}\sin\theta + 2r\dot{\theta}\dot{\varphi}\cos\theta \right)$$

$$e_r = (\sin\theta\cos\varphi)e_x + (\sin\theta\sin\varphi)e_y + (\cos\theta)e_z$$

$$e_\theta = (\cos\theta\cos\varphi)e_x + (\cos\theta\sin\varphi)e_y + (-\sin\theta)e_z$$

$$e_\varphi = -\sin\varphi e_x + \cos\varphi e_y$$

$$e_x = (\sin\theta\cos\varphi)e_r - \sin\varphi e_\varphi + (\cos\theta\cos\varphi)e_\theta$$

$$e_y = (\sin\theta\sin\varphi)e_r + \cos\varphi e_\varphi + (\cos\theta\sin\varphi)e_\theta$$

$$e_z = \cos\theta e_r - \sin\theta e_\theta$$

$$\mathrm{d}x\,\mathrm{d}y\,\mathrm{d}z = r^2\,\mathrm{d}r\,\sin\theta\,\mathrm{d}\theta\,\mathrm{d}\varphi$$

F.4 Additionstheoreme / Moivreformel

x, y reell

$$\sin(x \pm y) = \sin x\,\cos y \pm \cos x\,\sin y$$

$$\cos(x \pm y) = \cos x\,\cos y \mp \sin x\,\sin y$$

$$\tan(x \pm y) = \frac{\tan x \pm \tan y}{1 \mp \tan x\,\tan y}$$

$$\sin 2x = 2\cos x\,\sin x = \frac{2\tan x}{1 + \tan^2 x}$$

$$\cos 2x = \cos^2 x - \sin^2 x = \frac{1 - \tan^2 x}{1 + \tan^2 x}$$

$$\tan 2x = \frac{2\tan x}{1 - \tan^2 x}$$

$$a = |a|(\cos\varphi + i\sin\varphi) = x + iy$$

$$a^n = (|a|(\cos\varphi + i\sin\varphi))^n = |a|^n(\cos n\varphi + i\sin n\varphi) = |a|^n e^{in\varphi}$$

F.5 Hyperbelfunktionen

$$\sinh x = \frac{1}{2}(\mathrm{e}^x - \mathrm{e}^{-x})$$

$$\cosh x = \frac{1}{2}(\mathrm{e}^x + \mathrm{e}^{-x})$$

$$\tanh x = \frac{(\mathrm{e}^x - \mathrm{e}^{-x})}{(\mathrm{e}^x + \mathrm{e}^{-x})}$$

F.6 Reihenentwicklungen

$$\sin x = \sum_{n=0}^{\infty}(-1)^n \frac{x^{2n+1}}{(2n+1)!}$$

$$\cos x = \sum_{n=0}^{\infty}(-1)^n \frac{x^{2n}}{(2n)!}$$

$$\mathrm{e}^x = \sum_{n=0}^{\infty} \frac{x^n}{n!}$$

$$(1 \pm x) = 1 \pm \binom{n}{1} x + \binom{n}{2} x^2 + \binom{n}{3} x^3 + \dots \qquad |x| \leq 1$$

$$\binom{n}{m} = \frac{n(n-1)\dots(n-m+1)}{m!}$$

F.7 Näherungsformeln (δ klein)

$$(1 \pm \delta)^{\alpha} \approx 1 + \alpha\,\delta$$

$$\mathrm{e}^{\delta} \approx 1 + \delta$$

$$\ln(1 + \delta) \approx \delta$$

$$\sin \delta \approx \delta$$

$$\cos \delta \approx 1 - \frac{1}{2}\delta^2$$

$$\tan \delta \approx \delta$$

Index

Printed in the United States
By Bookmasters